"十四五"职业教育部委级规划教材

新形态活页式教材

校企双元合作开发创新型教材

食品理化检验技术

Shipin Lihua Jianyan Jishu

主　编◎郭奇慧　张　烨　张春霞

中国纺织出版社有限公司

内 容 提 要

本书为"十四五"职业教育部委级规划教材,聚焦食品理化检验技术领域。全书围绕食品理化检验,系统阐述相关知识与技能。开篇绪论介绍食品检验技术的研究对象、任务、内容、方法及发展趋势;项目一讲解食品分析检验的基础知识,涵盖实验室设置与管理、试剂知识及水质要求等;项目二详述食品分析检验的一般程序,包括样品采集、预处理及数据处理等关键环节;项目三至项目八分别针对食品的物理检验、一般成分测定、常见食品添加剂测定、矿物质元素测定、有毒有害物质测定以及食品包装材料检测,详细介绍各类检测项目的原理、方法和操作要点;任务工作单通过任务实训,让读者在实践中巩固所学理论知识,提升实际操作能力。

本书以企业岗位需求、全国职业院校技能大赛要求为导向,深度融合"立德树人"理念,将思政元素巧妙融入专业知识。以中华人民共和国国家标准·食品安全标准 5009 系列标准为依据,内容科学严谨,兼具实用性与前瞻性,是食品专业高职教学的优质教材,也为食品行业从业者提供了重要的参考资料。

图书在版编目(CIP)数据

食品理化检验技术 / 郭奇慧,张烨,张春霞主编.
北京:中国纺织出版社有限公司,2025.6. -- ("十四五"职业教育部委级规划教材). -- ISBN 978-7-5229 -2435-9

Ⅰ. TS207.3

中国国家版本馆 CIP 数据核字第 2025HR5043 号

责任编辑:闫 婷 金 鑫 责任校对:高 涵
责任印制:王艳丽

中国纺织出版社有限公司出版发行
地址:北京市朝阳区百子湾东里 A407 号楼 邮政编码:100124
销售电话:010—67004422 传真:010—87155801
http://www.c-textilep.com
中国纺织出版社天猫旗舰店
官方微博 http://weibo.com/2119887771
北京通天印刷有限责任公司印刷 各地新华书店经销
2025 年 6 月第 1 版第 1 次印刷
开本:787×1092 1/16 印张:14.25
字数:506 千字 定价:59.80 元(附赠任务工作单)

凡购本书,如有缺页、倒页、脱页,由本社图书营销中心调换

《食品理化检验技术》编委会成员

主　　编　　郭奇慧　　内蒙古商贸职业学院

张　烨　　呼和浩特职业学院

张春霞　　长沙环境保护职业技术学院

副 主 编　　刘海英　　内蒙古商贸职业学院

李兰岚　　湖南食品药品职业学院

达林其木格　　呼和浩特职业学院

参编人员　　徐莉莉　　内蒙古商贸职业学院

高秀兰　　内蒙古商贸职业学院

雷守成　　呼和浩特市疾病预防控制中心(呼和浩特市卫生监督所)

王　勇　　内蒙古商贸职业学院

张开屏　　内蒙古商贸职业学院

马文丽　　内蒙古蒙牛乳业(集团)股份有限公司

田桂艳　　蒙牛乳业(滦南)责任有限公司

前　言

党的二十大报告指出："统筹职业教育、高等教育、继续教育协同创新，推进职普融通、产教融合、科教融汇，优化职业教育类型定位。"加强职业教育课程教材建设是提高职业教育学生基本素质、培养学生实践技能、促进学生全面发展的基础工程。为进一步强化职业教育的类型特征，树立以学生为中心的教学理念，根据《国家职业教育改革实施方案》《中国教育现代化 2035》等文件精神，在全面推动习近平新时代中国特色社会主义思想进教材、进课堂、进头脑，积极培育和践行社会主义核心价值观的基础上，编写了本书。

本书按照"以学生为中心、学习成果为导向、促进自主学习"思路进行结构设计，通过教材引领，构建深度学习管理体系；以职业能力培养为核心，以安全精神、工匠精神为主线，从职业岗位能力需求分析入手，进行课程规划并确定课程内容、挖掘课程内容中蕴含的思政元素，以"润物细无声"的方法将思政元素与专业知识巧妙地结合起来，渗透到每个教学任务中，构建价值塑造、能力培养、知识传授三位一体的职业教育人才目标，培养掌握本专业知识和技术技能，具备职业综合素质和行动能力，能够从事食品检验检测、实验室管理与服务、食品质量与安全管理等工作的高技能人才。

本书以企业岗位需求、全国职业院校技能大赛要求作为主体内容，将"立德树人"有机融合到教材中，并对课程思政内容和实训环节进行数字化资源建设，学习过程中可以直接扫描二维码进行观看，大大方便了学生和教师之间的互动，提高学生的学习兴趣。

本书对检测相关基本原理、基本仪器设备的使用等知识和技能进行梳理；选择食品检测常检产品及指标作为典型工作任务，按企业检测岗位工作职责和工作过程设定任务内容，引导学生在工作任务中获得职业素养的提升和职业技能的锻炼，提高学生的食品理化检测的基本检验能力、专项检验能力和综合能力，同时本书强调标准与法规意识，强化了党的二十大报告提出的法治精神和依法治国理念。

本书由郭奇慧（内蒙古商贸职业学院）、张烨（呼和浩特职业学院）、张春霞（长沙环境保护职业技术学院）担任主编，刘海英（内蒙古商贸职业学院）、李兰岚（湖南食品药品职业学院）、达林其木格（呼和浩特职业学院）担任副主编，徐莉莉（内蒙古商贸职业学院）、高秀兰（内蒙古商贸职业学院）、雷守成（呼和浩特市疾病预防控制中心）、王勇（内蒙古商贸职业学院）、张开屏（内蒙古商贸职业学院）、马文丽（内蒙古蒙牛乳业（集团）股份有限公司）、田桂艳（蒙牛乳业（滦南）责任有限公司）担任参编。具体编写分工如下：绪论由郭奇慧编写，项目一由张春霞编写，项目二由刘海英编写，项目三由达林其木格编写，项目四由刘海英和郭奇慧编写，项目五由李兰岚编写，项目六由徐莉莉编写，项目七由张烨编写，项目八由张春霞编写，任务工作单由郭奇慧、高秀兰、雷守成、王勇、张开屏、刘海英、马文丽、田桂艳编写并提供数字资源。

　　本书在编写过程中，借鉴和参考了相关专业的文献和资料，但限于编者水平，本书难免有不妥之处，希望广大读者批评、指正。

编　者
2024 年 2 月

目　录

资源总码

绪 论

没有全民健康，就没有全面小康。"十四五"规划纲要明确提出，要"保障粮、棉、油、糖、肉、奶等重要农产品供给安全"，因此保障食品安全是关乎国计民生的大问题。食品品质的优劣，直接关系着人们的身体健康和生活质量。2021年修订的《中华人民共和国食品安全法》附则中对食品、食品安全作出明确定义："食品，指各种供人食用或者饮用的成品和原料以及按照传统既是食品又是中药材的物品，但是不包括以治疗为目的的物品。""食品安全，指食品无毒、无害，符合应当有的营养要求，对人体健康不造成任何急性、亚急性或者慢性危害。"

为贯彻落实食品安全"最严谨的标准"要求，国家卫生健康委办公厅印发关于2023年度食品安全国家标准立项计划的通知，国家卫健委根据《中华人民共和国食品安全法》及其实施条例规定，制定了《2023年度食品安全国家标准立项计划》。

食品安全问题主要来源于食品、农产品源头污染，我国受镉、砷、铬、铅等污染的耕地面积近2000万公顷；化肥、农药毒性残留问题严重，有毒物质残留是当前我国农产品食品最大的质量问题。食源性疾病指食品中致病因素进入人体引起的感染性、中毒性等疾病，包括食物中毒。

我国从20世纪80年代开始颁布与食品加工和检测相关的国家标准和行业标准，经过几十年的不断完善和修订，产品标准中框架技术要求部分的构成主要是原料要求、感官要求、理化指标、污染物限量、微生物限量、食品添加剂和营养强化剂等几个部分。

一、食品检验技术研究的对象

食品是人类最基本的生活物质，是维持人类生命和身体健康不可缺少的能量源和营养源。食品的品质直接关系到人类的健康及生活质量。我国食品卫生法明确规定："食品应当无毒、无害，符合应有的营养要求，具有相应的色、香、味、形、质地等感官性状。"即食品品质的优劣不仅在于营养成分的高低，还在其色、香、味是否符合应有的感官要求，更重要的是食品中是否存在有毒有害的物质，是否会对人体健康造成危害，这就需要采用现代分析检测技术对食品进行分析检测。近几年来，我国食品工业高速发展，食品工业产值已占到国内生产总值的10%。现在市场上食品货源充足，品种繁多，消费者在购买食品时有了很大的选择余地。因此，他们比任何时候都更加关注食品的质量和安全，而且需要各种高质量、安全、营养、美味和保健的产品。为此，我国各级政府机构，特别是有关质量监督、卫生防疫、工商管理等部门投入了大量人力、物力进行监测和监督管理，以确保食品的质量，保障消费者的食用安全。

食品分析检验是一门研究和评定食品品质及其变化和卫生状况的学科，是运用感官的、物理的、化学的和仪器分析的基本理论和技术，对食品（包括食品的原料、辅料、半成品、成品和包装材料等）的组成成分、感官特性、理化性质和卫生状况进行分析检测，研究检测原理、检测技术和检测方法的应用性学科。食品分析检测是食品科学的重要分支，具有较强的技术性和实践性。

随着我国食品工业和食品科学技术的发展，以及对外贸易的需要，食品分析检验工作已经提高到一个极其重要的地位，特别是为了保证食品的品质，执行国家的食品法规和管理办法，搞好食品卫生监督工作，开展食品科学技术研究，寻找食品污染的根源，人们更需要对食品进行各种有效营养物质和对人体有害、有毒物质的分析检测。随着预防医学和卫生检验学的不断发展，食品分析检测在确保食品安全和保护人民健康中将发挥更加重要的作用。

二、食品检验的任务

食品检验工作是食品质量管理过程中一个重要环节，在确保原材料质量方面起着保障作用，在生产过程中起着监控作用，在最终产品检验方面起着监督和导向作用。食品分析与检验贯穿于产品开发、研制、生产和销售的全过程。

（一）指导与控制生产工艺过程

食品生产企业通过对食品原料、辅料、半成品的检测，确定工艺参数、工艺要求以控制生产过程。

（二）保证食品企业产品的质量

食品生产企业通过对成品的检验，可以保证出厂产品的质量符合食品标准的要求。

（三）保证用户接收产品的质量

消费者或用户在接收商品时，按合同规定或相应的食品标准的质量条款进行验收检验，保证接收产品的质量。

（四）政府管理部门对食品质量进行宏观的监控

第三方检验机构根据政府质量监督行政部门的要求，对生产企业的产品或市场的商品进行检验，为政府对产品质量实施宏观监控提供依据。

（五）为食品质量纠纷的解决提供技术依据

当发生产品质量纠纷时，第三方检验机构根据解决纠纷的有关机构（包括法院、仲裁委员会、质量管理行政部门及民间调解组织等）的委托，对有争议产品做出仲裁检验，为有关机构解决产品质量纠纷提供技术依据。

（六）对进出口食品的质量进行把关

在进出口食品的贸易中，商品检验机构需根据国际标准或供货合同对商品进行检测，以确定是否放行。

（七）为突发的食物中毒事件提供技术依据

当发生食物中毒事件时，检验机构对残留食物做出仲裁检验，为事件的调查及解决提供技术依据。

三、食品理化检验的内容

食品的种类繁多、组成复杂、检验的目的不同、检验的项目各异，从常量分析到微量分析，从定性分析到定量分析，从组成成分分析到形态分析，从实验室检验到现场快速分析等，所涉及的检验方法多种多样，因此，食品理化检验的内容十分丰富，涉及的范围十分广泛，概括起来主要包含以下 6 个方面的内容。

（一）食品的物理检验

食品物理特性的测定比较便捷，因此常被用于生产中控制产品质量的指标。食品的物理检测法是防止伪劣食品进入市场的监控手段，是食品生产管理和市场管理不可缺少的检测手段。食品的物理检验法分为两类。

第一类是检验食品的一些物理常数，如密度、相对密度、折射率等，这些物理常数与食品的组成成分及其含量之间存在着一定的函数关系，因此，可以通过物理常数的测定来间接地检测食品的组成成分及其含量。

第二类是检验与食品的质量指标密切相关的一些物理量，如罐头的真空度，固体饮料的颗粒度，膨松食品的比体积，冰激凌的膨胀率，液体的透明度、浊度、黏度，碳酸饮料 CO_2 体积。

（二）食品的一般成分检测

食品的一般成分检测主要是食品的营养成分检测，是利用物理的、化学的和仪器分析的方法对食品中的水分（包括水分活度）、灰分（无机盐）、酸度、糖类（包括单糖、低聚糖、总糖及淀粉、纤维素、果胶物质、膳食纤维等多糖）、脂肪、蛋白质、氨基酸、维生素等成分进行分析检测，评定食品的品质。

通过对食品中营养成分的检测，可以了解各种食品中所含营养成分的种类、数量和质量，合理进行膳食搭配，以获得较为全面的营养，维持机体的正常生理功能，防止营养缺乏而导致疾病的发生。通过对食品中营养成分的检测，还可以了解食品在生产、加工、储存、运输、烹调等过程中营养成分的损失情况和人们实际的摄入量，进而改进这些环节，以减少造成营养素损失的不利因素。此外，对食品中营养成分的检测，还能为食品新资源的开发、新产品的研制和生产工艺的改进以及食品质量标准的制定提供科学依据。

（三）食品添加剂检验

食品添加剂是指在食品生产中，为了改善食品的感官性状，改善食品原有的品质、增强营养、提高质量、延长保质期、满足食品加工工艺需要而加入食品中的某些化学合成物质或天然物质。由于目前所使用的食品添加剂多为化学合成物质，如果不科学使用，必然会严重危害人们的健康。我国对食品添加剂的使用品种、使用范围及用量均作了严格的规定。因此，必须对食品中的食品添加剂进行检测，监督企业在食品生产和加工过程中是否合理地使用食品添加剂，以保证食品的安全性。

（四）食品中矿物质元素检验

食品中除了含有大量的有机物外，还含有比较丰富的矿物质元素，食品中的矿物质元素有 80 种左右。许多矿物质元素是人类生理所必需的元素，对人体具有十分重要的生理功能，其含量是某些食品营养价值的重要指标。从营养学的观点，矿物质元素钙、铁、锌、碘、铜等都与人体健康密切相关，有些还是容易缺乏的。食品中矿物质元素的测定方法有火焰原子吸收光谱法、电感耦合等离子体发射光谱法、电感耦合等离子体质谱法和比色法等多种方法，都是采用分析仪器检测。

（五）食品中有毒有害物质的检验

食品中的有毒有害物质，是指食品在生产、加工、包装、运输、储存、销售等各个环节中产生、引入或污染的，对人体健康有危害的物质。食品中有毒有害物质检测是对食品、半成品、原材料和包装材料中的限量元素（微量元素和重金属元素）、农药和兽药残留、微生物毒素、食品生产加工与储藏过程中产生的有害物质和污染物质，以及食品材料中固有的某些有毒有害物质进行检测，评定食品的品质，以保证食品的安全性。一般来说，食品中可能出现的有毒有害物质按其性质可以概括为以下 4 类。

1. 有害元素

有害元素是指在食物中存在的有机、无机化合物及重金属等。有害元素的主要来源是：工业三废、生产设备、包装材料等造成的污染。

2. 农药

农药污染主要是指因农药的不合理施用造成食物中农药的污染，或因动植物体对污染物的富集作用，或通过食物链而造成食品中农药的残留。

3. 微生物毒素

微生物毒素的污染主要是指由于微生物的繁殖，食物中产生有害的微生物毒素，包括细菌毒素和真菌毒素。

4. 食品加工、贮藏中产生的有害物质

食品加工、贮藏中产生的有害物质主要发生在食品加工过程中，如酒精发酵产生的醛、酮类物质，在腌制中产生的亚硝胺，在油炸、烧烤中产生的 3，4-苯并芘；也有因食品贮藏不当而引起食物组成成分的化学变化并产生的有害物质，如脂肪氧化产生的过氧化物等。

（六）食品包装材料的检验

食品包装材料和盛放容器分析是对食品包装材料和盛放容器中的多种可能进入食品并危害人体健康的化学物质进行分析检测，以确保食品的安全性。

使用质量不符合卫生标准的包装材料，其中所含的有害物质，如重金属、聚氯乙烯单体、多氯联苯、荧光增白剂等都会对食品造成污染。我国的食品容器和包装材料检验标准分析方法规定，采用水、4%乙酸、65%乙醇和正己烷作溶剂分别进行浸泡试验，综合考察食品的污染情况，并对某些有毒有害成分进行单项分析，如塑料容器中甲醛、甲苯、乙苯、苯乙烯的含量，陶瓷、搪瓷和铝制品中的重金属含量等。近年来的研究表明，食品包装材料中作为抗氧剂、增塑剂、稳定剂等用途所添加的双酚 A、壬基酚、邻苯二甲酯等化合物具有类雌激素作用，长期食用被这些包装材料污染的食品可能会对人体健康产生影响。因此，进一步研究食品包装材料中有毒有害物质的检测方法也是食品检验的一部分内容。

四、食品理化检验的方法

在食品理化检验过程中，由于目的不同，或被测组分和干扰成分的性质以及它们在食品中存在的数量的差异，所选择的分析检测方法也各不相同。食品理化检验常用的方法有物理检验法、化学检验法、仪器检验法、生物化学检测法（酶分析法和免疫学分析法）等。

（一）物理检验法

食品的物理检验是根据食品的一些物理常数与食品的组成成分及含量之间的关系，通过测定的物理量，如对食品的密度、折光度、旋光度、沸点、凝固点、体积、气体分压等物理常数进行测定，从而了解食品的组成成分及其含量的检测方法。物理检验法快速、准确，是食品工业生产中常用的检测方法。

（二）化学检验法

化学检验法是以食品组成成分的化学性质为基础进行的分析方法，包括定性分析和定量分析两部分，是食品分析与检验中基础的方法。许多样品的预处理和检测都是采用化学方法，而仪器分析的原理大多数也是建立在化学分析的基础上的。因此，在仪器分析高度发展的今天，化学检验法仍然是食品理化检验中最基本的、最重要的分析方法。

化学检验法适于食品的常量分析，主要包括质量分析法和容量分析法。质量分析法是通过称量食品某种成分的质量，来确定食品的组成和含量的，食品中水分、灰分、脂肪、纤维素等成分的测定采用质量分析法；容量分析法也叫滴定分析法，包括酸碱滴定法、氧化还原滴定法、配位滴定法和沉淀滴定法，食品中酸度、蛋白质、脂肪酸价、过氧化值等的测定采用容量分析法。此外，所有食品分析与检验样品的预处理方法都是采用化学方法来完成的。

化学检验法是以物质的化学反应为基础的分析方法，在食品分析中，化学分析法得到了广泛的应用，在食品的常规检验中相当一部分项目都必须用化学分析法进行检测。化学检验法是食品分析最基础的方法。

（三）仪器检验法

仪器检验法是根据食品的物理和物理化学性质，利用精密的分析仪器对食品的组成成分进行分析检测的方法，是食品分析与检测方法发展的趋势。食品中微量成分或低浓度的有毒有害物质的分析常采用仪器分析法进行检测。仪器分析方法一般具有简便、灵敏、快速、准确等优点，随着科学技术的发展，将有更多的新方法、新技术在食品分析中得到应用，这将使食品检测的自动化程度进一步提高。目前，在我国的食品分析检测方法中，常用的仪器分析检测方法有以下几种。

1. 光学分析法

光学分析法是根据物质的光学性质所建立的分析方法，主要包括吸光光度法、发射光谱法、原子吸收分光光度法和荧光分析法等。

2. 电化学分析法

电化学分析法是根据物质的化学性质所建立的分析方法，主要包括电位分析法、电导分析法、电流滴定法、库仑分析法、伏安法和极谱法等。

3. 色谱法

色谱法是一种重要的分离富集方法，可用于多组分混合物的分离检测，主要包括气相色谱法、液相色谱法以及离子交换色谱法。

此外，还有许多用于食品检测的专用仪器，如氨基酸自动分析仪、脂肪测定仪、碳水化合物测定仪、水分测定仪和全自动全能牛奶分析仪等。

（四）生物化学检测法（酶分析法和免疫学分析法）

酶分析法和免疫学分析法是属于生物化学检验范畴的。酶分析法是利用酶作为生物催化剂，进行定性或定量的分析方法，它具有高效和专一的特征。在食品分析与检验中，酶分析法用于复杂的食品样品检验，该法具有抗干扰能力强、简便、快速、灵敏等优点，可用于食品中维生素以及有机磷农药的快速检验。

免疫学分析法是利用抗原与抗体之间的特异性结合来进行检测的一种分析方法，在食品分析与检测中，可制成免疫亲和柱或试剂盒，用于食品中霉菌毒素、农药残留的快速检测。

现代食品分析检测中应用的主要有酶联免疫吸附测定（简称 ELISA）、放射免疫测定（简称 RIA，又称放射免疫技术）、免疫传感器以及荧光免疫测定技术等生物化学检验方法。

生物化学分析检测法还包括分子生物学技术等多种方法。

此外，食品分析检测法还有微生物分析法，微生物分析法是基于某些微生物生长需要特定的物质，据此测出该种物质含量的分析检测方法。

五、食品检验的发展趋势

随着科学技术的迅猛发展，特别是在 21 世纪，食品分析检测采用的各种分离、分析技术和方法得到了不断完善和更新，许多高灵敏度、高分辨率的分析仪器已经越来越多地应用于食品理化检验中。目前，在保证检测结果的精密度和准确度的前提下，食品分析与检测正朝着微量、快速、自动化的方向发展。

近年来，许多先进的仪器分析方法，如气相色谱法、高效液相色谱法、原子吸收光谱法、毛细管电泳法、紫外—可见分光光度法、荧光分光光度法以及电化学方法等已经在食品理化检验中得到了广泛应用，在我国的食品卫生标准检验方法中，仪器分析方法所占的比例也越来越大。样品的前处理方面采用了许多新颖的分离技术，如固相萃取、固相微萃取、加压溶剂萃取、超临界萃取以及微波消化等，较常规的前处理方法省时省事，分离效率高。

现代食品分析与检测技术更加注重实用性和精确性，食品检测分析仪器是食品分析与检测技术的重要载体，其实用性主要体现在：食品分析仪器从大型化—小型化—微型化发展；分析仪器的低能耗化；分析仪器功能专用化；分析仪器多维化，即分析仪器联用技术（将两种或两种以上的分析仪器连接使用，以取长补短，充分发挥各自的优点）；分析仪器一体化，即形成一个从取样开始，包括预浓集、分离、测定、数据处理等工序一体化的系统；成像化，即为了改变分析仪器以信号形式提供间接信息，需用标准物质进行校正，直观地成像化。近年来，多种仪器联用技术已经用于食品中微量甚至痕量有机污染物以及多种有害元素等的同时检测，如动物性食品中多氯联苯，酱油及调味品中的氯丙醇，油炸食品中的多环芳烃、丙烯酰胺等的检测。

随着计算机技术的发展和普及，分析仪器自动化也成为食品理化检测的重要发展方向之一。自动化和智能化的分析仪器可以进行检验程序的设计、优化和控制、实验数据的采集和处理，使检验工作大大简化，并能处理大量的例行检验样品。例如，蛋白质自动分析仪等可以在线进行食品样品的消化和测定；测定食品营养成分时，可以采用近红外自动测定仪，样品不需进行预处理，直接进样，通过计算机系统即可迅速给出食品中蛋白质、氨基酸、脂肪、碳水化合物、水分等成分的含量；装载了自动进样装置的大型分析仪器，可以昼夜自动完成检验任务。

近年来发展起来的多学科交叉技术——微全分析系统（miniaturized total analysis system, μ-TAS）可以实现化学反应、分离检测的整体微型化、高通量和自动化。过去分析检测需在实验室中花费大量样品、试剂和长时间才能完成，现在在几平方厘米的芯片上仅用微升或纳升级的样品和试剂，以很短的时间（数十秒或数分钟）即可完成大量的检测工作。目前，DNA 芯片技术已经用于转基因食品的检测，以激光诱导荧光检测—毛细管电泳分离为核心的微流控芯片技术也将在食品理化检验中逐步得到应用，将会大幅缩短分析时间和减少试剂用量，成为低消耗、低污染、低成本的绿色检验方法。

随着分析科学的不断发展，现代食品检测方法与技术也不断改进，计算机视觉技术，现代仪器分析技术，食品物性的力学、声学、电学检测技术，电子传感检测技术，生物传感技术，核酸探针检测技术，PCR 基因扩增技术，以及免疫学检测技术等的应用，将为食品营养和食品安全的检测提供更加灵敏、快速、可靠的现代分离、分析技术。

项目一 食品分析检验的基础知识

【知识目标】
1. 了解食品分析实验室的布局与管理。
2. 熟悉实验室试剂管理及质量控制。
3. 掌握食品分析检验的基础知识。

【能力目标】
1. 能进行实验室的设置、布局与管理。
2. 能正确使用实验室常用仪器设备。
3. 能配制标准溶液并对其进行标定。

【相关知识】

任务一 食品分析检验实验室设置与管理

一、实验室的布局及设施

(一) 实验室的环境要求

1. 通风

实验室经常由于实验时间长，人员较多，实验过程中产生一些有害气体，造成空气污浊，对人体不利。为了防止实验室工作人员吸入或咽入一些有毒的、可致病的或毒性不明的化学物质和有机气体，实验室中应有良好的通风，必要时应设空调。通风设备有：通风柜、通风罩或局部通风装置。

2. 湿度和温度

对温度、湿度有严格要求的测试场所（如精密仪器室）必须配置相应设施及监控设备，并对测试时的环境条件进行记录。室内的小气候，包括气温、湿度和气流速度等，对在实验室工作的人员和仪器设备有影响。夏季的适宜温度应是 18~28℃，冬季为 16~20℃，湿度最好在30%（冬季）~70%（夏季）之间。

3. 洁净度

经常保持实验室的清洁是非常重要的。室外大气中的尘埃，借通风换气过程会进入实验室，实验室内含尘量过高，空气不净，不但影响检测结果，而且其微粒落在仪器设备的元件表面上，可能构成障碍，甚至造成短路或其他潜在危险。

4. 供电

电力是实验室重要动力。为保障实验室的正常工作，电源的质量、安全可靠性及连续性必须保证。一般用电和实验用电必须分开，对一些精密、贵重仪器设备，要求提供稳压、恒流、稳频、抗干扰的电源；必要时须建立不中断供电系统，还要配备专用电源，如不间断电源（UPS）等。

5. 供气与排气

实验室使用的压缩气体钢瓶，应保持最少的数量，必须牢牢固定，或用金属链拴牢，绝不能靠近火源，直接日晒，或在高温房间等温度可能升高的地方使用。实验室的废气的处理，如量少，可直接排出室外，但排出管必须高出附近房顶 3m 左右；对毒性较大或数量多的废气，可参考工业废气处理方法如用吸附、吸收、氧化、分解等方法来处理。

6. 实验室环境的质量控制

（1）环境及设施要求：检测场所的环境条件应满足检测工作的需要，应采取措施确保实验室的内务良好，必要时制定专门的工作程序。对影响分析检测质量的区域加以控制，限制进入或使用上述区域，并根据其特定的情况确定控制的程度。将不相容活动的相邻区域进行有效隔离，防止污染源的带入。

（2）化学分析、试样制备及前处理等场所应具有采光良好、有效通风和适宜的室内温度，应采取相应的措施防止溅出物或挥发物引起的交叉污染。样品、标准品、试剂存放区应满足其所需的保存条件，在冷藏和冷冻区域保存时，应定期对温度进行监控并做好记录。当需要在实验室外部场所进行取样或检测时，要特别注意操作环境条件，并现场记录相关的规范、方法和程序对环境条件的要求。或者环境条件对检测结果质量有影响时，应监测、控制和记录环境条件。

（3）痕量分析与常量分析必须分别在独立的房间进行，使用完全独立的实验室设施。避免常量分析对痕量分析的污染，产生假阳性、假阴性结果或检测灵敏度降低。对实验室内部或附近的有害生物进行控制时，必须使用那些被认为不会对检测产生影响的药品。

（二）实验室功能布局

实验室平面布局按照实验室建筑设计规范及建筑设计防火规范要求，将办公区域和实验区域分开，两者之间设置门禁系统。主实验室与辅助功能间之间相互协调，按照实验室功能流程合理分布。考虑人流物流污物流分开，保障样品无交叉污染，保证实验数据的正确性。在实验区域设计有紧急冲淋装置，减少实验操作人员的危险。

实验室要设置"三废处理"点，依据《中华人民共和国固体废物污染环境防治法》《危险化学品安全管理条例》等文件的有关规定，危险废物产生地（教学实验室）必须设置危险废弃物室内临时存放区，并张贴专用警示标志，做到安全牢固，远离水源和火源。

按照实际情况，实验室应保证一人一位，提高学生的实际动手操作能力。实验室还应配备洗眼和紧急喷淋系统，在每个水槽上设置洗眼器，在实验室门口配备紧急喷淋系统，一旦化学试剂被溅入眼睛，可使用洗眼器对眼睛进行冲洗，除去眼睛中的大部分污染物；若化学试剂大面积地溅到头部、脸部或者身上，应及时用紧急喷淋系统进行淋洗，及时去除大部分污染物，保障人身安全。并且该装置需每个月检查一次，确保可正常使用。

（三）实验室室内布局

根据理化实验室工作的特性，应创造一个安全、舒适、美化的实验室工作环境，办公区域与实验区域分开，即形成非受控区域和受控区域。可采用岛型结构设计或半岛型结构设计，配有带水中央台（试剂架、水盆、滴水架）、带水边台、试剂柜、器皿柜，另设有通风柜和万向排气罩排除实验过程产生的有毒有害烟雾，并配备洗眼器等安全设施。理化实验室配置如图 1-1 所示。

暗房	电烤室	化学分析处理室及无机前	天平室	IDD实验室	光谱仪器室	气瓶室	收样及样品储藏室	档案及报告编制室	办公室
受控区域							非受控区域		
无机试剂室	有机试剂室	化学分析处理室及有机前	小型仪器室	洗涤及纯水制备室	色谱仪器室				会议室

图 1-1 理化实验室配置

1. 精密仪器分析室

色谱室要有良好的通风，宜配备万向排气罩。供气管路有气瓶间进入室内，室内总管线通过稳压阀分向每一台仪器。在实验室管路设计时应充分考虑所用的气体，宜预留适当的管路。光谱室一般放置原子吸收光谱仪、原子荧光光谱仪、等离子体发射光谱仪等仪器，不宜和液相色谱仪、气相色谱等仪器放在同一房间。此类仪器可能用到的气体包括乙炔气、空气、氩气等，应充分考虑所需气路的设计。等离子体发射光谱仪和等离子体质谱仪宜隔间单独放置。

精密仪器室的仪器台一般宽度宜为 800~1000mm，高度宜为 760~840mm，仪器台离墙距离为 500~800mm 作为维修通道，根据需要设置电源插座、网络接口、气体管路接口等。

2. 气瓶室

当实验室需求的气体种类大于 3 种，或需储存 3 瓶以上的气体时，宜设立气瓶室，采用集中供气系统。气瓶室应保持阴凉、干燥、严禁明火、远离热源。气瓶室应有每小时不小于 3 次换气的通风设施，宜把气瓶室建在实验楼旁侧，气瓶室应配备防爆灯、防爆开关和防气体渗漏报警装置，墙壁需专门设置、施工，具有一定的防爆级别。

实验室设计集中供气管路的组成一般包括气源系统、切换系统、管道系统、调压系统、泄漏报警及紧急切断系统。对于一些易燃易爆的气体，如氢气、乙炔等，在设计之初和施工过程中会和其他惰性气体不同，应加入气体回火防止器和泄漏报警等安全装置。

3. 天平室

天平室设计要求温湿度控制，应有双层玻璃和窗帘，有恒温恒湿系统，无气流影响，设有前室。配有天平台，称量用周转台，放置干燥皿的边台。天平台必须防震，天平台放置必须离开墙壁1cm，可购置防震型天平台或砖砌大理石台面天平台。

4. 档案室（报告编制室）

用于报告的编制及打印，资料的储藏及查阅。

5. 收样室

独立的样品存储室，存储柜功能区间应划分清楚，标明未检样品、在检样品和已检样品。样品室必须干燥、通风、防尘、防鼠。

6. 样品前处理室

主要包括有机前处理、无机前处理等实验室。这些实验室设计的功能主要是做样品测试前的消解、萃取等工作，会产生一定的废气，因此，实验室内部必须具有安装通风橱和紧急喷淋装置。宜统一设置在靠窗并带有风井的一侧，可以保持良好的通风并方便管道排风。

7. 小型仪器室

小型分析仪器主要包括紫外分光光度计、浊度仪、酸度计、电导率仪、土壤密度计、电位计、电位滴定仪等设备。小型仪器摆放可按普通实验室边台或中央台设计并提供足够电源插座即可，环境条件应满足仪器的使用要求。实验台应稳固，可采用全钢结构或钢木结构台面等。

8. 试剂存储室

试剂分为有机试剂和无机试剂两大类，有机试剂和无机试剂应分开存放并保持试剂存放室具有良好的通风条件。有机试剂和无机试剂存放室应根据试剂的特性配备一定的消防设施。对于存放易燃易爆药品的房间，应设置防爆电器。

9. IDD 实验室

为防止交叉污染，有独立的实验室，设置独立的消化柜。

10. 电烤室

应有足够的电功率，最好用防火材料做隔断。

11. 洗涤和纯水室

洗涤室：要有专门清洗玻璃器皿区域，有机分析用的器皿与无机分析用的器皿分开，用于检测有毒物品的器皿要专用。

纯水室（实验用水制备室）：要有防尘设施，工作台面应坚固耐热，配设有能满足制水设备功率要求的电源线路，供水水龙头应有隔渣网。根据实验室工作性质的特殊要求，一般实验室需要供应 5 种水，分别是满足 GB 6682—2008《分析实验室用水规格和实验方法》的一、二、三级水、普通洗涤冷却水和消防水，后两种水在保证水质、水量和水压的前提下，直接从工厂供水管网上引入，另外需要引入软化水作为三级水，用于一般的滴定等实验分析，二级水和三级水在软水的基础上经过蒸馏、离子交换或者反渗透制备，应设置单独的制水间。洗涤用水和实验用三级水配送到每一个试验台，以满足实验、日常用水需要。实验用水制备室要有防尘设施，工作台面应坚固耐热，配设有能满足制水设备功率要求的电源线路。供水水龙头应有隔渣网。

12. 暗房

用于荧光物质、霉菌毒素及避光物质的检测，既要避光又要通风，最好安装毒气柜。

同时，实验室周围环境和测试项目间不能产生干扰和交叉污染。当电磁干扰、噪声或振动等环境因素对检测工作有影响时，应采取专门的监控措施，并记录有关的实测参数；对有振动要求和易产生较大振动的检测项目，应有隔振防振措施；精密仪器不得与化学分析实验室混放，以避免仪器受潮以及酸碱等化学品腐蚀；实验区域与办公区域适当分开，并对进入和使用可能影响工作质量的区域进行限制和控制；样品间要划出待检区、在检区、检毕区、留样区，特殊区域要有明显标识。

二、实验室常用的仪器设备

实验仪器是进行化学实验的重要工具。根据不同的实验目的，应选择相应的实验方法，用不同的实验仪器才能进行实验。而实验仪器的构造和性能又决定了其特有的操作方法和不同的适用范围。

（一）实验室常用的玻璃器皿

实验室玻璃器具比一般的玻璃器具含 SiO_2 要高，化学稳定性和热稳定性较好，耐一般酸/碱腐蚀。在使用过程中要注意玻璃容器易被氢氟酸腐蚀，不能进行含氢氟酸的实验。玻璃容器易被热或高浓度的碱液腐蚀，不能长时间存放碱液。受热后或使用一定时间膨胀系数会有改变，因而影响容器体积。实验室玻璃器具被分为 A 级和 B 级，A 级和 B 级的差别在于容器的可容许误差（容器的实际容积和标称容积的偏差百分比）范围不同；所有用于测量样品、标准配制和配制分析试剂所用的玻璃容器必须是 A 级的，以确保其精确性和准确性。

1. 计量类

用于量度质量、体积、温度、密度等的仪器。这类仪器中多为玻璃量器。主要有滴定管、移液管、量筒、量杯等。

2. 反应类

用于发生化学反应的仪器，也包括一部分可加热的仪器。这类仪器中多为玻璃或瓷质烧器。主要有试管、烧瓶、蒸发皿、坩埚等。

3. 容器类

用于盛装或贮存固体、液体、气体等各种化学试剂的试剂瓶等。

4. 分离类

用于进行过滤、分液、萃取、蒸发、灼烧、结晶、分馏等分离提纯操作的仪器。主要有漏斗、分液漏斗、蒸发皿、烧瓶、冷凝器、坩埚、烧杯等。

5. 固体夹持类

用于固定、夹持各种仪器的用品或仪器。主要有铁夹、铁圈、铁架台、漏斗架等。

6. 加热类

用于加热的用品或仪器。主要有试管、烧杯、烧瓶、蒸发皿、坩埚等。

7. 配套类

用于组装、连接仪器时所用的玻璃管、玻璃阀、橡胶管、橡胶塞等用品或仪器。

（二）实验室常用的电器设备

水浴锅：当被加热的物体要求受热均匀，温度不超过 100℃，可以水浴。使用时，加入清水（最好用纯水），水位一定保持不低于电热管，防止烧坏电热管。

磁力搅拌器：通常具有加热、控温、电磁搅拌功能，是一种密闭式电炉，有独立开关，并能调节加热功率。使用时要注意个人防护以免被烫伤；搅拌时，应注意容器放置于合适的位置，防止搅拌子接触容器壁，影响搅拌速度甚至打破容器；同时搅拌速度调节不能过快，防止溶液飞溅；一般在搅拌时都要给容器加盖或封上塑料膜防止液体蒸发。

马弗炉：温度范围 0~1300℃，由于温度过高，使用时应注意以下几点：①马弗炉周围不能存放化学试剂及易燃易爆物品；②马弗炉要专用电闸控制电源和独立的电源线；③在马弗炉内进行熔融或灼烧时，必须控制操作条件、升温速度和最高温度；④灼烧完毕，应立即切断电源，不应立即打开炉门，以免炉膛突然受冷破裂；⑤马弗炉不用时，应切断电源，将炉门关好，防止耐火材料受潮气侵蚀。

烘箱：用于室温至 300℃ 范围内的恒温烘焙、干燥、热处理等操作。

（三）食品分析实验室几种常用仪器及校准

1. 天平

分析天平：分析天平最大称量范围从 1g 到几百克，分辨率到 0.00001g。

电子天平：电子天平在实验室内通常最大称量值是 2kg，分辨率到 0.01g，分辨率低于分析天平。

天平在使用时，要注意天平放置区域温度应保持稳定，波动幅度不大于 0.5℃/h，室温应在 15~30℃，湿度保持在 55%~75% 之间。称量前应检查天平是否水平，且不能过载。

因受到存放时间、位置移动、环境变化等影响，天平在使用前都应进行校准操作。轻按 CAI 显示器出现 CAL-100 闪烁，此时，把 100g 校准砝码放上秤盘，显示器出现等待状态，经几秒后显示器出现 100.0000g，拿去校准砝码，显示器应出现 0.0000g，若显示不为零，则再重复以上校准操作（为了得到准确的校准结果最好反复以上校准操作两次）。

2. pH 计

pH 计所测量的 pH 是用来表示溶液酸碱度的一种方法，它用溶液中的 H^+ 浓度的负对数来表示，即：

$$pH = -lg \left[H^+ \right]$$

pH 计，是由电计和电极两个部分组成。在实际测量中，电极浸入待测溶液中，将溶液中的 H^+ 浓度转换成 mV 级电压信号，送入电计。电计将该信号放大，并经过对数转换为 pH，然后由毫伏级显示仪表显示出 pH。

pH 电极存放时应将复合电极的玻璃探头部分套在盛有 3mol/L 氯化钾溶液的塑料套内，使用前应对电极进行校准。将"选择"钮拨至 pH 档，"斜率"旋钮顺时针旋到底，"温度"旋钮旋至溶液的温度值。把用蒸馏水清洗过的电极插入 pH=6.86（25℃时的值）的标准缓冲溶液中，待读数稳定后调节"定位"旋钮至该溶液在当时温度下的 pH（当时温度下的 pH 可查表）。用蒸馏水清洗电极然后将电极插入 pH=4.00 或 pH=9.18 的标准缓冲溶液中（根据被测溶液的酸碱性确定选择哪一种缓冲溶液，如果被测溶液呈酸性则选 pH=4.00 缓冲溶液；如果被测溶液呈碱性则选 pH=9.18 的缓冲溶液），待读数稳定后调节"斜率"旋钮至该溶液在当时温度下的 pH。

3. 马弗炉

高温电炉即马弗炉，常用于质量分析中灼烧沉淀、测定灰分等工作，是热力丝结构的高温电炉，最高使用温度为 950℃，短时间可以升到 1000℃。

高温炉的炉膛是耐高温而无胀缩碎裂的氧化硅结合体制成。炉膛内外壁之间有空槽，炉丝串在空槽中，炉膛四周都有炉丝，通电后，整个炉膛周围均匀加热而产生高温。

炉膛的外围包耐火砖、耐火土、石棉板等，外壳包上带角铁的骨架和铁皮。炉门是用耐火砖制成，中间开一小孔，嵌一块透明的云母片，以观察炉内升温情况。

炉内用温度控制器控温，一般在灼烧前将控温指针拨到预定温度的位置，从到达预定温度开始计算灼烧时间。

具体的使用方法：先将温度控制器的温控指针（或旋钮）调至需要的温度，放入坩埚至炉膛内，关闭炉门。打开温度控制器的电源开关，即开始加热，当温度指示指针达到调节温度时，即可恒温灼烧，此时红绿灯不时交替熄亮。

灼烧完毕，应先拉下电闸，切断电源。但不可立即打开炉门，以免炉膛骤然受冷碎裂。一般可先开一条小缝，让其降温快些，待温度降至 200℃ 以下时，用长柄坩埚钳取出被烧物件。高温炉不用时，应切断电源，并将炉门关好，防止耐火材料受潮侵蚀。

4. 阿贝折光仪

折射率是物质的一种物理性质，它是食品生产中常用的工艺控制指标，通过测定液态食品的折射率可以鉴别食品的组成，确定食品的浓度，判断食品的纯净程度及品质。折光仪就是一种利用折光的原理简便快速测定溶液的折射率（n_D^t）、糖度（Brix）及浓度的光学仪器。折射率又名相对折射率，是指光从一种介质射入另一种介质发生折射时，入射角的正弦值与折射角正弦值的比值，是一个物理常数。介质相对真空的折射率叫做绝对折射率。

蔗糖溶液的折射率随浓度增大而升高。通过测定折射率可以确定糖液的浓度及饮料、糖水罐头等食品的糖度，也可以测定以糖为主要成分的果汁、蜂蜜等食品的可溶性固形物的含量，还可以通过测定生长期果蔬的折射率，判断果蔬的成熟度，以进行田间管理。

各种油脂由一定的脂肪酸构成，每种脂肪酸均有其特定的折射率。含碳原子数目相同的不饱和脂肪酸的折射率比饱和脂肪酸的折射率大得多；不饱和脂肪酸的相对分子质量越大，折射率也越大；酸度高的油脂折射率低。测定折射率可以鉴别油脂的组成和品质。

阿贝折射仪中心部件是两块直角棱镜组成的棱镜组，下面一块是可以启闭的辅助棱镜，其斜面是磨砂的，液体试样加在辅助棱镜与测量棱镜之间，展开成一薄层。光由光源经反射镜反射至辅助棱镜，在磨砂的斜面发生漫射，因此从液体试样层进入测量棱镜的光纤各个方向都有，从测量棱镜的直角边上方可观察到临界折射现象。转动棱镜组转轴的手柄，调节棱镜组的角度，使临界线正好落在测量望远镜视野的 X 形准丝交点上。由于刻度盘与棱镜组的转轴是同轴的，因此与试样折光率相对应的临界角位置能通过刻度盘反映出来。刻度盘上的示值有两行，一行是在以日光为光源的条件下将 Z_i 值和 KIO_3 值直接换算成相当于钠光 D 线的折光率 HCl（1.300~1.700）；另一行为 0~95%，它是工业上用折光仪测定固体物质在水中浓度的标准，通常用于测量蔗糖的浓度。

为使用方便，阿贝折光仪光源采用日光而不用单色光。日光通过棱镜时由于其不同波长的光的折射率不同，因而产生色散，使临界线模糊。为此，在测量望远镜的镜筒下面设计了一套消色散棱镜，旋转消色散手柄，就可以消散色散现象。阿贝折光仪主要能测出蔗糖溶液的质量分数（锤度 Brix）（0~95%，相当于折射率为 1.333~1.531）。仪器使用范围广，精度高，操作简便，测量快速，不消耗化学试剂，无化学污染，是石油工业、油脂工业、制药工业、制漆工业、日用化学工业、制糖工业和地质勘察等有关工厂、学校及有关科研单位不可缺少的常用设备之一。

三、实验室 6S 管理及实施

"6S" 是整理（Seiri）、整顿（Seiton）、清扫（Seiso）、清洁（Seiketsu）、修身（Shitsuke）、安全（Security）这 6 个词的缩写，简称为 6S，开展以整理、整顿、清扫、清洁、修

身和安全为内容的活动，称为"6S"活动。

（一）整理

实验要环境整齐，操作区域通畅，物品归类放置整齐，严格区分是否是教学活动中必需的物品。仪器设备合理摆放，保持通道整洁，保证实验过程中操作和行走的方便。实验工具分类摆放，放入固定整理箱并张贴标签。按照规划好的设备安置情况，对辅助设备和电路进行整理，地面上电缆进行整理固定，并贴有明显的标识避免踩踏。资料柜内报告和档案分类摆放整齐，并按分类张贴，标签把要与不要的人、事、物分开，再将不需要的人、事、物加以处理，这是开始改善工作现场的第一步。其要点是对工作现场的现实摆放和停置的各种物品进行分类，区分什么是现场需要的，什么是现场不需要的；对于现场不需要的物品，诸如用剩的材料、多余的半成品、垃圾、废品、多余的工具、报废的设备、个人生活用品等，要坚决清理出生产现场，这项工作的重点在于坚决把现场不需要的东西清理掉。对于实验室里各种实验位或实验台的前后、通道左右、实验桌柜筒内外，以及实验室的各个死角，都要彻底搜寻和清理，达到现场无不用之物。

整理的总原则是现场只保留必要物品，目的是腾出空间，防止误用，塑造宽敞舒适的实验室环境。在具体操作过程中要根据实验室功能、规划，针对仪器设备、实验器材，优化实验室布局，最大限度优化实验室空间，塑造干净、整洁、协调的实验室环境，提高实验室形象。

整理的目的是：改善和增加工作面积；现场无杂物，行道通畅，提高工作效率；减少磕碰的机会，保障安全，提高质量；消除管理上的混放、混乱等差错事故；有利于减少库存量，节约资金；改变作风，提高工作情绪。

（二）整顿

实验设备定期保养并做好设备使用记录，保证设备的使用状况。实验中使用的工具要定位放置，统一标识，一目了然，达到方便学生取用为宜。要求学生在实验过程中使用工具重新定位、定量放置好，节省实验中寻找工具的时间，减少工具的丢失和浪费。仪器设备定期检查和保养，发现故障及时进行维修，减少机器闲置的时间，做好仪器设备维修记录。实验管理人员定期清理实验室，每次实验课结束后，安排学生对实验室进行打扫，把需要的人、事、物加以定量、定位。通过前一步整理后，对实验现场需要留下的物品进行科学合理的布置和摆放，以便用最快的速度取得所需之物，在最有效的规章、制度和最简捷的流程下完成作业。例如，根据物品使用的频率，经常使用的东西应放得近些，偶尔使用或不常使用的东西则应放得远些（如集中放在实验室某处）；物品摆放目视化，使定量装载的物品做到过目知数，摆放不同物品的区域采用不同的色彩和标记加以区别。

（三）清扫

保持实验室环境的整洁干净，操作台和地面无杂物。实验室配备齐全的清扫工具，对机械设备上的油污需要专门清理，为保养与润滑而使用的润滑油避免外泄，以免在实验中沾到油渍。保持实验室长期的干净、整洁的环境，营造良好的实验环境，把实验场所打扫干净，设备异常时马上修理，使之恢复正常。实验现场在操作过程中会产生油污、垃圾等，从而使现场变脏。脏的现场会使设备精度降低，故障多发，影响实验效果，使安全事故防不胜防，必须通过清扫活动来清除脏物，创建明快、舒畅的实验环境。

清扫活动的要点是：自己使用的物品，如设备、工具等，要自己清扫，而不要依赖他人；对设备的清扫，着眼于对设备的维护保养；清扫设备要同设备的点检结合起来，清扫即点检；清扫也是为了改善。

（四）清洁

做好整理、整顿、清扫，对不符合的情况及时纠正，保持整理、整顿、清扫成果并改进。形成制度化、规范化，进而形成习惯化、自然化。实验管理人员定期清理实验室，每次实验课结束后，安排学生对实验室进行打扫。

整理、整顿、清扫之后要认真维护，使现场保持完美和最佳状态。清洁，是对前三项活动的坚持与深入，从而消除发生安全事故的根源。

（五）修身

修身即教养，努力提高人员的修身，养成严格遵守规章制度的习惯和作风，这是"6S"活动的核心。素养是实验人员在实验过程中形成的一种检验。修养在实验室内部各种规章制度约束下，上升为一种自觉行为，实现了实验人员的自我规范与实验过程良好行为的习惯化。在对工作场所彻底地整理、整顿、清扫、清洁的基础上，提高员工个人素养，及时整理个人工作区域，加强员工的自我管理意识。

实验教师和学生都要将素养纳入考核指标，养成"6S"活动素养和观念。实验教师在工作中要穿工作服，穿着整洁得体，员工工作精神饱满。学生在上课时，着装整齐，便于实验操作，实验中体现团队精神，分工明确，遵守实验室各项规章制度。"6S"理念不仅是学生在实验过程中需要学习的观念，也是今后从事专业活动的一门行动的科学，应使学生在潜移默化中养成良好的专业习惯和职业素养。培养学生在规范化条件下，发扬积极主动的创新精神，为以后的职业生涯打下坚实的基础。

（六）安全

安全作为"6S"管理最后一个组成部分，有着重要的意义，目的是保障实验人员安全和财产安全，防止实验室各类事故的发生，将实验室的安全事故发生率尽可能降为零。人员不安全行为主要有违规操作、慌忙浮躁、粗心大意、用电过载等；财产不安全行为主要有水电异常、仪器设备过热、电线线路老化等。所以，实验室要贯彻"6S"管理中的安全理念，把安全预防贯彻到实验全过程中，加强实验人员安全素质培训教育，及时消除实验室中存在的潜在性不安全因素。

实验过程安全是重点，严格要求学生遵守实验操作流程，保障实验过程的安全性。实验设备启动前需要充分了解实验设备和操作流程，检查设备完好性和线路连接正确性。

思政小课堂

实验室安全

任务二　试剂的基础知识及水质要求

一、试剂的规格

试剂质量的优劣直接影响检测工作质量，尤其是在样品前处理过程中所用到的各种试剂，例如，在进行食品中的铅、镉、砷等金属项目的测定时，用硫酸、硝酸、高氯酸等对食品进行消解，所用试剂中均不能含有被测物质，否则，消化浓缩后，这些金属离子被带入消解的样品溶液中，增加检测误差。

化学试剂的规格按试剂的纯度及杂质的含量一般划分为：高纯、光谱纯、基准、分光纯、优级纯、分析纯和化学纯等。2012 年 12 月 31 日发布了新标准 GB/T 15346—2012《化学试剂包装及标志》，临床试剂、高纯试剂和精细化工产品不在该标准范围。标准对内包装形式、包装单位、中包装容器、外包装组装量、外包装容器及隔离材料等作了详细的规定；对产品包装标志也作出了规定，标签内容一般包括 13 项。

在中国国家标准中，将一般试剂划分为 3 个等级，GB/T 15346—2012 要求按规定的标签颜色标记化学试剂的级别（表 1-1）。

表 1-1　化学试剂的门类、等级及标志

门类	质量级别	代码（沿用）	标签颜色	备注
通用试剂	优级纯（一级试剂）	C. R.	深绿色	主要成分含量高，杂质含量低，主要用于精密的分析研究和测试工作
	分析纯（二级试剂）	A. R.	金光红色	主体成分含量略低于优级纯，杂质含量略高，用于一般的分析研究和重要的测试工作
	化学纯（三级试剂）	C. P.	中蓝色	品质略低于分析纯，但高于实验试剂（LR），用于工厂、教学的一般分析和实验工作
基准试剂	—	—	深绿色	用于标定容量分析标准溶液及 pH 计定位的标准物质，纯度高于优级纯，检测的杂质项目多，但总含量低
生化试剂	—	—	咖啡色	用于生命科学研究的试剂种类特殊，纯度并非一定很高
生物染色剂	—	—	玫瑰红色	用于生物切片、细胞等的染色，以便显微观测

注　①其他类别的试剂均不得使用上述的颜色标志。②此类试剂及其标签颜色是由 HG3-119-1983 规定的，GB 15346—1994 中未单列。

一级试剂用于精密的分析工作，主要用于配制标准溶液；二级试剂常用于配制定量分析中的普通试剂；三级试剂适用于工矿、学校一般分析工作。

基准试剂纯度相当于或高于优级纯，能用于直接配制或标定标准溶液。

高纯试剂是纯度远高于优级纯的试剂。对高纯试剂的等级，除了要了解试剂的等级外，还需要知道试剂的包装单位。化学试剂的包装单位是指每个包装容器内盛装化学试剂的净质量（固体）或体积（液体）。包装单位的大小根据化学试剂的性质、用途和经济价值而决定。

我国规定化学试剂以下列 5 类包装单位（固体产品以克计，液体产品以毫升计）包装。

第一类：0.18g、0.25g、0.58g、1g 或 0.5mL、1mL；

第二类：5g、10g、25g 或 5mL、10mL、20mL、25mL；

第三类：50g、100g 或 50mL、100mL；

第四类：250g、500g 或 250mL、500mL；

第五类：1000g、2500g、5000g 或 1000mL、2500mL、5000mL。

应该根据用量决定购买量，以免造成浪费。如过量储存易燃易爆品，不安全；易氧化及变质的试剂，过期失效；标准物质等贵重试剂，积压浪费等。

二、溶液浓度的表示方法

溶液是由两种或多种组分所组成的均匀体系。所有溶液都是由溶质和溶剂组成的，溶剂是一种介质，在其中均匀地分布着溶质的分子或离子。溶剂和溶质的量十分准确的溶液叫标准溶液，而把溶质在溶液中所占的比例称作溶液的浓度。根据用途的不同，溶液浓度有多种表示方法，如体积摩尔浓度、质量摩尔浓度、质量分数、重量百分浓度、体积百分浓度、滴定度等。

（一）体积摩尔浓度

1L 溶液中所含溶质的摩尔数，称作体积摩尔浓度，以单位体积所含溶质的量（摩尔数）表示，以 M 表示，即 $M=$ 溶质的摩尔数/溶液体积，单位是 mol/L。

例如，0.1mol/L 的氢氧化钠溶液，NaOH 是溶质，水是溶剂，NaOH 溶于水形成溶液，就是在 1L 溶液中含有 0.1mol 的氢氧化钠。

（二）质量分数（质量百分浓度，m/m）

质量分数是指每 100g 溶液中溶质的质量（以 g 计），即溶质的质量占全部溶液质量的百分率。质量分数最常用，无量纲，用符号%表示。例如，10%氢氧化钠溶液，就是 100g 溶液中含 10g 氢氧化钠。如果溶液中含百万分之几（10^{-6}）的溶质，用 ppm 表示，但现在已经废止，统一用微克/毫升或毫克/升或克/立方米来表示，如 5ppm $=5\times10^{-4}\%=5$（$\mu g/mL$）。

（三）体积分数（体积百分浓度，v/v）

体积分数是指 100mL 溶液中所含溶质的体积（mL）数，如 95%乙醇，就是 100mL 溶液中含有 95mL 乙醇和 5mL 水。如果浓度很稀也可用 ppm 和 ppb 表示。1ppm＝1mg/mL，1ppb＝1ng/mL。

（四）体积比浓度

体积比浓度是指用溶质与溶剂的体积比表示的浓度。如 1：1 盐酸，即表示 1 体积量的盐酸和 1 体积量的水混合的溶液。

（五）滴定度（T）

滴定度是溶液浓度的另一种表示方法。它有两种含义，其一表示每毫升溶液中含溶质的克数或毫克数，如氢氧化钠溶液的滴定度为 T（NaOH）= 0.0028g/mL = 2.8mg/mL。其二表示每毫升溶液相当于被测物质的克数或毫克数。如用硝酸银测定氯化钠时，表示硝酸银的浓度有两种：T（AgNO$_3$）= 1mg/mL、T（NaCl）= 1.84mg/mL，前者表示 1mL 溶液中含硝酸银 1mg，后者表示 1mL 溶液相当于 1.84mg 的氯化钠，用 T（NaCl）= 1.84 表示，这样知道了滴定度乘以滴定中耗去的标准溶液的体积数，即可求出被测组分的含量，计算起来相当方便。

三、标准溶液的配制与标定

（一）盐酸的配制与标定（0.1mol/L 盐酸标准溶液）

1. 配制

量取 9mL 盐酸，注入 1000mL 水中，混匀。

2. 标定

精密称取于 270~300℃ 高温炉中灼烧至恒重的基准无水碳酸钠 0.2g，准确至 0.0001g，溶于 80mL 水中，加入甲基橙指示剂 2~3 滴，用盐酸滴定至溶液呈橙红色，煮沸 2~3min，冷却后继续滴定至橙红色。同时做空白实验。

3. 计算

$$c（HCl）= \frac{m \times 1000}{(V_1 - V_2) \times M} \tag{1-1}$$

式中：m——无水碳酸钠质量，g；

　　　V_1——盐酸溶液体积，mL；

　　　V_2——空白试验消耗盐酸溶液体积，mL；

　　　M——无水碳酸钠的摩尔质量，g/mol［M（1/2Na$_2$CO$_3$）= 52.994］。

（二）硫代硫酸钠标准滴定溶液［c（Na$_2$S$_2$O$_3$）= 0.1mol/L］

1. 配制

称取 26g 五水合硫代硫酸钠（或 16g 无水硫代硫酸钠），加 0.2g 无水碳酸钠，溶于 1000mL 水中，缓缓煮沸 10min，冷却，放置 2 周后用 4 号玻璃滤芯过滤。

2. 标定

称取 0.18g 已于（120±2）℃ 干燥至恒重的基准试剂重铬酸钾，置于碘量瓶中，准确至 0.0001g，溶于 25mL 水，加 2g 碘化钾及 20mL 硫酸溶液，摇匀，于暗处放置 10min，加 150mL 水（15~20℃），用配制的硫代硫酸钠溶液滴定，近终点时加 2mL 淀粉指示剂（10g/L），继续滴定至溶液由蓝色变为亮绿色。同时做空白试验。

3. 计算

$$c（Na_2S_2O_3）= \frac{m \times 1000}{(V_1 - V_2) \times M} \tag{1-2}$$

式中：m——重铬酸钾的质量，g；

　　　V_1——硫代硫酸钠溶液体积，mL；

V_2——空白试验消耗硫代硫酸钠溶液体积，mL；

M——重铬酸钾的摩尔质量，g/mol [M（$1/6K_2Cr_2O_7$）＝49.031]。

（三）碘标准滴定溶液 [c（$1/2\ I_2＝0.1mol/L$）]

1. 配制

称取 13.5g 碘，加 36g 碘化钾、50mL 水，溶解后加入 3 滴盐酸及适量水稀释至 1000mL。用垂熔漏斗过滤，置于阴凉处，密闭，避光保存。

2. 标定

准确称取约 0.15g 在 105℃ 干燥 1h 的基准三氧化二砷，准确至 0.0001g，加入 10mL 氢氧化钠溶液（40g/L），微热使之溶解。加入 20mL 水及 2 滴酚酞指示液，加入适量硫酸（1＋35）至红色消失，再加 2g 碳酸氢钠、50mL 水及 2mL 淀粉指示液。用碘标准溶液滴定至溶液显浅蓝色。

3. 计算

$$c=\frac{m}{v\times0.04946} \tag{1-3}$$

式中：c——碘标准滴定溶液的实际浓度，mol/L；

m——基准三氧化二砷的质量，g；

v——碘标准溶液用量，mL；

0.04946——与 0.100mL 碘标准滴定溶液 [c（$1/2I_2$）＝1.000mol/L] 相当的三氧化二砷的质量，g。

四、实验室水质要求

食品分析检验中大部分的分析是对水溶液的分析检验，因此水是最常用的溶剂。在未特殊注明的情况下，无论配制试剂用水，还是分析检验操作过程用水，均为纯度能满足分析要求的蒸馏水或去离子水。蒸馏水可用普通的自来水经蒸馏汽化冷凝制成，也可以用阴阳离子交换树脂处理的方法制得。不同的检测项目需要不同质量的水。根据有关国家标准规定，一般食品检验用水为"蒸馏水或相应纯度的去离子水"，某些超纯分析及痕量分析需用纯度更高的水。《国家实验室用水规格和试验方法》（GB/T 6682—2008）中规定了实验室用水的技术指标、制备方法及检验方法。实验室用水的级别及主要指标见表 1-2。

表 1-2　实验室用水的级别及主要指标

指标名称		三级	二级	一级
pH 值范围（25℃）		5.0～7.5	—	—
电导率（25℃）/（S/m）	≤	0.50	0.10	0.01
可氧化物质含量（以 O 计）/（mg/L）	≤	0.4	0.08	—
吸光度（254nm，1cm 光程）	≤	—	0.01	0.001
蒸发残渣（105℃±2℃含量）/（mg/L）	≤	2.0	1.0	—
可溶性硅含量（以 SiO_2 为例）/（mg/L）	≤	—	0.02	0.01

指标名称	三级	二级	一级
适用场合	一般化学检验	用于无机痕量检验，如原子吸收光谱分析用水	用于有严格要求（包括对颗粒度、微生物的要求）的检验，如HPLC检验用水

注　①一级、二级水的纯度下，pH 值难以测定，故无此项质量指标。②考虑到纯水在储存过程中会因接触空气而吸收 CO_2 或储水容器材质本身可溶性成分的溶解导致电导率改变，一级、二级水的电导率需"在线检测"。

一级水用于有严格要求的微量和超微量分析试验，如高效液相色谱分析仪用水。一级水可用二级水经过适应设备蒸馏或交换混床处理后，再经 0.2μm 微孔滤膜来制取。二级水用于无机痕量分析等试验，如原子吸收光谱分析用水。二级水可用多次蒸馏或离子交换等方法制取。三级水用于一般化学分析试验。三级水可用蒸馏或离子交换等方法制取。

项目二　食品分析检验的一般程序

【知识目标】

1. 掌握食品样品的采集、制备、保存等方面的知识。
2. 理解食品分析检验结果与数据处理的相关知识。
3. 掌握食品样品的预处理方法和原理。

【能力目标】

1. 熟练进行食品样品的采集、制备和保存，能根据不同食品类型选择合适的分析方法。
2. 掌握有机物破坏法、溶剂萃取法及蒸馏法等各种食品样品的预处理性能。
3. 掌握数据分析处理的能力，能够应用食品分析检验数据对分析结果进行评价。

【相关知识】

食品种类繁多，成分复杂，来源不一，进行分析检验的目的、项目、要求也不尽相同，尽管如此，不论什么食品，只要进行理化检验，都必须按照一个共同的程序进行。食品的分析与检验一般包括4个步骤：第1步，检测样品的准备过程，包括采样及样品的处理及制备过程；第2步，进行样品的预处理，使其处于便于检测的状态；第3步，选择适当的检测方法，进行一系列的检测并进行结果的计算，然后对所获得的数据（包括原始记录）进行数据统计及分析；第4步，将检测结果以报告的形式表达出来。

任务一　样品的采集与制备

一、样品的采集

样品的采集简称采样（又称检样、取样、抽样等），是为了进行检验而从大量物料中抽取的一定数量具有代表性的样品。

在实际工作中，要化验的物料常常量都很大，组成有的很均匀，而有的很不均匀，化验时有的需要几克样品，而有的只需几毫克。分析结果必须能代表全部样品，因此必须采取具有足够代表性的"平均样品"，并将其制备成分析样品，如果采集的样品不具有代表性，那么即使分析方法再正确，也得不到正确的结论。因此，正确的采样在分析工作中是十分重要的。

（一）采样的原则

采样是食品分析检验的第一步工作，它关系到食品分析的最后结果是否能够准确地反映它所代表的整批食品的性状，这项工作的进行必须非常慎重。

为保证食品分析检测结果的准确与结论的正确，在采样时要坚持下面几个原则。

1. 采样应具有代表性

采集的样品必须具有充分的代表性，能代表全部检验对象，代表食品整体，否则，无论检测工作做得如何认真、精确都是毫无意义的，甚至会得出错误的结论。

2. 采样应具有准确性

采样过程中要保持原有的理化指标、防止成分逸散或带入杂质，否则将会影响检测结果和结论的正确性。

3. 采样应具有真实性

采集样品必须由采集人亲自到实地进行该项工作。

（二）采样的一般步骤

要从一大批被测对象中采取能代表整批物品质量的样品，必须遵从一定的采样程序和原则。采样的步骤如下。

1. 获得检样

由整批待检食品的各个部分抽取的少量样品称为检样。

2. 得到原始样品

把多份检样混合在一起，构成能代表该批食品的原始样品。

3. 获得平均样品

将原始样品经过处理，按一定的方法和程序抽取一部分作为最后的检测材料，称为平均样品。

4. 平均样品三等分

将平均样品分为三份，即检验样品、复检样品和保留样品。

（1）检验样品：由平均样品中分出，用于全部项目检验用的样品。

（2）复检样品：对检验结果有争议或分歧时，可根据具体情况进行复检，故必须有复检样品。

（3）保留样品：对某些样品，需封存保留一段时间，以备再次验证。

5. 填写采样记录

采样记录包括采样的单位、地址、日期、样品批号、采样条件、采样时的包装情况、采样的数量、要求检验的项目及采样人等。

（三）采样的一般方法

样品的采集通常有随机抽样和代表性取样两种方法。

随机抽样是按照随机的原则从大批物料中抽取部分样品。操作时，可用多点取样法，即从被检食品的不同部位、不同区域、不同深度，上、下、左、右、前、后多个地方采集样品，使所有的物料的各个部分都有机会被抽到。

代表性取样是用系统抽样法进行采样，即已经了解样品随空间（位置）和时间而变化的规律，按此规律进行取样，以便采集的样品能代表其相应部分的组成和质量，如分层采样、依生产程序流动定时采样、按批次或件数采样、定期抽取货架上陈列的食品采样等。

随机抽样可以避免人为因素的影响，但在某些情况下，如难以混匀的食品（如果蔬、面点等），仅用随机抽样是不够的，必须结合代表性取样，从有代表性的各个部分分别取样，才能保证样品的代表性，从而保证检测结果的正确性。因此通常采用随机抽样与代表性取样相结合的取样方法。具体采样方法视样品不同而异。

1. 散粒状样品（如粮食、粉状食品）

粮食、砂糖、奶粉等均匀固体物料，应按不同批号分别进行采样，对同一批号的产品，采样点数可由采样公式（2-1）决定，即：

$$s = \sqrt{\frac{N}{2}} \tag{2-1}$$

式中：N——检测对象的数目（件、袋、桶等）；

　　　s——采样点数。

然后从样品堆放的不同部位，按照采样点数确定具体采样袋（件、桶、包）数，用双套回转取样管，插入每一袋子的上、中、下三个部位，分别采取部分样品混合在一起。若为散堆状的散料样品，先划分若干等体积层，然后在每层的四角及中心点，也分为上、中、下三个部位，用双套回转取样管插入采样，将取得的检样混合在一起，得到原始样品。混合后得到的原始样品，按四分法对角取样，缩减至样品不少于所有检测项目所需样品总和的 2 倍，即得到平均样品。

四分法是将散粒状样品由原始样品制成平均样品的方法，如图 2-1 所示。将原始样品充分混合均匀后，堆集在一张干净平整的纸上，或一块洁净的玻璃板上，用洁净的玻璃棒充分搅拌均匀后堆成一圆锥形，将锥顶压平成一圆台，使圆台厚度约为 3cm；画 "+" 字等分成 4 份，取对角 2 份，其余弃去；将剩下 2 份按上法再行混合，四分取其二，重复操作至剩余为所需样品量为止。

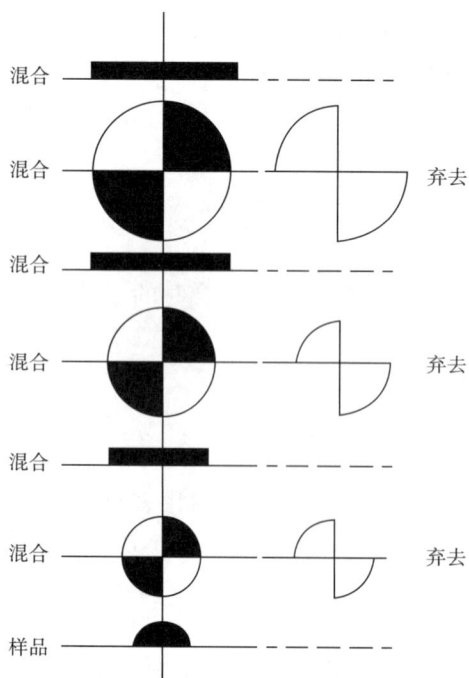

图 2-1　四分法取样图解

2. 液体及半固体样品（如植物油、鲜乳、饮料等）

对桶（罐、缸）装样品，先按采样公式确定采取的桶数，再开启包装，用虹吸法分上、中、下三层分别采取少部分检样，然后混合分取、缩减所需数量的平均样品。若是大桶或池（散）装样品，可在桶（或池）的四角及中点分上、中、下三层进行采样，充分混匀后缩减至所需要的量。

3. 不均匀的固体样品（如肉、鱼、果蔬等）

此类食品本身各部位成分极不均匀，个体及成熟差异大，更应注意样品的代表性。一般从被检物有代表性的部位分别采样，混匀后缩减至所需数量。个体较小的鱼类样品可随机取多个样品，混匀后缩减至所需数量。

4. 小包装食品（如罐头、瓶装饮料、奶粉等）

根据批号或班次连同包装一起分批取样，如小包装外还有大包装，可按取样公式抽取一定量的大包装，再从中抽取小包装，混匀后，分取至所需的量。

各种各类食品采样的数量、采样的方法均有具体的规定，可参照有关标准。

样品分检验用样品与送检样品两种。检验用样品是由较多的送检样品中，均匀混合后再取样，直接供分析检测用，取样量由各检测项目所需样品量决定。

（四）采样的数量

采样数量能反映该食品的营养成分和卫生质量，并满足检验项目对样品量的需要，送检样品应为可食部分食品，约为检验需要量的 4 倍。通常为一套三份，每份为 0.5 ~ 1kg，分别供检验、复验和仲裁使用。同一批号的完整小包装食品，250g 以上的包装不得少于 6 个，250g 以下的包装不得少于 10 个。

（五）采样注意事项

所采样品均应保持备检对象原有的性状，不应因任何外来因素使样品在外观、化学检验和细菌检验上受到影响。因此，采样时应特别注意以下操作事项：

（1）凡是接触样品的工具，容器必须保持清洁，必要时需要进行灭菌处理，不得带入污染物或被检样品需要检测的成分。例如，测定样品的含铅量时，接触食品的器物不得检出含铅。

（2）样品包装应严密，以防止被检样品中水分和挥发性成分损失，同时避免被检样品吸收水分或有气味物质。为防止食品的酶活性改变、抑制微生物繁殖以及减少食物的成分氧化，样品一般应在避光、低温下贮存、运输。

（3）样品采集后，应尽快进行分析，以缩短样品在各阶段的停留时间，防止发生变化。

（4）盛装样品的器具应贴牢标签，注明样品的名称、批号、采样地点、日期、检验项目、采样人及样品编号等。无采样记录的样品，不得接受检验。

（5）性质不相同的样品切不可混在一起，应分别包装，并分别注明性质。

二、样品的制备

食品的种类繁多，许多食品各个部位的组成都有差异。为了保证分析结果的正确性，在检验之前，必须对分析的样品加以适当的制备。样品的制备是指对采取的样品进行分取、粉碎及混匀等过程，目的是保证样品的均匀性，在检测时取任何部分都能代表全部样品的成分。

样品的制备一般是将不可食部分先去除，再根据样品的不同状态采用不同的制备方法。制备过程中，应注意防止易挥发性成分的逸散和避免样品组成成分及理化性质发生变化。

样品制备的方法因样品的状态不同而异。

（一）液体、浆体或悬浮液体

一般是将样品充分混匀搅拌。常用的搅拌工具有玻璃棒、电动搅拌器以及液体采样器等。

（二）互不相溶的液体

如油与水的混合物，分离后分别采取样品。

（三） 固体样品

应先粉碎或切分、捣碎、研磨或用其他方法研细、捣匀。常用工具有绞肉机、磨粉机、研钵、高速组织捣碎机等。

（四） 罐头

水果罐头在捣碎前须清除果核，肉禽类罐头应预先清除骨头，鱼类罐头要将调味料（葱、八角、辣椒等）分出后再捣碎，常用高速组织捣碎机等进行捣碎。

（五） 测定农药残留量时的各种样品制备方法

（1）粮食：充分混匀，用四分法取 200g 粉碎，全部通过 40 目筛。

（2）蔬菜和水果：先用水洗去泥沙，然后除去表面附着的水分。依当地食用习惯，取可食部分沿纵轴剖开，各取 1/4，切碎，充分混匀。

（3）肉类：除去皮和骨，将肥瘦肉混合取样。每份样品在检验农药残留量的同时，应进行粗脂肪含量的测定，以便必要时分别计算农药在脂肪或瘦肉中的残留量。

（4）蛋类：去壳后全部混匀。

（5）禽类：去毛，开膛去内脏，洗净，除去表面附着的水分。纵剖后将半只去骨的禽肉绞成肉泥状，充分混匀。检验农药残留量的同时，还应进行粗脂肪的测定。

（6）鱼类：每份鱼样至少 3 条。去鳞、头、尾及内脏，洗净，除去表面附着的水分，纵剖，取每条的一半，去骨刺后全部绞成肉泥状，充分混匀。

样品的制备一般将不可食部分先去除，再根据样品的不同状态采用不同的制备方法。在样品制备过程中，还应注意防止易挥发性成分的逸散和避免样品组成成分及理化性质发生变化，尤其是做微生物检验的样品，必须根据微生物学的要求，严格按照无菌操作规程制备。

三、样品的保存

采集的样品，为了防止其水分或挥发性成分散失以及其他待测成分含量的变化（如光解、高温分解、发酵等），应在短时间内进行分析。如果不能立即分析，则应妥善保存；保存的原则是干燥、低温、避光、密封。

制备好的样品应放在密封洁净的容器内，置于阴暗处保存；易腐败变质的样品应保存在 0~5℃ 的冰箱里，保存时间也不宜过长；有些成分，如胡萝卜素、黄曲霉毒素 B1、维生素 B2 等，容易发生光解，以这些成分作为分析项目的样品必须在避光条件下保存；特殊情况下，样品中可加入适量的不影响分析结果的防腐剂，或将样品置于冷冻干燥器内进行升华干燥来保存。此外，样品保存环境要清洁干燥；存放的样品要按日期、批号、编号摆放，以便查找。

思政小课堂

抽样检验

任务二 样品的预处理

食品的成分复杂，既含有大分子的有机化合物，如蛋白质、糖、脂肪、维生素及因污染引入的有机农药等，也含有各种无机元素，如钾、钠、钙、铁等。这些组分往往以复杂的结合态或络合态形式存在。当应用某种化学方法或物理方法对其中某种组分的含量进行测定时，其他组分的存在常给测定带来干扰。因此，为了保证分析工作的顺利进行，得到准确的分析结果，必须在测定前排除干扰组分；此外，有些被测组分在食品中含量极低，如污染物、农药、黄曲霉毒素等，要准确测出它们的含量，必须在测定前对样品进行浓缩，以上这些操作过程统称为样品预处理。它是食品分析过程中的一个重要环节，直接关系着检验的成败。

样品预处理的方法有很多，可根据食品的种类、特点以及被测组分的存在形式和物化性质采取不同的方法。总的原则是：消除干扰因素，完整保留被测组分。常用的方法有以下7种。

一、有机物破坏法

有机物破坏法主要用于食品中无机盐或金属离子的测定。

食品中的无机盐或金属离子，常与蛋白质等有机物结合，成为难溶、难离解的有机金属化合物。欲测定其中金属离子或无机盐的含量，则需在测定前破坏有机结合体，释放出被测组分。通常可采用高温加强氧化条件，使有机物质分解，呈气态逸散，而被测组分残留下来。根据具体操作条件不同，又可分为干法灰化、湿法消化和微波消解三大类。

（一）干法灰化

1. 原理

将样品置于坩埚中加热，先小火炭化，然后经 500~600℃ 灼烧灰化后，水分及挥发性物质以气态逸出，有机物中的碳、氢、氧、氮等元素与有机物本身所含的氧及空气中的氧气生成 CO_2、H_2O 和氮的氧化物而散失，直至残灰为白色或浅灰色为止，所得残渣即为无机成分，可供测定用。常见的灼烧装置是灰化炉，又称高温马弗炉。

2. 方法特点

此法的优点在于有机物分解彻底，操作简单，无须工作者经常看管。另外，此法基本不加或加入很少的试剂，所以空白值低。但此法所需时间较长，因温度过高易造成某些易挥发元素的损失，坩埚对被测组分有吸留作用，致使测定结果和回收率降低。

对于难以灰化的样品，为了缩短灰化时间，促进灰化完全，可以加入灰化助剂。灰化助剂主要有两类：一类是乙醇、硝酸、碳酸铵、过氧化氢等，这类物质在灼烧后完全消失，不增加残灰的质量，可起到加速灰化的作用；另一类是氧化镁、碳酸盐、硝酸盐等，它们与灰分混杂在一起，使炭粒不被覆盖，使燃烧完全，此法应同时做空白试验。

（二）湿法消化

1. 原理

向样品中加入强氧化剂，并加热煮沸，使样品中的有机物质完全分解、氧化呈气态逸出，待测成分转化为无机物状态存在于消化液中，供测试用。常用的强氧化剂有浓硝酸、浓硫酸、高氯酸、高锰酸钾、过氧化氢等。实际工作中，一般使用混合的氧化剂，如浓硫酸—浓硝酸、高氯酸—硝酸—硫酸、高氯酸—浓硫酸等。

2. 方法特点

湿法消化的特点是有机物分解速度快，所需时间短；由于加热温度较干法低，故可减少金属挥发逸散的损失，容器吸留也少。但在消化过程中，常产生大量有害气体，因此操作过程需在通风橱内进行；消化初期，易产生大量泡沫外溢，故需操作人员随时照管。此外，试剂用量较大，空白值偏高。

3. 常用的消化方法

（1）硫酸消化法：硫酸具有强氧化性与脱水性，适宜对测定相蛋白质样品进行消化和对富含脂类样品进行消化分离，是凯氏定氮中常用的消化剂。其作用是使有机物分解，蛋白质和少量其他含氮物中的氮转移成铵盐。

（2）硝酸—硫酸消化法：硝酸—硫酸具有强于硫酸的氧化性。此方法适于分解成分复杂、难于消化的样品，消化过程可使样品中的大多数化合物氧化成为离子和水溶性形式。反应中产生的二氧化氮和亚硝酸盐有毒并对许多测定均有干扰，因此在消化完全后一定要除去。

（3）过氧化氢—盐酸消化法：可使大多数元素组分和无机物质溶解，适宜脂类、蛋白质含量较低的样品。

（4）硝酸—高氯酸—硫酸消化法：氧化性最强，能快速溶解和氧化样品中的有机物并使其分解，但在操作中应注意防止爆炸。

上述几种消化方法各有利弊，在处理不同的样品或做不同的测定项目时，做法上略有差异。在加热温度、加酸的次序和种类、氧化剂和催化剂的加入与否等方面，可按要求和经验灵活掌握，并同时做空白试验，以消除试剂和操作条件不同所带来的差异。

（三）微波消解

微波消解基本原理与湿法消化相同，区别在于微波消解是将样品置于密封的聚四氟乙烯消解管中，用微波进行加热，完成有机质分解工作。

与湿法消化相比，微波消解具有使用试剂少、耗时短的特点，但是需要使用价格较高并且消解样品容量偏小的微波消解仪。由于微波消解时样品处于封闭状态，一旦剧烈反应，容易产生爆炸，所以此方法不太适宜处理高挥发性的物质，必要时需要进行加热预消解。

二、溶剂提取法

利用样品各组分在某一溶剂中溶解度的差异，将各组分完全或部分地分离的方法，称为溶剂提取法。常用的无机溶剂为水、稀酸、稀碱，常用的有机溶剂有乙醇、乙醚、三氯甲烷、丙酮、石油醚等。此法常用于维生素、重金属、农药残留及黄曲霉毒素的测定。

溶剂提取法又分为浸提法和溶剂萃取法。

（一）浸提法

用适当的溶剂将固体样品中的某种待测成分浸提出来的方法称为浸提法，又称固液萃取法。

1. 提取剂的选择

选择溶剂应注意以下原则：

（1）相似相溶的原则。应根据被提取物的极性强弱选择提取剂。对极性较弱的成分（如有机氯农药）可用极性小的溶剂（如正己烷、石油醚）提取；对极性强的成分（如黄曲霉毒素 B1）可用极性大的溶剂（如甲醇与水的混合溶液）提取。

（2）溶剂沸点应在 45~80℃ 之间，沸点太低，易挥发；沸点太高则不易浓缩，且对热稳定性差的被提取成分也不利。

（3）溶剂要稳定，不能与样品发生作用。

2. 提取方法

（1）振荡浸渍法：将样品切碎，放在合适的溶剂系统中浸渍、振荡一定时间，即可从样品中提取出被测成分。此法简便易行，但回收率较低。

（2）捣碎法：将切碎的样品放入捣碎机中加溶剂捣碎一定时间，使被测成分提取出来。此法回收率较高，但干扰杂质溶出较多。

（3）索氏提取法：将一定量样品放入索氏提取器中，加入溶剂加热回流一定时间，将被测成分提取出来。此法溶剂用量少，提取完全，回收率高。但操作较麻烦，且需专用的索氏提取器。

（二）溶剂萃取法

利用某组分在两种互不相溶的溶剂中分配系数的不同，使其从一种溶剂转移到另一种溶剂中，而与其他组分分离的方法，叫溶剂萃取法。此法操作迅速，分离效果好，应用广泛。但萃取试剂通常易燃、易挥发，且有毒性。

1. 萃取溶剂的选择

萃取用溶剂应与原溶剂不互溶，对被测组分有最大溶解度，而对杂质有最小溶解度。即被测组分在萃取溶剂中有最大的分配系数，而杂质只有最小的分配系数。经萃取后，被测组分进入萃取溶剂中，即同仍留在原溶剂中的杂质分离开。此外，还应考虑两种溶剂分层的难易以及是否会产生泡沫等问题。

2. 萃取方法

萃取通常在分液漏斗中进行，一般需经 4~5 次萃取，才能达到完全分离的目的。当用比水轻的溶剂，从水溶液中提取分配系数小，或振荡后易乳化的物质时，采用连续液体萃取器较分液漏斗效果更好。

三、盐析法

向溶液中加入某一盐类物质，使溶质溶解在原溶剂中的溶解度大大降低，从而从溶液中沉淀出来，这个方法叫做盐析。例如，在蛋白质溶液中，加入大量的盐类，特别是加入重金属盐，蛋白质就从溶液中沉淀出来。在蛋白质的测定过程中，常用氢氧化铜或碱性醋酸铅将蛋白质从水溶液中沉淀下来，将其沉淀消化并测定其中的氮量，据此以测定样品中纯蛋白质的含量。

在进行盐析工作时，应注意溶液中所要加入的物质的选择。它应不会破坏溶液中所要析出的物质，否则达不到盐析提取的目的。此外，要注意选择适当的盐析条件，如溶液的 pH、温度等。盐析沉淀后，根据溶剂和析出物质的性质和实验要求，选择适当的分离方法，如过滤、离心分离和蒸发等。

四、蒸馏法

蒸馏法是利用被测物质中各组分挥发性的差异来进行分离的方法，可用于除去干扰组分，也可用于被测组分蒸馏逸出，收集馏出液进行分析。此法具有分离和净化双重效果。

根据样品中待测组分性质不同，可采取常压蒸馏、减压蒸馏、水蒸气蒸馏、分馏等方式。

（一）常压蒸馏

对于沸点不高或者加热不发生分解的物质，可采用常压蒸馏。根据被蒸馏物质的沸点和特性，可选择水浴、油浴或直接加热等加热方式。

（二）减压蒸馏

减压蒸馏适用于在常压蒸馏下易分解或沸点温度较高的物质。

（三）水蒸气蒸馏

某些物质组分复杂，部分物质沸点较高，直接加热蒸馏时，因受热不均易引起局部炭化；还有些被测成分，当加热到沸点时可能发生分解。这些成分的提取可采用水蒸气蒸馏法。水蒸气蒸馏是利用水蒸气来加热混合液体，使具有一定挥发度的被测组分与水蒸气按分压比例从溶液中一起蒸馏出来。例如，在测定总酸含量时就采用水蒸气蒸馏方式。

（四）分馏

当需要分离的两种或两种以上互溶组分的沸点相差很小时，可用分馏的方法进行分离，分馏是蒸馏的一种，是将液体混合物在一个设备内进行多次部分汽化和部分冷凝，将液体混合物分离为各组分的蒸馏过程。

五、化学分离法

（一）磺化法和皂化法

磺化法和皂化法是除去油脂的一种方法，常用于农药分析中样品的净化。

（1）硫酸磺化法：本法是用浓硫酸处理样品提取液，有效地除去脂肪、色素等干扰杂质。其原理是浓硫酸能使脂肪磺化，并对脂肪和色素中的不饱和键起加成作用，形成可溶于硫酸和水的强极性化合物，不再被弱极性的有机溶剂所溶解，从而达到分离净化的目的。

此法简单、快速、净化效果好，但用于农药分析时，仅限于在强酸介质中稳定的农药（如有机氯农药中的六六六、DDT）提取液的净化，其回收率在80%以上。

（2）皂化法：本法是用热碱溶液处理样品提取液，以除去脂肪等干扰杂质。其原理是利用 KOH-乙醇溶液将脂肪等杂质皂化除去，以达到净化目的。此法仅适用于对碱稳定的农药提取液的净化。

（二）沉淀分离法

沉淀分离法是利用沉淀反应进行分离的方法。在试样中加入适当的沉淀剂，使被测组分沉淀下来，或将干扰组分沉淀下来，经过过滤或离心将沉淀与母液分开，从而达到分离目的。例如，测定冷饮中糖精钠含量时，可在试剂中加入碱性硫酸铜，将蛋白质等干扰杂质沉淀下来，而糖精钠仍留在试液中，经过滤除去沉淀后，取滤液进行分析。

（三）掩蔽法

此法是利用掩蔽剂与样液中干扰成分作用，使干扰成分转变为不干扰测定状态，即被掩蔽。运用这种方法可以不经过分离干扰成分的操作而消除其干扰作用，简化分析步骤，因而在食品分析中应用十分广泛，常用于金属元素的测定。如双硫腙比色法测定铅时，在测定条件（pH＝9）下，Cu^{2+}、Cd^{2+}等离子对测定有干扰，可加入氰化钾和柠檬酸铵掩蔽，消除它们的干扰。

六、色层分离法

色层分离法又称色谱分离法，是一种在载体上进行物质分离的一系列方法的总称。根据分离原理的不同，可分为吸附色谱分离、分配色谱分离和离子交换色谱分离等。此类分离方法分离效果好，近年来在食品分析中应用越来越广泛。

（一）吸附色谱分离

利用聚酰胺、硅胶、硅藻土、氧化铝等吸附剂，经活化处理后，其所具有的适当的吸附能力对被测成分或干扰组分可进行选择性吸附，从而进行的分离称吸附色谱分离。例如，聚酰胺对色素有强大的吸附力，而其他组分则难于被其吸附。在测定食品中的色素含量时，常用聚酰胺吸附色素，经过滤洗涤，再用适当溶剂解吸，可以得到较纯净的色素溶液，供测试用。

（二）分配色谱分离

此法是以分配作用为主的色谱分离法，是根据不同物质在两相间的分配比不同所进行的分离。两相中的一相是流动的（称流动相），另一相是固定的（称固定相）。被分离的组分在流动相沿着固定相移动的过程中，由于不同物质在两相中具有不同的分配比，当溶剂渗透在固定相中并向上展开时，这些物质在两相中的分配作用反复进行，从而达到分离的目的。例如，多糖类样品的纸色谱，样品经酸水解处理，中和后制成试液，点样于滤纸上，用苯酚-1%氨水饱和溶液展开，苯胺邻苯二酸显色剂显色，于105℃加热数分钟，则可见到被分离开的戊醛糖（红棕色）、己醛糖（棕褐色）、己酮糖（淡棕色）、双糖类（黄棕色）的色斑。

（三）离子交换色谱分离

离子交换分离法是利用离子交换剂与溶液中的离子之间所发生的交换反应来进行分离的方法，分为阳离子交换和阴离子交换两种。交换作用可用下列反应式表示。

阳离子交换：$\qquad R—H+M^+X^- \rightleftharpoons R—M+HX$

阴离子交换：$\qquad R—OH+M^+X^- \rightleftharpoons R—X+MOH$

式中，R 代表离子交换剂的母体；MX 代表溶液中被交换的物质。

当将被测离子溶液与离子交换剂一起混合振荡，或将样液缓缓通过用离子交换剂做成的离子交换柱时，被测离子或干扰离子即与离子交换剂上的 H^+ 或 OH^- 发生交换。被测离子或干扰离子留在离子交换剂上,被交换出的 H^+ 或 OH^- 以及不发生交换反应的其他物质留在溶液内,从而达到分离的目的。在食品分析中,可应用离子交换分离法制备无氟水、无铅水。离子交换分离法还常用于分离较为复杂的样品。

七、浓缩法

从食品样品中萃取的分析物,如果其浓度在定量限之上,在色谱分析时无干扰,则可直接进行测定。当样品中被测化合物的浓度较低时,通常需要在净化和测定前将萃取液浓缩。样品液的浓缩过程就是溶剂挥发的过程。浓缩过程中应注意将溶剂蒸发至近干即可,否则由于溶剂蒸干会导致分析物损失。实验室常用的浓缩方法有以下两种。

(一) 常压浓缩法

此法主要用于待测组分为非挥发性的样品净化液的浓缩,通常采用蒸发皿直接挥发;若要回收溶剂,则可用一般蒸馏装置或旋转蒸发器。该法简便、快速,是常用的方法。

(二) 减压浓缩法

此法主要用于待测组分为热不稳定性或易挥发的样品净化液的浓缩,通常采用 K-D 浓缩器。浓缩时,水浴加热并抽气减压。此法浓缩温度低、速度快、被测组分损失少,特别适用于农药残留量分析中样品净化液的浓缩(AOAC 即用此法浓缩样品净化液)。

任务三　分析检验结果的数据处理

一、分析检验中的误差及数据处理

食品分析是一门实践性很强的学科,分析检验后要对大量的实验数据进行科学的处理,去伪存真,最后得到符合客观实际的正确结论。然而,在分析过程中许多因素都会影响到分析结果,如仪器的性能、玻璃量器的准确性、试剂的质量、分析测定的环境和条件、分析人员的素质和技术熟练程度、采样的代表性及选用分析方法的灵敏度等。即使是同一样品,同一操作人员用同样的方法,在不改变任何条件的情况下进行平行实验,也难以获得相同的数据。因此,误差的存在是客观的。如何减少分析过程产生的误差,提高分析结果的准确度和精密度,是保证分析数据准确性的关键措施。

(一) 检验结果的表示方法

检测结果的表示应采用法定计量单位并尽量与食品卫生检测标准一致。检验结果常用被测组分的相对量,如质量分数(ω)、体积分数(Φ)、质量浓度(ρ)表示。质量单位可以用 g,也可以用 mg、μg 等;体积单位可以用 L,也可以用 mL、μL 等。

对微量或痕量组分的含量,分别表示为 mg/kg 或 mg/L 以及 μg/kg 或 μg/L。

(二) 数据处理方法

建立有效数字的概念并掌握它的计算规则,应用有效数字的概念在实验中正确做好原始记录，正确处理原始数据，正确表示分析与检验的结果，具有十分重要的意义。以下根据实验室的具体情况，介绍有效数字的记录和计算的一般规则，以及分析结果的正确表示方法。

1. 有效数字

食品分析检验中直接或间接测定的量，一般都用数字表示，但它与数学中的数不同，仅表示度的近似值，在测定值中常保留 1 位可疑数字。把测定值中能够反映被测量大小的带有 1 位可疑数字的全部数字叫有效数，如 0.0123 与 1.23 都有 3 位有效数字。

2. 数字的修约规则

运算过程中，弃去多余数字（称为"修约"）的原则是"四舍六入五成双"。即当测量值中被修约的那个数字小于或等于 4 时舍去；大于或等于 6 时进位；等于 5 时，如进位后，测量值末位数为偶数，则进位，如舍去后末位数为偶数，则舍去。

例如：将 0.3742、4.586、13.35 和 0.4765 四个测量值修约为 3 位有效数字时，结果分别为 0.374、4.59、13.4 和 0.476。

3. 有效数字的运算规则

（1）在加减法的运算中，以绝对误差最大的数为准来确定有效数字的位数。

例如：求"0.0121+25.64+1.05782=?"三个数据中，25.64 中的 4 有 0.01 的误差，绝对误差以它为最大，因此，所有数据只能保留至小数点后第二位，得到：0.01+25.64+1.06=26.71。

（2）乘除法的运算中，以有效数字位数最少的数，即相对误差最大的数为准，确定有效数字位数。

例如：求"0.0121×25.64×1.05782=?"其中，以 0.0121 的有效数字位数最少，即相对误差最大，因此所有的数据只能保留 3 位有效数字。得到：0.0121×25.6×1.06=0.328。

（3）对数的有效数字位数取决于尾数部分的位数，例如 $\lg K=10.34$，为 2 位有效数字，pH=2.08，也是 2 位有效数字。

（4）计算式中的系数（倍数或分数）或常数（如 π、e 等）的有效数字位数，可以认为是无限制的。

（5）如果要改换单位，则要注意不能改变有效数字的位数。例如"5.6g"只有 2 位有效数字，若改用 mg 表示，正确表示应为"5.6×10^3mg"。若写为"5600mg"，则有 4 位有效数字，就不合理了。

分析结果通常以平均值来表示。在实际测定中，对质量分数大于 10% 的分析结果，一般要求有 4 位有效数字；对质量分数为 1%~10% 的分析结果，则一般要求有 3 位有效数字；对质量分数小于 1% 的微量组分，一般只要求有 2 位有效数字。有关化学平衡的计算中，一般保留 2~3 位有效数字，pH 值的有效数字一般保留 1~2 位。有关误差的计算，一般也只保留 1~2 位有效数字，通常要使其值变得更大一些，即只进不舍。

4. 可疑测定值的取舍

在分析得到的数据中，常有个别数据特大或特小，偏离其他数值较远的情况。处理这类数据应慎重，不可为单纯追求分析结果的一致性而随便舍弃，应遵循 Q 检验法。

当测定次数 $n=3\sim10$ 时，根据所要求的置信度（如取 90%），按以下步骤检验可疑数据是否应舍弃：

（1）将各数按递增顺序排列：x_1，x_2，…，x_n；

（2）求出最大值与最小值之差：$x_n - x_1$；

（3）求出可疑数据与邻近数据之差：$x_n - x_{n-1}$ 或 $x_2 - x_1$；

（4）求出 $Q = (x_n - x_{n-1}) / (x_n - x_1)$ 或 $Q = (x_2 - x_1) / (x_n - x_1)$；

（5）根据测定次数 n 和要求的置信度（如90%），查表2-1得 $Q_{0.90}$；

（6）比较 Q 与 $Q_{0.90}$，若 $Q \geq Q_{0.90}$ 则弃去可疑值；若 $Q < Q_{0.90}$ 则予以保留。

表 2-1　不同置信度下舍弃可疑数据的 Q 值表

测定次数 n	置信度			测定次数 n	置信度		
	90%	96%	99%		90%	96%	99%
3	0.94	0.98	0.99	7	0.51	0.59	0.68
4	0.76	0.85	0.93	8	0.47	0.54	0.63
5	0.64	0.73	0.82	9	0.44	0.51	0.60
6	0.56	0.64	0.74	10	0.41	0.48	0.57

（三）分析结果的评价

在食品分析及其他分析领域中，都需要用相当长的时间进行原理、方法和仪器操作的学习以熟练各种技巧。如果不采用某些方法对从各种分析测试中获得的数据进行评价，那么所做的许多努力都是徒劳的。通常采用数学处理方法评价某特定测试过程的好坏或确定如何重现某一实验过程。

1. 准确度与误差

（1）准确度：准确度指测定值与真实值的接近程度。测定值与真实值越接近，则准确度越高。准确度主要是由系统误差决定的，它反映测定结果的可靠性。通常用绝对误差和相对误差来表示［式（2-2）和式（2-3）］：

$$绝对误差 = \bar{x} - x_i \tag{2-2}$$

$$相对误差 = \frac{\bar{x} - x_i}{x_i} \times 100\% \tag{2-3}$$

式中：x ——多次测定的算术平均值；

$\quad x_i$ ——真实值。

（2）误差：误差是测量值与真实值的差。

①系统误差是指在分析过程中由于某些固定的原因所造成的误差，具有单向性和重现性。

系统误差产生的原因主要有：测量仪器的不准确性（如玻璃容器的刻度不准确、砝码未经校正等）、测量方法本身存在缺点（如所依据的理论或所用公式的近似性）、观察者本身的特点（如有人对颜色感觉不灵敏，滴定终点总是偏高等）。

系统误差的特点在于重复测量多次时，其误差的大小总是差不多，所以一般可以找出原因，需要设法消除或减少。

②偶然误差是指在分析过程中由于某些偶然的原因所造成的误差，也叫随机误差或不可定误差。

偶然误差产生的原因主要有：观察者感官灵敏度的限制或技巧不够熟练，实验条件的变化（如实验时温度、压力都不是绝对不变的）。

偶然误差是实验中无意引入的，无法完全避免，但在相同实验条件下进行多次测量，由于绝对值相同的正、负误差出现的可能性是相等的，所以在无系统误差存在时，取多次测量的算术平均值，就可消除误差，使结果更接近于真实值，且测量的次数越多，也就越接近真实值。因此在食品分析中不能以任何一次的观察值作为测量的结果，常取多次测量的算术平均值。设 x_1，x_2，$\cdots$，x_n 是各次的测量值，测量次数 n，则其算术平均值 $\bar{x}$ 可由式（2-4）计算：

$$\bar{x} = \frac{x_1 + x_2 + \cdots + x_n}{n} \tag{2-4}$$

$\bar{x}$ 最接近于真实值。

③错误是指由于在操作中犯了某种不应犯的错误而引起的误差，如加错试剂、看错标度、记错读数、溅出分析操作液等错误操作。这类错误应该是完全可以避免的。在数据分析过程中对出现的个别离群的数据，若查明是由于错误引起的，弃去此测定数据。分析人员应加强工作的责任心，严格遵守操作规程，做好原始记录，反复核对，就能避免这类错误的发生。

（3）控制和消除误差的方法：误差的大小，直接关系到分析结果的精密度与准确度。误差虽然不能完全消除，但是通过选择适当的方法，采取必要的处理措施，可以降低和减少误差的出现，使分析结果达到相应的准确度。为此，在分析实验中应注意以下 8 个方面：

①选择合适的分析方法：样品中待测成分的分析方法往往有多种，但各种分析方法的准确度和灵敏度是不同的。如质量分析及容量分析，虽然灵敏度不高，但对常量组分的测定，一般能得到比较满意的分析结果，相对误差在千分之几；相反，质量分析及容量分析对微量成分的检测却达不到要求。仪器分析方法灵敏度较高、绝对误差小，但相对误差较大，不过微量或痕量组分的测定常允许有较大的相对误差，所以这时采用仪器分析是比较合适的。在选择分析方法时，需要了解不同方法的特点及适宜范围，要根据分析结果的要求、被测组分含量以及伴随物质等因素来选择适宜的分析方法。表 2-2 中列举了一般分析中允许相对误差的大致范围，供选择分析方法时参考。

表 2-2　一般分析中允许相对误差的大致范围　　　　　　单位:%

含量	允许相对误差	含量	允许相对误差	含量	允许相对误差
80~90	0.4~0.1	10~20	1.2~1.0	0.1~1	20~5.0
40~80	0.6~0.4	5~10	1.6~1.2	0.01~0.1	50~20
20~40	1.0~0.6	1~5	5.0~1.6	0.001~0.01	100~50

②正确选取样品量：样品中待测组分含量的多少，决定了测定时所取样品的量，取样量多少会影响分析结果的准确度，同时也受测定方法灵敏度的影响。例如比色分析中，样品中某待测组分与吸光度在某一范围内呈直线关系。所以，应正确选取样品的量，使其待测组分含量在此直线关系范围内，并尽可能在仪器读数较灵敏的范围内，以提高准确度。这可以通过增减取样量或改变稀释倍数等来实现。

③计量器具、试剂、仪器的检定、标定或校正：定期将分析用器具等送计量管理部门鉴定，以保证仪器的灵敏度和准确性。用作标准容量的容器或移液管等，最好经过标定，按校正值使用。各种标准溶液应按规定进行定期标定。

④增加平行测定次数：测定次数越多，其平均值就越接近真实值，并且会降低偶然误差。一般每个样品应平行测定两次，结果取平均值。如误差较大，则应增加平行测定 1 次或 2 次。

⑤做对照试验：在测定样品的同时，可用已知结果的标准样品与测定样品对照，测定样品和标准样品在完全相同的条件下进行测定，最后将结果进行比较。这样可检查发现系统误差的来源，并可消除系统误差的影响。

⑥做空白试验：在测定样品的同时进行空白试验，即在不加试样的情况下，按与测定样品相同的条件（相同的方法、相同的操作条件、相同的试剂加入量）进行试验，获得空白值，在样品测定值中扣除空白值，可消除或减少系统误差。

⑦做回收试验：在样品中加入已知量的标准物质，然后进行对照试验，看加入的标准物质是否定量地回收，根据回收率的高低可检验分析方法的准确度，并判断分析过程是否存在系统误差。

⑧标准曲线的回归：在用比色法、荧光剂色谱法等进行分析时，常配制一套具有一定梯度的标准样品溶液，测定其参数（吸光度、荧光强度、峰高等），绘制参数与浓度之间的关系曲线，称为标准曲线。在正常情况下，标准曲线应是一条穿过原点的直线。但在实际测定中，常出现偏离直线的情况，此时可用最小二乘法求出该直线的方程，代表最合理的标准曲线。

2. 精密度和偏差

（1）精密度：精密度是一个衡量实验重复性的参数，指重复测量值之间的接近程度。表示每次测定值与平均值的偏离程度。真实值一般是不易知道的，故常用精密度来判断分析结果的可靠性。

（2）偏差：偏差是指测定值 x_i 与测定的平均值 x 之差，可以用来衡量测定结果的精密度。通常用标准偏差、绝对偏差、相对偏差、算术平均偏差、变异系数等来表示。标准偏差是分析数据精密度时最好、最常用的统计学分析方法。标准偏差能衡量实验值的分散程度以及各个数值之间的接近程度 ［式（2-5）］。

$$\sigma = \sqrt{\frac{\sum (x_i - \mu)^2}{n}} \qquad (2-5)$$

式中：σ——标准偏差；

　　　x_i——各个样品的测量值；

　　　μ——真实值；

　　　n——样品总数。

由于不知道真实值，必须将上式简化，才能处理实际数据。在这种情况下，常将 σ 这个术语称为样品标准偏差，并用 SD 来表示，采用式（2-6）计算：

$$SD = \sqrt{\frac{\sum (x_i - \bar{x})^2}{n}} \qquad (2-6)$$

式中：$\bar{x}$——多次测定值的算数平均值（代替真实值 μ）；

　　　n——样品总数。

如果重复测定的次数少（小于或等于 30），这种情况在分析测试中是常见的，那么，n 将用 $(n-1)$ 代替，并用式（2-7）计算标准偏差：

$$SD = \sqrt{\frac{\sum (x_i - \bar{x})^2}{n - 1}} \qquad (2-7)$$

下面我们举例说明如何确定标准偏差（表 2-3）。

表 2-3　生汉堡包样品中水分百分含量标准偏差的确定

测定号	测得的水分含量（x_i）/%	测量值与平均值之差（$x_i - \bar{x}$）	$(x_i - \bar{x})^2$
1	64.53	-0.19	0.0361
2	64.45	-0.27	0.0729
3	65.10	+0.38	0.1444
4	64.78	+0.06	0.0036
5	$\sum x_i = 258.86$		$\sum (x_i - x)^2 = 0.257$

$$\bar{x} = \frac{\sum x_i}{n} = \frac{258.86}{4} = 64.72$$

$$SD = \sqrt{\frac{\sum (x_i - \bar{x})^2}{n - 1}} = \sqrt{\frac{0.257}{3}} = 0.2927$$

该样品的测定结果可表示为：平均水分含量为 64.72%，实验结果的标准偏差为 0.2927。

在得到平均值和标准偏差后，接着就需要解释这些数字。理解标准偏差的简单方法就是计算变异系数（CV）的大小。变异系数称为相对标准偏差，仍以生汉堡包水分含量的测定为例，其变异系数的计算方法如式（2-8）所示：

$$变异系数（CV） = \frac{SD}{\bar{x}} \times 100\% \qquad (2-8)$$

$$CV = \frac{0.2927}{64.72} \times 100\% = 0.453\%$$

变异系数说明标准偏差仅是平均值的 0.453%，在这种情况下，变异系数小，说明重复结果的精密度和重现性都高。虽然不同类型的分析对 CV 有不同的要求，但一般说来，CV 小于 5% 就可以接受了。

准确度高的方法精密度必然高，而精密度高的方法准确度不一定高。

二、分析检验报告单的填写

（一）原始记录的填写

原始记录是指在实验室进行科学研究过程中，应用实验、观察、调查或资料分析等方法，根据实际情况直接记录或统计形成的各种数据、文字、图表、图片、照片、声像等原始资料，是进行科学实验过程中对所获得的原始资料的直接记录，可作为不同时期深入进行该课题研究的基础资料。原始记录应该能反映分析检验中最真实最原始的情况，其书写规范要求如下：

（1）检验记录必须用统一格式带有页码编号的专用检验记录本记录。检验记录本或记录纸应保持完整。

（2）检验记录应用字规范，须用蓝色或黑色字迹的钢笔或签字笔书写。不得使用铅笔或其他易褪色的书写工具书写。检验记录应使用规范的专业术语，计量单位应采用国际标准计量单位，有效数字的取舍应符合实验要求；常用的外文缩写（包括实验试剂的外文缩写）应符合规范，首次出现时必须用中文加以注释，属外文译文的应注明其外文全名称。

（3）检验记录不得随意删除、修改或增减数据。如必须修改，须在修改处画一斜线，不可完全涂黑，保证修改前记录能够辨认，并应由修改人签字或盖章，注明修改时间。

（4）计算机、自动记录仪器打印的图表和数据资料等应按顺序粘贴在记录纸的相应位置上，并在相应处注明实验日期和时间；不宜粘贴的，可另行整理装订成册并加以编号，同时在记录本相应处注明，以便查对；底片、磁盘文件、声像资料等特殊记录应装在统一制作的资料袋内或储存在统一的存储设备里，编号后另行保存。

（5）检验记录必须做到及时、真实、准确、完整，防止漏记和随意涂改。严禁伪造和编造数据。

（6）检验记录应妥善保存，避免水浸、墨污、卷边，保持整洁、完好、无破损、不丢失。

（7）对环境条件敏感的实验，应记录当天的天气情况和实验的微气候（如光照、通风、洁净度、温度及湿度等）。

（8）检验过程中应详细记录实验过程中的具体操作、观察到的现象、异常现象的处理、产生异常现象的可能原因及影响因素的分析等。

（9）检验记录中应记录所有参加实验的人员；每次实验结束后，应由记录人签名，另一人复核，科室负责人或上一级主管审核。

（10）原始实验记录本必须按归档要求整理归档，实验者个人不得带走。

（11）各种原始资料应仔细保存，以便容易查找。

（二）检验报告

检验报告是食品分析检验的最终产物，是产品质量的凭证，也是产品质量是否合格的技术根据，因此其反映的信息和数据，必须客观公正、准确可靠，填写要清晰完整。

1. 检测报告的编制

检测报告应准确、清晰、明确和客观地报告每一项或每一系列的检测结果，并符合检测方法中规定的要求。

（1）检测报告的内容：检测报告的格式应由检测室负责人根据承检产品/项目标准的要求设计，其内容应包括以下部分：

①检测报告的标题。

②实验室的名称与地址，进行检测的地点（如果与实验室的地址不同）。

③检测报告的唯一编号标识和每页数及总页数，以确保可以识别该页是属于检测报告的一部分，以及表明检测报告结束的清晰标识。

④客户的名称和地址。

⑤所用方法的标识。

⑥检测物品的描述、状态和明确的标识。

⑦对结果的有效性和应用至关重要的检测物品的接收日期和进行检测的日期。

⑧如与结果的有效性和应用相关时，实验室所用的抽样计划和程序的说明。

⑨检测的结果，带有测量单位。

⑩检测报告批准人的姓名、职务、签字或等同的标识。

⑪相关之处，结果仅与被检物品有关的声明。

⑫当有分包项时，则应清晰地标明分包方出具的数据。

（2）当需要对检测结果作出解释时，对含抽样结果在内的检测报告，还应包括下列内容：

①抽样日期。

②抽取的物质、材料或产品的清晰标识（包括制造者的名称、标示的型号或类型和相应的系列号）。

③抽样的地点，包括任何简图、草图或照片。

④所用抽样计划和程序的说明。

⑤抽样过程中可能影响检测结果解释的环境条件的详细信息。

⑥与抽样方法或程序有关的标准或规范，以及对这些规范的偏离、增添或删节。

2. 注意事项

（1）检验报告必须由考核合格的检验技术人员填报。进修及代培人员不得独自报出检验结果，必须有指导人员或检验室负责人的同意和签字，否则检验结果无效。

（2）检验结果必须经第二者复核无误后，才能填写检验报告单。检验报告单上应有检验人员和复核人员的签字及室负责人的签字。

（3）检验报告单一式两份，其中正本提供给服务对象，副本留存备查。检验报告单经签字和盖章后即可报出，但如果遇到检验不合格或样品不符合要求等情况，检验报告单应交给技术人员审查签字后才能报出。

【复习思考题】

1. 简述食品样品分析的一般程序。

2. 食品样品采集应遵循哪些原则？如何进行样品采集？

3. 什么是样品的制备？目的是什么？

4. 常见的样品预处理方法有哪些？

5. 蒸馏的原理是什么？在何种条件下采取常压蒸馏、减压蒸馏、水蒸气蒸馏？

【参考文献】

［1］王磊. 食品分析与检验［M］. 北京：化学工业出版社，2017.

［2］杨玉红，田艳花. 食品理化检验技术［M］. 武汉：武汉理工大学出版社，2016.

［3］李凤玉，梁文珍. 食品分析与检验［M］. 北京：中国农业大学出版社，2009.

［4］周光理. 食品分析与检测［M］. 北京：化学工业出版社，2020.

思政小课堂

2020 珠峰高程测量登山队成功登顶

项目三　食品的物理检验

【知识目标】

掌握密度、相对密度、折光率、黏度、旋光度的概念。

【能力目标】

能熟练操作折光计、黏度计、旋光计和各种相对密度计。

【相关知识】

食品的物理检验是根据食品的相对密度、折光率、旋光度等物理参数与食品的组成成分之间的关系进行检验的方法。

1. 相对密度法

相对密度又称比重，是某一温度下物质的质量与同体积某一温度下水的质量之比。相对密度是食品的一种物理常数，可以从相对密度大小的变化了解被测定食品的纯度和掺杂情况。

2. 折光法

通过测量物质的折射率来鉴别物质的组成，确定物质的纯度、浓度以及判断物质的品质的方法称为折光法。

3. 旋光法

应用旋光仪测量旋光性物质的旋光度以测定其含量的分析方法叫旋光法。

4. 黏度检验法

黏度，指液体的黏稠程度，它是液体在外力作用下发生流动时，液体分子间所产生的内摩擦力。黏度的大小是判断液体食品品质的一项重要物理指数，如啤酒黏度的测定、淀粉黏度的测定等。黏度有绝对黏度、运动黏度等。

5. 气体压力测定法

在某些瓶装或罐装食品中，容器内气体的分压常常是产品的重要质量指标。如罐头生产中，要求罐头具有一定的真空度，即罐内气体分压与罐外气压差应小于零，为负压。这是罐头产品必须具备的一个质量指标，而且对于不同罐型、不同的内容物、不同的工艺条件，要求达到的真空度不同。瓶装含气饮料，如碳酸饮料、啤酒等，其 CO_2 含量是产品的一个重要的理化指标，啤酒的泡沫是啤酒中 CO_2 含量的一个表现，但它更是啤酒内在质量的客观反映，啤酒的泡沫特性是啤酒的重要质量指标。这类检测通常都采用简单的测定仪表来检测，如真空计或压力计可对容器内的气体分压进行检测。

任务一 相对密度法

一、密度与相对密度

密度是指物质在一定温度下单位体积的质量，以符号 ρ 表示，其单位为 g/cm^3。相对密度是指某一温度下物质的质量与同体积某一温度下水的质量之比，以符号 d 表示。

因为物质一般都具有热胀冷缩的性质（水在4℃以下是反常的），所以密度值和相对密度值都随温度的改变而改变，故密度应标出测定时物质的温度，表示为 ρ_t，如相对密度应标出测定时物质的温度及水的温度，以符号 d 表示，如 $d_{t_2}^{t_1}$。其中，t_1 表示物质的温度，t_2 表示水的温度。密度和相对密度虽有不同的含义，但两者之间有如下关系：

$$d_{t_2}^{t_1} = \frac{\rho_{t_1}}{\rho_{t_2}}$$

用密度瓶测定溶液的相对密度时，通常测定同体积同温度的水的质量比较方便，一般为20℃，以 d_{20}^{20} 表示。因为水在4℃时的密度大于20℃（表3-1），所以对同一种溶液来说，$d_{20}^{20} > d_4^{20}$。

表3-1 水的密度与温度的关系

$t/℃$	$\rho/(g/cm^3)$	$t/℃$	$\rho/(g/cm^3)$	$t/℃$	$\rho/(g/cm^3)$
0	0.999868	11	0.999623	22	0.997797
1	0.999927	12	0.999525	23	0.997565
2	0.999968	13	0.999404	24	0.997323
3	0.999992	14	0.999271	25	0.997071
4	1.000000	15	0.999126	26	0.996810
5	0.999992	16	0.998970	27	0.996539
6	0.999968	17	0.998801	28	0.996259
7	0.999926	18	0.998622	29	0.995971
8	0.999876	19	0.998432	30	0.995673
9	0.999808	20	0.998230	31	0.995367
10	0.999727	21	0.998019	32	0.995052

二、液态食品的组成及其浓度与相对密度的关系

相对密度是食品的一种物理常数，可以从相对密度大小的变化了解被测定食品的纯度和掺杂情况。食品中固形物含量与其相对密度有一定的对应关系。如制糖工业中，按溶液的相对密度可以近似地测定溶液中可溶性固形物含量。

对于番茄制品等，已制成相对密度与固形物关系表，由相对密度即可查出固形物的含量。酒精储量与相对密度的对应关系，以及蔗糖水溶液浓度与相对密度的对应关系也已经制成表格，这样，只要测得相对密度，就可以由专门的表格查出其对应的浓度。

相对密度或密度又是某些食品的质量指标，青豌豆的成熟度、山核桃的成熟度及葡萄干质量好坏，均可根据它的密度或单位体积的质量进行鉴别。

油脂的相对密度与其组分有密切关系，通常与所含脂肪酸的不饱和程度和含量成正比，与分子量反比。也就是说，甘油酯分子中不饱和脂肪酸和羟酸的含量越高，相对密度就越大；其分子量越大，相对密度越小。游离脂肪酸含量增加时，将使相对密度降低，酸败的油脂将使相对密度增高。

掺水的牛奶相对密度降低；脱脂乳的相对密度增高。因此，可用相对密度法检查牛乳掺水或脱脂与否。检查牛乳是否掺水的较好方法是测试乳清的相对密度，因为乳清的主要成分为乳糖与矿物质，其含量是恒定的，因此乳清的相对密度较全乳的相对密度更为稳定。乳清的相对密度通常在 1.027~1.030 之间，相对密度降低到 1.027 以下则有掺杂嫌疑。

三、食品相对密度的测定方法

测定液态食品相对密度的方法有密度瓶法、天平法和密度计法三种。本书介绍的方法适用于液体试样相对密度的测定。

（一）密度瓶法

1. 原理

在 20℃时分别测定充满同一密度瓶的水及试样的质量即可计算出相对密度，也可由水的质量计算出密度瓶的容积，即试样的体积，根据试样的质量及体积也可计算出试样的密度。

2. 仪器和设备

密度瓶（精密密度瓶，如图 3-1 所示），电子天平，恒温水浴锅。

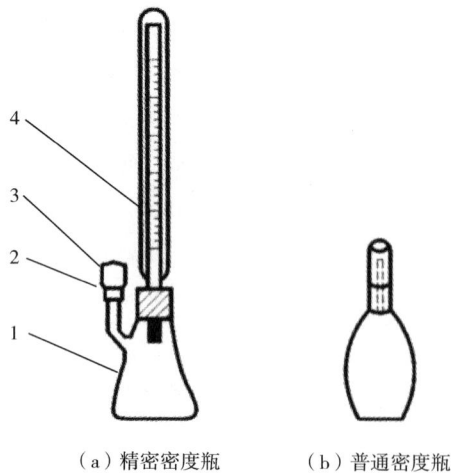

（a）精密密度瓶 （b）普通密度瓶

图 3-1 密度瓶

1—密度瓶 2—支管标线 3—支管小帽 4—附温度计瓶盖

3. 操作方法

取洁净、干燥、恒重、准确称量的密度瓶，装满试样后，置 20℃水浴中浸 0.5h，使内容物的温度达到 20℃，盖上瓶盖，并用细滤纸条吸去支管标线上的试样，盖好小帽后取出，用滤纸将密度瓶外擦干，置天平室内 0.5h，称量。再将试样倾出，洗净密度瓶，装满水，然后重复上述"置 20℃水浴中浸 0.5h，使内容物的温度达到 20℃，盖上瓶盖，并用细滤纸条吸去支管标线上的试样，盖好小帽后取出，用滤纸将密度瓶外擦干，置天平室内 0.5h，称量。"密度瓶内不应有气泡，天平室内温度保持 20℃恒温条件，否则不应使用此方法。

4. 结果计算

试样在 20℃时的相对密度按式（3-1）进行计算。

$$d = \frac{m_2 - m_0}{m_1 - m_0} \tag{3-1}$$

式中：m_0——密度瓶的质量，g；

　　　m_1——密度瓶和水的质量，g；

　　　m_2——密度瓶和试样的质量，g；

　　　d——试样在 20℃时的相对密度。

计算结果表示称量天平精度的有效数位。在重复性条件下获得的两次独立测定结果的绝对差值不得超过算术平均值的 5%。

5. 注意事项

（1）本法适用于测定各种液体食品的相对密度，特别适合试样量较少的场合，对挥发性试样也适用，结果准确，但操作较烦琐。

（2）拿取已达恒温的密度瓶时，不得用手直接接触密度瓶球部，以免液体受热流出。应戴隔热手套取拿瓶颈或用工具夹取。

（3）水浴中的水必须清洁无油污，防止瓶外壁被污染。

（二）天平法

1. 原理

20℃时，分别测定玻锤在水及试样中的浮力，由于玻锤所排开的水的体积与排开的试样的体积相同，根据玻锤在水中与试样中的浮力可计算试样的密度，试样密度与水密度比值为试样的相对密度。

2. 仪器和设备

韦氏相对密度天平：如图 3-2 所示。由支架、横梁、玻锤、玻璃圆筒、砝码及游码组成。横梁的右端等分为 10 个刻度，玻锤在空气中重量准确为 15.00g，内附温度计，温度计上有一道红线或一道较粗的黑线用来表示在此温度下玻锤能准确排开 5g 水质量。此相对密度天平中水在该温度时的相对密度为 1。玻璃圆筒用来盛试样。砝码的质量与玻璃锤相同，用来在空气中调节相对密度天平的零点。游码组本身质量为 5g、0.5g、0.05g、0.005g，在放置相对密度天平横梁上时，表示质量的比例为 0.1、0.01、0.001、0.0001。它们在各个位置的读数如图 3-3 所示。

电子天平：感量 1mg。恒温水浴锅。

3. 操作方法

测定时将支架置于平面桌上，横梁架于刀口处，挂钩处挂上砝码，调节升降旋钮至适宜高度，旋转调零旋钮，使两指针吻合。然后取下砝码，挂上玻锤，在玻璃圆筒内加水至 4/5

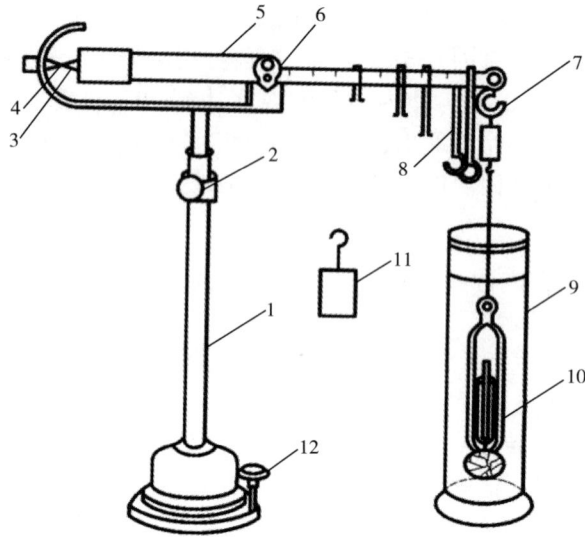

图 3-2　韦氏相对密度天平

1—支架　2—升降调节旋钮　3、4—指针　5—横梁　6—刀口　7—挂钩

8—游码　9—玻璃圆筒　10—玻锤　11—砝码　12—调零旋钮

图 3-3　韦氏相对密度天平各砝码位置的读数

处，使玻锤沉于玻璃圆筒内，调节水温至 20℃（即玻锤内温度计指示温度），试放 4 种游码，至横梁上两指针吻合，读数为 P_1，然后将玻锤取出擦干。加欲测试样于干净圆筒中，使玻锤浸入至以前相同的深度，保持试样温度在 20℃，试放 4 种游码，至横梁上两指针吻合，记录读数为 P_2。玻锤放入圆筒内时，勿碰及圆筒四周及底部。

例如，平衡时，第 1 号砝码挂在 8 分度，2 号在 6 分度，3 号在 5 分度，4 号在 3 分度，则读数为 0.8653，如图 3-4（a）所示。

如果有两个砝码同挂在一个位置上，则读数时应该注意它们的关系，如图 3-4（b）所示，应读为 0.8755。

4. 结果计算

试样的相对密度按式（3-2）计算：

$$d = \frac{P_2}{P_1} \tag{3-2}$$

$$\rho_{20} = \frac{P_2}{P_1} \times \rho_0 \tag{3-3}$$

式中：d——试样的相对密度；

　　　P_1——玻锤浸入水中时游码的读数，g；

　　　P_2——玻锤浸入试样中时游码的读数，g；

　　　ρ_0——20℃时蒸馏水的密度（0.99820g/mL）；

　　　ρ_{20}——试样在20℃时的密度，g/mL。

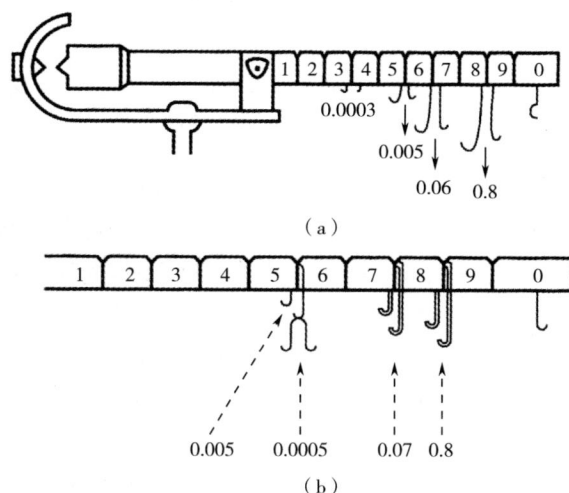

图3-4　韦氏相对密度天平读数示例

计算结果表示同密度瓶法，在重复性条件下获得的两次独立测定结果的绝对差值不得超过算术平均值的5%。

5. 注意事项

①操作时必须先检查比重天平的安装是否正确，横梁应呈水平状态。调节温度不可高于或低于指定温度，否则不准确。经用该温度蒸馏水调节好的螺旋，之后测定样品时不可再动。

②一定体积的物体在各种液体中所受到的浮力与该液体的密度成正比。

（三）密度计法

1. 原理

密度计是利用阿基米德原理制成的，其种类很多，但基本结构及形式相同，都是由玻璃制成外壳，头部呈球形或圆锥形，里面灌有铅珠、汞及其他金属，中部是胖肚空腔，尾部细长形，附有刻度标记，称为"计杆"。相对密度计（比重计）刻度的刻制是利用各种不同相对密度的液体进行标定的，从而制成不同标度的相对密度计（比重计）。相对密度计（比重计）法是测定液体相对密度最简便、最快捷的方法，但准确度不如密度瓶法。

2. 仪器和设备

常见的相对密度计如图3-5所示，上部细管中有刻度标签，表示密度读数。

（1）波美计：波美计其刻度方法以20℃为标准，在蒸馏水中标为0°Be′，在15%的食盐溶液中标为15°Be′，在纯硫酸（相对密度为1.8427）中标为66°Be′，刻度符号以°Be′表示，用以测定溶液中溶质种类的质量分数，1°Be′表示质量分数为1%。波美计有轻表、重表两种，轻表用于测定相对密度小于1的溶液，重表用于测定相对密度大于1的溶液。

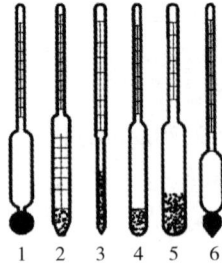

图 3-5 常见的相对密度计

1、2—糖锤度计 3、4—波美计 5—酒精计 6—乳稠计

（2）糖锤度计：糖锤度计是专门用于测定糖液浓度的相对密度计。糖锤度又称勃力克斯（Brix），以°Bx 表示，是用已知浓度的纯蔗糖溶液来标定其刻度的。其刻度方法是以 20℃ 为标准温度，蒸馏水为 0°Bx，1% 的蔗糖溶液为 1°Bx，即 100g 糖液中含糖 1g，以此类推。当测定温度不是 20℃ 时，必须根据观测锤度温度改正表进行校正 ［式（3-4）］。

$$校正后的糖锤度值 = 观察锤值 \pm 实际测定温度校正值 \tag{3-4}$$

测定温度高于 20℃ 时要加上校正值，测定温度低于 20℃ 时要减去校正值。

例 3-1 在 19℃ 时测得某糖液的锤度为 20.00°Bx，求该糖液的含糖量。

因 19℃ 小于 20℃，为非标准温度，故要进行校正。查观测锤度温度改正表得 19℃ 时的校正值为 0.06，则校正后的糖锤度 = 20.00 - 0.06 = 19.94（°Bx）。即该糖液的含糖量为 19.94%。

例 3-2 在 24℃ 时观测锤度为 16.00°Bx，查表得校正值为 0.24，则标准温度（20℃）时糖锤为 16.00+0.24 = 16.24（°Bx）。

（3）酒精计：酒精计是用来测量酒精浓度的相对密度计。它是用已知浓度的纯酒精来标定的，将 20℃ 的蒸馏水标为 0，将 1%（体积比）的酒精溶液标为 1，即 100mL 酒精溶液中含乙醇 1mL，故从酒精计上可直接读取酒精溶液的体积分数。

当测定温度不在 20℃ 时，需要根据酒精温度浓度校正表进行校正。

（4）乳稠计：乳稠计是用来测定牛乳相对密度的相对密度计，测定范围为 1.015~1.045，刻有 15~45 的刻度，以度表示，若刻度为 30，即相对密度为 1.030。乳稠计有 20℃/4℃ 和 15℃/15℃ 两种。两者的读数有一定的差异，后者的读数为前者读数加 2。而相对密度则为 $d_{15}^{15} = d_4^{20} + 0.002$。

使用乳稠计时，若测定温度不是标准温度，应将读数校正为标准温度下的读数。对于 20℃/4℃ 乳稠计，在 10~25 范围内，温度每升高 1℃，乳稠计读数平均下降 0.2。故当乳温高于标准温度 20℃ 时，每高 1℃ 应在得出的乳稠计读数上加 0.2；乳温低于 20℃ 时，每低 1℃ 应减去 0.2。

例 3-3 16℃ 时 20℃/4℃ 乳稠计读数为 31，换算为 20℃ 应为：

$$31-（20-16）\times 0.2 = 31-0.8 = 30.2$$

即牛乳的相对密度 $d_4^{20} = 1.0302$

而 $\qquad d_{15}^{15} = 1.0302 + 0.002 = 1.0322$

例 3-4 25℃ 时 20℃/4℃ 乳稠计读数为 29.8，换算为 20℃ 应为：

$$29.8+（25-20）\times 0.2 = 29.8+1.0 = 30.8$$

即牛乳的相对密度 $d_4^{20} = 1.0308$

而 $d_{15}^{15} = 1.0308 + 0.002 = 1.0328$

若用 15℃/15℃ 乳稠计，其温度校正可查牛乳相对密度换算表。

例 3-5 18℃时用 15℃/15℃ 乳稠计，测得读数为 30.6，查表换算为 15℃ 为 30.0，即乳相对密度 $d_{15}^{15} = 1.0300$。

3. 操作方法

用相对密度计测量液态食品的相对密度时，一般选用 250mL 的干净、干燥的量筒，先用少量样液润洗量筒内壁，然后沿量筒内壁缓缓注入样液，避免产生泡沫，将相对密度计洗涤干净，用滤纸擦干，慢慢垂直插入样液至量筒底部，让相对密度计自然上升，勿使其接触量筒壁，待稳定后读取读数。同时用温度计量取样液的温度。

4. 注意事项

（1）该法操作简便迅速，但准确性较差，需要样液量多，且不适用于极易挥发的样液。

（2）操作时应注意密度计不得接触量筒的壁和底部，待测液中不得有气泡。

（3）读数时应以密度计与液体形成的弯月面的下缘为准，若液体颜色较深，不易看清弯月面下缘时，则以弯月面上缘为准。

思政小课堂

食品相对密度检测

任务二 折光法

一、折射率与液体的组成及浓度的关系

折射率是食品的一个物理指标，它反映食品的均一程度和纯度。折射率的大小因物质种类、性质、浓度大小而异，即不同物质有不同的折射率。对同一物质而言，折射率的大小取决于该物质溶液的浓度的大小，溶液浓度增大，折射率也相应增大。

折射率广泛用来测定物质溶液的浓度，如油类、醇类、糖类的浓度。它也可用于测定物质的纯度，如在乳品工业中，可以通过测定牛乳中乳清的折射率来判断牛乳是否加水。正常牛乳乳清的折射率在 1.34199~1.34275 之间，如折射率在 1.34128 以下，则有掺水嫌疑。

折射率还可用于油脂和脂肪酸的定性鉴定，因为每一脂肪酸均有其特征折射率。饱和脂肪酸分子量增大，折射率也随之增大；相对密度增大，折射率增大；油脂中不饱和脂肪酸的折射率要比碳原子数相同的饱和脂肪酸的折射率大得多；油脂中双键越多，折射率越大；酸度越高，折射率反而越低。

必须指出的是：折射法测得的只是可溶性固形物含量，因为固体粒子不能在折射仪上反映它的折射率。含有不溶性固形物的试样，不能用折射法直接测出总固形物。但对于番茄酱、果酱等个别食品，已通过实验编制了总固形物与可溶性固形物关系表。先用折射法测定可溶性固形物含量，即可查出总固形物的含量。

二、常用的折光仪

食品工业中常用的折光仪是阿贝折光仪和手提式折光仪。

（一）阿贝折光仪的使用

1. 阿贝折光仪的结构

阿贝折光计是常用的折光计，其结构如图3-6所示。

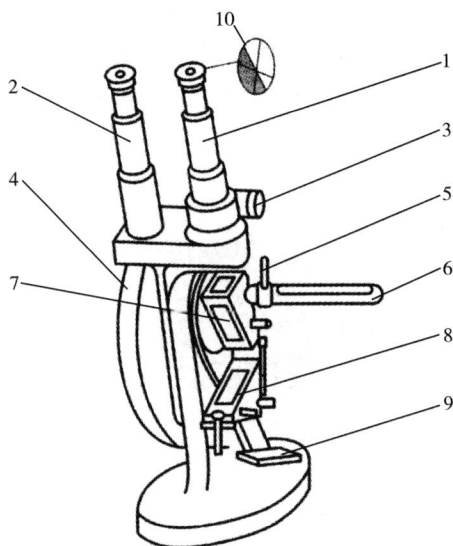

图3-6　阿贝折光仪

1—测量望远镜　2—读数显微镜　3—消色差旋钮　4—调节旋钮　5—恒温水入口
6—温度计　7—测量棱镜　8—加样处　9—反光镜　10—望远镜中的视野

2. 操作方法

（1）仪器应旋转在水平台上，取窗口射入散光或普通灯光光源，如有恒温系统，则应同时装好20℃恒温系统。光源对准反射镜，使操作人员通过目镜能在视野中看到虹彩和十字线，如看不清，则需调整目镜至清晰为止。

（2）放开棱镜，用纯水数滴和擦镜纸清洗棱镜镜面，然后滴1~2滴纯水于棱镜上，合拢。旋转刻度旋钮，使明暗线恰在十字线交叉点上，如有虹彩，则调节补偿旋钮，消除色散干扰，此时即可记录刻度线上读数，并与校正表对照，如果读数与表中水的折光率不符，则按前述校正方法调整。

（3）经校正后的仪器，用擦镜纸擦干，滴上1~2滴样品，合拢，调节刻度旋钮和补偿旋钮，使明暗线清晰地在十字交叉点上，随即从刻度尺上读出溶液折光率的百分浓度。如无恒温系统，所读数值要查表校正。

每次操作完毕，用水洗净擦干，如果是油质样品，则先用乙醚或二甲苯擦洗，再用水洗净擦干。强酸、强碱和腐蚀性物质不能用本仪器测量。

（二）手持折光计

（1）手持折光计又称为糖度计，见图3-7。

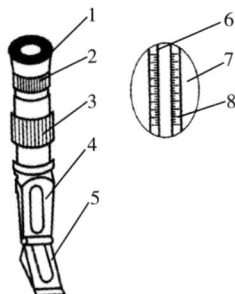

图 3-7　手持折光计

1—目镜　2—目镜焦距调节旋钮　3—量程转换螺旋　4—棱镜
5—棱镜盖板　6—50~100 量程　7—目镜视野　8—0~50 量程

（2）操作方法：使用时打开棱镜盖板，用擦镜纸仔细将折射棱镜擦净，取一滴待测糖液置于棱镜上，将溶液均布在棱镜表面，合上盖板将光窗对准光源，调节目镜视窗圈，使视野内分界线清晰可见，视孔中明暗分界线相应读数即为溶液中糖量百分数。手持折射计的测定范围通常为 0~90%，其刻度标准温度为 20℃，若测量是在非标注温度下，则需进行温度校正。

手持折光计体积小，携带方便，适合于现场检验，但其测量结果不够精确。每次操作完毕，用水洗净镜面并擦干，如果是油质样品，则先用乙醚或二甲苯擦洗，再用水洗净擦干。强酸、强碱和腐蚀性物质不能用本仪器测量。

思政小课堂

食品折光指数的测定

任务三　旋光法

一、旋光度与比旋光度

糖（包括淀粉）、大多数氨基酸、羟基酸等，因其分子结构中存在不对称碳原子，能使偏振光组成的偏振面产生旋转现象，这种现象称为旋光现象。这些能产生旋光现象的物质称为光活性物质。光活性物质使偏振光旋转的方向是该物质的特性，顺时针方向为右旋，记为

"+"，逆时针方向为左旋，记为"−"。偏振光经过光活性物质时，振动方向改变的角度称为光活性物质的旋光度，用 α 表示。旋光度的大小与光源的波长、温度、旋光性物质的种类、溶液的浓度及液层的厚度有关。对于特定的光学活性物质，在光源波长和温度一定的情况下，其旋光度 α 与溶液的浓度 c 和液层的厚度 L 成正比 [式（3-5）]。

$$\alpha = kcL \tag{3-5}$$

若规定光活性溶液的质量浓度（或光活性纯物质的密度）为 1g/mL，液层长度为 1dm 时所测得的旋光度称为比旋光度，以 $[\alpha]_\lambda^t$ 表示 [式（3-6）和式（3-7）]。

$$[\alpha]_\lambda^t = k \times 1 \times 1 = k \tag{3-6}$$

$$[\alpha]_\lambda^t = \frac{\alpha}{Lc} \tag{3-7}$$

式中：$[\alpha]_\lambda^t$——比旋光度，（°）；

$\quad t$——温度，℃；

$\quad \lambda$——光源波长，nm；

$\quad \alpha$——旋光度，（°）；

$\quad L$——液层厚度或旋光管长度，dm；

$\quad c$——溶液浓度，g/mL。

比旋光度与光的波长及测定温度有关。通常规定用钠光 D 线（波长 589.3nm）在 20℃时测定，在此条件下，比旋光度用 $[\alpha]_D^{20}$ 表示。主要糖类的比旋光度见表 3-2。

表 3-2　糖类的比旋光度

糖类	$[\alpha]_D^{20}$ / (°)	糖类	$[\alpha]_D^{20}$ / (°)
葡萄糖	+52.3	乳糖	+53.3
果糖	−92.5	麦芽糖	+138.5
转化糖	−20.0	糊精	+194.8
蔗糖	+66.5	淀粉	+196.4

因在一定条件下比旋光度 $[\alpha]_\lambda^t$ 是已知的，L 为一定，故测得了旋光度就可计算出旋光质溶液中的浓度 c。

二、变旋光作用

具有光学活性的还原糖类（如葡萄糖、果糖、乳糖、麦芽糖等），在溶解之后，其旋光度起初迅速变化，然后渐渐变得较缓慢，最后达到恒定值，这种现象称为变旋光作用。这是由于有的糖存在两种异构体，即 α 型和 β 型，它们的比旋光度不同。这两种环形结构及中间的开链结构在构成一个平衡体系过程中，即显示出变旋光作用。因此，在用旋光法测定蜂蜜、商品葡萄糖等含有还原糖的试样时，试样配成溶液后，宜放置过夜再测定。若需立即测定，可将中性溶液（pH 7）加热至沸，或加几滴氨水后再稀释定容；若溶液已经稀释定容，则可加入碳酸钠干粉至石蕊试纸刚显碱性。在碱性溶液中，变旋光作用迅速，很快达到平衡。但微碱性溶液不宜放置过久，温度也不可太高，以免破坏果糖。

任务四 黏度检验法

黏度是指液体的黏稠程度，它是液体在外力作用下发生流动时，液体分子间所产生的内摩擦力。黏度大小是判断液态食品品质的一项重要物理指标。

黏度分绝对黏度与运动黏度。绝对黏度 η，也叫动力黏度，它是指液体以 1cm/s 的流速流动时，在每 $1cm^2$ 的液面上所需切向力的大小，以 Pa·s 为单位。运动黏度 ν，也称动态黏度，它是在相同温度下液体的绝对黏度与其密度的比值，以 m^2/s 为单位。

一、旋转黏度测定法

旋转黏度计的工作原理是由同步电动机连接刻度盘以稳定的速度旋转，通过游丝和转轴带动转子旋转。若转子未受到黏滞阻力，则游丝与圆盘同速旋转，指针刻度盘上的读数为 0。若转子受到黏滞阻力，则游丝产生力矩与黏滞阻力抗衡，最后达到平衡，此时，与游丝相连的指针在刻度盘上指示一定读数（即游丝的扭转角），根据这一数值，结合转子号数及转速即可算出被测液体的绝对黏度。图 3-8 所示为旋转黏度计的结构。

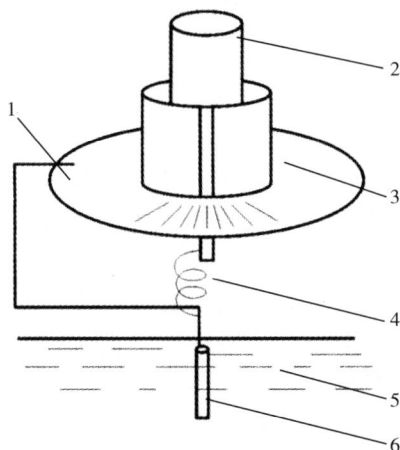

图 3-8 旋转黏度计的结构

1—指针 2—同步电机 3—刻度磁盘 4—游丝 5—被测液体 6—转子

二、仪器和设备

NDJ-1 旋转式黏度计（图 3-9），烧杯（直径不小于 70mm，高度低于 130mm）。

三、操作方法

（1）准备被测糖液，置于烧杯中，准确控制被测糖液温度。

（2）将选配好的转子旋入轴连接杆，旋转升降旋钮，使仪器缓慢下降，转子逐渐浸入被测液体中，直至转子液面标志和液面平齐为止，再精调水平。接通电源，按下指针控制杆，开启电机，转动变速旋钮，使其在选配好的转速挡上，放松指针控制杆，待指针稳定时读数，

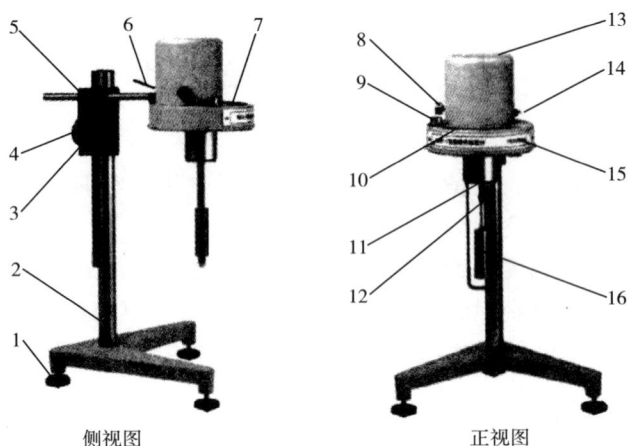

侧视图   正视图

图 3-9   NDJ-1 旋转式黏度计

1—调节螺钉   2—支架   3—夹头紧松螺钉   4—升降旋钮   5—手柄固定螺钉

6—指针控制杆   7—指针   8—变速旋钮   9—水平泡   10—刻度盘

11—保护架   12—轴连接杆   13—系数表   14—电源开关   15—面板   16—转子

一般需要约 30s。当转速在 "6" 或 "12" 挡运转时，指针稳定后可直接读数；当转速在 "30" 或 "60" 挡时，待指针稳定后按下指针控制杆，指针转至显示窗内，关闭电源进行读数。注意：按指针控制杆时不能用力过猛。

（3）当指针所指的数值过高或过低时，可变换转子和转速，务必使读数在 30~90 之间。

（4）量程、系数、转子和转速的选择。

①先估计被测糖液的黏度范围，然后根据量程表（表 3-3）选择适当的转子和转速。

例如，测定约 3000mPa·s 的糖液时可选用下列组合：2 号转子配 6r/min 或 3 号转子配 30r/min。

②当估计不出被测液体的大致黏度时，应假定为较高的黏度，试用由小到大的转子（大小不是指的是外形）和由慢到快的转速。原则是：高黏度的液体选用小的转子和慢的转速；低黏度的液体选用大的转子和快的转速。

③系数：测定时，指针在刻度盘上指示的读数必须乘上系数表（表 3-4）中的特定系数才是绝对黏度（mPa·s），即式（3-8）：

$$\eta = k\alpha \tag{3-8}$$

式中：η ——绝对黏度；

     k——系数；

     α ——指针所指示的读数。

④频率误差的修正：当使用电源频率不准时，可按下面的公式修正。

$$实际黏度 = 指示黏度 \times \frac{名义频率}{实际频率} \tag{3-9}$$

其中，名义频率 = 50Hz。

表 3-3 量程表

转子编号	转速/（r/min）	量程/（mPa·s）	转子编号	转速/（r/min）	量程/（mPa·s）
0	60	10	3	60	2000
	30	20		30	4000
	12	50		12	10000
	6	100		6	20000
1	60	100	4	60	10000
	30	200		30	20000
	12	500		12	50000
	6	1000		6	100000
2	60	500			
	30	1000			
	12	2500			
	6	5000			

表 3-4 系数表

转子编号	转速/（r/min）	量程/（mPa·s）	转子编号	转速/（r/min）	量程/（mPa·s）
0	60	0.1	3	60	20
	30	0.2		30	40
	12	0.5		12	100
	6	1		6	200
1	60	1	4	60	100
	30	2		30	200
	12	5		12	500
	6	10		6	1000
2	60	5			
	30	10			
	12	25			
	6	50			

四、注意事项

（1）仪器应在常温下使用。

（2）必须在指定频率和允许电压范围内测定，否则会影响测量精度。

（3）装卸转子时不要用力过大，不能使转子横向受力，以免影响仪器精度。

（4）装上转子后不得将仪器侧放或倒放。

（5）不能在未按下指针控制杆时开动电机，一定要在电机运转时变换转速。

（6）每次使用完毕，应及时清洗转子（不能在仪器上进行转子的清洗）。

（7）0 号转子的装卸与其他转子不同，要认真阅读使用说明，低于 15mPa·s 的液体应选用 0 号转子。

五、提高精确度的方法

（1）精确控制被测液体温度。转子、保护架和被测液体温度要一致。
（2）被测液体应均匀且无气泡。防止转子浸入液体时有气泡黏附在转子表面。
（3）转子应尽可能置于容器中心，并使转子上的液面标志线与被测液体的液面平齐。
（4）读数应尽量在 30~90 之间，且用同一视角读数。

任务五　气体压力测定法

在某些瓶装或罐装食品中，容器内气体的分压常常是产品的重要质量指标。如罐头生产中，要求罐头具有一定的真空度，即罐内气体分压与罐外气压差应小于零，为负压。这是罐头产品必须具备的一个质量指标，而且对于不同罐型、不同的内容物、不同的工艺条件，要求达到的真空度不同。瓶装含气饮料，如碳酸饮料、啤酒等，其 CO_2 含量是产品的一个重要的理化指标，啤酒的泡沫是啤酒中 CO_2 含量的一个表现，但它更是啤酒内在质量的客观反映，啤酒的泡沫特性是啤酒的重要质量指标。

这类检测通常都采用简单的测定仪表来检测，如真空计或压力计可对容器内的气体分压进行检测。

一、罐头真空度的测定

测定罐头真空度通常用罐头真空表。它是一种下端带有针尖的圆盘状表，表面上刻有真空度数字，静止时指针指向零。表的基部是一带有尖锐针头的空心管，空心管与表身连接部分有金属套保护，下面一段由厚橡皮座包裹。测定时，使针尖刺入盖内，罐内分压与大气压差使表内隔膜移动，从而连带表面针头转动，即可读出真空度。表基部的橡皮座起密封作用，防止外界空气侵入（图 3-10）。

二、碳酸饮料中 CO_2 的测定

用测压器上的针头刺入碳酸饮料试样瓶（罐）内，旋开排气阀，待指针恢复零位后，关闭排气阀，将试样瓶（罐）往复剧烈振摇 40s，待压力稳定后，记下压力表读数。旋开排气阀，随即打开瓶盖，用温度计测量容器内饮料的温度（图 3-11）。

根据测得的压力和温度，查碳酸气吸收系数表，即可得到 CO_2 含气量的体积倍数。

三、啤酒泡沫特性的测定

泡沫是啤酒的重要特征之一，啤酒也是唯一以泡沫作为主要质量指标的酒类。

（一）原理

在同一温度及固定条件下，使用同一构造的器具，测定啤酒泡沫的消失速度，以 s 表示。

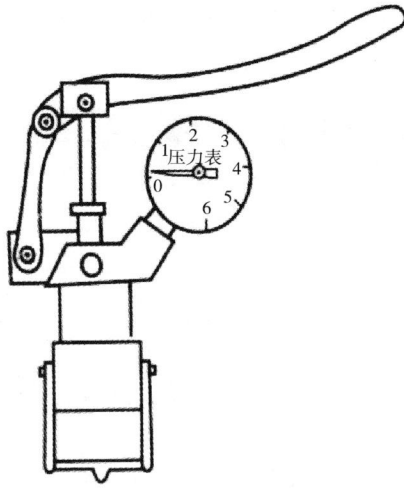

图 3-10　罐头真空表　　　　图 3-11　CO_2 压力测定器

（二）仪器

（1）秒表。

（2）无色透明玻璃杯，预先彻底清洗其表面油污，干燥后再使用。试验前，将杯取出于实验台上放置 10min。

（三）操作方法

（1）泡沫的形态检验。将玻璃杯置于铁架台底座上，固定铁环于距杯口 3cm 处。将原瓶（罐）啤酒置于 15℃ 水浴中，保持至等温后起盖，立即置瓶（罐）口于铁环上，沿杯中心线，以均匀流速将啤酒注入杯中，直至泡沫高度与杯口相齐时止。同时按秒表计时，观泡沫升起的情况，记录泡沫的形态（包括色泽和粗细）。

试验时严禁有空气流动现象，测定前试样应避免振摇。

（2）泡沫持性的检验。记录泡沫从初始至消失的时间（或仅露出 $0.5cm^2$ 酒液面）的时间，以 s 表示。观察泡沫挂杯的情况。所得结果取整数。

【复习思考题】

1. 什么是密度与相对密度？
2. 怎样利用相对密度来判断油脂的质量？
3. 怎样利用折射率来对油脂和脂肪酸进行定性？
4. 旋光度在食品检验中有何作用？
5. 如何提高转子黏度计的精确度？

【参考文献】

［1］尹凯丹. 食品理化分析［M］. 北京：化学工业出版社，2008.

［2］林继元. 食品理化检验技术［M］. 武汉：武汉理工大学出版社，2011.

［3］张拥军. 食品理化检验［M］. 北京：中国质检出版社，2015.

项目四　食品一般成分的测定

【知识目标】

1. 了解食品中水分、灰分、酸度、脂类、糖类、蛋白质、氨基酸、维生素等成分对食品品质的影响;

2. 理解食品中水分、灰分、酸度、脂类、糖类、蛋白质、维生素等各种成分的测定原理;

3. 掌握食品中水分、灰分、酸度、脂类、糖类、蛋白质、维生素等各种成分的测定方法。

【能力目标】

1. 掌握水分 (常压干燥法)、总灰分、总酸度、脂肪 (索氏抽提法)、还原糖 (直接滴定法)、蛋白质 (常量凯氏定氮法) 等物质测定的操作技能;

2. 掌握酸度计、光度计、色谱仪等仪器的使用方法及操作技能,掌握标准曲线的绘制和测定结果的计算方法。

【相关知识】

食品的一般成分包含水分、灰分、酸类物质、脂肪、碳水化合物、蛋白质、氨基酸和维生素等基本组成成分,是食品中固有的成分。这些物质赋予了食品一定的组织结构、风味、口感以及营养价值,这些成分含量的高低往往是确定食品品质的关键指标。

任务一　食品水分的测定

一、概述

(一) 测定水分含量的意义

水是维持动物、植物和人体生存所必不可少的物质。除谷物和豆类种子 (一般水分为12%~16%) 以外,作为食品的许多动植物含水量在 60%~90%,有的可能更高。

水分是食品分析的重要项目之一。不同种类的食品,水分含量差别很大。控制食品的水分含量,对于保持食品良好的感官性状,维持食品中其他组分的平衡关系,保证食品具有一定的保存期等均起着重要的作用。例如,新鲜面包的水分含量若低于28%,其外观形态干瘪,失去光泽;水果硬糖的水分含量一般控制在3.0%以下,过少则会出现返砂甚至返潮现象;奶粉水分含量控制在2.5%~3.0%,可抑制微生物生长繁殖,延长保存期。此外,各种生产原料中水分含量高低,除了对它们的品质和保存有影响外,对成本核算、提高工厂的经济效益等均具有重大意义。因此，食品中水分含量的测定被认为是食品分析的重要项目之一。

（二）食品中水分的存在形式

不同食品的水分含量差异很大，如表4-1所示。根据水分在食品中所处的状态不同以及与非水组合结合强弱的不同，可以把水分分为以下3类。

表4-1　部分食品的水分含量和水分活度

食品	近似水分含量/%	水分活度	食品	近似水分含量/%	水分活度
蔬菜	90以上	0.99~0.98	蜂蜜	16	0.75
水果	89~87	0.99~0.98	面包	约35	0.93
鱼贝类	85~70	0.99~0.98	火腿	65~56	0.90
肉类	70以上	0.98~0.97	小麦粉	14	0.61
蛋	75	0.97	干燥谷类	—	0.61
果汁	88~86	0.97	苏打饼干	5	0.53
果酱	—	0.97	饼干	4	0.33
果干	21~15	0.82~0.72	西式糕点	25	0.74
果冻	18	0.69~0.60	香辛料	—	0.50
糖果	—	0.65~0.57	虾干	23	0.64
速溶咖啡	—	0.30	绿茶	4	0.26
巧克力	1	0.32	脱脂奶粉	4	0.27
葡萄糖	10~9	0.48	奶酪	约40	0.96

1. 自由水

自由水是以溶液状态存在的水分，保持着水分的物理性质，在被截留的区域内可以自由流动。自由水在低温下容易结冰，可以作为胶体的分散剂和盐的溶剂。同时，一些能使食品品质发生变质的反应以及微生物活动可在这部分水中进行。在高水分含量的食品中，自由水的含量可以达到总含水量的90%以上。

2. 亲和水

亲和水可存在于细胞壁或原生质中，是强极性基团单分子外的几个水分子层所包含的水，以及与非水组分中的弱极性基团以及氢键结合的水。它向外蒸发的能力较弱，与自由水相比，蒸发时需要吸收较多的能量。

3. 结合水

结合水又称束缚水，是食品中与非水成分结合最牢固的水，如葡萄糖、麦芽糖、乳糖的结晶水以及蛋白质、淀粉、纤维素、果胶物质中的羧基、氨基、羟基和巯基等通过氢键结合的水。结合水的冰点为-40℃，它与非水组分之间配位键的结合能力比亲和水与非水组分间的结合力大得多，很难用蒸发的方法排除出去。结合水在食品内部不能作为溶剂，微生物也不能利用它来进行繁殖。

在食品中以自由水形态存在的水分在加热时容易蒸发；以另外两种状态存在的水分，加热也能蒸发，但不如自由水蒸发得容易，若长时间对食品进行加热，非但不能去除水分，反而会使食品发生变质，影响分析结果。因此，水分测定要严格控制温度、时间等规定的操作条件，才能得到满意的结果。

二、食品中水分测定的方法

食品中水分测定的方法有多种，通常可以分为两大类：直接测定法和间接测定法。

利用水分本身的物理性质和化学性质去掉样品中的水分，再对其进行定量的方法称作直接测定法，如干燥法、蒸馏法和卡尔·费休法；而利用食品的密度、折射率、电导率、介电常数等物理性质测定水分的方法称作间接测定法，间接测定法不需要除去样品中的水分。

相比而言，直接测定法精确度高、重复性好，但花费时间较长，而且主要靠人工操作，广泛应用于实验室中。间接测定法所得结果的准确度一般比直接测定法低，而且往往需要进行校正，但间接法测定速度快，能自动连续测量，可应用于食品工业生产过程中水分含量的自动控制。在实际应用时，水分测定的方法要根据食品的性质和测定目的而选定。

需要注意的是，在测定水分含量时，必须预防操作过程中所产生的水分得失误差，或尽量将其控制在最低范围内。因此，任何样品都需要尽量缩短其暴露在空气中的时间，并尽量减少样品在破碎过程中产生的摩擦热，否则会影响样品的水分含量测定结果，造成不必要的误差。Vaderwarn 的实验表明了控制速度在水分测定过程中的重要性：将 2~3g 粉碎的干酪放在直径为 5.5cm 的铝盒中，放在分析天平上，观察到水分的蒸发呈线性状态，而且其蒸发度与相对湿度有关。在 50% 相对湿度时，每 5g 样品水分含量就减少了 0.01%，其水分蒸发曲线在 5min 间隔后就变成了线性。这也说明，在样品干燥前绝对有必要控制取样和称量的方式。

在一定的温度和压力条件下，将样品加热干燥，蒸发以排除其中水分并根据样品前后失重来计算水分含量的方法，称为干燥法。它包括直接干燥法和减压干燥法。水分含量测定值的大小与所用烘箱的类型、箱内状况、干燥温度和干燥时间密切相关。这种测定方法费时较长，但操作简便，应用范围较广。

三、直接干燥法

（一）适用范围

直接干燥法适用于在 101~105℃ 下，蔬菜、谷物及其制品、水产品、豆制品、乳制品、肉制品、卤菜制品、粮食（水分含量低于 18%）、油料（水分含量低于 13%）、淀粉及茶叶类等食品中水分的测定，不适用于水分含量小于 0.5g/100g 的样品。

（二）原理

利用食品中水分的物理性质，在 101.3kPa（一个大气压），温度 101~105℃ 下采用挥发方法测定样品中干燥减失的重量，包括吸湿水、部分结晶水和该条件下能挥发的物质，再通过干燥前后的称量值计算出水分的含量。

（三）仪器和设备

扁形铝制或玻璃制称量瓶；电热恒温干燥箱；干燥器：内附有效干燥剂；天平：感量为 0.1mg。

（四）试剂

（1）氢氧化钠溶液（6mol/L）：称取24g氢氧化钠，加水溶解并稀释至100mL。

（2）盐酸溶液（6mol/L）：量取50mL盐酸，加水稀释至100mL。

（3）海砂：取用水洗去泥土的海砂、河砂、石英砂或类似物，先用盐酸溶液（6mol/L）煮沸0.5h，用水洗至中性，再用氢氧化钠溶液（6mol/L）煮沸0.5h，用水洗至中性，经105℃干燥备用。

（五）操作方法

根据食品种类及存在状态的不同，样品的制备方法也不同。一般情况下，食品以固态（如面包、饼干、乳粉等）、液态（如牛乳、果汁等）和半固体状态（如炼乳、糖浆、果酱等）存在。

（1）对于固体样品：取洁净铝制或玻璃制的扁形称量瓶，置于101~105℃干燥箱中，瓶盖斜支于瓶边，加热1.0h，取出盖子，置干燥器内冷却0.5h，称量，并重复干燥至前后两次质量差不超过2mg，即为恒重。将混合均匀的试样迅速磨细至颗粒小于2mm，不易研磨的样品应尽可能切碎，称取2~10g试样（精确至0.0001g），放入此称量瓶中，试样厚度不超过5mm，如为疏松试样，厚度不超过10mm，加盖，精密称量后，置于101~105℃干燥箱中，瓶盖斜支于瓶边，干燥2~4h后，盖好取出，放入干燥器内冷却0.5h后称量。然后放入101~105℃干燥箱中干燥1h左右，取出，放入干燥器内冷却0.5h后再称量。并重复以上操作至前后两次质量差不超过2mg，即为恒重。

注：两次恒重值在最后计算中，取最后一次的称量值。

（2）对于半固体或液体样品：液体样品若直接在高温下加热，会因沸腾而造成样品损失，所以需低温浓缩后再进行高温干燥。

取洁净的称量瓶，加入10.0g海砂及一根小玻棒，放在101~105℃干燥箱中，干燥1.0h后取出，放在干燥器中冷却0.5h后称量，并重复干燥至恒重。然后精密称取5~10g样品放于称量瓶中，用小玻棒搅匀放在沸水浴上蒸干，并随时搅拌，擦去瓶底的水滴，置101~105℃干燥箱中干燥4h后盖好取出，并放在干燥器内冷却0.5h后称量。然后放入101~105℃干燥箱中干燥1h左右，取出，放入干燥器内冷却0.5h后再称量，并重复以上操作至前后两次质量差不超过2mg，即为恒重。

（六）结果计算［式（4-1）］

$$w = \frac{m_1 - m_2}{m_1 - m_3} \times 100 \tag{4-1}$$

式中：w——样品中的水分含量，g/100g；

m_1——称量瓶（或蒸发皿加海砂、玻棒）和样品的质量，g；

m_2——称量瓶（或蒸发皿加海砂、玻棒）和样品干燥后的质量，g；

m_3——称量瓶（或蒸发皿加海砂、玻棒）的质量，g。

水分含量≥1g/100g时，计算结果保留3位有效数字；水分含量<1g/100g时，计算结果保留2位有效数字。

（七）精密度

在重复性条件下获得的两次独立测定结果的绝对差值不得超过算术平均值的 5%。

（八）操作条件选择

1. 称样量

测定时称样量一般控制其干燥后的残留物质量在 1.5~3g；对水分含量较低的固态、浓稠态食品，将称样量控制在 3~5g；对水分含量较高的如果汁、牛乳等液态食品，通常每份样品的称样量控制在 15~20g 为宜。

2. 称量器皿规格

玻璃称量瓶能耐酸碱，不受样品性质的限制，常用于常压干燥法。铝质称量盒质量轻，导热性强，但对酸性食品不适宜，适合用减压干燥法测定。称量器皿容量规格的选择，以样品置于其中铺平后其厚度不超过容器高度的 1/3 为宜。

3. 干燥设备

最好采用风量可调节的烘箱。温度计通常处于离上隔板 3cm 的中心处，使样品温度符合测定的要求。样品受热要均匀。

4. 干燥条件

温度：一般控制在 101~105℃，对热稳定的谷类等，可提高到 130~135℃ 范围内进行干燥（时间规定为 40min）；对还原糖含量较高的食品应先用低温（50~60℃）干燥 0.5h，然后再用 100~105℃ 干燥。时间：干燥时间的确定有两种方法，一种是干燥到恒重，另一种是规定一定的干燥时间。

（九）注意事项

（1）水果、蔬菜样品，先洗去泥沙，再用蒸馏水冲洗，然后吸干表面的水分。

（2）测定过程中，当盛有试样的称量器皿从烘箱中取出后，应迅速放入干燥器中进行冷却，否则，不易达到恒重。

（3）干燥器内一般用硅胶作为干燥剂，硅胶吸潮后会使干燥效能降低，当硅胶蓝色减退或变红时，应及时更换，或于 135℃ 左右烘 2~3h 使其再生后使用。硅胶吸附油脂等后，去湿力会大大降低。

（4）加热过程中，一些物质发生的化学反应，会使测定结果产生误差。

①果糖含量较高的样品，如水果制品、蜂蜜等，在高温下（>7℃）长时间加热，样品中的果糖会发生氧化分解作用而导致明显误差，故宜采用减压干燥法测定水分含量。

②含有较多氨基酸、蛋白质及羰基化合物的样品，在长期加热时会发生羰氨反应，析出水分而导致误差。对此类样品中水分宜用其他方法测定。

（5）在水分测定中，恒重的标准一般指前后 2 次称量之差 ≤2mg，根据食品的类型和测定要求来确定。

（6）对于含挥发性组分较多的食品，如香料油、低醇饮料等可采用蒸馏法测定水分含量。

（7）对于固态样品的细度要均匀一致，达到标准的要求。

（8）测定水分后的样品，可供测定脂肪、灰分含量用。

四、减压干燥法

（一）适用范围

减压干燥法适用于高温易分解的样品及水分较多的样品（如糖、味精等食品）中水分的测定，不适用于添加了其他原料的样品（如奶糖、软糖等食品）中水分的测定，也不适用于水分含量小于 0.5g/100g 的样品（糖和味精除外）。

（二）原理

利用食品中水分的物理性质，在 40~53kPa 压力下加热至（60±5）℃，采用减压烘干方法去除试样中的水分，再通过烘干前后的称量数值计算出水分的含量。

（三）仪器和设备

扁形铝制或玻璃制称量瓶；真空干燥箱；干燥器：内附有效干燥剂；天平：感量为 0.1mg。

（四）操作方法

（1）试样制备：粉末和结晶试样直接称取；较大块硬糖经研钵粉碎，混匀备用。

（2）测定：取已恒重的称量瓶称取 2~10g（精确至 0.0001g）试样，放入真空干燥箱内，将真空干燥箱连接真空泵，抽出真空干燥箱内空气（所需压力一般为 40~53kPa），并同时加热至所需温度（60±5）℃。关闭真空泵上的活塞，停止抽气，使真空干燥箱内保持一定的温度和压力，经 4h 后，打开活塞，使空气经干燥装置缓缓通入至真空干燥箱内，待压力恢复正常后再打开。取出称量瓶，放入干燥器中 0.5h 后称量，并重复以上操作至前后两次质量差不超过 2mg，即为恒重。

（五）结果计算

同直接干燥法。

（六）精密度

在重复性条件下获得的两次独立测定结果的绝对差值不得超过算术平均值的 10%。

（七）注意事项

（1）本法操作压力较低，水的沸点也相应降低，可以在较低温度下使水分蒸发完全。

（2）第 1 次使用的铝质称量盒要反复烘干 2 次，每次置于调节到规定温度的烘箱内烘 1~2h，然后移至干燥器内冷却 45min，称重（精确到 0.1mg），求出恒重。第 2 次以后使用时，通常采用前 1 次的恒重值。

（3）由于直读天平与被测量物之间的温度差会引起明显的误差，故在操作中应力求被称量物与天平的温度相同后再称重，一般冷却时间在 0.5~1h 内。

（4）减压干燥时，自烘箱内部压力降至规定真空度时起计算干燥时间，干燥时间取决于样品水分含量、样品性质、单位质量和表面积、是否使用海砂、是否具有较强持水能力的化合物等因素。一般每次烘干时间为 2h，但有的样品需要 5h；恒重一般以减量不超过 0.5mg 时为标准，但对受热后易分解的样品则可以不超过 3mg 的减量值为恒重标准。

五、蒸馏法

（一）适用范围

蒸馏法适用于含水较多又有较多挥发性成分的水果、香辛料及调味料、肉与肉制品等食品中水分的测定，不适用于水分含量小于 1g/100g 的样品。

（二）原理

利用食品中水分的物理化学性质，使用水分测定器将食品中的水分与甲苯或二甲苯共同蒸出，根据接收的水的体积计算出试样中水分的含量。

（三）仪器和设备

水分测定器如图 4-1 所示（带可调电热套）；水分接收管容量 5mL，最小刻度值 0.1mL，容量误差小于 0.1mL；天平：感量为 0.1mg。

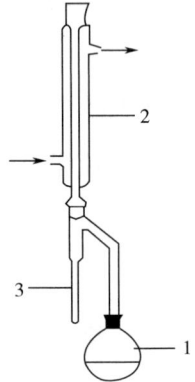

图 4-1　水分测定器
1—250mL 蒸馏瓶　2—冷凝管
3—有刻度的水分接收管

（四）试剂

甲苯或二甲苯：取甲苯或二甲苯，先以水饱和后，分去水层，进行蒸馏，收集馏出液备用。

（五）操作方法

准确称取适量试样（应使最终蒸出的水在 2~5mL，但最多取样量不得超过蒸馏瓶的 2/3），放入 250mL 蒸馏瓶中，加入新蒸馏的甲苯（或二甲苯）75mL，连接冷凝管与水分接收管，从冷凝管顶端注入甲苯，装满水分接收管。同时做甲苯（或二甲苯）试剂空白。加热慢慢蒸馏，使每秒得馏出液 2 滴，待大部分水分蒸出后，加速蒸馏约每秒 4 滴，当水分全部蒸出后，接收管内的水分体积不再增加时，从冷凝管顶端加入甲苯冲洗。如冷凝管壁附有水滴，可用附有小橡皮头的铜丝将其擦下，再蒸馏片刻至接收管上部及冷凝管壁无水滴附着，接收管水平面保持 10min 不变为蒸馏终点，读取接收管水层的容积。

（六）结果计算 ［式（4-2）］

$$X = \frac{V - V_0}{m} \times 100 \tag{4-2}$$

式中：X——样品中的水分含量，mL/100g（或按水在 20℃ 时的密度 0.9982g/mL 计算质量分数）；

　　　V——接收管内水的体积，mL；

　　　V_0——做试剂空白时，接收管内水的体积，mL；

m——试样的质量，g；

100——单位换算系数。

结果以重复性条件下获得的两次独立测定结果的算术平均值表示，保留 3 位有效数字。

（七）精密度

在重复性条件下获得的两次独立测定结果的绝对差值不得超过算术平均值的 10%。

（八）注意事项

（1）蒸馏法与干燥法有较大差别，干燥法是以烘烤干燥后减少的质量为依据，而蒸馏法是以蒸馏收集到的水量为准，避免了挥发性物质减少的质量以及脂肪氧化对水分测定造成的误差。

（2）样品用量：一般谷类、豆类约 20g，鱼、肉、蛋、乳制品 5~10g，蔬菜、水果约 5g。

（3）有机溶剂一般用甲苯，其沸点为 110.7℃。对于在高温易分解样品则用苯作蒸馏溶剂（苯沸点 80.2℃，水和苯能形成沸点为 69.25℃的恒沸物），但蒸馏的时间需延长。

（4）加热温度不宜太高，温度太高时冷凝管上端水汽难以全部回收。蒸馏时间一般为 2~3h，样品不同蒸馏时间各异。

（5）为了尽量避免接收管和冷凝管壁附着水滴，仪器必须洗涤干净。

六、卡尔·费休法

卡尔·费休法简称费休法或 K-F 法，是一种迅速而又准确的水分测定方法，它属于碘量法，被广泛应用于各种固体、液体及一些气体样品的水分含量的测定。该方法不需加热，在很多场合，该法也常被作为水分特别是痕量水分的标准分析方法，用于校正其他分析方法。

卡尔·费休法适用于食品中含微量水分的测定，不适用于含有氧化剂、还原剂、碱性氧化物、氢氧化物、碳酸盐、硼酸等食品中水分的测定。卡尔·费休法适用于水分含量大于 1.0×10^{-3}g/100g 的样品。

（一）原理

碘能与水和二氧化硫发生化学反应，在有吡啶和甲醇共存时，1mol 碘只与 1mol 水作用，反应式为：

$$C_5H_5N \cdot I_2 + C_5H_5N \cdot SO_2 + C_5H_5N + H_2O + CH_3OH \longrightarrow 2C_5H_5N \cdot HI + C_5H_6N[SO_4CH_3]$$

由上式可知 1mol H_2O 需要 1mol I_2、1mol SO_2 和 3mol C_5H_5N 和 1mol CH_3OH。但实际使用的卡尔·费休试剂，其中的 SO_2、C_5H_5N 和 CH_3OH 的用量都是过量的。例如，对于常用的卡尔·费休试剂，若以 CH_3OH 为溶剂，试剂浓度每毫升相当于 3.5mg H_2O，各组分摩尔比为 $n(I_2):n(SO_2):n(C_5H_5N)=1:3:10$。

卡尔·费休试剂的有效浓度取决于碘的浓度。新鲜配制的试剂，由于各种不稳定因素其有效浓度会不断降低。因此，新鲜配制的卡尔·费休试剂，混合后需放置一定的时间后才能使用，而且，每次使用前均需标定。

滴定终点的确定有两种方法：一种是用试剂本身所含的碘作指示剂，试液中有水分存在时，显淡黄色，随着水分的减少，在接近终点时显琥珀色，当刚出现微弱的黄棕色时，即为滴定终点，棕色表示有过量的碘存在，该法适用于水分含量在 1% 以上的样品，所产生的误差并不大；另一种方法为双指示电极安培滴定法，又称永停滴定法，其原理是将两根相似的铂电极插在被滴样品溶液中，给两电极间施加 10~25mV 的电压，在开始滴定至终点前，因体系中存留碘化物而无游离状态的碘，电极间的极化作用使外电路中无电流通过（即微安表指针始终不动），而过量的 1 滴卡尔·费休试剂滴入体系后，由于游离碘的出现，体系变为去极化，则溶液开始导电，外路有电流通过，微安表指针偏转一定刻度并稳定不变，即为终点，该法适用于测定含微量、痕量水分的样品或测定深色样品。

（二）仪器和设备

KF-1 型水分测定仪（上海化工研究院制）或 SDY-84 型水分滴定仪（上海医械专机厂制）；天平：感量为 0.1mg。

（三）试剂

（1）无水甲醇：要求其含水量在 0.05% 以下。取甲醇约 200mL 置干燥圆底烧瓶中，加光洁镁条 15g 与碘 0.5g，接上冷凝装置，冷凝管的顶端和接收器支管上要装上无水氯化钙干燥管，当加热回流至金属镁开始转变为白色絮状的甲醇镁时，再加入甲醇 800mL，继续回流至镁条溶解。分馏，用干燥的抽滤瓶作接收器，收集 64~65℃ 馏分备用。

（2）无水吡啶：要求其含水量在 0.1% 以下，吸取吡啶 200mL 于干燥的蒸馏瓶中，加 40mL 苯，加热蒸馏，收集 110~116℃ 馏分备用。

（3）无水硫酸钠、硫酸。

（4）碘：将固体碘置硫酸干燥器内干燥 48h 以上。

（5）二氧化硫：采用钢瓶装的二氧化硫或用硫酸分解亚硫酸钠而制得。

（6）5A 分子筛。

（7）水—甲醇标准溶液：每毫升含 1mg 水，准确吸取 1mL 水注入预先干燥的 1000mL 容量瓶中，用无水甲醇稀释至刻度，摇匀备用。

（8）卡尔·费休试剂：称取 85g 碘于干燥的 1L 具塞的棕色玻璃试剂瓶中，加入 670mL 无水甲醇，盖上瓶盖，摇动至碘全部溶解后，加入 270mL 吡啶混匀，然后置于冰水浴中冷却，通入干燥的二氧化硫气体 60~70g，通气完毕后塞上瓶塞，放置暗处至少 24h 后使用。

标定：预先加入 50mL 无水甲醇于水分测定仪的反应器中，接通仪器电源，启动电磁搅拌器，先用卡尔·费休试剂滴入甲醇中使其尚残留的痕量水分与试剂作用达到计量点，即为微安表的一定刻度值（45μA 或 48μA），并保持 1min 内不变，不记录卡尔·费休试剂的消耗量。然后用 10μL 的微量注射器从反应器的加料口（橡皮塞住）缓缓注入 10μL 蒸馏水（相当于 0.01g 水，可先用天平称量校正，也可用减量法滴瓶称取 0.01g 水于反应器中），此时微安表指针偏向左边接近零点，用卡尔·费休试剂滴定至原定终点，记录卡尔·费休试剂消耗量。

卡尔·费休试剂对水的滴定度 T（mg/mL）用式（4-3）计算：

$$T = \frac{G \times 1000}{V} \tag{4-3}$$

式中：G——水的质量，g；

V——滴定消耗卡尔·费休试剂的体积，mL。

（四）操作方法

对于固体样品，如糖果必须事先粉碎均匀，视各种样品含水量不同，一般每份被测样品中含水 20~40mg 为宜。准确称取 0.3~0.5g 样品置于称样瓶中。

在水分测定仪的反应器中加入 50mL 无水甲醇，使其完全淹没电极，并用卡尔·费休试剂滴定 50mL 甲醇中的痕量水分，滴定至微安表指针的偏转程度与标定卡尔·费休试剂操作中的偏转情况相当并保持 1min 不变时（不记录试剂用量），打开加料口迅速将称好的试样加入反应器中，立即塞上橡皮塞，开动电磁搅拌器使试样中的水分完全被甲醇所萃取，用卡尔·费休试剂滴定至原设定的终点并保持 1min 不变，记录试剂的用量（mL）。

（五）结果计算［式(4-4)］

$$水分(\%) = \frac{TV}{W \times 1000} \times 100\% = \frac{TV}{10W} \tag{4-4}$$

式中：T——卡尔·费休试剂对水的滴定度，mg/mL；

　　　V——滴定所消耗的卡尔·费休试剂体积，mL；

　　　W——样品质量，g。

水分含量 ≥1g/100g 时，计算结果保留 3 位有效数字，水分含量 <1g/100g 时，计算结果保留 2 位有效数字。

（六）精密度

在重复性条件下获得的两次独立测定结果的绝对差值不得超过算术平均值的 10%。

（七）注意事项

（1）只要有现成仪器及配制好的试剂，卡尔·费休法是快速而准确的测定水分的方法，除用于食品分析外，还用于测定化肥、医药以及其他工业产品中的水分含量。

（2）固体样品细度以 40 目为宜。最好用粉碎机处理而不用研磨机，以防水分损失，另外粉碎样品时保证含水量均匀也是获得准确分析结果的关键。

（3）5A 分子筛供装入干燥塔或干燥管中干燥氮气或空气使用。

（4）无水甲醇及无水吡啶适合加入无水硫酸钠保存。

（5）试验证明，对于含有诸如维生素 C 等强还原性组分的样品不宜用此法测定。

（6）试验表明，卡尔·费休法测定糖样品的水分等于烘箱干燥法测定的水分加上干燥法烘过的样品再用卡尔·费休法测定的残留水分，由此说明卡尔·费休法不仅可测得样品中的自由水，而且可测出其结合水，即此法所得结果能更客观地反映样品总水分。

思政小课堂

粮食中的水分含量

任务二 食品灰分的测定

一、概述

食品的组成十分复杂，除含有大量有机物质外，还有丰富无机成分，这些无机成分包括人体必需的无机盐（或称矿物质），其中含量较多的有 Ca、Mg、K、Na、S、P、Cl 等元素。此外还含有少量的微量元素，如 Fe、Cu、Zn、Mn、I、F、Ca、Se 等。当这些组分经高温灼烧时，将发生一系列物理和化学变化，最后有机成分挥发逸散，而无机成分（主要是无机盐和氧化物）则残留下来，这些残留物称为灰分。灰分是表示食品中无机成分总量的一项指标。

食品组成不同，灼烧条件不同，残留物也各不相同。食品的灰分与食品中原来存在的无机成分在数量和组成上并不完全相同，因此严格说应该把灼烧后的残留物称为粗灰分。这是因为食品在灰化时，某些易挥发的元素，如氯、碘、铅等，会挥发散失，磷、硫等也能以含氧酸的形式挥发散失，使部分无机成分减少；另外，某些金属氧化物会吸收有机物分解产生的二氧化碳而形成碳酸盐，又使无机成分增加了。

（一）测定灰分的意义

测定灰分具有十分重要的意义，具体表现在如下两个方面。

1. 判断食品受污染的程度

不同食品，因所用原料、加工方法和测定条件不同，各种灰分的组成和含量也不相同。当这些条件确定后，某种食品的灰分常在一定范围内，如果灰分含量超过了正常范围，说明食品生产过程中，使用了不合乎卫生标准的原料或食品添加剂，或食品在生产、加工、贮藏过程中受到了污染。因此测定灰分可以判断食品受污染的程度。

2. 评价食品的加工精度和食品的品质

灰分可以作为评价食品的质量指标。例如在面粉加工中，常以总灰分含量评定面粉等级，富强粉为 0.3%~0.5%，标准粉为 0.6%~0.9%；加工精度越细，总灰分含量越少，这是由于小麦麸皮中灰分的含量比胚乳的高 20 倍左右。无机盐是食品的六大营养要素之一，是人类生命活动不可缺少的物质，要正确评价某食品的营养价值，其无机盐含量是一个评价指标。如黄豆是营养价值较高的食物，除富含蛋白质外，它的灰分含量高达 5.0%。因此，测定灰分总含量在评价食品品质方面具有重要的意义。

（二）灰分测定的内容

食品的灰分常称为总灰分（粗灰分）。在总灰分中，按其溶解性还可分为水溶性灰分、水不溶性灰分和酸不溶性灰分。

1. 总灰分

总灰分主要是金属氧化物和无机盐类，以及一些杂质。对于有些食品，总灰分是一项重要指标。

（1）水溶性灰分：水溶性灰分反映的是可溶性的钾、钠、钙、镁等氧化物和盐类含量。

（2）水不溶性灰分：水不溶性灰分反映的是污染的泥砂和铁、铝等氧化物及碱土金属的碱式磷酸盐含量。

2. 酸不溶性灰分

酸不溶性灰分反映的是环境污染混入产品中的泥砂及样品组织中的微量氧化硅含量。

二、总灰分的测定

（一）500～600℃灰化法

1. 原理

把一定量的样品经炭化后放入高温炉内灼烧，使有机物质被氧化分解，以二氧化碳、氮的氧化物及水的形式逸出，而无机物质以硫酸盐、磷酸盐、碳酸盐、氯化物等无机盐和金属氧化物的形式残留下来，这些残留物即为灰分，称量残留物的重量即可计算出样品中总灰分的含量。

2. 仪器和设备

仪器：高温炉；坩埚（石英坩埚或瓷坩埚）；坩埚钳；干燥器；分析天平。

3. 试剂

1∶4盐酸溶液；0.5%三氯化铁溶液和等量蓝墨水的混合液；6mol/L硝酸；36%过氧化氢；辛醇或纯植物油。

4. 测定条件的选择

（1）灰化容器：测定灰分通常以坩埚作为灰化容器，个别情况下也可使用蒸发皿。坩埚分素烧瓷坩埚、铂坩埚、石英坩埚等多种。其中最常用的是素烧瓷坩埚。

（2）取样量：测定灰分时，取样量的多少应根据试样的种类和性状来决定，食品的灰分与其他成分相比，含量较少，例如，谷物及豆类为1%～4%，蔬菜为0.5%～2%，水果为0.5%～1%，鲜鱼、贝类为1%～5%，而精糖只有0.01%。所以取样时应考虑称量误差，以灼烧后得到的灰分量为10～100mg来决定取样量。

（3）灰化温度：灰化温度的高低对灰分测定结果影响很大。由于各种食品中无机成分的组成、性质及含量各不相同，灰化温度也应有所不同，一般为525～600℃；谷类的饲料达600℃以上。温度太高，将引起钾、钠、氯等元素的挥发损失，磷酸盐、硅酸盐也会熔融，将炭粒包藏起来，使元素无法氧化；温度太低，则灰化速度慢，时间长，不宜灰化完全，也不利于除去过剩的碱性食物吸收的二氧化碳。必须根据食品的种类、测定精度的要求等因素，选择合适的灰化温度，在保证灰化完全的前提下，尽可能减少无机成分的挥发损失和缩短灰化时间。

（4）灰化时间：一般不规定灰化时间，而是观察残留物（灰分）为全白色或浅灰色，内部无残留的炭粒，并达到恒重为止。2次结果相差<0.5mg。对于已做过多次测定的样品，可根据经验限定时间。总的时间一般为2～5h，个别样品有规定温度、时间。

应指出，对某些样品即使灰化完全，残灰也不一定呈白色或浅灰色，如铁含量高的食品，残灰呈褐色；锰、铜含量高的食品，残灰呈蓝绿色。有时即使灰的表面呈白色，内部仍残留有炭粒。所以应根据样品的组成、性状，注意观察残灰的颜色，正确判断灰化程度。

要在保证灰化完全的前提下，尽可能减少无机成分的挥发损失和缩短灰化时间。加热速度不可太快，防急剧干馏时灼热物的局部产生大量气体，而使微粒飞失。

（5）加速灰化的方法：有些样品难以灰化，如含磷较多的谷物及其制品。磷酸过剩于阳离子，灰化过程中易形成 KH_2PO_4、NaH_2PO_4 等，在比较低的温度下会熔融而包住炭粒，难以完全灰化，即使灰化相当长时间也达不到恒重。对这类样品，可采用下述方法加速灰化。

①样品初步灼烧后，取出，冷却，从灰化容器边缘慢慢加入少量无离子水，使残灰充分湿润（不可直接洒在残灰上，以防残灰飞扬损失），用玻璃棒研碎，使水溶性盐类溶解，被包住的炭粒暴露出来，把玻璃棒上粘的东西用水冲进容器里，在水浴上蒸发至干涸，至 $120 \sim 130℃$ 烘箱内干燥，再灼烧至恒重。

②添加乙醇、硝酸、双氧水、碳酸铵等，这些物质在灼烧后完全消失，不增加残灰质量。例如，样品经初步灼烧后，冷却，可逐滴加入硝酸（1∶1）4～5 滴，以加速灰化。

③添加氧化镁、碳酸钙等惰性不溶物质，它们的作用纯属机械性，它们和灰分混杂在一起，使炭粒不受覆盖，使残灰增重，故应做空白试验。

5. 操作方法

（1）瓷坩埚的准备：将瓷坩埚用 1∶4 的盐酸煮 1～2h，洗净晾干后，用三氯化铁与蓝墨水的等体积混合液在坩埚外壁及盖上标号，置于 $500 \sim 550℃$ 的高温炉中灼烧 0.5～1h，移至炉口，冷却至 200℃ 以下，取出坩埚，置于干燥器中冷却至室温，称重，再放入高温炉内灼烧 0.5h，取出冷却称量，直至恒重（2 次称重之差不超过 0.2mg）。

（2）样品的处理。

①浓稠的液体样品（牛奶、果汁）：准确称取适量试样于已知质量的瓷坩埚中，置于水浴上蒸发至近干，再进行炭化。这类样品若直接炭化，样品沸腾会飞溅，使样品损失，影响结果。

②水分含量多的样品（果蔬）：应先制成均匀的试样，再准确称取适量试样于已知质量的瓷坩埚中，置于烘箱内干燥，再进行炭化。也可取测定水分含量后的干燥试样直接进行炭化。

③富含脂肪的样品：先制成均匀试样，准确称取适量试样，先提取脂肪后，再将残留物移入已知质量的瓷坩埚中进行炭化。

④水分含量较少的固体样品（谷类、豆类）：先粉碎成均匀的试样，取适量试样于已知质量的坩埚中再进行炭化。

（3）炭化：试样经预处理后，在灼烧前要先进行炭化，先用小火加热样品，使样品炭化，炭化后再进行灰化，否则在灼烧时，因温度高，试样中的水分急剧蒸发，使试样飞溅；糖、蛋白质、淀粉等易发泡膨胀的物质在高温下发泡膨胀而溢出坩埚；直接灼烧，炭粒易被包住，使灰化不完全。

将坩埚置于电炉或煤气灯上，半盖坩埚盖，小心加热使试样在通气状态下逐渐炭化，直至无烟产生。易膨胀发泡的样品，在炭化前，可在试样上酌情加数滴纯植物油或辛醇后再进行炭化。

（4）灰化：将炭化后的样品移入马弗炉中，在 $500 \sim 550℃$ 灼烧灰化，直至炭粒全部消失，待温度降至 200℃ 左右，取出坩埚，放入干燥器内冷却至室温，准确称量。再灼烧、冷却、称量，直至达到恒重。若后 1 次质量增加时，则取前 1 次质量计算结果。

6. 结果计算［式（4-5）］

$$X = \frac{m_3 - m_1}{m_2 - m_1} \times 100\% \qquad (4-5)$$

式中：X——样品中总灰分的含量；g/100g；

m_1——空坩埚的质量，g；

m_2——坩埚和样品的质量，g；

m_3——坩埚和灰分的质量，g。

试样灰分含量≥10g/100g时，保留3位有效数字；灰分含量<10g/100g时，计算结果保留2位有效数字。

7. 精密度

在重复性条件下获得的两次独立测定结果的绝对差值不得超过算术平均值的5%。

8. 注意事项

（1）样品炭化时要注意热源强度，防止产生大量泡沫溢出坩埚。

（2）把坩埚放入高温炉或从炉中取出时，要放在炉口停留片刻，将坩埚预热或冷却，防止因温度剧变而使坩埚破裂。

（3）从干燥器中取出冷却的坩埚时，因内部成真空，开盖恢复常压时应让空气缓缓进入，以防残灰飞散。

（4）灰化后的残渣可留作钙、磷、铁等成分的分析。

（5）用过的坩埚，应把残灰及时倒掉，初步洗刷后，用粗盐酸（废）浸泡10~20min，再用水冲刷干净。

（6）测定值中小数点后保留1位小数。

（7）测定食糖中总灰分可用电导法，简单、迅速、准确，避免泡沫的麻烦。

（8）有的样品如面粉等粮食样品是以干物质的灰分来计算的，应从总重中减去水分。

（二）乙酸镁法

1. 原理

乙酸镁法与灼烧法一样，是利用灰化法原理破坏有机物而保留试样中矿物质的方法。为提高灼烧温度，避免发生熔融现象，样品中加入助燃剂（如乙酸镁、乙酸钙等），使灼烧时试样疏松，氧气易于流通，以缩短灰化时间。

2. 仪器和设备

100mL细口瓶；玻璃棒；5mL移微管；高温炉：最高使用温度≥950℃；分析天平：感量分别为0.1mg、1mg、0.1g；石英坩埚或瓷坩埚：干燥器（内有干燥剂）；电热板；恒温水浴锅：控温精度±2℃。

3. 试剂

（1）乙酸镁［（CH_3COO）$_2$Mg·4H_2O］：分析纯。

（2）浓盐酸（HCl）。

（3）乙酸镁溶液（80g/L）：称取8.0g乙酸镁加水溶解并定容至100mL，混匀。

（4）乙酸镁溶液（240g/L）：称取24.0g乙酸镁加水溶解并定容至100mL，混匀。

（5）10%盐酸溶液：量取 24mL 分析纯浓盐酸用蒸馏水稀释至 100mL。

4. 操作方法

（1）坩埚预处理。

①对含磷量较高的食品和其他食品：取大小适宜的石英坩埚或瓷坩埚置高温炉中，在（550±25）℃下灼烧 30min，冷却至 200℃左右，取出，放入干燥器中冷却 30min，准确称量。重复灼烧至前后两次称量相差不超过 0.5mg 为恒重。

②对淀粉类食品：先用沸腾的稀盐酸洗涤，再用大量自来水洗涤，最后用蒸馏水冲洗。将洗净的坩埚置于高温炉内，在（900±25）℃下灼烧 30min，并在干燥器内冷却至室温，称重，精确至 0.0001g。

（2）称样。

①对含磷量较高的食品和其他食品：灰分大于或等于 10g/100g 的试样称取 2~3g（精确至 0.0001g）；灰分小于 10g/100g 的试样称取 3~10g（精确至 0.0001g，对于灰分含量更低的样品可适当增加称样量）。

②对淀粉类食品：迅速称取样品 2~10g（马铃薯淀粉、小麦淀粉以及大米淀粉至少称 5g，玉米淀粉和木薯淀粉称 10g），精确至 0.0001g。将样品均匀分布在坩埚内，不要压紧。

（3）测定。

①测含磷量较高的豆类及其制品、肉禽及其制品、蛋及其制品、水产及其制品、乳及乳制品：称取试样后，加入 1.00mL 乙酸镁溶液（240g/L）或 3.00mL 乙酸镁溶液（80g/L），使试样完全润湿。放置 10min 后，在水浴上将水分蒸干，在电热板上以小火加热使试样充分炭化至无烟，然后置于高温炉中，在（550±25）℃灼烧 4h。冷却至 200℃左右，取出，放入干燥器中冷却 30min，称量前如发现灼烧残渣有炭粒时，应向试样中滴入少许水湿润，使结块松散，蒸干水分再次灼烧至无炭粒即表示灰化完全，方可称量。重复灼烧至前后两次称量相差不超过 0.5mg 为恒重。

吸取 3 份与上述相同浓度和体积的乙酸镁溶液，做 3 次试剂空白试验。当 3 次试验结果的标准偏差小于 0.003g 时，取算术平均值作为空白值。若标准偏差大于或等于 0.003g 时，应重新做空白试验。

②测淀粉类食品：将坩埚置于高温炉口或电热板上，半盖坩埚盖，小心加热使样品在通气情况下完全炭化至无烟，即刻将坩埚放入高温炉内，将温度升高至（900±25）℃，保持此温度直至剩余的碳全部消失为止，一般 1h 可灰化完毕，冷却至 200℃左右，取出，放入干燥器中冷却 30min，称量前如发现灼烧残渣有炭粒时，应向试样中滴入少许水湿润，使结块松散，蒸干水分再次灼烧至无炭粒即表示灰化完全，方可称量。重复灼烧至前后两次称量相差不超过 0.5mg 为恒重。

③测其他食品：液体和半固体试样应先在沸水浴上蒸干。固体或蒸干后的试样，先在电热板上以小火加热使试样充分炭化至无烟，然后置于高温炉中，在（550±25）℃灼烧 4h。冷却至 200℃左右，取出，放入干燥器中冷却 30min，称量前如发现灼烧残渣有炭粒时，应向试样中滴入少许水湿润，使结块松散，蒸干水分再次灼烧至无炭粒即表示灰化完全，方可称量。重复灼烧至前后两次称量相差不超过 0.5mg 为恒重。

5. 结果计算 ［式（4-6）、式（4-7）］

$$X_1 = \frac{m_1 - m_2}{m_3 - m_2} \times 100\% \tag{4-6}$$

$$X_2 = \frac{m_1 - m_2 - m_0}{m_3 - m_2} \times 100\%$$ (4-7)

式中：X_1——（测定时未加乙酸镁溶液）试样中灰分的含量，g/100g；

X_2——（测定时加入乙酸镁溶液）试样中灰分的含量，g/100g；

m_0——氧化镁（乙酸镁灼烧后生成物）的质量，g；

m_1——坩埚和灰分的质量，g；

m_2——坩埚的质量，g；

m_3——坩埚和试样的质量，g。

试样中灰分含量≥10g/100g 时，保留 3 位有效数字；试样中灰分<10g/100g 时，保留 2 位有效数字。

6. 精密度

在重复性条件下获得的两次独立测定结果的绝对差值不得超过算术平均值的 5%。

三、水溶性灰分和水不溶性灰分的测定

（一）原理

用热水提取总灰分，经无灰滤纸过滤、灼烧、称量残留物，测得水不溶性灰分，由总灰分和水不溶性灰分的质量之差计算水溶性灰分。

（二）仪器和设备

高温炉：最高温度≥950℃；分析天平：感量分别为 0.1mg、1mg、0.1g；石英坩埚或瓷坩埚；干燥器（内有干燥剂）；无灰滤纸；漏斗；表面皿：直径 6cm；烧杯（高型）：容量 100mL；恒温水浴锅：控温精度±2℃。

（三）试剂

本方法所用水为 GB/T 6682 规定的三级水。其他试剂等同总灰分的测定。

（四）操作方法

1. 坩埚预处理
同乙酸镁法测定总灰分。

2. 称样
同乙酸镁法测定总灰分"称样"。

3. 总灰分的制备
同乙酸镁法测定总灰分。

4. 测定
用约 25mL 热蒸馏水分次将总灰分从坩埚中洗入 100mL 烧杯中，盖上表面皿，用小火加热至微沸，防止溶液溅出。趁热用无灰滤纸过滤，并用热蒸馏水分次洗涤杯中残渣，直至滤液和洗涤体积约达 150mL 为止，将滤纸连同残渣一起移回原坩埚内，放在沸水浴锅上小心地蒸去水分，然后将坩埚烘干并移入高温炉内，以（550±25）℃灼烧至无炭粒（一般需 1h）。

待炉温降至200℃时，放入干燥器内，冷却至室温，称重（精确至0.0001g）。再放入高温炉内，以（550±25）℃灼烧30min，如前冷却并称重。如此重复操作，直至连续两次称重之差不超过0.5mg为止，记下最低质量。

（五）结果计算

1. 水不溶性灰分的含量［式（4-8）］

$$X_1 = \frac{m_1 - m_2}{m_3 - m_2} \times 100 \tag{4-8}$$

式中：X_1——水不溶性灰分含量，g/100g；

$\quad m_1$——坩埚和水不溶性灰分的质量，g；

$\quad m_2$——坩埚的质量，g；

$\quad m_3$——坩埚和试样的质量，g；

$\quad 100$——单位换算系数。

2. 水溶性灰分的含量［式（4-9）］

$$X_2 = \frac{m_4 - m_5}{m_0} \times 100 \tag{4-9}$$

式中：X_2——水溶性灰分含量，g/100g；

$\quad m_0$——试样的质量，g；

$\quad m_4$——总灰分的质量，g；

$\quad m_5$——水不溶性灰分的质量，g；

$\quad 100$——单位换算系数。

试样中灰分含量≥10g/100g时，保留3位有效数字；试样中灰分<10g/100g时，保留2位有效数字。

（六）精密度

在重复性条件下获得的两次独立测定结果的绝对差值不得超过算术平均值的5%。

四、酸不溶性灰分的测定

（一）原理

用盐酸溶液处理总灰分，过滤、灼烧、称量残留物。

（二）仪器和设备

高温炉：最高温度≥950℃；分析天平：感量分别为0.1mg、1mg、0.1g；石英坩埚或瓷坩埚；干燥器（内有干燥剂）；无灰滤纸；漏斗；表面皿：直径6cm；烧杯（高型）：容量100mL；恒温水浴锅：控温精度±2℃。

（三）试剂

（1）本方法所用水为GB/T 6682规定的三级水。

（2）10%盐酸溶液：24mL 分析纯浓盐酸用蒸馏水稀释至 100mL。

（四）操作方法

1. 坩埚预处理

同乙酸镁法测定总灰分。

2. 称样

同乙酸镁法测定总灰分"称样"。

3. 总灰分的制备

同乙酸镁法测定总灰分。

4. 测定

用约 25mL 10%盐酸溶液将总灰分分次从坩埚中洗入 100mL 烧杯中，盖上表面皿，在沸水浴上小火加热，至溶液由浑浊变为透明时，继续加热 5min，趁热用无灰滤纸过滤，用沸蒸馏水少量反复洗涤烧杯和滤纸上的残留物，直至中性（约达 150mL）。将滤纸连同残渣一起移回原坩埚内，在沸水浴锅上小心地蒸去水分，移入高温炉内，以（550±25）℃灼烧至无炭粒（一般需 1h）。待炉温降至 200℃时，取出坩埚，放入干燥器内，冷却至室温，称重（精确至 0.0001g）。再放入高温炉内，以（550±25）℃灼烧 30min，如前冷却并称重。如此重复操作，直至连续两次称重之差不超过 0.5mg 为止，记下最低质量。

（五）结果计算［式（4-10）］

$$x_1 = \frac{m_1 - m_2}{m_3 - m_2} \times 100\% \tag{4-10}$$

式中：x_1——酸不溶性灰分的含量，g/100g；

　　　m_1——坩埚和酸不溶性灰分的质量，g；

　　　m_2——坩埚的质量，g；

　　　m_3——坩埚和试样的质量，g；

　　　100——单位换算系数。

试样中灰分含量≥10g/100g 时，保留 3 位有效数字；试样中灰分<10g/100g 时，保留 2 位有效数字。

（六）精密度

在重复性条件下获得的两次独立测定结果的绝对差值不得超过算术平均值的 5%。

思政小课堂

食品中灰分的应用

任务三 食品酸度的测定

一、概述

（一）测定食品酸度的意义

食品中的酸不仅作为酸味成分，而且在食品的加工、贮藏及品质管理等方面被认为是重要的成分，测定食品中的酸度具有十分重要的意义，具体如下。

1. 有机酸影响食品的色、香、味及稳定性

果蔬中所含色素的色调，与其酸度密切相关，在一些变色反应中，酸是起重要作用的成分。如叶绿素在酸性条件下变成黄褐色的脱镁叶绿素，花青素于不同酸度下，颜色也不相同。果实及其制品的口感取决于糖、酸的种类、含量及比例，酸度降低则甜味增加，同时水果中适量的挥发酸含量也会带给其特定的香气。另外，食品中有机酸含量高，则其 pH 低，而 pH 的高低对食品稳定性有一定影响，降低 pH，能减弱微生物的抗热性和抑制其生长，所以 pH 是果蔬罐头杀菌的主要依据。在水果加工中，控制介质 pH 可以抑制水果褐变；有机酸能与 Fe、Sn 等金属反应，加快设备和容器的腐蚀作用，影响制品的风味与色泽；有机酸可以提高维生素 C 的稳定性，防止其氧化。

2. 食品中有机酸的种类和含量是判断其质量好坏的一个重要指标

挥发酸的种类是判断某些制品腐败的标准，如某些发酵制品中有甲酸积累，则说明已发生细菌性腐败，挥发酸的含量也是某些制品质量好坏的指标；水果发酵制品中含 0.10% 以上的醋酸，则说明制品腐败；牛乳及乳制品中乳酸过高时，也说明已由乳酸菌发酵而产生腐败。新鲜的油脂常常是中性的，不含游离脂肪酸。但油脂在存放过程中，本身含的解脂酶会分解油脂而产生游离脂肪酸，使油脂酸败，故测定油脂酸度（以酸价表示）可判别其新鲜程度。有效酸度也是判别食品质量的指标，如新鲜肉的 pH 为 5.7~6.2，若 pH>6.7，说明肉已变质。

3. 利用食品中有机酸的含量和糖含量之比，可判断某些果蔬的成熟度

有机酸在果蔬中的含量，因其成熟度及生长条件不同而异，一般随着成熟度提高，有机酸含量下降，而糖含量增加，糖酸比增大。故测定酸度可判断某些果蔬的成熟度，对于确定果蔬收获及加工工艺条件很有意义。

（二）食品酸度的分类

酸度可分为总酸度、有效酸度和挥发酸度。

1. 总酸度

总酸度是指食品中所有酸性成分的总量。它包括离解的和未离解的酸的总和，常用标准碱溶液进行滴定，并以样品中主要代表酸的质量分数来表示，故总酸又称可滴定酸度。

2. 有效酸度

有效酸度是指样品中呈游离状态的氢离子的浓度（准确地说应该是活度），常用 pH 表示，用 pH 计（酸度计）测定。

3. 挥发酸

挥发酸是指易挥发的有机酸，如醋酸、甲酸及丁酸等可通过蒸馏法分离，再用标准碱溶液进行滴定。

二、食品总酸度的测定

（一）原理

食品中的有机弱酸用标准碱液进行滴定时，被中和生成盐类，用酚酞作指示剂，滴定至溶液显淡红色，30s 不褪色为终点。根据所消耗的标准碱液的浓度和体积，计算出样品中总酸的含量。

反应式：

$$RCOOH + NaOH \longrightarrow RCOONa + H_2O$$

（二）试剂

1. 0.1mol/L NaOH 标准溶液的配制

（1）配制：称取 6g 氢氧化钠，用约 10mL 水迅速洗涤表面，弃去溶液，随即将剩余的氢氧化钠（约 4g）用新煮沸并经冷却的蒸馏水溶解，并稀释至 1000mL，摇匀待标定。

（2）标定：精确称取 0.4~0.6g（准确至 0.0001g）在 110~120℃ 干燥至恒重的基准物邻苯二甲酸氢钾，于 250mL 锥形瓶中，加 50mL 新煮沸过的冷蒸馏水，振摇溶解，加 2 滴酚酞指示剂，用配制的 NaOH 标准溶液滴定至溶液显微红色 30s 不褪色。同时做空白试验。

（3）计算［式（4-11）］：

$$c = \frac{m \times 1000}{(V_1 - V_2) \times 204.2} \tag{4-11}$$

式中：c——氢氧化钠标准溶液的浓度，mol/L；

　　m——基准物邻苯二甲酸氢钾的质量，g；

　　V_1——标定时所耗用氢氧化钠标准溶液的体积，mL；

　　V_2——空白试验所耗用氢氧化钠标准溶液的体积，mL；

　204.2——邻苯二甲酸氢钾的摩尔质量，g/mol。

2. 10g/L 酚酞指示剂

称取酚酞 1g 溶解于 100mL 95% 乙醇中。

（三）操作方法

1. 样品处理

（1）固体样品：若是果蔬及其制品，需去皮、去柄、去核后，切成块状，置于组织捣碎机中捣碎并混合均匀。取适量样品（视其总酸含量而定），用 150mL 无 CO_2 蒸馏水（果蔬干品须加入 8~9 倍无 CO_2 蒸馏水），将其移入 250mL 容量瓶中，在 75~80℃ 水浴上加热 0.5h（果脯类在沸水浴上加热 1h），冷却定容，干燥过滤，弃去初滤液 25mL，收集滤液备用。

（2）含 CO_2 的饮料、酒类：将样品置于40℃水浴上加热30min，以除去 CO_2，冷却后备用。

（3）不含 CO_2 的饮料、酒类或调味品：混匀样品，直接取样，必要时加适量的水稀释（若样品浑浊，则须过滤）。

（4）咖啡样品：取10g经粉碎并通过40目筛的样品，置于锥形瓶中，加入75mL 80%的乙醇，加塞放置16h，并不时摇动，过滤。

（5）固体饮料：称取5~10g样品于研钵中，加少量无 CO_2 蒸馏水，研磨成糊状，用无 CO_2 蒸馏水移入250mL容量瓶中定容，充分摇匀，过滤。

2. 滴定

准确吸取滤液50mL，注入250mL锥形瓶中，加入酚酞指示剂3~4滴。用0.1mol/L的NaOH溶液滴定至微红色且30s不褪色。记录消耗的0.1mol/L NaOH标准溶液的体积（mL）。

（四）结果计算〔式（4-12）〕

$$x = \frac{cVK}{m} \times \frac{V_0}{V_1} \times 100\% \tag{4-12}$$

式中：x——总酸度，%；

c——NaOH标准溶液的浓度，mol/L；

V——消耗NaOH标准溶液的体积，mL；

m——样品的质量或体积，g或mL；

V_0——样品稀释液总体积，mL；

V_1——滴定时吸取样液体积，mL；

K——换算成适当酸的系数。其中：苹果酸为0.067、醋酸为0.060、酒石酸为0.075、乳酸为0.090、柠檬酸（含1分子水）为0.070。

（五）注意事项

（1）因食品中含有多种有机酸，总酸度测定的结果通常以样品中含量最多的那种酸表示。柑橘类果实及其制品和饮料以柠檬酸表示；葡萄及其制品以酒石酸表示；苹果、核果类果实及其制品和蔬菜以苹果酸表示；乳品、肉类、水产品及其制品以乳酸表示；酒类、调味品以乙酸表示。

（2）食品中的有机酸均为弱酸，用强酸（NaOH）滴定时，其滴定终点偏碱，一般在pH为8.2左右，所以，可选用酚酞作为指示剂。

（3）若滤液有颜色（如带色果汁等），使终点颜色变化不明显，从而影响滴定终点的判断，可加入约同体积的无 CO_2 蒸馏水稀释，或用活性炭脱色，用原样液对照，以及用外指示剂等方法来减少干扰。对于颜色过深或浑浊的样液，可用电位滴定法进行测定。

三、食品中挥发酸含量的测定

挥发酸是指食品中含低碳链的直链脂肪酸，主要是醋酸和痕量的甲酸、丁酸等，不包括可用水蒸气蒸馏的乳酸、琥珀酸、山梨酸以及 CO_2 和 SO_2 等。正常的果蔬食品中，其挥发酸的含量较稳定，若在生产中使用了不合格的果蔬原料，或违反正常的工艺操作或在装罐前将果蔬成品放置过久，会由于糖的发酵而使挥发酸增加，降低食品的品质，因此挥发酸含量是某些食品的一项质量控制指标。

总挥发酸可用直接法或间接法测定。直接法是通过水蒸气蒸馏或溶剂萃取把挥发酸分离出来，然后用标准碱滴定，间接法是将挥发酸蒸发除去后，滴定不挥发酸，最后从总酸度中减去不挥发酸，即可得出挥发酸含量。前者操作方便，较常用，适合于挥发酸含量较高样品。若蒸馏液有所损失或被污染，或样品中挥发酸含量较少，宜用间接法。

以下介绍水蒸气蒸馏法测定挥发酸。

（一）原理

样品经适当处理后，加适量磷酸使结合态挥发酸游离出来，用水蒸气蒸馏分离出总挥发酸，经冷凝、收集后，以酚酞作指示剂，用标准碱液滴定至微红色 30s 不褪色为终点，根据标准碱液消耗量计算出样品中总挥发酸含量。

（二）适用范围

本法适用于各类饮料、果蔬及制品（如发酵制品、酒类等）中总挥发酸含量的测定。

（三）仪器和设备

水蒸气蒸馏装置（图 4-2）；电磁力搅拌器。

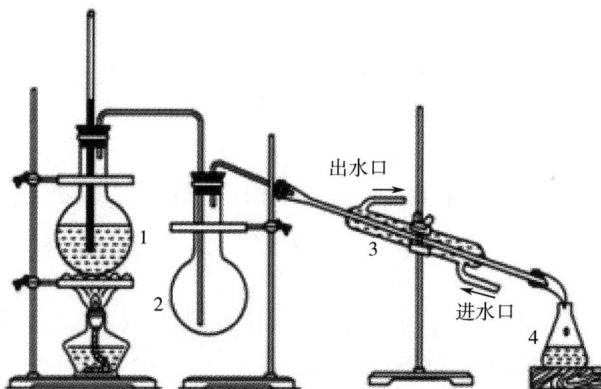

图 4-2 水蒸气蒸馏装置
1—蒸汽发生器 2—样品瓶 3—冷凝管 4—接收瓶

（四）试剂

（1）0.1mol/L NaOH 标准溶液：同总酸度的测定中 0.1mol/L NaOH 标准溶液的配制与标定。

（2）10g/L 酚酞指示剂：同总酸度的测定 10g/L 酚酞指示剂的配制。

（3）100g/L 磷酸溶液：称取 10.0g 磷酸，用少许无 CO_2 蒸馏水溶解，并稀释至 100mL。

（五）样品处理方法

（1）一般果蔬及饮料可直接取样。

（2）含 CO_2 的饮料、发酵酒类，须排除 CO_2，具体做法是：取 80~100mL（g）样品置锥形瓶中，在用电磁力搅拌器连续搅拌的同时，于低真空下抽气 2~4min，以除去 CO_2。

（3）固体样品（如干鲜果蔬及其制品）及冷冻、黏稠等制品，先取可食部分加入一定量水（冷冻制品先解冻），用高速组织捣碎机捣成浆状，再称取处理样品 10g，加无 CO_2 蒸馏水溶解并稀释至 25mL。

（六）操作方法

1. 样品蒸馏

取 25mL 经上述处理的样品移入蒸馏瓶中，加入 25mL 无 CO_2 蒸馏水和 1mL 10% H_3PO_4 溶液，如图 4-2 连接蒸气蒸馏装置，加热蒸馏至馏出液约 300mL 为止。于相同条件下做一空白试验。

2. 滴定

将馏出液加热至 60~65℃（不可超过），加入 3 滴酚酞指示剂，用 0.1mol/L NaOH 标准溶液滴定至溶液呈微红色且 30s 不褪色，即为终点。

（七）结果计算［式（4-13）］

$$挥发酸含量(以乙酸计)(g/100g\ 样品) = \frac{(V_1 - V_2) \times c}{m} \times 0.06 \times 100 \quad (4-13)$$

式中：m——样品质量或体积，g 或 mL；

$\quad\quad V_1$——滴定样液时消耗 NaOH 标准溶液的体积，mL；

$\quad\quad V_2$——滴定空白时消耗 NaOH 标准溶液的体积，mL；

$\quad\quad c$——NaOH 标准溶液的浓度，mol/L；

0.06——换算为醋酸的分数，即 1mmol NaOH 相当于醋酸的质量，g。

（八）注意事项

（1）样品中挥发酸的蒸馏方式可采用直接蒸馏和水蒸气蒸馏，但直接蒸馏挥发酸是比较困难的，因挥发酸与水构成有一定百分比的混溶体，并有固定的沸点。在一定沸点下，蒸气中的酸与留在溶液中的酸之间有一个平衡关系（即蒸发系数 x），在整个平衡时间内 x 不变，故一般不采用直接蒸馏法。但用水蒸气蒸馏，则挥发酸和水蒸气分压成比例地自溶液中一起蒸馏出来，因而加速了挥发酸的蒸馏过程。

（2）蒸馏前应先将水蒸气发生器中的水煮沸 10min，或在其中加入 2 滴酚酞指示剂并加 NaOH 至呈浅红色，以排除其中的 CO_2，并用蒸气冲洗整个装置。

（3）溶液中总挥发酸包括游离态与结合态挥发酸。由于在水蒸气蒸馏时游离挥发酸易蒸馏出，而结合态挥发酸则不易挥发出，给测定带来误差。故测定样液中总挥发酸含量时，须加少许磷酸，使结合态挥发酸挥发出来，便于蒸馏。

（4）在整个蒸馏时间内，应注意蒸馏瓶内液面要保持恒定，不然会影响测定结果，另外，要注意蒸馏装置密封良好，以防挥发酸损失。

（5）滴定前，必须将蒸馏液加热至 60~65℃，为了使终点明显，加速滴定反应，缩短滴定时间，减少溶液与空气接触的机会，以提高测定精度。

（6）若样品中含 CO_2 和 SO_2 等易挥发性成分，对结果有影响，须排除其干扰。排除 CO_2

方法见前述总酸测定中 CO_2 的排除方法。排除 SO_2 方法如下：在已用标准碱液滴定过的蒸馏液中加入 5mL 25% H_2SO_4 酸化，以淀粉溶液作指示剂，用 0.02mol/L I_2 滴定至蓝色，10s 不褪色为终点，并从计算结果中扣除此滴定量（以醋酸计）。

（7）测定食品中各种挥发酸含量，也可以采用气相色谱法和试纸色谱法。

四、食品中有效酸度（pH）的测定

食品由于原料品种、成熟度及加工方法的不同，有效酸度（pH）的变动范围很大。测定 pH 的方法有试纸法、比色法和电位法等，其中电位法（pH 计法）的操作简便且结果准确，是最常使用的方法。

（一）原理

以玻璃电极为指示电极，饱和甘汞电极为参比电极，插入待测样液中，组成原电池，该电池电动势的大小与溶液的氢离子浓度，即与 pH 有线性关系 [式（4-14）]：

$$E = E_0 - 0.0591 pH（25℃）\tag{4-14}$$

即在 25℃ 时，每相差 1 个 pH 单位就产生 59.1mV 的电池电动势，利用酸度计测量电池电动势并直接以 pH 表示，可利用酸度计直接读出样品溶液的 pH。

（二）适用范围

本法适用于各种饮料、果蔬及其制品，以及肉、蛋类等食品中 pH 的测定。

（三）仪器和设备

酸度计；玻璃电极和甘汞电极（或复合电极）；电磁搅拌器。

（四）试剂

pH 标准缓冲液：目前市面上有各种浓度的标准缓冲液试剂供应，每包试剂按其要求的方法溶解定容即可，也可按照以下方法配制。

（1）pH=1.68 标准缓冲溶液（20℃）：称取 12.71g 草酸钾（$K_2C_2O_4 \cdot H_2O$）溶于蒸馏水中，并稀释定容至 1000mL，混匀备用。

（2）pH=4.01 标准缓冲溶液（20℃）：称取在（115±5）℃ 下烘干 2~3h，并经冷却的邻苯二甲酸氢钾（$KHC_8H_4O_4$）10.12g 溶于不含 CO_2 的蒸馏水中，并稀释至 1000mL。

（3）pH=6.88 标准缓冲溶液（20℃）：称取在（115±5）℃ 下烘干 2~3h，并经冷却的纯磷酸二氢钾（KH_2PO_4）3.39g 和纯无水磷酸氢二钠（Na_2HPO_4）3.53g 溶于不含 CO_2 的蒸馏水中，并稀释至 1000mL。

（4）pH=9.22 标准缓冲溶液（20℃）：称取纯硼砂（$Na_2B_4O_7 \cdot 10H_2O$）3.80g，溶于不含 CO_2 的蒸馏水中，并稀释至 1000mL。

上述 4 种标准缓冲溶液通常能稳定 2 个月。

（五）操作步骤

1. 样品制备

（1）一般液体样品（如牛乳、不含 CO_2 的果汁、酒等）：摇匀后可直接取样测定。

（2）含 CO_2 的液体样品（如碳酸饮料、啤酒等）：除 CO_2 后再测，CO_2 去除方法同总酸度的测定。

（3）果蔬样品：将果蔬样品榨汁后，取汁液直接进行 pH 值测定。对果蔬干制品：可取适量样品，加数倍的无 CO_2 的蒸馏水，于水浴上加热 30min，捣碎，过滤，取滤液测定。

（4）肉类制品：称取 10g 已除去油脂并捣碎的样品于 250mL 锥形瓶中，加入 100mL 无 CO_2 蒸馏水，浸泡 15min，随时摇动，过滤后取滤液测定。

（5）鱼类等水产品：称取 10g 切碎样品，加入 100mL 无 CO_2 蒸馏水，浸泡 30min（随时摇动），过滤后取滤液测定。

（6）皮蛋等蛋制品：取皮蛋数个，洗净剥壳，按皮蛋：水为 2∶1 的比例加入无 CO_2 蒸馏水，于组织捣碎机中捣成匀浆，再称取 15g 匀浆（相当于 10g 样品），加入无 CO_2 蒸馏水至 150mL，摇匀，纱布过滤后，取滤液测定。

（7）罐头制品（液固混合样品）：先将样品沥汁，取浆汁液测定，或将液固混合物捣碎成浆状后，取浆状物测定。若有油脂，则应先分出油脂。

（8）含油及油浸样品：先分离出油脂，再把固形物放于组织捣碎机中捣成匀浆，必要时加少量无 CO_2 蒸馏水（20mL/100g 样品）搅匀后，进行 pH 测定。

2. 酸度计的校正

（校正方法因酸度计型号不同而有所不同，下面以 pHs-3C 型酸度计为例）。

（1）开启酸度计电源，预热 30min，连接玻璃电极及甘汞电极，在读数开关放开的情况下调零。

（2）选择适当的缓冲液（其 pH 与被测样品 pH 接近）。

（3）测量标准缓冲液温度，调节酸度计温度补偿旋钮。

（4）将二电极进入缓冲液中，按下读数开关，调节定位旋钮使 pH 指针指在缓冲液的 pH 上，按下读数开关，指针回零。如此重复操作 2 次。

3. 样品测定

酸度计经预热并用标准缓冲液校正后，用无 CO_2 蒸馏水淋洗电极并用滤纸吸干，再用待测液冲洗电极后，将电极插入待测液中进行测定，测定完毕后清洗电极。

（六）说明及注意事项

（1）样品的 pH 可能会因吸收 CO_2 等因素而改变，因此试液制备后应立即测定。

（2）新的和久置不用的玻璃电极使用前应在蒸馏水中浸泡 24h 以上。

（3）玻璃电极的玻璃球膜易损坏，操作时应特别小心。如果玻璃膜沾有油污，可先浸入乙醇，然后浸入乙醚或四氯化碳中，最后再浸入乙醇中浸泡后，用蒸馏水冲洗干净。

（4）使用甘汞电极时，应将电极上部加氯化钾溶液处的小橡皮塞拔去，让极少量的氯化钾溶液从毛细管流出，以免样品溶液进入毛细管而使测定结果不准确，电极使用完后应把上下两个橡皮套套上，以免电极内溶液流失。

（5）甘汞电极中的氯化钾溶液应经常保持饱和，且在弯管内不应有气泡存在，否则将使溶液隔断；如甘汞电极内溶液流失过多时，应及时补加氯化钾饱和溶液。

（6）电极经长期使用后，如发现梯度略有降低，可把电极下端浸泡在 4% 氢氟酸溶液中 3~5s，用蒸馏水洗净，然后在氯化钾溶液中浸泡，使之复新。

五、乳及乳制品酸度的测定

（一）概述

牛乳中有两种酸度：外表酸度和真实酸度。

外表酸度（又称固有酸度）是指刚挤出来的新鲜牛乳本身所具有的酸度，主要来源于鲜牛乳中的酪蛋白、白蛋白、柠檬酸盐及磷酸盐等酸性成分。在鲜乳中占 0.15% ~ 0.18%（以乳酸计）。

真实酸度（又称发酵酸度）是指牛乳在放置过程中，由乳酸菌作用于乳糖产生乳酸而升高的那部分酸度。若牛乳的含酸量超过 0.20%，即认为有乳酸存在。习惯上把含酸量在 0.20% 以下的牛乳列为新鲜牛乳，而 0.20% 以上的列为不新鲜牛乳。

牛乳的总酸度为外表酸度与真实酸度之和。牛乳酸度有两种表示方法。

1. 用 °T 表示牛乳的酸度

°T 是指滴定 100mL 牛乳所消耗 0.1mol/L 的氢氧化钠的体积（mL）。或滴定 10mL 牛乳所消耗 0.1mol/L 的氢氧化钠的体积（mL）乘以 10，即为牛乳的酸度（°T）。

新鲜牛乳的酸度常为 16 ~ 18°T。如果牛乳存放时间过长，细菌繁殖可导致牛乳的酸度明显增高。如果乳牛健康状况不佳，如患急、慢性乳房炎等，则可使牛乳的酸度降低。因此，牛乳的酸度是反映牛乳质量的一项重要指标。

2. 用乳酸的质量分数来表示

用总酸度的计算方法表示牛乳的酸度。

（二）酸碱滴定法

1. 仪器和设备

碱式滴定管、250mL 锥形瓶。

2. 试剂

5g/L 酚酞指示剂、0.1mol/L 氢氧化钠标准溶液。

3. 操作方法

准确吸取 10mL 鲜乳注入 250mL 锥形瓶中，用 20mL 中性蒸馏水稀释，再加入 5g/L 酚酞指示剂 0.5mL，小心混匀后用 0.1mol/L 氢氧化钠标准溶液滴定，时时摇动，直至微红色在 1min 内不消失为止。

把滴定时所消耗的标准溶液的体积乘以 10 即为牛乳的酸度（°T）。

（三）酒精试验

1. 原理

根据牛乳中蛋白质遇到酒精时的凝固特性，来判断牛乳的酸度。

2. 仪器

试管。

3. 试剂

68%（体积分数）酒精（应调整至中性）。

4. 操作方法

于试管中用等量 68% 中性酒精与鲜乳混合。一般用 1~2mL 或 3~5mL 酒精与等量鲜乳混合摇匀，如不出现絮片，可认为鲜乳是新鲜的，其酸度不会高于 20°T；如出现絮片即表示酸度较高。牛乳酸度与被酒精所凝固的牛乳蛋白质的特征之间的关系见表 4-2。

其他体积分数的酒精也可来代替 68% 酒精，但要在不同酸度才能开始产生蛋白质的凝固。对于收乳的标准，应该采用 68%、70% 或 72% 中性酒精较适宜（表 4-3）。

表 4-2　牛乳在不同酸度下被 68% 酒精凝固的牛乳蛋白质的特征

牛乳酸度/°T	21~22	22~24	24~26	26~28	28~30
牛乳蛋白质凝固的特征	很细的絮片	细的絮片	中型的絮片	大的絮片	很大的絮片

表 4-3　在各种浓度的酒精中牛乳蛋白质凝固的特征

酒精体积分数/%	44	52	60	68	70	72
牛乳蛋白质凝固的特征	细的絮片	细的絮片	细的絮片	细的絮片	细的絮片	细的絮片
牛乳酸度/°T	27.0	25.0	23.0	20.0	19.0	18.0

（四）煮沸试验

取约 10mL 牛乳注入试管中。置于沸水浴中 5min 后，取出观察管壁有无絮片出现或发生凝固现象。如产生絮片或发生凝固，表示牛乳已不新鲜，酸度大于 26°T。

思政小课堂

食品酸度

任务四　食品中脂类的测定

一、概述

脂肪是食品中重要的营养成分之一，可为人体提供必需脂肪酸；脂肪是一种富含热能的营养素，是人体热能的主要来源，每克脂肪在体内可提供 37.62kJ 的热能，比碳水化合物和蛋白质高 1 倍以上；脂肪还是脂溶性维生素的良好溶剂，有助于脂溶性维生素的吸收；脂肪与蛋白质结合生成的脂蛋白，在调节人体生理机能和完成体内生化反应方面都起着十分重要的作用。但过量摄入脂肪对人体健康也是不利的。

在食品加工生产过程中，原料、半成品、成品的脂类含量对产品的风味、组织结构、品质、外观、口感等都有直接的影响。蔬菜本身的脂肪含量较低，在生产蔬菜罐头时，添加适量的脂肪可以改善产品的风味，对于面包之类的焙烤食品，脂肪含量特别是卵磷脂等组分，对面包心的柔软度、面包的体积及其结构都有影响。因此，在含脂肪的食品中，其含量都有一定的规定，是食品质量管理中一项重要指标。测定食品的脂肪含量，可以用来评价食品的品质、衡量食品的营养价值，而且对实行工艺监督、生产过程的质量管理、研究食品的储藏方式是否恰当等方面都有重要的意义。

二、食品中脂类物质的测定方法

食品的种类不同，其脂肪的含量及存在形式不同，因此测定脂肪的方法也就不同。食品中总脂测定的方法可以分为三类。第一类为直接萃取法：利用有机溶剂（或混合溶剂）直接从天然或干燥过的食品中萃取出脂类；第二类为经过化学处理后再萃取：利用有机溶剂从经过酸或碱处理的食品中萃取出脂肪；第三类为减法测定法：对于脂肪含量超过80%的食品，通常通过减去其他物质的含量来测定脂肪的含量。以下主要以前两类中的方法为例介绍脂肪含量的测定。

直接萃取法就是利用有机溶剂直接从食品中萃取出脂类。通常这类方法测得的脂类含量称为"游离脂肪"。选择不同的有机溶剂往往会得到不同的结果。例如，分析油饼中的脂类含量时，正己烷只能萃取出油脂，但不能萃取含有氧化酸的甘油酯；当使用乙醚作为溶剂时，不但能将这类甘油酯萃取出，还能萃取出很多不溶于正己烷的氨基酸和色素，所以以乙醚为溶剂时测得的总脂含量远远大于使用正己烷所测得的总脂含量。直接萃取法包括索氏提取法、氯仿—甲醇提取法。下面以直接萃取法中的索氏抽提法为例介绍脂肪含量的测定。

（一）索氏抽提法

1. 原理

将经前处理的样品用无水乙醚或石油醚回流提取，使样品中的脂肪进入溶剂中，蒸去溶剂后所得到的残留物，即为脂肪（或粗脂肪）。本法提取的脂溶性物质为脂肪类物质的混合物，除含有脂肪外还含有磷脂、色素、树脂、醇、芳香油等醚溶性物质。因此，用索氏提取法测得的脂肪也称粗脂肪。

2. 适用范围

索式提取法测脂肪含量是普遍采用的经典方法，适用于水果、蔬菜及其制品、粮食及粮食制品、肉及肉制品、蛋及蛋制品、水产及其制品、焙烤食品、糖果等食品中游离态脂肪含量的测定。

3. 仪器和设备

索氏抽提器（图4-3）；恒温水浴锅；分析天平：感量0.001g和0.0001g；电热鼓风干燥箱；干燥器：内装有效干燥剂，如硅胶；滤纸筒；蒸发皿。

4. 试剂和材料

（1）试剂：无水乙醚（$C_4H_{10}O$）；石油醚（C_nH_{2n+2}）；石油醚，沸程为30~60℃。

（2）材料：石英砂；脱脂棉。

5. 操作方法

（1）滤纸筒的制备：将大小 20cm×8cm 的滤纸，圈在光滑的圆形木棒上，木棒直径比索式抽提器中抽提筒直径小 1~1.5mm，将一端的 3cm 纸边折入，用手捏紧，形成袋底，取出圆木棒，在纸筒底部衬一块脱脂棉，用木棒压紧，纸筒外面用脱脂线捆好，在 100~105℃下烘干至恒重，置于干燥器中备用。

（2）试样处理。

①固体试样：称取充分混匀后的试样 2~5g，准确至 0.001g，全部移入滤纸筒内。

②液体或半固体试样：称取混匀后的试样 5~10g，准确至 0.001g，置于蒸发皿中，加入约 20g 石英砂，于沸水浴上蒸干后，在电热鼓风干燥箱中于（100±5）℃干燥 30min 后，取出，研细，全部移入滤纸筒内。蒸发皿及粘有试样的玻璃棒，均用沾有乙醚的脱脂棉擦净，并将棉花放入滤纸筒内。

图 4-3　索氏抽提器

（3）抽提：将滤纸筒放入索氏抽提器的抽提筒内，连接已干燥至恒重的接收瓶，由抽提器冷凝管上端加入无水乙醚或石油醚至瓶内容积的 2/3 处，于水浴上加热，使无水乙醚或石油醚不断回流抽提（6~8 次/h），一般抽提 6~10h。提取结束时，用磨砂玻璃棒接取 1 滴提取液，磨砂玻璃棒上无油斑表明提取完毕。

（4）称量：取下接收瓶，回收无水乙醚或石油醚，待接收瓶内溶剂剩余 1~2mL 时在水浴上蒸干，再于（100±5）℃干燥 1h，放干燥器内冷却 0.5h 后称量。重复以上操作直至恒重（两次称量的差不超过 2mg）。

6. 结果计算

按照式（4-15）进行计算：

$$X = \frac{m_1 - m_0}{m_2} \times 100 \tag{4-15}$$

式中：X——试样中脂肪的含量，g/100g；

m_1——恒重后接收瓶和脂肪的质量，g；

m_0——接收瓶的质量，g；

m_2——试样的质量，g；

100——换算系数。

计算结果表示到小数点后 1 位。

7. 精密度

在重复性条件下获得的两次独立测定结果的绝对差值不得超过算术平均值的 10%。

8. 注意事项

（1）样品应干燥后研细，样品含水分会影响溶剂提取效果，而且溶剂会吸收样品中的水分造成非脂成分溶出。装样品的滤纸筒一定要严密，不能往外漏样品，但也不要包得太紧，以免影响溶剂渗透。放入滤纸筒时高度不要超过回流弯管，否则超过弯管样品中的脂肪不能抽提，造成误差。

（2）对含大量糖及糊精的样品，要先以冷水使糖及糊精溶解，经过滤除去，将残渣连同

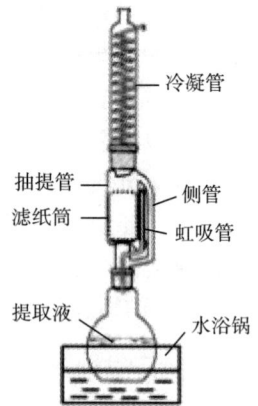

滤纸一起烘干，放入抽提管中。

（3）抽提用的乙醚或石油醚要求无水、无醇、无过氧化物，挥发残渣含量低。

（4）过氧化物的检查方法：取 6mL 乙醚，加 2mL 10% 碘化钾溶液，用力振摇，放置 1min 后，若出现黄色，则证明有过氧化物存在，应另选乙醚或处理后再利用。

（5）提取时水浴温度不可过高，以每分钟从冷凝管滴下 80 滴左右，每小时回流 6~12 次为宜，提取过程应注意防火。

（6）在提取时，冷凝管上端最好连接一支氯化钙干燥管，如无此装置可塞一团干燥的脱脂棉球。这样可防止空气中水分进入，也可避免乙醚在空气中挥发。

（7）抽提是否完全可凭经验，也可用滤纸或毛玻璃检查，将抽提管下口滴下的乙醚滴在滤纸或毛玻璃上，挥发后不留下油迹表明已抽提完全，若留下油迹说明抽提不完全。

（8）在挥发乙醚或石油醚时，切忌直接用火加热。烘前应去除全部残余的乙醚，若乙醚稍有残留，放入烘箱时，有发生爆炸的危险。

（二）酸水解法

经过化学处理后再萃取的方法所测得的脂类含量通常称为"总脂"。根据化学处理方法的不同可以分为：酸水解法、罗兹—哥特里法、巴布科克氏法和盖勃氏法。

1. 原理

食品中的结合态脂肪必须用强酸使其游离出来，游离出的脂肪易溶于有机溶剂。试样经盐酸水解后用无水乙醚或石油醚提取，除去溶剂即得游离态和结合态脂肪的总含量。

2. 适用范围

酸水解法适用于水果、蔬菜及其制品、粮食及粮食制品、肉及肉制品、蛋及蛋制品、水产及其制品、焙烤食品、糖果等食品中游离态脂肪及结合态脂肪总量的测定。

3. 仪器和设备

恒温水浴锅；电热板：满足 200℃ 高温；锥形瓶；分析天平：感量为 0.1g 和 0.001g；电热鼓风干燥箱；100mL 具塞量筒（图 4-4）。

4. 试剂

（1）盐酸（2mol/L）：量取 50mL 盐酸，加入 250mL 水中，混匀；

（2）碘液（0.05mol/L）：称取 6.5g 碘和 25g 碘化钾于少量水中溶解，稀释至 1L；

图 4-4　具塞刻度量筒

（3）95% 乙醇；

（4）无水乙醚（无过氧化物）；

（5）石油醚（沸程为 30~60℃）；

（6）材料：蓝色石蕊试纸；脱脂棉；中速滤纸。

5. 操作方法

（1）试样酸水解。

①肉制品：称取混匀后的试样 3~5g。准确至 0.001g，置于锥形瓶（250mL）中，加入 50mL 2mol/L 盐酸溶液和数粒玻璃细珠，盖上表面皿，于电热板上加热至微沸，保持 1h，每

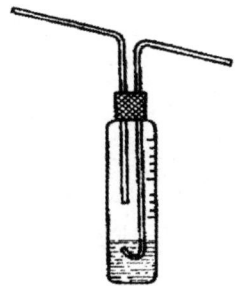

10min 旋转摇动 1 次。取下锥形瓶，加入 150mL 热水，混匀，过滤。锥形瓶和表面皿用热水洗净，热水一并过滤。沉淀用热水洗至中性（用蓝色石蕊试纸检验，中性时试纸不变色）。将沉淀和滤纸置于大表面皿上，于（100±5）℃干燥箱内干燥 1h，冷却。

②淀粉：根据总脂肪含量的估计值，称取混匀后的试样 25~50g，准确至 0.1g，倒入烧杯并加入 100mL 水。将 100mL 盐酸缓慢加到 200mL 水中，并将该溶液在电热板上煮沸后加入样品液中，加热此混合液至沸腾并维持 5min，停止加热后，取几滴混合液于试管中，待冷却后加入 1 滴碘液，若无蓝色出现，可进行下一步操作。若出现蓝色，应继续煮沸混合液，并用上述方法不断地进行检查，直至确定混合液中不含淀粉为止，再进行下一步操作。

将盛有混合液的烧杯置于水浴锅（70~80℃）中 30min，不停地搅拌，以确保温度均匀，使脂肪析出。用滤纸过滤冷却后的混合液，并用干滤纸片取出黏附于烧杯内壁的脂肪。为确保定量的准确性，应将冲洗烧杯的水进行过滤。在室温下用水冲洗沉淀和干滤纸片，直至滤液用蓝色石蕊试纸检验不变色。将含有沉淀的滤纸和干滤纸片折叠后，放置于大表面皿上，在（100±5）℃的电热恒温干燥箱内干燥 1h。

③其他食品。

固体试样：称取 2~5g，准确至 0.001g，置于 50mL 试管内，加入 8mL 水，混匀后再加 10mL 盐酸。将试管放入 70~80℃水浴中每隔 5~10min 以玻璃棒搅拌 1 次，至试样消化完全为止，40~50min。

液体试样：称取约 10g，准确至 0.001g，置于 50mL 试管内，加 10mL 盐酸。其余操作同上述固体样品操作。

（2）抽提。

①肉制品、淀粉：将干燥后的试样装入滤纸筒内，其余抽提步骤同索氏抽提法。

②其他食品：取出试管，加入 10mL 乙醇，混合。冷却后将混合物移入 100mL 具塞量筒中，以 25mL 无水乙醚分数次洗试管，一并倒入量筒中。待无水乙醚全部倒入量筒后，加塞振摇 1min，小心开塞，放出气体，再塞好，静置 12min，小心开塞，并用乙醚冲洗塞及量筒口附着的脂肪。静置 10~20min，待上部液体清晰，吸出上清液于已恒重的锥形瓶内，再加 5mL 无水乙醚于具塞量筒内，振摇，静置后，仍将上层乙醚吸出，放入原锥形瓶内。

（3）称量：取下接收瓶，回收无水乙醚或石油醚，待接收瓶内溶剂剩余 1~2mL 时在水浴上蒸干，再于（100±5）℃干燥 1h，放干燥器内冷却 0.5h 后称量。重复以上操作直至恒重（两次称量的差不超过 2mg）。

6. 结果计算［式（4-16）］

$$X = \frac{m_1 - m_0}{m_2} \times 100 \qquad (4-16)$$

式中：X——试样中脂肪的含量，g/100g；

m_1——恒重后接收瓶和脂肪的质量，g；

m_0——接收瓶的质量，g；

m_2——试样的质量，g；

100——换算系数。

计算结果表示到小数点后 1 位。

7. 精密度

在重复性条件下获得的两次独立测定结果的绝对差值不得超过算术平均值的 10%。

8. 注意事项

（1）样品经加热、加酸水解，破坏样品的蛋白质及纤维组织，使结合脂肪游离后，再用乙醚提取。

（2）水解时应防止水分大量损失，使酸浓度升高。

（3）乙醇可使一切能溶于乙醇的物质留在溶液内。

（4）石油醚可使乙醚溶解物残留在水层，并使其分层清晰。

（5）挥干溶剂后，残留物中若有黑色焦油状杂质，是分解物与水一同混入所致，会使测定值增大，造成误差，可用等量的乙醚及石油醚溶解后过滤，再次进行挥干溶剂的操作。

（三）氯仿—甲醇提取法

索氏抽提法只能提取游离态的脂肪，而对脂蛋白、磷脂等结合态的脂类则不能被完全提取出来，酸水解法又会使磷脂水解而损失，而在一定水分存在下，极性的甲醇与非极性的氯仿混合液（简称 CM 混合液）却能有效地提取结合态脂类。本法适合于含结合态脂类比较高，特别是磷脂含量高的样品，如鲜鱼、贝类、肉、禽、蛋等，对于含水量高的试样更为有效。

1. 测定原理

将试样分散于氯仿—甲醇混合液中，在水浴中轻微沸腾，氯仿—甲醇及样品中一定的水分形成提取脂类的溶剂，在使样品组织中结合态脂类游离出来的同时与磷脂等极性脂类的亲和性增大，从而有效地提取出全部脂类，经过滤除去非脂成分，回收溶剂，残留脂类用石油醚提取，蒸馏除去石油醚后即得脂肪。

2. 仪器和设备

具塞离心管；离心机：3000r/min；G3 砂芯坩埚；200mL 具塞锥形瓶；冷凝管。

3. 试剂

（1）氯仿：97%（体积分数）以上。

（2）甲醇：96%（体积分数）以上。

（3）氯仿—甲醇混合液：按 2∶1 体积比混合。

（4）石油醚。

（5）无水硫酸钠：特级，在 120~135℃，干燥 1~2h，保存于聚乙烯瓶中。

4. 测定方法

（1）提取：准确称取样品 5g，放入 200mL 具塞锥形瓶中（高水分食品可加适量硅藻土使其分散），加入 60mL 氯仿—甲醇混合液（对干燥食品可加入 2~3mL 水），连接冷凝管，于 60℃水浴中加热，从微沸开始计时提取 1h。

（2）回收溶剂：提取结束后，取下锥形瓶，用 G3 砂芯坩埚过滤，滤液用另一个具塞锥形瓶收集，用氯仿—甲醇混合液洗涤原锥形瓶、G3 砂芯坩埚及滤器中的试样残渣，洗涤液并入滤液中。置于 65~70℃水浴中蒸发回收溶剂，至锥形瓶内物料显浓稠态，但不能使其干涸，冷却。

（3）萃取、定量：用移液管加入 25mL 石油醚，再加入 15g 无水硫酸钠，立刻加塞振荡 10min，将醚层移入具塞离心管中，以 3000r/min 离心 5min 进行分离。用移液管迅速吸收离心管中澄清的醚层 10mL，于已恒重的称量瓶内，蒸发去除石油醚后，于 100~105℃烘箱中烘至恒重（约30min）。

5. 结果计算 ［式（4-17）］

$$w = (m_2 - m_1) \times 2.5/m \times 100\% \tag{4-17}$$

式中：w——样品中脂肪的质量分数，%；

m——试样质量，g；

m_2——称量瓶与脂肪的质量，g；

m_1——称量瓶质量，g；

2.5——从25mL乙醇中取10mL进行干燥，故乘以系数2.5。

6. 注意事项

（1）因为磷脂会被吸收到滤纸上，所以过滤时不能使用滤纸。

（2）蒸馏回收溶剂时不能完全干涸，否则脂类难以溶解于石油醚中，使结果偏低。

（四）罗紫—哥特里法

1. 原理

利用氨—乙醇溶液破坏乳的胶体性状及脂肪球膜，使非脂成分溶解于氨—乙醇溶液中，而脂肪游离出来，再用乙醚—石油醚提取出脂肪，蒸馏去除溶剂后，残留物即为乳脂肪。

2. 适用范围

本法适用于各种液状乳（生乳、加工乳、部分脱脂乳、脱脂乳等），各种炼乳、奶粉、奶油及冰淇淋等能在碱性溶液中溶解的乳制品，也适用于豆乳或加水呈乳状的食品。本法被国际标准化组织（ISO）、联合国粮农组织/世界卫生组织（FAO/WHO）等采用，为乳及乳制品脂类定量的国际标准法。

3. 仪器和设备

抽脂瓶（图4-5）。

4. 试剂

（1）25%氨水（相对密度0.91）；

（2）95%乙醇；

（3）乙醚（无过氧化物）；

（4）石油醚（沸程为30~60℃）。

5. 操作步骤

取一定量样品（牛奶吸取10.00mL；乳粉精密称取约1g，用10mL 60℃水，分数次溶解）于抽脂瓶中，加入1.25mL氨水，充分混匀，置60℃水浴中加热5min，再振摇2min，加入10mL乙醇，充分摇匀，于冷水中冷却后，加入25mL乙醚，振摇0.5min，加入25mL石油醚，再振摇0.5min，静置30min，待上层液澄清时，读取醚层体积，放出一定体积醚层于一已恒重的烧瓶中，蒸馏回收乙醚和石油醚，挥干残余醚后，放入100~105℃烘箱中干燥1.5h，取出放入干燥器中冷却至室温后称重，重复操作直至恒重。

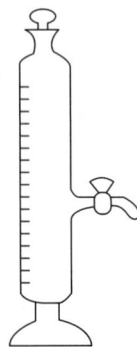

图4-5 抽脂瓶

6. 结果计算 [式（4-18）]

$$X = \frac{m_2 - m_1}{m \times \frac{V_1}{V}} \times 100\% \tag{4-18}$$

式中：X——样品中的脂肪含量，%；

m_2——烧瓶和脂肪的质量，g；

m_1——空烧瓶的质量，g；

m——样品的质量，g；

V——读取醚层总体积，mL；

V_1——放出醚层体积，mL。

7. 注意事项

（1）乳类脂肪虽然也属游离脂肪，但因脂肪球被乳中酪蛋白钙盐包裹，又处于高度分散的胶体分散系中，故不能直接被乙醚、石油醚等提取，需预先用氨水处理，故此法也称为碱性乙醚提取法。

（2）若无抽提瓶时，可用容积为100mL的具塞量筒代替，待分层后读数，用移液管吸出一定量醚层。

（3）加氨水后，要充分混匀，否则会影响下一步醚对脂肪的提取。

（4）操作时加入乙醇的作用是沉淀蛋白质以防止乳化，并溶解醇溶性物质，使其留在水中，避免进入醚层，影响结果。

（5）加入石油醚的作用是降低乙醚极性，使乙醚与水不混溶，只抽提出脂肪，并可使分层清晰。

（6）对已结块的乳粉，用本法测定脂肪，其结果往往偏低。

（五）巴布科克法和盖勃氏法

1. 原理

用浓硫酸溶解乳中的乳糖和蛋白质，将牛奶中的酪蛋白钙盐转变成可溶性的重硫酸酪蛋白化合物，脂肪球膜被破坏，脂肪游离出来，再利用加热离心，使脂肪完全迅速分离，直接读取脂肪层可知被测乳的含脂率。

2. 适用范围

这两种方法都是测定乳脂肪的标准方法，适用于鲜乳及乳制品脂肪的测定。但不适合测定含巧克力、糖的食品，因为硫酸可使巧克力和糖发生炭化，结果误差较大。改良巴布科克氏法可用于测定风味提取中芳香油的含量（AOAC法932.11）及海产品中脂肪的含量（AOAC法964.12）。

3. 仪器和设备

巴布科克氏乳脂瓶：颈部刻度有0~0.8%、0~10.0%两种，最小刻度值为0.1%（图4-6）。盖勃氏乳脂瓶：最小刻度值为0.1%（图4-7）。乳脂离心机。单标乳吸管：17.6mL、10.75mL。

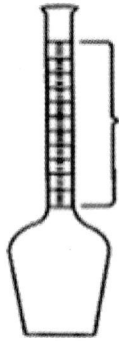

图 4-6　巴布科克氏乳脂瓶　　图 4-7　盖勃氏乳脂瓶

4. 试剂

（1）浓硫酸：相对密度 1.820~1.825（20℃）。

（2）异戊醇：相对密度 0.811~0.812（20℃），沸程 128~132℃。

5. 操作方法

（1）巴布科克氏法。

①精确吸取 17.6mL 牛乳于巴布科克氏乳脂瓶中，如图 4-6 所示。

②加入硫酸（相对密度 1.816±0.003，20℃）17.5mL，硫酸沿瓶颈壁慢慢倒入，将瓶颈回旋，充分混合至无凝块并呈现均匀的棕色。

③将乳脂瓶离心 5min（约 1000r/min），脂肪分离升至瓶颈基部。

④加入热水使脂肪上浮到瓶颈基部，离心 2min。

⑤再加入热水使脂肪上浮到 2 或 3 刻度处，离心 1min。

⑥置 55~60℃ 水浴 5min 后，立即读取脂肪层最高与最低点所占的格数，即为样品含脂肪的百分率。

（2）盖勃氏法：于盖勃氏乳脂计中先加入 10mL 硫酸，再沿着管壁小心准确加入 10.75mL 试样，使试样与硫酸不要混合，然后加 1mL 异戊醇，塞上橡皮塞，使瓶口向下，同时用布包裹以防冲出，用力振摇使其呈均匀棕色液体，静置数分钟（瓶口向下），置 65~70℃ 水浴中 5min，取出后置于乳脂离心机中以 1100r/min 的转速离心 5min，再置于 65~70℃ 水浴水中保温 5min（注意水浴水面应高于乳脂计脂肪层）。取出，立即读数，即为脂肪的百分数。

在重复性条件下获得的两次独立测定结果的绝对差值不得超过算术平均值的 5%。

6. 注意事项

（1）硫酸的浓度要严格遵守规定的要求，如过浓会使乳炭化成黑色溶液而影响读数；过稀则不能使酪蛋白完全溶解，会使测定值偏低或使脂肪层浑浊。

（2）硫酸除可破坏脂肪球膜，使脂肪游离出来外，还可增加液体相对密度，使脂肪容易浮出。

（3）盖勃氏法中所使用异戊醇的作用是促使脂肪析出，并能降低脂肪球的表面张力，以利于形成连续的脂肪层。

（4）1mL 异戊醇应能完全溶于酸中，但由于质量不纯，可能有部分析出掺入油层，而使结果偏高。

（5）加热（65~70℃ 水浴）和离心的目的是促使脂肪离析。

（6）巴布科克法中采用 17.6mL 的吸管取样，实际上注入巴氏瓶中的只有 17.5mL。牛乳的相对密度为 1.03，故样品质量为 17.5×1.03＝18（g）。

巴氏瓶颈一大格体积为 0.2mL，在 60℃ 左右，脂肪的平均相对密度为 0.9，故当整个巴氏瓶颈被脂肪充满时，其脂肪质量为 0.2×10×0.9＝1.8（g）。18g 样品中含 1.8g 脂肪，即瓶颈全部刻度表示脂肪含量 10%，每一大格表示 1% 的脂肪。故巴氏瓶颈刻度读数即直接为样品中脂肪的质量分数。

（7）罗兹—哥特里法、巴布科克氏法、盖勃氏法都是测定乳脂肪的标准分析方法。其准确度依次降低。

（六）仪器分析法

1. 牛乳脂肪测定仪

目前较先进的牛乳脂肪测定方法是自动化仪器分析法，如丹麦的 MTM 型乳脂快速测定仪，它专用于检测牛乳的脂肪含量，测定范围为 0~13%，测定速度快，每小时可检测 80~100 个样。其原理是：用螯合剂破坏牛乳中悬浮的酪蛋白胶束，使悬浮物中只有脂肪球，用均质机将脂肪球打碎并调整均匀（2μm 以下），再经稀释达到能够应用朗伯—比尔定律测定的浓度范围，因而可以和通常的光吸收分析一样测定脂肪的浓度，这种仪器带有配套的稀释剂。

另一类是牛乳成分综合分析仪。该仪器是一种可同时测定牛乳中脂肪、蛋白质、乳糖和水分的仪器。其原理是：将牛乳样品加热到 40℃，由均化泵吸入，在样品池中恒温、均化，使牛乳中的各成分均匀一致。由于脂肪、蛋白质、乳糖和水分在红外光谱区域中各自有独特的吸收波长，因此当红外光束通过不同的滤光片和样品溶液时被选择性地吸收，通过电子转换及参比值和样品值的对比，直接显示出牛乳中脂肪、蛋白质、乳糖和水分的百分含量。FT120 牛乳扫描器，就是利用红外线分光分析法自动检测牛乳中脂肪、蛋白质、乳糖和水分含量的仪器，通过微电脑显示，并打印出检测结果。

2. GC 法测定脂肪酸组成

（1）原理：试样中的脂肪经提取后，采用酸催化或碱催化的方法，水解脂肪生成脂肪酸并甲酯化。利用脂肪酸甲酯易挥发的特性，采用 GC 法将其分离，用归一化法或外标法进行定量分析。

（2）脂肪酸甲酯化：甲酯化脂肪酸时，可以在水解脂肪、去除不皂化物后，提取脂肪酸进行甲酯化，也可以水解、酯化一步生成脂肪酸甲酯。在 GC 法中，常用的甲酯化方法有氢氧化钾+甲醇室温甲酯化法、甲醇钠甲酯化法、重氮甲烷甲酯化法、硫酸+甲醇甲酯化法、三氟化硼甲酯化法等。

①氢氧化钾+甲醇室温甲酯化法：称取油脂试样 100~150mg 于 10mL 容量瓶或 10mL 具塞刻度试管中，加入 2mL 石油醚与苯（1：1）的混合溶液使油脂溶解，再加入 2mL 0.4mol/L 氢氧化钾+甲醇溶液，摇匀，室温下放置 10min，加蒸馏水至刻度，使石油醚和脂肪酸甲酯全部浮上。

②甲醇钠甲酯化法：在具塞试管中，取 20mg 油脂试样溶于 2.5mL 正己烷中，加入 0.1mL 0.5mol/L 甲醇钠甲醇溶液，室温下轻摇 5min，然后加入约 1g 无水氯化钙粉末，静置 1h 后于 2000~3000r/min 下离心 2~3min，上清液备用。

③重氮甲烷（CH_2N_2）甲酯化法：对于多不饱和脂肪酸，重氮甲烷甲酯化反应速率很快。但重氮甲烷有剧毒，浓度高时易燃易爆。对于富含碳链脂肪酸的乳脂、椰子油等试样可用此法。

④硫酸+甲醇甲酯化法：取油脂试样 0.5g，加入 10mL 无水甲醇溶解，缓慢加入 1mL 浓

硫酸，加热回流20~30min。冷却后移入分液漏斗，加乙醚稍振摇后静置，分层后弃去水层，醚层用水洗至中性。乙醚萃取液经无水硫酸钠干燥后，室温下吹氮浓缩，备用。此法适用于游离脂肪酸甲酯化，也可以用于油脂的脂肪酸甲酯化。

⑤三氟化硼甲酯化法：称取油脂试样100mg于烧瓶中，加入15mL 0.5mol/L氢氧化钾甲醇溶液，水浴加热回流5~10min使试样溶解。从回流管上部加入3mL三氟化硼甲醇溶液，80℃加热回流5min，冷却后加入饱和氯化钠溶液，再加入正己烷振摇，静置，分层后上层液经无水硫酸钠干燥，备用。

（3）气相色谱条件。

色谱柱：3mm×2m，适合植物油、畜肉、内脏等试样的脂肪酸测定；3mm×3m，适合乳、蛋、鱼类等试样的脂肪酸测定。

固定液：8%或10%聚乙二醇丁二酸酯（DEGS）/80~100目ChromosorbWAW载体。

载气：30~40mL/min氮气。

进样口温度280℃，柱温190℃，程序升温为140~210℃，4℃/min。

检测器：氢火焰离子化检测器，温度为280℃。

【复习思考题】

1. 对难灰化的样品可采取什么措施加速灰化？
2. 食品总酸度测定时，应该注意什么问题？
3. 测定食品中蔗糖，为什么要严格控制水解条件？
4. 索氏抽提法中如何判断样品中脂肪是否被抽提完全？

思政小课堂

食品中脂肪含量与食品安全

任务五　食品中糖类物质的测定

一、概述

（一）自然界中糖类的种类及分布

糖类是由碳、氢、氧三种元素组成的一大类化合物。它提供人体生命活动所需热能的55%~65%，同时也是构成机体的一种重要物质，并参与细胞的许多生命过程。糖类是食品工业的主要原料和辅助材料，是大多数食品的主要成分之一。在不同食品中，糖类的存在形式和含量各不相同。从化学结构看，糖类是多羟基醛和多羟基酮的环状半缩醛及其缩合产物。

单糖是糖的最基本组成单位，是指用水解方法不能将其分解的碳水化合物。食品中的单糖主要有葡萄糖、果糖和半乳糖，都是含有 6 个碳原子的多羟基醛或多羟基酮，分别称为己醛糖（葡萄糖、半乳糖）和己酮糖（果糖），此外还有核糖、阿拉伯糖、木糖等戊醛糖。

双糖是由 2 个分子的单糖缩合而成的糖，主要有蔗糖、乳糖和麦芽糖。蔗糖由 1 分子葡萄糖和 1 分子果糖缩合而成，普遍存在于具有光合作用的植物中，是食品工业中最重要的甜味物质。乳糖由 1 分子葡萄糖和 1 分子半乳糖缩合而成，存在于哺乳动物的乳汁中。麦芽糖由 2 分子葡萄糖缩合而成，游离的麦芽糖在自然界中并不存在，通常由淀粉水解产生。常见的糖醇有山梨醇、甘露醇、木糖醇等。

寡糖是由 3~9 个聚合度的单糖组成的，主要有异麦芽糖、低聚寡糖、棉子糖、水苏糖和低聚果糖等。

多糖是由 10 个以上聚合度的单糖缩合而成的高分子化合物，分为淀粉和非淀粉多糖两大类。淀粉广泛存在于谷类、豆类及薯类中，包括直链淀粉、支链淀粉和变性淀粉等。非淀粉多糖包括纤维素、半纤维素、果胶、亲水胶物质（如黄原胶、阿拉伯胶等）和活性多糖（如香菇多糖、枸杞多糖等）。纤维素集中分布于谷类的谷糠和果蔬的表皮中，果胶存在于各类植物的果实中，而活性多糖是一大类具有降血脂、抗氧化、提高机体免疫功能的活性物质。

（二）糖类测定的意义

果糖、葡萄糖、蔗糖、麦芽糖、乳糖在不同食品中都有添加。而国家标准中对于谷物、乳制品、果蔬制品、蜂蜜、糖浆、饮料等食品中糖类的含量都有一定要求。在食品工业中，分析检测食品中糖类的含量，具有十分重要的意义。

首先，在食品加工工艺中，糖类对改变食品的形态、组织结构、物化性质以及色、香、味等感官指标起着十分重要的作用。如食品加工中常需要控制一定量的糖酸比；糖果中糖的组成及比例直接关系到其风味和质量；糖的焦糖化作用及羰氨反应既可使食品获得诱人的色泽与风味，又能引起食品的褐变，必须根据工艺需要加以控制。

其次，食品中糖类含量也标志着它的营养价值的高低，是某些食品的主要质量指标。因此，糖类的测定是食品分析的主要项目之一。例如国家标准中规定发酵乳、炼乳含蔗糖的量低于 45.0g/100g，蜜饯总糖含量低于 85.0g/100g，肉松总糖含量低于 35.0g/100g。

最后，某些食品为了风味和口感的要求，需要添加淀粉。但是淀粉含量过高又会影响质量。因此产品标准对淀粉含量做出相应规定。

（三）食品中糖类检测的国家标准与检测方法

糖类的测定方法主要有化学法、比色法、酶法和 HPLC 法等。在分析检测过程中，常根据糖的含量、组成及分析检测的目的选用不同的检测方法。目前国家颁布的国家标准中涉及糖的检验方法有以下标准：GB 5009.7—2016《食品安全国家标准　食品中还原糖的测定》、GB 5009.8—2016《食品安全国家标准　食品中果糖、葡萄糖、蔗糖、麦芽糖、乳糖的测定》、GB 5009.9—2016《食品安全国家标准　食品中淀粉的测定》。

还原糖是指具有还原性的糖类。在糖类中，葡萄糖、果糖、乳糖和麦芽糖都是还原糖。其他双糖（如蔗糖）、三糖乃至多糖（如糊精、淀粉等），其本身不具还原性，属于非还原性糖，但都可以通过水解而生成相应的还原性单糖，测定水解液的还原糖含量就可以求得试样中相应糖类的含量。因此，还原糖的测定是一般糖类定量的基础。

二、还原糖的测定

葡萄糖分子中含有游离醛基，果糖分子中含有游离酮基，乳糖和麦芽糖分子中含有游离的半缩醛羟基，因它们都具有还原性，所以把这类具有还原性的糖类称为还原糖。有些糖它本身不具有还原性（常见的蔗糖、糊精、淀粉等都属此类），但可以通过水解形成具有还原性的单糖，再进行测定，然后换算成相应糖类的含量。所以糖类的测定绝大部分是以还原糖的测定为基础的。

（一）直接滴定法

1. 原理

试样经除去蛋白质后，在加热条件下，以次甲基蓝作为指示剂，用样液滴定经标定的碱性酒石酸铜溶液，还原糖将二价铜还原为氧化亚铜，待二价铜全部还原后，稍过量的还原糖将次甲基蓝还原，溶液由蓝色变为无色，即为滴定终点。根据所消耗的样液体积，即可计算出还原糖的含量。其反应方程式如下：

$$CuSO_4 + 2NaOH \longrightarrow Cu(OH)_2 \downarrow + Na_2SO_4$$

2. 仪器和设备

水浴锅；酸式滴定管：25mL；可调式电炉，带石棉网；天平：感量为 0.1mg。

3. 试剂

（1）盐酸溶液（1+1，体积比）：量取盐酸 50mL，加水 50mL 混匀。

（2）碱性酒石酸铜甲液：称取 15g 硫酸铜及 0.05g 次甲基蓝，溶于水中并稀释至 1000mL。

（3）碱性酒石酸铜乙液：称取 50g 酒石酸钾钠及 75g 氢氧化钠，溶于水中，再加入 4g 亚铁氰化钾，完全溶解后，用水稀释至 1000mL，储存于橡胶塞玻璃瓶内。

（4）乙酸锌溶液：称取 21.9g 乙酸锌，加 3mL 冰乙酸，加水溶解并稀释至 100mL。

（5）亚铁氰化钾溶液：称取 10.6g 亚铁氰化钾，加水溶解并稀释至 100mL。

（6）葡萄糖标准溶液（1.0mg/mL）：准确称取经过 98~100℃ 干燥 2h 的葡萄糖（CAS：50-99-7，纯度≥99%）1g，加水溶解后加入 5mL 盐酸（防止微生物生长），并以水定容至 1000mL。此溶液每毫升相当于 1.0mg 葡萄糖。

（7）果糖标准溶液（1.0mg/mL）：准确称取经过 98~100℃ 干燥 2h 的果糖（CAS：57-48-7，纯度≥99%）1g，加水溶解后加入盐酸溶液 5mL，并用水定容至 1000mL。此溶液每毫升相当于 1.0mg 果糖。

（8）乳糖标准溶液（1.0 mg/mL）：准确称取经过 94~98℃ 干燥 2h 的乳糖（含水）（CAS：5989-81-1，纯度≥99%）1g，加水溶解后加入盐酸溶液 5mL，并用水定容至 1000mL。此溶液每毫升相当于 1.0mg 乳糖（含水）。

（9）转化糖标准溶液（1.0mg/mL）：准确称取 1.0526g 蔗糖（CAS：57-50-1，纯度≥99%），用 100mL 水溶解，置具塞锥形瓶中，加盐酸溶液 5mL，在 68~70℃ 水浴中加热 15min，放置至室温，转移至 1000mL 容量瓶中并加水定容至 1000mL，每毫升标准溶液相当于 1.0mg 转化糖。

4. 操作方法

（1）试样处理。

①含淀粉的食品：称取粉碎或混匀后的试样 10~20g（精确至 0.001g），置于 250mL 容量瓶中，加 200mL 水，在 45℃ 水浴中加热 1h，并时时振摇。冷却后加水至刻度，混匀，静置，沉淀。吸取 200mL 上清液于另一 250mL 容量瓶中，慢慢加入 5mL 乙酸锌溶液和 5mL 亚铁氰化钾溶液，加水至刻度，混匀，沉淀，静置 30min，用干燥滤纸过滤，弃去初滤液，取后续滤液备用。

②酒精饮料：称取混匀后的试样 100g（精确至 0.01g），置于蒸发皿中，用氢氧化钠溶液中和至中性，在水浴上蒸发至原体积的 1/4 后，移入 250mL 容量瓶中，缓慢加入乙酸锌溶液 5mL 和亚铁氰化钾溶液 5mL，加水至刻度，混匀，静置 30min，用干燥滤纸过滤，弃去初滤液，取后续滤液备用。

③碳酸饮料：称取混匀后的试样 100g（精确至 0.01g）于蒸发皿中，在水浴上微热搅拌除去二氧化碳后，移入 250mL 容量瓶中，用水洗涤蒸发皿，洗液并入容量瓶，加水至刻度，混匀后备用。

④其他食品：称取粉碎后的固体试样 2.5~5g（精确至 0.001g）或混匀后的液体试样 5~25g（精确至 0.001g），置 250mL 容量瓶中，加 50mL 水，缓慢加入乙酸锌溶液 5mL 和亚铁氰

化钾溶液 5mL，加水至刻度，混匀，静置 30min，用干燥滤纸过滤，弃去初滤液，取后续滤液备用。

（2）标定碱性酒石酸铜溶液：准确吸取碱性酒石酸铜甲液和乙液各 5mL，置于 150mL 锥形瓶中，加水 10mL，加入玻璃珠 2 粒，从滴定管滴加约 9mL 葡萄糖或其他还原糖标准溶液，控制在 2min 内加热至沸腾，趁热以每 2s 1 滴的速度继续滴加葡萄糖或其他还原糖标准溶液，直至溶液蓝色刚好褪去为终点。记录消耗葡萄糖或其他还原糖标准溶液的总体积，同时平行操作 3 份，取其平均值，计算每 10mL（甲、乙各 5mL）碱性酒石酸铜溶液相当于葡萄糖的质量或其他还原糖的质量（mg）。

（3）试样溶液预测定：准确吸取碱性酒石酸铜甲液和乙液各 5mL，置于 150mL 锥形瓶中，加水 10mL，加入玻璃珠 2 粒，控制在 2min 内加热至沸腾，趁沸腾以先快后慢的速度从滴定管中滴加试样溶液，并保持溶液沸腾状态，待溶液颜色变浅时，以每 2s 1 滴的速度滴定，直至溶液蓝色刚好褪去为终点，记录消耗样液的体积。当样液中还原糖浓度过高时应适当稀释，再进行正式测定，使每次滴定消耗样液的体积控制在与标定碱性酒石酸铜溶液时消耗的还原糖标准溶液的体积相近，大约 10mL。当浓度过低时则直接加入 10mL 样液，免去加水 10mL，再用还原糖标准溶液滴定至终点，消耗样液的总体积与标定时消耗的还原糖标准溶液体积之差相当于 10mL 样液所含还原糖的量。

（4）试样溶液的测定：准确吸取碱性酒石酸铜甲液和乙液各 5mL，置于 150mL 锥形瓶中，加水 10mL，加入玻璃珠 2 粒，从滴定管中加入比预测体积少 1mL 的试样溶液至锥形瓶中，加热使其在 2min 内至沸腾，趁沸腾以每 2s 1 滴的速度滴定，直至蓝色刚好褪去为终点。记录消耗样液的体积。同时平行操作 3 份，得出平均消耗体积。

5. 结果计算［式（4-19）］

$$X = \frac{m_1}{m \times F \times V/250 \times 1000} \times 100 \qquad (4-19)$$

式中：X——试样中还原糖的含量（以某种还原糖计），g/100g；

　　m_1——碱性酒石酸铜溶液（甲、乙液各半）相当于还原糖的质量，mg；

　　m——试样的质量，g；

　　F——系数，对含淀粉的食品、碳酸饮料、其他食品为 1，酒精饮料为 0.80；

　　V——测定时平均消耗试样溶液的体积，mL；

　　250——定容体积，mL；

　　1000——换算系数。

还原糖含量≥10g/100g 时，计算结果保留 3 位有效数字；还原糖含量<10g/100g 时，计算结果保留 2 位有效数字。

精密度：在重复性条件下获得的两次独立测定结果的绝对差值不得超过算术平均值的 5%。

当称样量为 5g 时，定量限为 0.25g/100g。

6. 注意事项

（1）本方法适用于各类食品中还原糖的测定，是目前最常用的测定还原糖的方法，它具有试剂用量少，操作简单、快速，滴定终点明显等特点。但对深色的试样（如酱油、深色果汁等），因色素干扰难以判断终点，从而影响其准确性。

（2）本方法为直接滴定法，经过标定的定量的碱性酒石酸铜试剂可与定量的还原糖作用，根据试样溶液消耗体积，可计算试样中还原糖含量。

（3）次甲基蓝本身也是一种氧化剂，其氧化型为蓝色，还原型为无色，但在测定条件下其氧化能力比碱性酒石酸铜弱，还原糖将溶液中碱性酒石酸铜耗尽时，稍微过量一点的还原糖会将次甲基蓝还原，变为无色，指示滴定终点。但此反应是可逆的，当空气中的氧与无色次甲基蓝结合时，又变为蓝色。因此，滴定时要保持溶液沸腾状态，使上升蒸汽阻止空气侵入溶液中。

（4）碱性酒石酸铜的氧化能力较强，可将醛糖和酮糖都氧化，所以测得的是总还原糖量。

（5）本方法对滴定操作条件要求很严格，碱性酒石酸铜溶液的标定、试样液预测、试样液测定的操作条件均应保持一致。还原糖浓度要求在 0.1g/100g 为宜，与还原糖标准溶液的浓度相近；继续滴定至终点的体积应控制在 0.5~1mL，以保证在 1min 以内完成续滴工作。热源用 800W 电炉，热源强度和煮沸时间应严格按照操作规定执行，否则，加热至煮沸时间不同，蒸发量不同，反应液的碱度也不同，也影响反应速度、反应进行程度及最终测定结果。

（6）平行实验中消耗样液的量差应不超过 0.1mL。

（二）高锰酸钾滴定法

1. 原理

试样经除去蛋白质后，其中还原糖与过量的碱性酒石酸铜反应，将二价铜还原为氧化亚铜，加入过量的酸性硫酸铁后将其氧化溶解，氧化亚铜被氧化为二价铜盐，而三价铁被定量地还原成亚铁盐，以高锰酸钾溶液滴定亚铁盐，根据消耗高锰酸钾的量，计算氧化亚铜含量，再从检索表中查得还原糖量。其反应方程式如下：

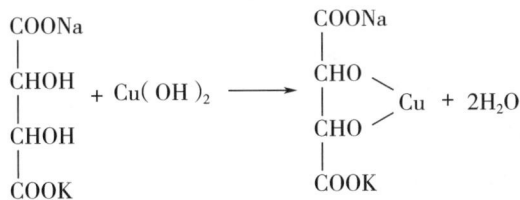

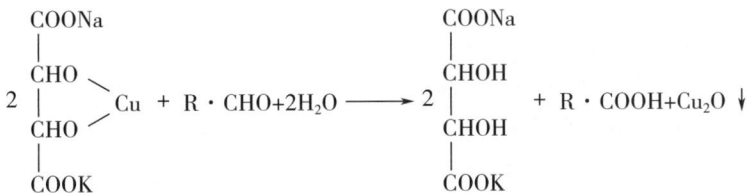

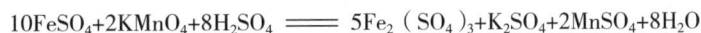

$$CuSO_4 + 2NaOH \longrightarrow Cu(OH)_2 \downarrow + Na_2SO_4$$

$$\begin{array}{c} COONa \\ | \\ CHOH \\ | \\ CHOH \\ | \\ COOK \end{array} + Cu(OH)_2 \longrightarrow \begin{array}{c} COONa \\ | \\ CHO \\ | \\ CHO \\ | \\ COOK \end{array} \!\!\!\Big\rangle Cu + 2H_2O$$

$$2 \begin{array}{c} COONa \\ | \\ CHO \\ | \\ CHO \\ | \\ COOK \end{array} \!\!\!\Big\rangle Cu + R \cdot CHO + 2H_2O \longrightarrow 2 \begin{array}{c} COONa \\ | \\ CHOH \\ | \\ CHOH \\ | \\ COOK \end{array} + R \cdot COOH + Cu_2O \downarrow$$

$$Cu_2O + Fe_2(SO_4)_3 + H_2SO_4 \Longrightarrow 2CuSO_4 + 2FeSO_4 + H_2O$$

$$10FeSO_4 + 2KMnO_4 + 8H_2SO_4 \Longrightarrow 5Fe_2(SO_4)_3 + K_2SO_4 + 2MnSO_4 + 8H_2O$$

2. 仪器和设备

（1）水浴锅。

（2）酸式滴定管：25mL。

（3）可调式电炉，带石棉网。

（4）天平：感量为0.1mg。

（5）25mL古氏坩埚或G4垂熔坩埚。

（6）真空泵或水泵。

3. 试剂

（1）碱性酒石酸铜甲液：称取34.639g硫酸铜，加适量水溶解，加0.5mL硫酸，再加水稀释至500mL，用精制石棉过滤。

（2）碱性酒石酸铜乙液：称取173g酒石酸钾钠及50g氢氧化钠，加适量水溶解，并加水稀释至500mL，用精制石棉过滤，储存于橡胶塞玻璃瓶内。

（3）精制石棉：取石棉先用盐酸（3mol/L）浸泡2~3d，用水洗净，再加氢氧化钠溶液（200g/L）浸泡2~3d，倾去溶液，再用热碱性酒石酸铜乙液浸泡数小时，用水洗净。再以盐酸（3mol/L）浸泡数小时，用水洗至不呈酸性。然后加水振摇，使其成微细的浆状软纤维，用水浸泡并储存于玻璃瓶中，即可用作填充古氏坩埚用。

（4）葡萄糖标准溶液（1.0mg/mL）：准确称取经过98~100℃烘箱中干燥2h后的葡萄糖1g，加水溶解后加入盐酸溶液5mL（防止微生物生长），并用水定容至1000mL。此溶液每毫升相当于1.0mg葡萄糖。

（5）高锰酸钾标准溶液（0.1mol/L）：称取3.3g高锰酸钾（CAS：7722-64-7，优级纯或以上等级）溶于1000mL水中，缓缓煮沸15~20min，冷却后在暗处密闭保存数日，用垂熔漏斗过滤，保存于棕色瓶中。高锰酸钾标准滴定溶液 $[c(1/5KMnO_4)=0.1000mol/L]$ 按GB/T 601配制与标定：精确称取110~150℃干燥恒重的基准草酸钠约0.2g，溶于250mL新煮沸过的冷水中，加10mL硫酸，加入约25mL配制的高锰酸钾溶液，加热至65℃，用高锰酸钾溶液滴定至溶液呈微红色，保持30s不褪色为止。在滴定结束时溶液温度应不低于55℃。同时做空白试验。

（6）氢氧化钠溶液（40g/L）：称取4g氢氧化钠，加水溶解并稀释至100mL。

（7）硫酸铁溶液（50g/L）：称取50g硫酸铁，加入200mL水溶解后，慢慢加入100mL硫酸，冷却后加水稀释至1000mL。

（8）盐酸（3mol/L）：取30mL盐酸，加水稀释至120mL。

4. 操作方法

（1）试样处理。

①含淀粉的食品：称取粉碎或混匀后的试样10~20g（精确至0.001g），置于250mL容量瓶中，加200mL水，在45℃水浴中加热1h，并时时振摇。冷却后加水至刻度，混匀，静置，沉淀。吸取200mL上清液于另一250mL容量瓶中，慢慢加入10mL碱性酒石酸铜甲液和4mL氢氧化钠溶液，加水至刻度，混匀，沉淀，静置30min，用干燥滤纸过滤，弃去初滤液，取后续滤液备用。

②酒精饮料：称取混匀后的试样100g（精确至0.01g），置于蒸发皿中，用氢氧化钠溶液中和至中性，在水浴上蒸发至原体积的1/4后，移入250mL容量瓶中，缓慢加入10mL碱性酒石酸铜甲液和4mL氢氧化钠溶液，加水至刻度，混匀，静置30min，用干燥滤纸过滤，弃去初滤液，取后续滤液备用。

③碳酸饮料：称取混匀后的试样100g（精确至0.01g）于蒸发皿中，在水浴上微热搅拌

除去二氧化碳后，移入 250mL 容量瓶中，用水洗涤蒸发皿，洗液并入容量瓶，加水至刻度，混匀后备用。

④其他食品：称取粉碎后的固体试样 2.5~5g（精确至 0.001g）或混匀后的液体试样 25~50g（精确至 0.001g），置 250mL 容量瓶中，加 50mL 水，缓慢加入 10mL 碱性酒石酸铜甲液和 4mL 氢氧化钠溶液，加水至刻度，混匀，静置 30min，用干燥滤纸过滤，弃去初滤液，取后续滤液备用。

（2）试样溶液测定：吸取 50.00mL 处理后的试样溶液于 500mL 烧杯中，加碱性酒石酸铜甲液、乙液各 25mL，于烧杯上盖一表面皿，加热，控制在 4min 内沸腾，再准确沸腾 2min，趁热用铺好精制石棉的古氏坩埚（或 G4 垂熔坩埚）抽滤，并用 60℃ 热水洗涤烧杯及沉淀，至洗液不呈碱性为止。

将古氏坩埚或 G4 垂熔坩埚放回原 500mL 烧杯中，加入硫酸铁溶液 25mL 和水 25mL，用玻璃棒搅拌使氧化亚铜完全溶解，以高锰酸钾标准溶液滴定至微红色为终点。记录高锰酸钾标准溶液的消耗量。

同时吸取水 50mL 代替试样溶液，加入与测定试样时相同量的碱性酒石酸铜甲液、乙液、硫酸铁溶液及水，按同一方法做空白试验。

5. 结果计算 ［式（4-20）］

$$X_1 = (V - V_0) \times c \times 71.54 \tag{4-20}$$

式中：X_1——试样中还原糖质量相当于氧化亚铜的质量，mg；

　　　V——测定用试样液消耗高锰酸钾标准液的体积，mL；

　　　V_0——空白试验消耗高锰酸钾标准液的体积，mL；

　　　c——高锰酸钾标准溶液的浓度，mol/L；

　71.54——1mL 高锰酸钾标准溶液相当于氧化亚铜的质量，mg。

根据式（4-21）计算所得氧化亚铜质量，再计算试样中还原糖的含量。

$$X_2 = \frac{m_1}{m_2 \times \dfrac{V_1}{250} \times 1000} \times 100 \tag{4-21}$$

式中：X_2——试样中还原糖含量，g/100g；

　　　m_1——查表得还原糖质量，mg；

　　　m_2——试样质量（或体积），g 或 mL；

　　　V_1——测定用试样液的体积，mL；

　　　250——试样处理后的总体积，mL。

还原糖含量 ≥10g/100g 时，计算结果保留 3 位有效数字；还原糖含量 <10g/100g 时，计算结果保留 2 位有效数字。

6. 精密度

在重复性条件下获得的两次独立测定结果的绝对差值不得超过算术平均值的 10%。

当称样量为 5g 时，定量限为 0.5g/100g。

7. 注意事项

（1）本方法适用于各类食品中还原糖的测定。本方法准确性好，但操作烦琐费时，并在抽滤过程中应注意防止氧化亚铜沉淀暴露于空气中而氧化，将沉淀始终保持在液面下，严格掌握反应条件。

（2）还原糖能在碱性溶液中将二价铜离子还原为棕红色的氧化亚铜沉淀，而糖本身被氧化为相应的羧酸，这是还原糖测定的基础。

（3）试样处理时，应除去蛋白质、脂肪、乙醇、二氧化碳、纤维素、淀粉等。

（4）还原糖与碱性酒石酸铜试剂作用，必须加热至沸腾下进行，要严格控制条件，并保持一致。因此，加热至沸腾时间务必控制在4min之内，保持沸腾时间也须控制在2min内。

（5）煮沸后溶液应保持蓝色，使碱性酒石酸铜过量，使还原糖完全反应。如不显蓝色，说明样液糖浓度过高，应调整样液糖的浓度，或减少样液取用体积重新操作，而不能增加碱性酒石酸铜甲、乙液的用量。

（6）在古氏坩埚中铺好的精制石棉必须密实，以免使氧化亚铜沉淀损失。

（7）试样中的还原糖既有单糖也有麦芽糖或乳糖等双糖时，还原糖的测定结果会偏低，这主要是因为双糖的分子中仅含有一个还原基。

三、蔗糖的测定

在食品生产中，为判断原料的成熟度，鉴别白糖、蜂蜜等食品原料的品质，以及控制糖果、果脯、加糖乳制品等产品的质量指标，常常需要测定蔗糖的含量。

蔗糖是非还原性双糖，不能用测定还原糖的方法直接进行测定，但蔗糖经酸水解后可生成具有还原性的葡萄糖和果糖，再按测定还原糖的方法进行测定。对于纯度较高的蔗糖溶液，可用相对密度、折光率、旋光率等物理检验法进行测定。在此仅介绍还原糖法。

1. 原理

试样经除去蛋白质后，用稀盐酸将蔗糖水解转化为还原糖，再按还原糖测定方法进行测定。分别测定水解前后样液中还原糖的含量，两者的差值再乘以换算系数0.95，即为蔗糖的含量。

2. 仪器和设备

（1）水浴锅。

（2）酸式滴定管：25mL。

（3）可调式电炉，带石棉网。

（4）天平：感量为0.1mg。

3. 试剂

注：试剂配制要根据检测样品的多少，确定配制体积，然后根据下面方法增减配制。

（1）乙酸锌溶液：称取21.9g乙酸锌，加3mL冰乙酸，加水溶解并定容到100mL。

（2）亚铁氰化钾溶液：称取10.6g亚铁氰化钾，溶于水中，定容至100mL。

（3）盐酸溶液（1+1）：量取盐酸50mL，缓慢加入50mL水中，冷却后混匀。

（4）氢氧化钠溶液（40g/L）：称取氢氧化钠4g，加水溶解后，放冷，并定容至100mL。

（5）甲基红指示液（1g/L）：称取甲基红0.1g，用95%乙醇溶解并定容至100mL。

（6）氢氧化钠溶液（200g/L）：称取氢氧化钠20g，加水溶解后，放冷，加水并定容至100mL。

（7）碱性酒石酸铜甲液：称取15g硫酸铜及0.05g亚甲蓝，溶于水中并稀释到1000mL。

（8）碱性酒石酸铜乙液：称取50g酒石酸钾钠、75g氢氧化钠，溶于水中，再加入4g亚铁氰化钾，完全溶解后，用水定容至1000mL，贮存于橡皮塞玻璃瓶中。

（9）葡萄糖标准溶液（1.0mg/mL）：称取经过98~100℃烘箱中干燥2h后的葡萄糖（纯度≥99%，CAS号：50-99-7）1g（精确到0.001g），加水溶解后加入盐酸5mL，并用水定容至1000mL。此溶液每毫升相当于1.0mg葡萄糖。

4. 操作方法

（1）试样处理。

①含淀粉的食品：称取粉碎或混匀后的试样10~20g（精确至0.001g），置于250mL容量瓶中，加200mL水，在45℃水浴中加热1h，并时时振摇。冷却后加水至刻度，混匀，静置，沉淀。吸取200mL上清液于另一250mL容量瓶中，慢慢加入5mL乙酸锌溶液和5mL亚铁氰化钾溶液，加水至刻度，混匀，沉淀，静置30min，用干燥滤纸过滤，弃去初滤液，取后续滤液备用。

②酒精饮料：称取混匀后的试样100g（精确至0.01g），置于蒸发皿中，用氢氧化钠溶液（40g/L）中和至中性，在水浴上蒸发至原体积的1/4后，移入250mL容量瓶中，缓慢加入乙酸锌溶液5mL和亚铁氰化钾溶液5mL，加水至刻度，混匀，静置30min，用干燥滤纸过滤，弃去初滤液，取后续滤液备用。

③碳酸饮料：称取混匀后的试样100g（精确至0.01g）于蒸发皿中，在水浴上微热搅拌除去二氧化碳后，移入250mL容量瓶中，用水洗涤蒸发皿，洗液并入容量瓶，加水至刻度，混匀后备用。

④其他食品：称取粉碎后的固体试样2.5~5g（精确至0.001g）或混匀后的液体试样5~25g（精确至0.001g），置250mL容量瓶中，加50mL水，缓慢加入乙酸锌溶液5mL和亚铁氰化钾溶液5mL，加水至刻度，混匀，静置30min，用干燥滤纸过滤，弃去初滤液，取后续滤液备用。

（2）酸水解。

①吸取2份试样各50.0mL，分别置于100mL容量瓶中。

②转化前：一份用水稀释至100mL。

③转化后：另一份加5mL盐酸溶液（1+1），在68~70℃水浴中加热15min，取出迅速冷却至室温，加2滴甲基红指示液，用氢氧化钠溶液（200g/L）中和至中性，加水至刻度，摇匀。

（3）标定碱性酒石酸铜溶液：准确吸取碱性酒石酸铜甲液和乙液各5mL，置于150mL锥形瓶中，加水10mL，加入玻璃珠2粒，从滴定管滴加约9mL葡萄糖标准溶液，控制在2min内加热至沸腾，趁热以每2s1滴的速度继续滴加葡萄糖标准溶液，直至溶液蓝色刚好褪去为终点。记录消耗葡萄糖标准溶液的总体积，同时平行操作3份，取其平均值，计算每10mL（甲液和乙液各5mL）碱性酒石酸铜溶液相当于葡萄糖的质量或其他还原糖的质量（mg）。

（4）试样溶液预测定：准确吸取碱性酒石酸铜甲液和乙液各5mL，置于150mL锥形瓶中，加水10mL，加入玻璃珠2粒，控制在2min内加热至沸腾，保持溶液沸腾状态15s，滴入样液直至溶液蓝色刚好褪去为终点，记录消耗样液的体积。

（5）试样溶液的测定：准确吸取碱性酒石酸铜甲液和乙液各5mL，置于150mL锥形瓶中，加水10mL，加入玻璃珠2粒，从滴定管中加入转化前样液或转化后样液（比预测体积少1mL），置于电炉上加热，使其在2min内沸腾，保持沸腾状态2min，以每2s1滴的速度滴定，直至蓝色刚好褪去为终点。分别记录转化前样液或转化后样液消耗的体积（V）。

5. 结果计算

（1）转化糖的含量：试样中转化糖的含量（以葡萄糖计）按式（4-22）计算：

$$R = \frac{A}{m \times \dfrac{50}{250} \times \dfrac{V}{100} \times 1000} \times 100 \qquad (4-22)$$

式中：R——试样中转化糖的质量分数，g/100g；

$\quad A$——碱性酒石酸铜溶液（甲液、乙液各半）相当于某种还原糖的质量，mg；

$\quad m$——试样质量，g；

$\quad 50$——酸水解中吸取样液体积，mL；

$\quad 250$——试样处理中样品定容体积，mL；

$\quad V$——滴定时平均消耗试样溶液体积，mL；

$\quad 100$——酸水解中定容体积，mL；

$\quad 1000$——换算系数；

$\quad 100$——换算系数。

（2）蔗糖的含量：试样中蔗糖的含量 X 按式（4-23）计算：

$$X = (R_2 - R_1) \times 0.95 \qquad (4-23)$$

式中：X——试样中蔗糖的含量，g/100g（g/100mL）；

$\quad R_2$——转化后转化糖的质量分数，g/100g（g/100mL）；

$\quad R_1$——转化前转化糖的质量分数，g/100g（g/100mL）；

$\quad 0.95$——还原糖（以葡萄糖计）换算为蔗糖的系数。

蔗糖含量≥10g/100g 时，计算结果保留 3 位有效数字；蔗糖含量<10g/100g 时，计算结果保留 2 位有效数字。

6. 精密度

在重复性条件下获得的两次独立测定结果的绝对差值不得超过算术平均值的 10%。

当称样量为 5g 时，定量限为 0.24g/100g。

7. 注意事项

（1）在此法规定的水解条件下，蔗糖可完全水解，而对其他双糖和淀粉等的水解作用很小，可忽略不计。

（2）在此法中，水解条件必须严格控制。为防止果糖分解，试样溶液体积、酸的浓度及用量、水解温度和水解时间都不能随意改动，到达规定时间后应迅速冷却。

（3）用还原糖法测定蔗糖时，为减少误差，测得的还原糖含量应以转化糖表示。因此，选用直接滴定法时，应采用 0.1% 标准转化糖溶液标定碱性酒石酸铜溶液。

四、淀粉的测定

淀粉是植物性食品的重要组成成分，它是一种多糖，是人体热量的主要来源。淀粉在食品工业中用途广泛，主要作为食品的原辅料。如制面包、糕点、饼干时，将淀粉掺进面粉中，调节面筋浓度和胀润度；在糖果生产中用淀粉制成糖浆；在冷饮中作为稳定剂；在肉类罐头中作为增稠剂等。淀粉含量是某些食品的主要质量指标，也是食品生产管理中的一个常检项目。

淀粉可逐步水解为短链淀粉、糊精、麦芽糖、葡萄糖，可通过测定葡萄糖含量，计算淀粉含量。因此，淀粉测定常用的方法为酶水解法和酸水解法，它是根据淀粉在酶或酸的作用下水解为葡萄糖后，再测定还原糖的方法进行淀粉含量测定的。此外，还可以利用淀粉的旋光性来测定淀粉含量，该法适用于淀粉含量较高，而可溶性糖类含量较少的谷类样品，如面粉、米粉等。此法重现性好，操作简便。

（一）酸水解法

该法适用于淀粉含量较高，而其他能被水解为还原糖的多糖含量较少的样品。因为酸水解法不仅使淀粉水解，其他多糖如半纤维素和多缩戊糖等也会被水解为具有还原性的木糖、阿拉伯糖等，使测定结果偏高。因此对含有半纤维素高的食品如食物壳皮、高粱等，不宜采用此方法。

1. 原理

试样经除去脂肪及可溶性糖后，淀粉用酸水解成具有还原性的单糖，然后按还原糖测定，并折算成淀粉含量。

2. 仪器和设备

（1）恒温水浴锅，可加热到100℃。

（2）高速组织捣碎机：1200r/min。

（3）回流装置并附250mL锥形瓶。

（4）天平：感量为1mg和0.1mg。

3. 试剂

（1）乙醚。

（2）乙醇（85%）：取85mL无水乙醇，加水定容至100mL混匀。

（3）盐酸（1+1）：取盐酸50mL，与50mL水混合。

（4）氢氧化钠溶液（400g/L）：称取氢氧化钠40g，加水溶解后，放冷，并定容至100mL。

（5）乙酸铅溶液（200g/L）：称取20g乙酸铅，加水溶解并稀释至100mL。

（6）硫酸钠溶液（100g/L）：称取10g硫酸钠，加水溶解并稀释至100mL。

（7）甲基红指示剂（2g/L）：称取甲基红0.20g，用少量乙醇溶解后，加水定容至100mL。

（8）葡萄糖标准溶液（1.0mg/mL）：称取经过98~100℃烘箱中干燥2h后的D-无水葡萄糖（纯度≥98%，HPLC）1g（精确到0.001g），加水溶解后加入盐酸5mL，并用水定容至1000mL。此溶液每毫升相当于1.0mg葡萄糖。

4. 操作方法

（1）试样处理。

①易于粉碎的试样：称取2.00~5.00g（精确至0.001g）磨碎过40目筛的试样，置于放有慢速滤纸的漏斗中，用50mL乙醚分5次洗去试样中脂肪，弃去乙醚。用150mL乙醇（85%）分数次洗涤残渣，除去可溶性糖类物质。滤干乙醇溶液，以100mL水洗涤漏斗中残渣并转移至250mL锥形瓶中，加入30mL盐酸（1+1），接好冷凝管，置沸水浴中回流2h。回流完毕后，立即置流水中冷却。待试样水解液冷却后，加入2滴甲基红指示液，先以氢氧化钠

溶液（400g/L）调至黄色，再以盐酸（1+1）校正至水解液刚变红色为宜。若水解液颜色较深，可用精密pH试纸测试，使试样水解液的pH约为7。然后加20mL乙酸铅溶液（200g/L），摇匀，放置10min，再加20mL硫酸钠溶液（100g/L），以除去过多的铅。摇匀后将全部溶液及残渣转入500mL容量瓶中，用水洗涤锥形瓶，洗液合并于容量瓶中，加水稀释至刻度。过滤，弃去初滤液20mL，滤液供测定用。

②其他样品：称取一定量样品，准确加入适量水在组织捣碎机中捣成匀浆（蔬菜、水果需先洗净、晾干，取可食部分）。称取相当于原样质量2.5~5g（精确至0.001g）的匀浆（液体试样可直接量取）于250mL锥形瓶中，用50mL乙醚分5次洗去试样中脂肪，弃去乙醚。以下操作按上述①自"用150mL（85%）乙醇分数次洗涤残渣……"进行操作。

（2）标定碱性酒石酸铜溶液：准确吸取碱性酒石酸铜甲液和乙液各5mL，置于150mL锥形瓶中，加水10mL，加入玻璃珠2粒，从滴定管滴加约9mL葡萄糖标准溶液，控制在2min内加热至沸腾，趁热以每2s 1滴的速度继续滴加葡萄糖标准溶液，直至溶液蓝色刚好褪去为终点。记录消耗葡萄糖标准溶液的总体积，同时平行操作3份，取其平均值，计算每10mL（甲、乙各5mL）碱性酒石酸铜溶液相当于葡萄糖的质量或其他还原糖的质量（mg）。

（3）试样溶液预测定：准确吸取碱性酒石酸铜甲液和乙液各5mL，置于150mL锥形瓶中，加水10mL，加入玻璃珠2粒，控制在2min内加热至沸腾，趁沸腾以先快后慢的速度从滴定管中滴加试样溶液，并保持溶液沸腾状态，待溶液颜色变浅时，以每2s 1滴的速度滴定，直至溶液蓝色刚好褪去为终点，记录消耗样液的体积。当样液中还原糖浓度过高时应适当稀释，再进行正式测定，使每次滴定消耗样液的体积控制在与标定碱性酒石酸铜溶液时消耗的还原糖标准溶液的体积相近，大约10mL。

（4）试样溶液的测定：准确吸取碱性酒石酸铜甲液和乙液各5mL，置于150mL锥形瓶中，加水10mL，加入玻璃珠2粒，从滴定管中加入比预测体积少1mL的试样溶液至锥形瓶中，加热使其在2min内至沸腾，趁沸腾以每2s 1滴的速度滴定，直至蓝色刚好褪去为终点。记录消耗样液的体积。同时平行操作3份，得出平均消耗体积。

当浓度过低时则直接加入10mL样液，免去加水10mL，再用葡萄糖标准溶液滴定至终点，消耗样液的总体积与标定时消耗的还原糖标准溶液体积之差相当于10mL样液所含还原糖的量（mg）。

（5）试剂空白的测定：取100mL水和30mL盐酸（1+1），于250mL锥形瓶中，按上述方法操作，得试剂空白液。

5. 结果计算［式（4-24）］

$$X = \frac{(A_1 - A_2) \times 0.9}{m \times \dfrac{V}{500} \times 1000} \times 100\% \qquad (4-24)$$

式中：X——试样中淀粉的含量，%；

A_1——测定用试样水解液中还原糖的质量，mg；

A_2——试剂空白试验中还原糖的质量，mg；

m——称取试样质量，g；

V——测定用试样处理液的体积，mL；

500——试样溶液总体积，mL；

0.9——还原糖（以葡萄糖计）换算成淀粉的换算系数。

结果保留 3 位有效数字。在重复性条件下获得两次独立测定结果的绝对差值不得超过算术平均值的 10%。

6. 注意事项

（1）回流装置的冷凝管应较长，以保证水解过程中盐酸不会挥发，保持一定的浓度。

（2）样品中脂肪含量较少时，可省去乙醚溶解和洗去脂肪的操作。乙醚也可用石油醚代替。若样品为液体，则采用分液漏斗振摇后，静置分层，去除乙醚层。

（二）酶水解法

在测定含淀粉量较少而富含半纤维素、多缩戊糖的样品时，最好采用淀粉酶水解法，因酸水解法会使它们也水解为还原糖，使测定结果偏高。而酶的催化具有专一性，选择性和准确性较高。

1. 原理

此法是利用样品经除去脂肪及可溶性糖类后，先后用淀粉酶及稀盐酸将淀粉水解成还原糖，然后按还原糖测定法测定还原糖量，再乘以换算系数 0.9，得到淀粉含量。

淀粉酶可将淀粉水解为糊精及麦芽糖，再经酸水解为葡萄糖。淀粉粒具有晶体结构，利用淀粉酶水解前需先使淀粉糊化，以利于酶的水解，即使是已经加热处理过的食品，也需再次糊化。

2. 试剂

（1）碘溶液：称取 3.6g 碘化钾，溶于 20mL 水中，加入 1.3g 碘，溶解后加水稀释至 100mL。

（2）乙醇（85%）：取 85mL 无水乙醇，加水定容至 100mL 混匀。

（3）盐酸（1+1）：取盐酸 50mL，与 50mL 水混合。

（4）氢氧化钠溶液（200g/L）：称取氢氧化钠 20g，加水溶解后，放冷，并定容至 100mL。

（5）碱性酒石酸铜甲液：称取 15g 硫酸铜及 0.05g 亚甲蓝，溶于水中并稀释到 1000mL。

（6）碱性酒石酸铜乙液：称取 50g 酒石酸钾钠、75g 氢氧化钠，溶于水中，再加入 4g 亚铁氰化钾，完全溶解后，用水定容至 1000mL，贮存于橡皮塞玻璃瓶中。

（7）甲基红指示剂（2g/L）：称取甲基红 0.20g，用少量乙醇溶解后，加水定容至 100mL。

（8）5g/L 淀粉酶溶液：称取淀粉酶 0.5g，加 100mL 水溶解，加入数滴甲苯或三氯甲烷（防止长霉），置于 4℃ 冰箱中贮存。

（9）葡萄糖标准溶液（1.0mg/mL）：称取经过 98~100℃ 烘箱中干燥 2h 后的 D-无水葡萄糖（纯度≥98%，HPLC）1g（精确到 0.001g），加水溶解后加入盐酸 5mL，并用水定容至 1000mL。此溶液每毫升相当于 1.0mg 葡萄糖。

3. 测定方法

（1）样品处理：称取 2~5g 样品，置于放有折叠滤纸的漏斗内，先用 50mL 乙醚分 5 次洗涤脂肪，再用约 100mL 85%（体积分数）的乙醇洗去可溶性糖类，将残留物移入 250mL 烧杯内，并用 50mL 水洗涤滤纸及漏斗，洗液并入烧杯内。

（2）酶解：将烧杯置沸水浴上加热 15min，使淀粉糊化，放冷至 60℃ 以下，加 20mL 淀粉酶溶液，在 55~60℃ 保温 1h，并不时搅拌。在白色点滴板上用碘液检查，取一滴淀粉液加 1 滴碘液应不显蓝色，若显蓝色，再加热糊化，冷至 60℃ 以下，加 20mL 淀粉酶溶液，继续保温，直至加碘不显蓝色为止。加热至沸，冷后移入 250mL 容量瓶中定容，摇匀后过滤，弃去初滤液，收集滤液备用。

（3）酸解：取 50mL 滤液置 250mL 锥形瓶中，加 5mL 6mol/L 盐酸，装上回流冷凝器，在沸水浴中回流 1h，冷后加 2 滴甲基红指示液，用 200g/L 氢氧化钠溶液中和至中性，溶液移入 100mL 容量瓶中，洗涤锥形瓶，洗液并入 100mL 容量瓶中，加水至刻度，混匀，备用。

（4）测定：按还原糖测定法进行测定。同时取 50mL 水及与样品处理、酶解、酸解相同量的淀粉酶溶液、试剂，做一空白试验。

4. 结果计算［式（4-25）］

$$\omega = \frac{(m_1 - m_0) \times 0.9}{m \times \dfrac{50}{250} \times \dfrac{V}{100} \times 1000} 100\% \qquad (4\text{-}25)$$

式中：ω ——淀粉的质量分数，%；

m_1 ——样品水解液中还原糖的质量，mg；

m_0 ——空白液中还原糖的质量，mg；

m ——样品质量，g；

V ——测定还原糖时取水解液的体积，mL；

0.9——还原糖换算为淀粉的系数。

5. 注意事项

（1）若样品中脂肪含量很少，可免去用乙醚清洗的步骤。

（2）淀粉酶需事先了解其活力，以确定其水解时的加入量。可配制一定浓度的淀粉溶液少许，加一定量的淀粉酶液在 50~60℃ 水浴上加热 1h，用碘液检查。

（3）若无淀粉酶可用麦芽汁代替。取大麦粒 200g，加水浸泡 12h，平铺于搪瓷盘中约 1cm，让其发芽。待芽长 1cm 左右，取出发芽麦粒 50g，磨细加 400mL 水，常温下浸泡 3h，过滤备用。可加甲苯或氯仿数滴，防止长霉，贮于冰箱。

五、总糖的测定

许多食品中含有多种糖类，包括具有还原性的葡萄糖、果糖、麦芽糖、乳糖等，以及非还原性的蔗糖、棉子糖等。这些糖有的来自原料，有的是因生产需要而加入的，有的是在生产过程中形成的（如蔗糖水解为葡萄糖和果糖）。许多食品中通常只需测定其总量，即所谓的"总糖"。食品中的总糖通常是指食品中存在的具有还原性的或在测定条件下能水解为还原性单糖的碳水化合物总量。应当注意这里所讲的总糖与营养学上所指的总糖是有区别的，营养学上的总糖是指被人体消化、吸收利用的糖类物质的总和，包括淀粉。而这里讲的总糖不包括淀粉，因为在该测定条件下，淀粉的水解作用很微弱。

总糖是许多食品（如麦乳精、果蔬罐头、巧克力、软饮料等）的重要质量指标，是食品生产中常规的检验项目，总糖含量直接影响食品的质量及成本。所以，在食品分析中总糖的测定具有十分重要的意义。

总糖的测定通常是以还原糖的测定方法为基础，常用的方法是直接滴定法，也可用蒽酮比色法等。

1. 原理

试样经处理除去蛋白质等杂质后，加入稀盐酸在加热条件下使蔗糖水解转化为还原糖，再以直接滴定法测定水解后试样中还原糖的总量。

2. 仪器和设备

（1）水浴锅。

（2）酸式滴定管：25mL。

（3）可调式电炉，带石棉网。

（4）天平：感量为0.1mg。

3. 试剂

注：试剂配制要根据检测样品的多少，确定配制体积，然后根据下面方法增减配制。

（1）乙酸锌溶液：称取21.9g乙酸锌，加3mL冰乙酸，加水溶解并定容到100mL。

（2）亚铁氰化钾溶液：称取10.6g亚铁氰化钾，溶于水中，定容至100mL。

（3）盐酸溶液（1+1）：量取盐酸50mL，缓慢加入50mL水中，冷却后混匀。

（4）氢氧化钠溶液（40g/L）：称取氢氧化钠4g，加水溶解后，放冷，并定容至100mL。

（5）甲基红指示液（1g/L）：称取甲基红0.1g，用95%乙醇溶解并定容至100mL。

（6）氢氧化钠溶液（200g/L）：称取氢氧化钠20g，加水溶解后，放冷，加水并定容至100mL。

（7）碱性酒石酸铜甲液：称取15g硫酸铜及0.05g亚甲蓝，溶于水中并稀释到1000mL。

（8）碱性酒石酸铜乙液：称取50g酒石酸钾钠、75g氢氧化钠，溶于水中，再加入4g亚铁氰化钾，完全溶解后，用水定容至1000mL，贮存于橡皮塞玻璃瓶中。

（9）葡萄糖标准溶液（1.0mg/mL）：称取经过98~100℃烘箱中干燥2h后的葡萄糖（纯度≥99%，CAS号：50-99-7）1g（精确到0.001g），加水溶解后加入盐酸5mL，并用水定容至1000mL。此溶液每毫升相当于1.0mg葡萄糖。

4. 操作方法

（1）试样处理。

①含淀粉的食品：称取粉碎或混匀后的试样10~20g（精确至0.001g），置于250mL容量瓶中，加200mL水，在45℃水浴中加热1h，并时时振摇。冷却后加水至刻度，混匀，静置，沉淀。吸取200mL上清液于另一250mL容量瓶中，慢慢加入5mL乙酸锌溶液和5mL亚铁氰化钾溶液，加水至刻度，混匀，沉淀，静置30min，用干燥滤纸过滤，弃去初滤液，取后续滤液备用。

②酒精饮料：称取混匀后的试样100g（精确至0.01g），置于蒸发皿中，用氢氧化钠溶液中和至中性，在水浴上蒸发至原体积的1/4后，移入250mL容量瓶中，缓慢加入乙酸锌溶液5mL和亚铁氰化钾溶液5mL，加水至刻度，混匀，静置30min，用干燥滤纸过滤，弃去初滤液，取后续滤液备用。

③碳酸饮料：称取混匀后的试样100g（精确至0.01g）于蒸发皿中，在水浴上微热搅拌除去二氧化碳后，移入250mL容量瓶中，用水洗涤蒸发皿，洗液并入容量瓶，加水至刻度，混匀后备用。

④其他食品：称取粉碎后的固体试样2.5~5g（精确至0.001g）或混匀后的液体试样5~25g（精确至0.001g），置250mL容量瓶中，加50mL水，缓慢加入乙酸锌溶液5mL和亚铁氰化钾溶液5mL，加水至刻度，混匀，静置30min，用干燥滤纸过滤，弃去初滤液，取后续滤液备用。

（2）测定：按测定蔗糖的方法水解试样，再按直接滴定法测定还原糖含量。

5. 结果计算［式（4-26）］

$$X = \frac{\rho}{m \times \dfrac{50}{V_1} \times \dfrac{V_2}{100} \times 1000} \times 100\% \qquad (4-26)$$

式中：X——试样中总糖的含量（以转化糖计），%；

ρ——10mL 碱性酒石酸铜当于转化糖质量，mg；

V_1——试样处理液的总体积，mL；

V_2——测定时消耗试样水解液的体积，mL；

m——试样质量，g。

6. 注意事项

总糖测定结果一般根据产品质量指标要求，以转化糖或葡萄糖计。那么，碱性酒石酸铜的标定就应用相应的糖的标准溶液来进行标定。

六、纤维素的测定

纤维素是植物性食品的主要成分之一，广泛存在于各种植物体内，其含量随食品种类的不同而异，尤其在谷类、豆类、水果、蔬菜中含量较高。食品的纤维素在化学上不是单一组分的物质，而是包括多种成分的混合物，其组成十分复杂，且随食品的来源、种类而变化。因此，不同的研究者对纤维素的解释也有所不同，其定义也就不同。

纤维素是人类膳食中不可缺少的重要物质之一，在维持人体健康、预防疾病方面有着独特的作用，已日益引起人们的重视。人类每天要从食品中摄入一定量（8~12g）纤维素才能维持人体正常的生理代谢功能。为保证纤维素的正常摄取，一些国家强调增加纤维素含量高的谷物、果蔬制品的摄入，同时还开发了许多强化纤维素的配方食品。在食品生产和食品开发中，常需要测定纤维素的含量，它也是食品成分全分析项目之一，对于食品品质管理和营养价值的评定具有重要意义。测定粗纤维，也可以估算出食品中不能消化的部分，以此可评定该食品的营养价值及其经济价值。历来的食品成分表都提供植物性食品的粗纤维含量。

食品中纤维素的测定提出最早、应用最广泛的是粗纤维测定法。此外还有中性洗涤性纤维法、酸性洗涤性纤维法、Southgate 改良法等分析方法。这些方法各有优、缺点，下面主要介绍粗纤维的测定方法。

1. 原理

在热的稀硫酸作用下，样品中的糖、淀粉、果胶等物质经水解而除去，再用热的碱处理，使蛋白质溶解、脂肪皂化而除去。然后用乙醇和乙醚处理以除去单宁、色素及残余的脂肪，所得的残渣即为粗纤维，如其中含有无机物质，可经灰化后扣除。

2. 仪器和设备

石棉：加5%氢氧化钠溶液浸泡石棉，在水浴上回流8h以上，再用热水充分洗涤。然后用20%盐酸在沸水浴上回流8h以上，再用热水充分洗涤，干燥。在600~700℃中灼烧后，加水使其成混悬物，贮存于玻塞瓶中；G 垂熔坩埚或 G 垂熔漏斗。

3. 试剂

（1）1.25%硫酸。

（2）1.25%氢氧化钾。

4. 操作步骤

（1）称取20~30g捣碎的试样（或5.0g干试样），移入500mL锥形瓶中，加入200mL煮沸的1.25%硫酸，加热使微沸，保持体积恒定，维持30min，每隔5min摇动锥形瓶一次，以充分混合瓶内的物质。

（2）取下锥形瓶，立即用亚麻布过滤后，用沸水洗涤至洗液不呈酸性。

（3）再用200mL煮沸的1.25%氢氧化钾溶液，将亚麻布上的存留物洗入原锥形瓶内加热微沸30min后，取下锥形瓶，立即以亚麻布过滤，以沸水洗涤2~3次后，移入已干燥称量的G2垂熔坩埚或同型号的垂熔漏斗中，抽滤，用热水充分洗涤后，抽干。再依次用乙醇和乙醚洗涤一次。将坩埚和内容物在105℃烘箱中烘干后称量，重复操作，直至恒量。

如试样中含有较多的不溶性杂质，则可将试样移入石棉坩埚，烘干称量后，再移入550℃高温炉中灰化，使含碳的物质全部灰化，置于干燥器内，冷却至室温称量，所损失的量即为粗纤维量。

5. 结果计算 ［式（4-27）］

$$粗纤维含量 = \frac{m_1}{m} \times 100\% \tag{4-27}$$

式中：m_1——经酸碱处理后残余物的质量（或经高温灼烧后损失的质量），g；

　　　m——样品质量，g。

6. 注意事项

（1）样品中脂肪含量高于1%时，应先用石油醚脱脂，然后再测定，如脱脂不足，结果将偏高。

（2）酸、碱消化时，如产生大量泡沫，可加入2滴硅油或辛醇消泡。

（3）本法测定结果的准确性取决于操作条件的控制。实验证明，样品的细度、加热回流时间、沸腾的状态及过滤时间等因素都将对测定结果产生影响。样品粒度过大影响消化，结果偏高；粒度过细则会造成过滤困难。沸腾不能过于剧烈，以防止样品脱离液体，附于液面以上的瓶壁上。过滤时间不能太长，一般不超过10min，否则应适量减少称样量。

（4）用亚麻布过滤时，由于其孔径不稳定，结果出入较大，最好采用200目尼龙筛绢过滤，既耐较高温度，孔径又稳定，本身不吸留水分，洗残渣也较容易。

（5）恒重要求：烘干小于0.2mg，灰化小于0.5mg。

（6）在这种方法中，纤维素、半纤维素、木质素等食物纤维成分都发生了不同程度的降解，且残留物中还包含了少量的无机物、蛋白质等成分，故测定结果称为粗纤维。

（7）测定粗纤维的方法还有滴定法。样品经2%盐酸回流，除去可溶性糖类、淀粉、果胶等物质，残渣用80%硫酸溶解，使纤维成分水解为还原糖（主要是葡萄糖），然后按还原糖测定方法测定，再折算为纤维含量（表4-4）。该法操作复杂，一般很少采用。

表4-4　相当于氧化亚铜质量的葡萄糖、果糖、乳糖、转化糖质量表

氧化亚铜	葡萄糖	果糖	乳糖（含水）	转化糖	氧化亚铜	葡萄糖	果糖	乳糖（含水）	转化糖
11.3	4.6	5.1	7.7	5.2	101.3	44.0	48.3	69.0	46.2

续表

氧化亚铜	葡萄糖	果糖	乳糖（含水）	转化糖	氧化亚铜	葡萄糖	果糖	乳糖（含水）	转化糖
12.4	5.1	5.6	8.5	5.7	102.5	44.5	48.9	69.7	46.7
13.5	5.6	6.1	9.3	6.2	103.6	45.0	49.4	70.5	47.3
14.6	6.0	6.7	10.0	6.7	104.7	45.5	50.0	71.3	47.8
15.8	6.5	7.2	10.8	7.2	105.8	46.0	50.5	72.1	48.3
16.9	7.0	7.7	11.5	7.7	107.0	46.5	51.1	72.8	48.8
18.0	7.5	8.3	12.3	8.2	108.1	47.0	51.6	73.6	49.4
19.1	8.0	8.8	13.1	8.7	109.2	47.5	52.2	74.4	49.9
20.3	8.5	9.3	13.8	9.2	110.3	48.0	52.7	75.1	50.4
21.4	8.9	9.9	14.6	9.7	111.5	48.5	53.3	75.9	50.9
22.5	9.4	10.4	15.4	10.2	112.6	49.0	53.8	76.7	51.5
23.6	9.9	10.9	16.1	10.7	113.7	49.5	54.4	77.4	52.0
24.8	10.4	11.5	16.9	11.2	114.8	50.0	54.9	78.2	52.5
25.9	10.9	12.0	17.7	11.7	116.0	50.6	55.5	79.0	53.0
27.0	11.4	12.5	18.4	12.3	117.1	51.1	56.0	79.7	53.6
28.1	11.9	13.1	19.2	12.8	118.2	51.6	56.6	80.5	54.1
29.3	12.3	13.6	19.9	13.3	119.3	52.1	57.1	81.3	54.6
30.4	12.8	14.2	20.7	13.8	120.5	52.6	57.7	82.1	55.2
31.5	13.3	14.7	21.5	14.3	121.6	53.1	58.2	82.8	55.7
32.6	13.8	15.2	22.2	14.8	122.7	53.6	58.8	83.6	56.2
33.8	14.3	15.8	23.0	15.3	123.8	54.1	59.3	84.4	56.7
34.9	14.8	16.3	23.8	15.8	125.0	54.6	59.9	85.1	57.3
36.0	15.3	16.8	24.5	16.3	126.1	55.1	60.4	85.9	57.8
37.2	15.7	17.4	25.3	16.8	127.2	55.6	61.0	86.7	58.3
38.3	16.2	17.9	26.1	17.3	128.3	56.1	61.6	87.4	58.9
39.4	16.7	18.4	26.8	17.8	129.5	56.7	62.1	88.2	59.4
40.5	17.2	19.0	27.6	18.3	130.6	57.2	62.7	89.0	59.9
41.7	17.7	19.5	28.4	18.9	131.7	57.7	63.2	89.8	60.4
42.8	18.2	20.1	29.1	19.4	132.8	58.2	63.8	90.5	61.0
43.9	18.7	20.6	29.9	19.9	134.0	58.7	64.3	91.3	61.5
45.0	19.2	21.1	30.6	20.4	135.1	59.2	64.9	92.1	62.0
46.2	19.7	21.7	31.4	20.9	136.2	59.7	65.4	92.8	62.6
47.3	20.1	22.2	32.2	21.4	137.4	60.2	66.0	93.6	63.1
48.4	20.6	22.8	32.9	21.9	138.5	60.7	66.5	94.4	63.6
49.5	21.1	23.3	33.7	22.4	139.6	61.3	67.1	95.2	64.2

续表

氧化亚铜	葡萄糖	果糖	乳糖（含水）	转化糖	氧化亚铜	葡萄糖	果糖	乳糖（含水）	转化糖
50.7	21.6	23.8	34.5	22.9	140.7	61.8	67.7	95.9	64.7
51.8	22.1	24.4	35.2	23.5	141.9	62.3	68.2	96.7	65.2
52.9	22.6	24.9	36.0	24.0	143.0	62.8	68.8	97.5	65.8
54.0	23.1	25.4	36.8	24.5	144.1	63.3	69.3	98.2	66.3
55.2	23.6	26.0	37.5	25.0	145.2	63.8	69.9	99.0	66.8
56.3	24.1	26.5	38.3	25.5	146.4	64.3	70.4	99.8	67.4
57.4	24.6	27.1	39.1	26.0	147.5	64.9	71.0	100.6	67.9
58.5	25.1	27.6	39.8	26.5	148.6	65.4	71.6	101.3	68.4
59.7	25.6	28.2	40.6	27.0	149.7	65.9	72.1	102.1	69.0
60.8	26.1	28.7	41.4	27.6	150.9	66.4	72.7	102.9	69.5
61.9	26.5	29.2	42.1	28.1	152.0	66.9	73.2	103.6	70.0
63.0	27.0	29.8	42.9	28.6	153.1	67.4	73.8	104.4	70.6
64.2	27.5	30.3	43.7	29.1	154.2	68.0	74.3	105.2	71.1
65.3	28.0	30.9	44.4	29.6	155.4	68.5	74.9	106.0	71.6
66.4	28.5	31.4	45.2	30.1	156.5	69.0	75.5	106.7	72.2
67.6	29.0	31.9	46.0	30.6	157.6	69.5	76.0	107.5	72.7
68.7	29.5	32.5	46.7	31.2	158.7	70.0	76.6	108.3	73.2
69.8	30.0	33.0	47.5	31.7	159.9	70.5	77.1	109.0	73.8
70.9	30.5	33.6	48.3	32.2	161.0	71.1	77.7	109.8	74.3
72.1	31.0	34.1	49.0	32.7	162.1	71.6	78.3	110.6	74.9
73.2	31.5	34.7	49.8	33.2	163.2	72.1	78.8	111.4	75.4
74.3	32.0	35.2	50.6	33.7	164.4	72.6	79.4	112.1	75.9
75.4	32.5	35.8	51.3	34.3	165.5	73.1	80.0	112.9	76.5
76.6	33.0	36.3	52.1	34.8	166.6	73.7	80.5	113.7	77.0
77.7	33.5	36.8	52.9	35.3	167.8	74.2	81.1	114.4	77.6
78.8	34.0	37.4	53.6	35.8	168.9	74.7	81.6	115.2	78.1
79.9	34.5	37.9	54.4	36.3	170.0	75.2	82.2	116.0	78.6
81.1	35.0	38.5	55.2	36.8	171.1	75.7	82.8	116.8	79.2
82.1	35.5	39.0	55.9	37.4	172.3	76.3	83.3	117.5	79.7
83.3	36.0	39.6	56.7	37.9	173.4	76.8	83.9	118.3	80.3
84.4	36.5	40.1	57.5	38.4	174.5	77.3	84.4	119.1	80.8
85.6	37.0	40.7	58.2	38.9	175.6	77.8	85.0	119.9	81.3
86.7	37.5	41.2	59.0	39.4	176.8	78.3	85.6	120.6	81.9
87.8	38.0	41.7	59.8	40.0	177.9	78.9	86.1	121.4	82.4

续表

氧化亚铜	葡萄糖	果糖	乳糖（含水）	转化糖	氧化亚铜	葡萄糖	果糖	乳糖（含水）	转化糖
88.9	38.5	42.3	60.5	40.5	179.0	79.4	86.7	122.2	83.0
90.1	39.0	42.8	61.3	41.0	180.1	79.9	87.3	122.9	83.5
91.2	39.5	43.4	62.1	41.5	181.3	80.4	87.8	123.7	84.0
92.3	40.0	43.9	62.8	42.0	182.4	81.0	88.4	124.5	84.6
93.4	40.5	44.5	63.6	42.6	183.5	81.5	89.0	125.3	85.1
94.6	41.0	45.0	64.4	43.1	184.5	82.0	89.5	126.0	85.7
95.7	41.5	45.6	65.1	43.6	185.8	82.5	90.1	126.8	86.2
96.8	42.0	46.1	65.9	44.1	186.9	83.1	90.6	127.6	86.8
97.9	42.5	46.7	66.7	44.7	188.0	83.6	91.2	128.4	87.3
99.1	43.0	47.2	67.4	45.2	189.1	84.1	91.8	129.1	87.8
100.2	43.5	47.8	68.2	45.7	190.3	84.6	92.3	129.9	88.4

思政小课堂

糖摄入过量的健康风险

任务六　食品中蛋白质和氨基酸的测定

一、概述

（一）食品中蛋白质的组成及含量

蛋白质是天然的高分子含氮化合物，广泛存在于动植物体细胞中，是构成动、植物细胞原生质的主要成分，它是生命的物质基础，是各种生命活动中起关键作用的物质，在体内有构成新生组织、修补组织及制造体内氧化还原所必需的酶和激素等生命基础物质的作用。同时，蛋白质在遗传信息的控制、高等动物的记忆及识别等方面都具有十分重要的意义。一切有生命的物体都含有不同类型的蛋白质。人及动物从食品得到蛋白质及其分解产物，来构成自身的蛋白质。蛋白质是人体重要的营养物质，也是食品中重要营养指标。

蛋白质是由20多种氨基酸通过肽链连接起来的具有生命活动的生物大分子，相对分子质量可达到数万至百万，并具有复杂的立体结构。其主要化学元素为 C、H、O、N，在某些蛋白质中还含有 P、S、Cu、Fe、I 等元素。

动物食品的蛋白质含量较高，其中畜、禽、肉类和鱼类蛋白质含量为 15%~20%，鲜奶中为 2.7%~3.8%，蛋类 11%~14%，谷物中蛋白质含量仅为 7%~10%。虽然谷物蛋白质的生理价值不如动物蛋白和豆类蛋白，但我国人民每日摄入的谷类数量相对较大，如成人每日食用 400g 谷物食品，即可从中获得 28~40g 的蛋白质，因此谷物食品仍是我们重要的蛋白质来源。

不同的蛋白质中氨基酸的构成比例及方式不同，所以不同的蛋白质含氮量不同。一般蛋白质含氮量为 16%，即 1 份氮素相当于 6.25 份蛋白质，此数值称为蛋白质系数。不同种类食品的蛋白质系数不同，如玉米、荞麦、青豆、鸡蛋等为 6.25；花生为 5.64；大米为 5.95；大豆及其制品为 5.71；小麦粉为 5.70；高粱为 6.24；大麦、小米、燕麦等为 5.83；牛乳及其制品为 6.38；肉与肉制品为 6.25；芝麻、向日葵为 5.30。

（二）蛋白质测定的意义

在食品加工过程中，蛋白质及其分解产物对食品的色、香、味和产品质量都有一定的影响，测定食品中蛋白质的含量，对于评价食品的营养价值，合理开发利用食品资源，指导生产，优化食品配方，提高产品质量具有重要的意义。

（三）食品中蛋白质检测的方法

测定蛋白质的方法可分为两大类：一类是利用蛋白质的共性，即含氮量、肽键和折射率等测定蛋白质含量，另一类是利用蛋白质中特定氨基酸残基、酸性和碱性基团以及芳香基团等测定蛋白质含量。蛋白质测定最常用的方法是凯氏定氮法，它是测定总有机氮的最准确和操作较简便的方法之一，在国内外应用普遍。此外，双缩脲分光光度比色法、染料结合分光光度比色法、酚试剂法等也常用于蛋白质含量测定，由于方法简便快速，多用于生产单位质量控制分析。近年来，国外采用红外检测仪对蛋白质进行快速定量分析。

蛋白质可以被酶、酸或碱水解，其水解的中间产物为脲、胨、肽等，最终产物为氨基酸。氨基酸是构成蛋白质的最基本物质，虽然从各种天然源中分离得到的氨基酸已达 175 种以上，但是构成蛋白质的氨基酸主要是其中的 20 种，并且在构成蛋白质的氨基酸中，亮氨酸、异亮氨酸、赖氨酸、苯丙氨酸、蛋氨酸、苏氨酸、色氨酸和缬氨酸等 8 种氨基酸在人体中不能合成，必须依靠食品供给，故被称为必需氨基酸。它们对人体有着极其重要的生理功能，常会因其在体内缺乏而导致患病或通过补充而增强新陈代谢作用。随着食品科学的发展和营养知识的普及，食物蛋白质中必需氨基酸含量的高低及氨基酸的构成，越来越得到人们的重视。为提高蛋白质的生理效价而进行食品氨基酸互补和强化的理论，对食品加工工艺的改革，对保健食品的开发及合理配膳等工作都具有积极的指导作用。因此，食品及其原料中氨基酸的分离、鉴定和定量也具有极其重要的意义。

氨基酸的测定方法也很多，如酸碱滴定法（双指示剂滴定法、电位滴定法）、茚三酮比色法等。食品中氨基酸含量的测定通常采用酸碱滴定法。近年来世界上出现了多种氨基酸分析仪、近红外反射分析仪，都可以快速、准确地测出氨基酸含量。

二、蛋白质含量的测定——凯氏定氮法

新鲜食品中的含氮化合物以蛋白质为主体，所以检验食品中蛋白质时，往往测定总氮量，然后乘以蛋白质换算系数，即可得到蛋白质含量。凯氏定氮法可用于所有动物性、植物性食品的蛋白质含量测定，它的最低检出量为 0.05mg 氮，相当于 0.3mg 蛋白质。但因样品中常

含有核酸、生物碱、含氮类脂、卟啉以及含氮色素等非蛋白质的含氮化合物，故通常将测定结果称为粗蛋白质含量。

1. 原理

样品与硫酸和催化剂一同加热后消化，使蛋白质分解，其中的碳和氢分别被氧化成二氧化碳和水蒸气逸出，而有机氮转化成氨后与硫酸结合生成硫酸铵，然后在碱性条件下蒸馏使氨游离，用硼酸吸收后再用硫酸或盐酸标准溶液滴定，根据酸的消耗量乘以换算系数，即得蛋白质含量。以甘氨酸为例，该过程的反应方程式如下。

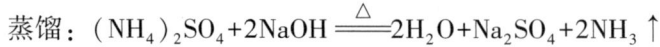

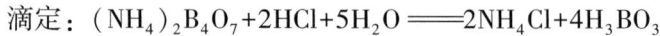

消化：$2NH_2(CH_2)_2COOH + 13H_2SO_4 \longrightarrow (NH_4)_2SO_4 + 6CO_2\uparrow + 12SO_2\uparrow + 16H_2O$

蒸馏：$(NH_4)_2SO_4 + 2NaOH \stackrel{\triangle}{=\!=\!=} 2H_2O + Na_2SO_4 + 2NH_3\uparrow$

吸收：$2NH_3 + 4H_3BO_3 =\!=\!= (NH_4)_2B_4O_7 + 5H_2O$

滴定：$(NH_4)_2B_4O_7 + 2HCl + 5H_2O =\!=\!= 2NH_4Cl + 4H_3BO_3$

在消化过程中，浓硫酸具有脱水性和炭化性，使有机物脱水并炭化为碳、氢、氮。浓硫酸又有氧化性，使炭化后的碳氧化为二氧化碳，硫酸则被还原成二氧化硫：

$$2H_2SO_4 =\!=\!= 2SO_2 + 2H_2O + CO_2\uparrow$$

二氧化硫使氮还原为氨，本身则被氧化为三氧化硫，氨随之与硫酸作用生成硫酸铵留在酸性溶液中：

$$H_2SO_4 + 2NH_3 =\!=\!= (NH_4)_2SO_4$$

在消化反应中，为了加速蛋白质的分解，缩短消化时间，常加入下列催化剂：

（1）硫酸钾：加入硫酸钾目的是提高溶液的沸点，加快有机物的分解。硫酸钾与硫酸作用生成硫酸氢钾可提高反应温度，一般纯硫酸的沸点在340℃左右，而添加硫酸钾后，可使沸点提高至400℃以上，而且消化过程中硫酸不断地被分解，水分不断逸出而使硫酸氢钾的浓度逐渐增大，故沸点不断升高，其反应式如下：

$$K_2SO_4 + H_2SO_4 =\!=\!= 2KHSO_4$$

$$2KHSO_4 \stackrel{\triangle}{=\!=\!=} K_2SO_4 + H_2O\uparrow + SO_3$$

但是，硫酸钾的加入量也不能太大，否则消化体系温度过高，又会引起已生成的铵盐发生热分解析出氨而造成损失：

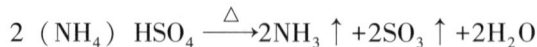

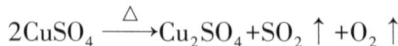

$$(NH_4)_2SO_4 \stackrel{\triangle}{\longrightarrow} NH_3\uparrow + (NH_4)HSO_4$$

$$2(NH_4)HSO_4 \stackrel{\triangle}{\longrightarrow} 2NH_3\uparrow + 2SO_3\uparrow + 2H_2O$$

$$2CuSO_4 \stackrel{\triangle}{\longrightarrow} Cu_2SO_4 + SO_2\uparrow + O_2\uparrow$$

除硫酸钾外，也可以加入硫酸钠、氯化钾等盐类来提高沸点，但效果不如硫酸钾。

（2）硫酸铜：硫酸铜在消化中起催化剂的作用。并且，蓝色的硫酸铜溶液还可指示消化终点的到达，以及下一步蒸馏时作为碱性反应的指示剂。

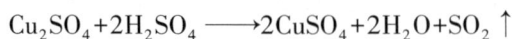

$$Cu_2SO_4 + 2H_2SO_4 \longrightarrow 2CuSO_4 + 2H_2O + SO_2\uparrow$$

$$C + 2CuSO_4 \stackrel{\triangle}{\longrightarrow} Cu_2SO_4 + SO_2\uparrow + CO_2\uparrow$$

除硫酸铜外，凯氏定氮法中可用的催化剂种类很多，还有氧化汞、汞、硒粉等，但考虑到效果、价格及环境污染等多种因素，应用最广泛的是硫酸铜。另外，使用时常加入少量过氧化氢、次氯酸钾等作为氧化剂以加速有机物的氧化分解。

2. 仪器和设备

凯氏定氮蒸馏装置，如图4-8所示。

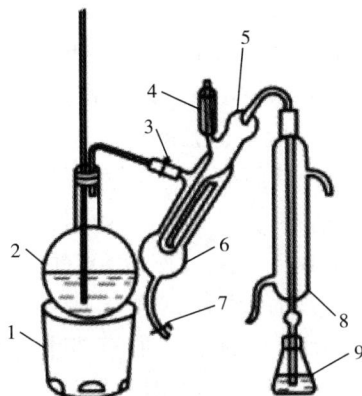

图4-8 凯氏定氮蒸馏装置

1—电炉 2—水蒸气发生器（2L烧瓶） 3—螺旋夹 4—小玻杯及棒状玻塞
5—反应室 6—反应室外层 7—橡皮管及螺旋夹 8—冷凝管 9—蒸馏液接收瓶

3. 试剂

（1）浓硫酸。

（2）硫酸铜。

（3）硫酸钾。

（4）氢氧化钠溶液（400g/L）：取40g氢氧化钠加水溶解后，放冷，并稀释至100mL。

（5）硼酸吸收液（20g/L）：称取20g硼酸，加水溶解后稀释至1000mL。

（6）甲基红—乙醇溶液（1g/L）：称取0.1g甲基红，溶于95%乙醇，用95%乙醇稀释至100mL。

（7）溴甲酚绿—乙醇溶液（1g/L）：称取0.1g溴甲酚绿，溶于95%乙醇，用95%乙醇稀释至100mL。

（8）亚甲基蓝—乙醇溶液（1g/L）：称取0.1g亚甲基蓝，溶于95%乙醇，用95%乙醇稀释至100mL。

（9）0.0500mol/L盐酸标准溶液。

（10）A混合指示剂：2份甲基红—乙醇溶液与1份亚甲基蓝—乙醇溶液临用时混合。

（11）B混合指示剂：1份甲基红—乙醇溶液与5份溴甲酚绿—乙醇溶液临用时混合。

4. 操作方法

（1）试样处理：称取充分混匀的固体试样0.2~2g、半固体试样2~5g或液体试样10~25g（相当于30~40mg氮），精确至0.001g，移入干燥的100mL、250mL或500mL定氮瓶中，加入0.4g硫酸铜、6g硫酸钾及20mL硫酸，轻摇后于瓶口放一小漏斗，将瓶以45℃角斜支于有小孔的石棉网上。小心加热，待内容物全部碳化，泡沫完全停止后，加强火力，并保持瓶内液体微沸，至液体呈蓝绿色并澄清透明后，再继续加热0.5~1h。取下放冷，小心加入20mL水，放冷后，移入100mL容量瓶中，并用少量水洗定氮瓶，洗液并入容量瓶中，再加水至刻度，混匀备用。同时做试剂空白试验。

（2）测定：按图4-8装好定氮蒸馏装置，向水蒸气发生器内装水至2/3处，加入数粒玻璃珠，加甲基红乙醇溶液数滴及数毫升硫酸，以保持水呈酸性，加热煮沸水蒸气发生器内的水并保持沸腾。

（3）向接收瓶内加入 10.0mL 硼酸溶液及 1~2 滴 A 混合指示剂或 B 混合指示剂，并使冷凝管的下端插入液面下，根据试样中氮含量，准确吸 2.0~10.0mL 试样处理液由小玻杯注入反应室，以 10mL 水洗涤小玻杯并使之流入反应室内，随后塞紧棒状玻塞。将 10.0mL 氢氧化钠溶液倒入小玻杯，提起玻塞使其缓缓流入反应室，立即将玻塞盖紧，并水封。夹紧螺旋夹，开始蒸馏。蒸馏 10min 后移动蒸馏液接收瓶，液面离开冷凝管下端，再蒸馏 1min。然后用少量水冲洗冷凝管下端外部，取下蒸馏液接收瓶。尽快以硫酸或盐酸标准滴定溶液滴定至终点，如用 A 混合指示液，终点颜色为灰蓝色；如用 B 混合指示液，终点颜色为浅灰红色。同时做试剂空白。

自动凯氏定氮仪法：称取充分混匀的固体试样 0.2~2g、半固体试样 2~5g 或液体试样 10~25g（相当于 30~40mg 氮），精确至 0.001g，加至消化管中，再加入 0.4g 硫酸铜、6g 硫酸钾及 20mL 硫酸于消化炉进行消化。当消化炉温度达到 420℃之后，继续消化 1h，此时消化管中的液体呈绿色透明状，取出冷却后加入 50mL 水，于自动凯氏定氮仪（使用前加入氢氧化钠溶液、盐酸或硫酸标准溶液以及含有混合指示剂 A 或 B 的硼酸溶液）上实现自动加液、蒸馏、滴定和记录滴定数据的过程。

5. 结果计算［式（4-28）］

$$X = \frac{c \times (V_1 - V_2) \times 0.014 \times F}{m \times V_3/100} \times 100 \qquad (4-28)$$

式中：X——样品中蛋白质的含量，g/100g；

　　　c——盐酸标准液的浓度，moL/L；

　　　V_2——试剂空白消耗盐酸标准液的体积，mL；

　　　V_1——样品消耗盐酸标准液的体积，mL；

　0.014——1.0mL 盐酸标准滴定溶液相当的氮的质量，g；

　　　F——氮换算为蛋白质的系数；

　　　V_3——吸取消化液的体积，mL；

　　　m——样品质量，g；

　　100——换算系数。

蛋白质含量大于或等于 1g/100g 时，计算结果保留 3 位有效数字；蛋白质含量小于 1g/100g 时，计算结果保留 2 位有效数字。

精密度：在重复性条件下获得的两次独立测定结果的绝对差值不得超过算术平均值的 10%。

6. 注意事项

（1）所用试剂溶液应用无氨蒸馏水配制。

（2）消化时不要用强火，应保持和缓沸腾，注意不断转动凯氏烧瓶，以便利用冷凝酸液将附在瓶壁上的固体残渣洗下并促进其消化完全。

（3）样品中若含脂肪或糖较多时，消化过程中易产生大量泡沫，为防止泡沫溢出瓶外，在开始消化时应用小火加热，并不断摇动；或者加入少量辛醇、液体石蜡或硅油消泡剂，并同时注意控制热源强度。

（4）当样品消化液不易澄清透明时，可将凯氏烧瓶冷却，加 30% 过氧化氢 2~3mL 后再继续加热消化。

（5）若取样量较大，如干试样超过5g，可按每克试样5mL的比例增加硫酸用量。

（6）一般消化至呈透明后，继续消化30min即可，但对于含有特别难以氨化的氮化合物的样品，如含赖氨酸、组氨酸、色氨酸、酪氨酸或脯氨酸等时，需适当延长消化时间。有机物如分解完全，消化液应呈蓝色或浅绿色，但含铁量多时，呈较深绿色。

（7）蒸馏装置不能漏气。

（8）蒸馏前若加碱量不足，消化液在蒸馏时不生成氢氧化铜沉淀，此时需再增加氢氧化钠用量。

（9）硼酸吸收液的温度不应超过40℃，否则对氨的吸收作用减弱而造成损失，此时可置于冷水浴中使用。

（10）蒸馏完毕后，应先将冷凝管下端提离液面清洗管口，再蒸1min后关掉热源，否则可能造成吸收液倒吸。

三、蛋白质的快速测定——分光光度法

凯氏定氮法是各种测定蛋白质含量方法的基础，经过人们长期的应用和不断的改进，具有应用范围广、灵敏度较高、回收率较好以及可以不用昂贵仪器等优点。但凯氏定氮法操作费时，如遇到高脂肪、高蛋白质的样品消化需要5h以上，且在操作中会产生大量有害气体而污染工作环境，影响操作人员健康。为了满足生产单位对工艺过程的快速控制分析，尽量减少环境污染和操作简便省时，因此又陆续创立了不少快速测定蛋白质的方法。下面介绍分光光度法在蛋白质测定中的应用。

（一）原理

食品中的蛋白质在催化加热条件下被分解，分解产生的氨与硫酸结合生成硫酸铵，在pH 4.8的乙酸钠—乙酸缓冲溶液中与乙酰丙酮和甲醛反应生成黄色的3，5-二乙酰-2，6-二甲基-1，4-二氢化吡啶化合物。在波长400nm下测定吸光度值，与标准系列比较定量，结果乘以换算系数，即为蛋白质含量。

（二）仪器和设备

（1）分光光度计。

（2）电热恒温水浴锅：（100±0.5）℃。

（3）10mL具塞玻璃比色管。

（4）天平：感量为1mg。

（三）试剂和材料

1. 试剂

除非另有说明，本方法所用试剂均为分析纯，水为GB/T 6682规定的三级水。

（1）硫酸铜（$CuSO_4 \cdot 5H_2O$）。

（2）硫酸钾（K_2SO_4）。

（3）硫酸（H_2SO_4）：优级纯。

（4）氢氧化钠（NaOH）。

（5）对硝基苯酚（$C_6H_5NO_3$）。

（6）乙酸钠（$CH_3COONa \cdot 3H_2O$）。

（7）无水乙酸钠（CH_3COONa）。

（8）乙酸（CH_3COOH）：优级纯。

（9）37%甲醛（$HCHO$）。

（10）乙酰丙酮（$C_5H_8O_2$）。

2. 试剂配制

（1）氢氧化钠溶液（300g/L）：称取30g氢氧化钠加水溶解后，放冷，并稀释至100mL。

（2）对硝基苯酚指示剂溶液（1g/L）：称取0.1g对硝基苯酚指示剂溶于20mL 95%乙醇中，加水稀释至100mL。

（3）乙酸溶液（1mol/L）：量取5.8mL乙酸，加水稀释至100mL。

（4）乙酸钠溶液（1mol/L）：称取41g无水乙酸钠或68g乙酸钠，加水溶解稀释至500mL。

（5）乙酸钠—乙酸缓冲溶液：量取60mL乙酸钠溶液与40mL乙酸溶液混合，该溶液pH 4.8。

（6）显色剂：15mL甲醛与7.8mL乙酰丙酮混合，加水稀释至100mL，剧烈振摇混匀（室温下放置稳定3d）。

（7）氨氮标准储备溶液（以氮计）（1.0g/L）：称取105℃干燥2h的硫酸0.4720g，加水溶解后移于100mL容量瓶中，并稀释至刻度，混匀，此溶液每毫升相当于1.0mg氮。

（8）氨氮标准使用溶液（0.1g/L）：用移液管吸取10.00mL氨氮标准储备液于100mL容量瓶内，加水定容至刻度，混匀，此溶液每毫升相当于0.1mg氮。

（四）操作方法

1. 试样消解

称取充分混匀的固体试样0.1~0.5g（精确至0.001g）、半固体试样0.2~1g（精确至0.001g）或液体试样1~5g（精确至0.001g），移入干燥的100mL或250mL定氮瓶中，加入0.1g硫酸铜、1g硫酸钾及5mL硫酸，摇匀后于瓶口放一小漏斗，将定氮瓶以45°角斜支于有小孔的石棉网上。缓慢加热，待内容物全部炭化，泡沫完全停止后，加强火力，并保持瓶内液体微沸，至液体呈蓝绿色澄清透明后，再继续加热0.5h。取下放冷，慢慢加入20mL水，放冷后移入50mL或100mL容量瓶中，并用少量水洗定氮瓶，洗液并入容量瓶中，再加水至刻度，混匀备用。按同一方法做试剂空白试验。

2. 试样溶液的制备

吸取2.00~5.00mL试样或试剂空白消化液于50mL或100mL容量瓶内，加1~2滴对硝基苯酚指示剂溶液，摇匀后滴加氢氧化钠溶液中和至黄色，再滴加乙酸溶液至溶液无色，用水稀释至刻度，混匀。

3. 标准曲线的绘制

吸取0、0.05mL、0.10mL、0.20mL、0.40mL、0.60mL、0.80mL和1.00mL氨氮标准使用溶液（相当于0、5.00μg、10.0μg、20.0μg、40.0μg、60.0μg、80.0μg和100.0μg氮），分别置于10mL比色管中。加4.0mL乙酸钠—乙酸缓冲溶液及4.0mL显色剂，加水稀释至刻

度，混匀。置于100℃水浴中加热15min。取出用水冷却至室温后，移入1cm比色杯内，以零管为参比，于波长400nm处测量吸光度值，根据标准各点吸光度值绘制标准曲线或计算线性回归方程。

4. 试样测定

吸取0.50~2.00mL（约相当于氮<100μg）试样溶液和同量的试剂空白溶液，分别于10mL比色管中。加4.0mL乙酸钠—乙酸缓冲溶液及4.0mL显色剂，加水稀释至刻度，混匀。置于100℃水浴中加热15min。取出用水冷却至室温后，移入1cm比色杯内，以零管为参比，于波长400nm处测量吸光度值，试样吸光度值与标准曲线比较定量或代入线性回归方程求出含量。

（五）结果计算

试样中蛋白质的含量按式（4-29）计算：

$$X = \frac{(C - C_0) \times V_1 \times V_3}{m \times V_2 \times V_4 \times 1000 \times 1000} \times 100 \times F \tag{4-29}$$

式中：X——试样中蛋白质的含量，g/100g；

C——试样测定液中氮的含量，μg；

C_0——试剂空白测定液中氮的含量，μg；

V_1——试样消化液定容体积，mL；

V_3——试样溶液总体积，mL；

m——试样质量，g；

V_2——制备试样溶液的消化液体积，mL；

V_4——测定用试样溶液体积，mL；

1000——换算系数；

100——换算系数；

F——氮换算为蛋白质的系数。

蛋白质含量≥1g/100g时，结果保留3位有效数字；蛋白质含量<1g/100g时，结果保留2位有效数字。

（六）精密度

在重复性条件下获得的两次独立测定结果的绝对差值不得超过算术平均值的10%。

四、氨基酸态氮的测定

氨基酸是组成蛋白质的基本单位，也是蛋白质的分解产物。动植物产品中的氨基酸主要以两种形式存在，即构成蛋白质的氨基酸和游离的氨基酸。氨基酸含量是某些发酵产品（如调味品）的质量指标，也是目前许多保健食品的质量指标之一。通过蛋白质的氨基酸组成可评价蛋白质的营养价值，因此，测定食品中游离氨基酸含量和分析蛋白质的氨基酸组成具有重要意义。

（一）原理

利用氨基酸的两性作用，加入甲醛以固定氨基的碱性，使羧基显示出酸性，用氢氧化钠标准溶液滴定后定量，以酸度计测定终点。

（二）仪器和设备

（1）酸度计（附磁力搅拌器）。

（2）10mL 微量碱式滴定管。

（3）分析天平：感量 0.1mg。

（三）试剂

除非另有说明，本方法所用试剂均为分析纯，水为 GB/T 6682 规定的三级水。

（1）甲醛（36%~38%）：应不含有聚合物（没有沉淀且溶液不分层）。

（2）氢氧化钠标准溶液 $[c(NaOH) = 0.050mol/L]$。

（3）酚酞（$C_{20}H_{14}O_4$）。

（4）乙醇（CH_3CH_2OH）。

（5）邻苯二甲酸氢钾（$HOOCC_6H_4COOH$）：基准物质。

（四）操作方法

1. 酱油试样

称量 5.0g（或吸取 5.0mL）试样于 50mL 的烧杯中，用水分数次洗入 100mL 容量瓶中，加水至刻度，混匀后吸取 20.0mL 置于 200mL 烧杯中，加 60mL 水，开动磁力搅拌器，用氢氧化钠标准溶液 $[c(NaOH) = 0.050mol/L]$ 滴定至酸度计指示 pH 为 8.2，记下消耗氢氧化钠标准滴定溶液的毫升数可计算总酸含量。加入 10.0mL 甲醛溶液，混匀。再用氢氧化钠标准滴定溶液继续滴定至 pH 为 9.2，记下消耗氢氧化钠标准滴定溶液的毫升数。同时取 80mL 水，先用氢氧化钠标准溶液 $[c(NaOH) = 0.050mol/L]$ 调节至 pH 为 8.2，再加入 10.0mL 甲醛溶液，用氢氧化钠标准滴定溶液滴定至 pH 为 9.2，做试剂空白试验。

2. 酱及黄豆酱样品

将酱或黄豆酱样品搅拌均匀后，放入研钵中，在 10min 内迅速研磨至无肉眼可见颗粒，装入磨口瓶中备用。用已知重量的称量瓶称取搅拌均匀的样品 5.0g，用 50mL 80℃ 左右的蒸馏水分数次洗入 100mL 烧杯中，冷却后，转入 100mL 容量瓶中，用少量水分次洗涤烧杯，洗液并入容量瓶中，并加水至刻度，混匀后过滤。吸取滤液 10.0mL，置于 200mL 烧杯中，加 60mL 水，开动磁力搅拌器，用氢氧化钠标准溶液 $[c(NaOH) = 0.050mol/L]$ 滴定至酸度计指示 pH 为 8.2，记下消耗氢氧化钠标准滴定溶液的毫升数，可计算总酸含量。加入 10.0mL 甲醛溶液，混匀。再用氢氧化钠标准滴定溶液继续滴定至 pH 为 9.2，记下消耗氢氧化钠标准滴定溶液的毫升数。同时取 80mL 水，先用氢氧化钠标准溶液 $[c(NaOH) = 0.050mol/L]$ 调节至 pH 为 8.2，再加入 10.0mL 甲醛溶液，用氢氧化钠标准滴定溶液滴定至 pH 为 9.2，做试剂空白试验。

（五）结果计算

试样中氨基酸态氮的含量按式（4-30）和式（4-31）进行计算：

$$x_1 = \frac{(V_1 - V_2) \times c \times 0.014}{m \times \dfrac{V_3}{V_4}} \times 100 \tag{4-30}$$

$$x_2 = \frac{(V_1 - V_2) \times c \times 0.014}{V \times \dfrac{V_3}{V_4}} \times 100 \qquad (4-31)$$

式中：x_1——试样中氨基酸态氮的含量，g/100g；

$\qquad x_2$——试样中氨基酸态氮的含量，g/100mL；

$\qquad V_1$——测定用试样稀释液加入甲醛后消耗氢氧化钠标准滴定溶液的体积，mL；

$\qquad V_2$——试剂空白试验加入甲醛后消耗氢氧化钠标准滴定溶液的体积，mL；

$\qquad c$——氢氧化钠标准滴定溶液的浓度，mol/L；

0.014——与 1.00mL 氢氧化钠标准滴定溶液 ［$c(NaOH) = 1.000mol/L$］ 相当的氮的质量，g；

$\qquad m$——称取试样的质量，g；

$\qquad V$——吸取试样的体积，mL；

$\qquad V_3$——试样稀释液的取用量，mL；

$\qquad V_4$——试样稀释液的定容体积，mL；

100——单位换算系数。

计算结果保留 2 位有效数字。

（六）注意事项

（1）本方法准确快速，可适用于各类食品氨基酸态氮含量的测定。

（2）对于浑浊和色深样液可不经处理而直接测定。

（3）36% ~ 38% 的甲醛试剂应避光存放，不含有聚合物（无沉淀）。

（4）试样中如含有铵盐会影响氨基酸态氮的测定，可使氨基酸态氮测定结果偏高。因此要同时测定铵盐，将氨基酸态氮的结果减去铵盐的结果比较准确。

任务七 食品中维生素的测定

一、概述

（一）食品中的维生素及分类

1. 维生素的作用

维生素是一类人体不能合成，但又是人体正常生理代谢所必需的，且功能各异的微量低分子有机化合物，具有下列共同的特点：以本体或前体化合物存在于天然食物中；在体内不能合成，必须由食物供给；在机体内不提供能量，不参与机体组织的构成，但在调节物质代谢的过程中却起着十分重要的作用；机体缺乏维生素时，物质代谢将发生障碍，表现出不同的缺乏症。

2. 维生素的分类

维生素有三种命名系统。一是按发现的历史顺序，以英文字母顺次命名，如维生素 A、维生素 B、维生素 C、维生素 D、维生素 E 等；二是按其特有的功能命名，如抗干眼病维生素、抗皮炎病维生素、抗坏血酸等；三是按其化学结构命名，如视黄醇、硫胺素、核黄素等。三种命名系统互相通用。

维生素的种类很多，化学结构与生理功能差异性很大，因此无法按照结构或功能分类。一般按其溶解性，可分为脂溶性维生素及水溶性维生素两大类。

脂溶性维生素包括维生素 A、维生素 D、维生素 E、维生素 K。脂溶性维生素均不溶于水，溶于脂肪及有机溶剂（如乙醇、苯及氯仿等），故称为脂溶性维生素。在食物中，它们常和脂类同时存在，因此它们在肠道被吸收时也与脂类的吸收密切相关。当脂类吸收不良时，脂溶性维生素的吸收大为减少，甚至会引起缺乏症。吸收后的脂溶性维生素可以在体内，尤其是在肝脏内贮存。脂溶性维生素在机体内的吸收与机体对脂肪的吸收有关，且排泄率不高，摄入过多可在体内蓄积，以致产生有害影响。

水溶性维生素包括 B 族维生素和维生素 C。水溶性维生素排泄率高，一般不在体内蓄积，毒性较低，但超过生理需要量过多时，可能出现维生素和其他营养素代谢不正常等不良作用。

许多因素可致人体维生素不足或缺乏。人类维生素的缺乏包括原发性缺乏和继发性缺乏。原发性缺乏主要是由于食物中供给量不足，继发性缺乏是维生素在体内吸收障碍、破坏、分解增强和生理需要量增加等因素造成的。维生素缺乏在体内是一个渐进过程，初始储备量降低，继发则有关生化代谢异常、生理功能改变，然后才是组织病理变化并出现临床症状和体征。

（二）测定维生素的意义

食品中各种维生素的含量主要取决于食品的品种，此外，还与食品的工艺及储存等条件有关，许多维生素对光、热、氧、pH 敏感，因而加工条件不合理或储存不当都会造成维生素的损失。测定食品中维生素的含量，在评价食品的营养价值，开发和利用富含维生素的食品资源，指导人们合理调整膳食结构，防止维生素缺乏，研究维生素在食品加工、储存等过程中的稳定性，指导人们制定合理的工艺条件及储存条件、最大限度地保留各种维生素，防止因摄入过多而引起维生素中毒等方面具有十分重要的意义和作用。

（三）脂溶性维生素的测定

脂溶性维生素是指与类脂物一起存在于食物中的维生素 A、维生素 D 和维生素 E。脂溶性维生素具有以下理化性质：

（1）脂溶性维生素不溶于水，易溶于脂肪、乙醇、丙酮、氯仿、乙醚、苯等有机溶剂。

（2）维生素 A、维生素 D 对酸不稳定，维生素 E 对酸稳定。维生素 A、维生素 D 对碱稳定，维生素 E 对碱不稳定，但在抗氧化剂存在或有惰性气体保护的条件下，也能经受碱的煮沸。

（3）维生素 A、维生素 D、维生素 E 耐热性好，能经受煮沸；维生素 A 因分子中有双链，易被氧化，光、热促进其氧化；维生素 D 性质稳定，不易被氧化；维生素 E 在空气中能慢慢被氧化，光、热、碱能促进其氧化作用。

由于脂溶性维生素具有上述特性，实际工作中就要依据这些性质进行分析测定。脂溶性维生素溶于脂肪，故测定脂溶性维生素时通常先用皂化法处理试样，水洗去除类脂物。又因为脂溶性维生素易溶于乙醇、丙酮、氯仿、乙醚、苯等有机溶剂，可以利用有机溶剂提取脂溶性维生素（不皂化物），浓缩后溶于适当的溶剂再测定。在皂化和浓缩时，为防止维生素的氧化分解，常加大抗氧化剂（如焦性没食子酸、维生素 C 等）用量。对于某些液体试样或脂肪含量低的试样，可以先用有机溶剂抽出脂类，然后再进行皂化处理；对于维生素 A、维生素 D、维生素 E 共存的试样，或杂质含量高的试样，在皂化提取后，还需进行色谱分离。分析操作一般要在避光条件下进行。

（四）水溶性维生素的测定

水溶性维生素 B_1、维生素 B_2 和维生素 C，广泛存在于动植物组织中，在食物中常以辅酶的多种形式存在，除满足人体生理、生化作用外，多余的量都能从有机体排出。

水溶性维生素都易溶于水，而不溶于苯、乙醚、氯仿等大多数有机溶剂。在酸性介质中很稳定，即使加热也不会被破坏；但在碱性介质中不稳定，易于分解，特别在碱性条件下加热时，可大部分或全部被破坏，它们易受空气、光、热、酶、金属离子等的影响，维生素 B_2 对光特别是紫外线敏感，易被光线破坏；维生素 C 对氧气、铜离子敏感，易被氧化。由于水溶性维生素具有上述特性，我们就要依据这些性质进行分析测定。测定水溶性维生素时，一般都在酸性溶液中进行前处理。维生素 B_1、维生素 B_2 通常采用盐酸水解，或再经淀粉酶、木瓜蛋白酶等酶解作用，使结合态维生素游离出来，再进行提取。为进一步去除杂质，还可用活性人造浮石、硅镁吸附剂等进行纯化处理。

测定水溶性维生素常用高效液相色谱法、荧光光度法、荧光法、高效液相色谱—荧光检测法液相色谱—串联质谱法等方法。

二、维生素 A 和维生素 E 的测定

（一）原理

试样中的维生素 A 及维生素 E 经皂化（含淀粉先用淀粉酶酶解）、提取、净化、浓缩后，C_{30} 或 PFP 反相液相色谱柱分离，紫外检测器或荧光检测器检测，外标法定量。

（二）仪器和设备

（1）分析天平：感量为 0.01mg。

（2）恒温水浴振荡器。

（3）旋转蒸发仪。

（4）氮吹仪。

（5）紫外分光光度计。

（6）分液漏斗萃取净化振荡器。

（7）高效液相色谱仪：带紫外检测器或二极管阵列检测器或荧光检测器。

（三）试剂和材料

除非另有说明，本方法所用试剂均为分析纯，水为 GB/T 6682 规定的一级水。

1. 试剂

（1）无水乙醇（C_2H_5OH）：经检查不含醛类物质。

（2）抗坏血酸（$C_6H_8O_6$）。

（3）氢氧化钾（KOH）。

（4）乙醚 [（CH₃CH₂）₂O]：经检查不含过氧化物。

（5）石油醚（C₅H₁₂O₂）：沸程为 30~60℃。

（6）无水硫酸钠（Na₂SO₄）。

（7）pH 试纸（pH 范围 1~14）。

（8）甲醇（CH₃OH）：色谱纯。

（9）淀粉酶：活力单位≥100U/mg。

（10）2，6-二叔丁基对甲酚（C₁₅H₂₄O）：简称 BHT。

2. 试剂配制

（1）氢氧化钾溶液（50g/100g）：称取 50g 氢氧化钾，加入 50mL 水溶解，冷却后，储存于聚乙烯瓶中。

（2）石油醚—乙醚溶液（1+1）：量取 200mL 石油醚，加入 200mL 乙醚，混匀。

（3）有机系过滤头（孔径为 0.22μm）。

3. 标准品

（1）维生素 A 标准品。

视黄醇（C₂₀H₃₀O，CAS 号：68-26-8）：纯度≥95%，或经国家认证并授予标准物质证书的标准物质。

（2）维生素 E 标准品。

α-生育酚（C₂₉H₅₀O₂，CAS 号：10191-41-0）：纯度≥95%，或经国家认证并授予标准物质证书的标准物质。

β-生育酚（C₂₈H₄₈O₂，CAS 号：148-03-8）：纯度≥95%，或经国家认证并授予标准物质证书的标准物质。

γ-生育酚（C₂₈H₄₈O₂，CAS 号：54-28-4）：纯度≥95%，或经国家认证并授予标准物质证书的标准物质。

δ-生育酚（C₂₇H₄₆O₂，CAS 号：119-13-1）：纯度≥95%，或经国家认证并授予标准物质证书的标准物质。

4. 标准溶液配制

（1）维生素 A 标准储备溶液（0.500mg/mL）：准确称取 25.0mg 维生素 A 标准品，用无水乙醇溶解后，转移入 50mL 容量瓶中，定容至刻度，此溶液浓度约为 0.500mg/mL。将溶液转移至棕色试剂瓶中，密封后，在-20℃下避光保存，有效期 1 个月。临用前将溶液回温至 20℃，并进行浓度校正（校正方法参见 GB 5009.82—2016 附录 B）。

（2）维生素 E 标准储备溶液（1.00mg/mL）：分别准确称取 α-生育酚、β-生育酚、γ-生育酚和 δ-生育酚各 50.0mg，用无水乙醇溶解后，转移入 50mL 容量瓶中，定容至刻度，此溶液浓度约为 1.00mg/mL。将溶液转移至棕色试剂瓶中，密封后，在-20℃下避光保存，有效期 6 个月。临用前将溶液回温至 20℃，并进行浓度校正（校正方法参见 GB 5009.82—2016 附录 B）。

（3）维生素 A 和维生素 E 混合标准溶液中间液：准确吸取维生素 A 标准储备溶液 1.00mL 和维生素 E 标准储备溶液各 5.00mL 于同一 50mL 容量瓶中，用甲醇定容至刻度，此溶液中维生素 A 浓度为 10.0μg/mL，维生素 E 各生育酚浓度为 100μg/mL。在-20℃下避光保存，有效期半个月。

（4）维生素 A 和维生素 E 标准系列工作溶液：分别准确吸取维生素 A 和维生素 E 混合标准溶液中间液 0.20mL、0.50mL、1.00mL、2.00mL、4.00mL、6.00mL 于 10mL 棕色容量瓶中，用甲醇定容至刻度，该标准系列中维生素 A 浓度为 0.20μg/mL、0.50μg/mL、1.00μg/mL、2.00μg/mL、4.00μg/mL、6.00μg/mL，维生素 E 浓度为 2.00μg/mL、5.00μg/mL、10.0μg/mL、20.0μg/mL、40.0μg/mL、60.0μg/mL。临用前配制。

（四）操作方法

1. 试样制备

将一定数量的样品按要求经过缩分、粉碎均质后，储存于样品瓶中，避光冷藏，尽快测定。

2. 试样处理

注：使用的所有器皿不得含有氧化性物质；分液漏斗活塞玻璃表面不得涂油；处理过程应避免紫外光照，尽可能避光操作；提取过程应在通风柜中操作。

（1）皂化。

不含淀粉样品：称取 2~5g（精确至 0.01g）经均质处理的固体试样或 50g（精确至 0.01g）液体试样于 150mL 平底烧瓶中，固体试样需加入约 20mL 温水，混匀，再加入 1.0g 抗坏血酸和 0.1g BHT，混匀，加入 30mL 无水乙醇，10~20mL 氢氧化钾溶液，边加边振摇，混匀后于 80℃恒温水浴振荡皂化 30min，皂化后立即用冷水冷却至室温。

注：皂化时间一般为 30min，如皂化液冷却后，液面有浮油，需要加入适量氢氧化钾溶液，并适当延长皂化时间。

含淀粉样品：称取 2~5g（精确至 0.01g）经均质处理的固体试样或 50g（精确至 0.01g）液体样品于 150mL 平底烧瓶中，固体试样需用约 20mL 温水混匀，加入 0.5~1g 淀粉酶，放入 60℃水浴避光恒温振荡 30min 后，取出，向酶解液中加入 1.0g 抗坏血酸和 0.1g BHT，混匀，加入 30mL 无水乙醇，10~20mL 氢氧化钾溶液，边加边振摇，混匀后于 80℃恒温水浴振荡皂化 30min，皂化后立即用冷水冷却至室温。

（2）提取：将皂化液用 30mL 水转入 250mL 的分液漏斗中，加入 50mL 石油醚—乙醚混合液，振荡萃取 5min，将下层溶液转移至另一 250mL 的分液漏斗中，加入 50mL 的混合醚液再次萃取，合并醚层。

注：如只测维生素 A 与 α-生育酚，可用石油醚作提取剂。

（3）洗涤：用约 100mL 水洗涤醚层，约需重复 3 次，直至将醚层洗至中性（可用 pH 试纸检测下层溶液 pH 值），去除下层水相。

（4）浓缩：将洗涤后的醚层经无水硫酸钠（约 3g）滤入 250mL 旋转蒸发瓶或氮气浓缩管中，用约 15mL 石油醚冲洗分液漏斗及无水硫酸钠 2 次，并入蒸发瓶内，并将其接在旋转蒸发仪或气体浓缩仪上，于 40℃水浴中减压蒸馏或气流浓缩，待瓶中醚液剩下约 2mL 时，取下蒸发瓶，立即用氮气吹至近干。用甲醇分次将蒸发瓶中残留物溶解并转移至 10mL 容量瓶中，定容至刻度。溶液过 0.22μm 有机系滤膜后供高效液相色谱测定。

3. 色谱参考条件

色谱参考条件列出如下：

色谱柱：C_{30} 柱（柱长 250mm，内径 4.6mm，粒径 3μm），或相当者；

柱温：20℃；

流动相：A：水；B：甲醇，洗脱梯度见表 4-5；

流速：0.8mL/min；

紫外检测波长：维生素 A 为 325nm；维生素 E 为 294nm；

进样量：10μL。

注 1：如难以将柱温控制在（20±2）℃，可改用 PFP 柱分离异构体，流动相为水和甲醇梯度洗脱。

注 2：如样品中只含 α-生育酚，不需分离 β 生育酚和 γ-生育酚，可选用 C_{18} 柱，流动相为甲醇。

注 3：如有荧光检测器，可选用荧光检测器检测，对生育酚的检测有更高的灵敏度和选择性，可按以下检测波长检测：维生素 A 激发波长 328nm，发射波长 440nm；维生素 E 激发波长 294nm，发射波长 328nm。

表 4-5　C_{30} 色谱柱—反相高效液相色谱法洗脱梯度参考条件

时间/min	流动相 A/%	流动相 B/%	流速/（mL/min）
0.0	4	96	0.8
13.0	4	96	0.8
20.0	0	100	0.8
24.0	0	100	0.8
24.5	4	96	0.8
30.0	4	96	0.8

4. 标准曲线的制作

本法采用外标法定量。将维生素 A 和维生素 E 标准系列工作溶液分别注入高效液相色谱仪中，测定相应的峰面积，以峰面积为纵坐标，以标准测定液浓度为横坐标绘制标准曲线，计算直线回归方程。

5. 样品测定

试样液经高效液相色谱仪分析，测得峰面积，采用外标法通过上述标准曲线计算其浓度。在测定过程中，建议每测定 10 个样品用同一份标准溶液或标准物质检查仪器的稳定性。

（五）结果计算

试样中维生素 A 或维生素 E 的含量按式（4-32）计算：

$$X = \frac{\rho \times V \times f}{m} \times 100 \tag{4-32}$$

式中：X——试样中维生素 A 或维生素 E 的含量，维生素 A 单位为 μg/100g，维生素 E 单位为 mg/100g；

　　　ρ——根据标准曲线计算得到的试样中维生素 A 或维生素 E 的浓度，μg/mL；

　　　V——定容体积，mL；

　　　f——换算因子（维生素 A：$f=1$；维生素 E：$f=0.001$）；

100——试样中量以每100g计算的换算系数；

m——试样的称样量，g。

计算结果保留3位有效数字。

注：如维生素E的测定结果要用α-生育酚当量（α-TE）表示，可按下式计算：维生素 E（α-TE mg/100g）=α-生育酚（mg/100g）+β-生育酚（mg/100g）×0.5+γ-生育酚（mg/ 100g）×0.1+δ-生育酚（mg/100g）×0.01。

（六）精密度

在重复性条件下获得的两次独立测定结果的绝对差值不得超过算术平均值的10%。

当取样量为5g，定容10mL时，维生素A的紫外检出限为$10\mu g/100g$，定量限为$30\mu g/100g$；生育酚的紫外检出限为$40\mu g/100g$，定量限为$120\mu g/100g$。

三、维生素D的测定

（一）原理

试样中加入维生素D_2和维生素D_3的同位素内标后，经氢氧化钾乙醇溶液皂化（含淀粉试样先用淀粉酶酶解）、提取、硅胶固相萃取柱净化、浓缩后，反相高效液相色谱C_{18}柱分离，串联质谱法检测，内标法定量。

（二）仪器和设备

注：使用的所有器皿不得含有氧化性物质。分液漏斗活塞玻璃表面不得涂油。

（1）分析天平：感量为0.1mg。

（2）磁力搅拌器或恒温振荡水浴：带加热和控温功能。

（3）旋转蒸发仪。

（4）氮吹仪。

（5）紫外分光光度计。

（6）萃取净化振荡器。

（7）多功能涡旋振荡器。

（8）高速冷冻离心机：转速≥6000r/min。

（9）高效液相色谱—串联质谱仪：带电喷雾离子源。

（三）试剂和材料

除非另有说明，本方法所用试剂均为分析纯。水为GB/T 6682规定的一级水。

1. 试剂

（1）无水乙醇（C_2H_5OH）：色谱纯，经检验不含醛类物质（检查方法参见GB 5009.82—2016附录A.1）。

（2）抗坏血酸（$C_6H_8O_6$）。

（3）2，6-二叔丁基对甲酚（$C_{15}H_{24}O$）：简称BHT。

（4）淀粉酶：活力单位≥100U/mg。

（5）氢氧化钾（KOH）。

（6）乙酸乙酯（$C_4H_8O_2$）：色谱纯。

（7）正己烷（$n\text{-}C_6H_{14}$）：色谱纯。

（8）无水硫酸钠（Na_2SO_4）。

（9）pH 试纸（pH 范围 1～14）。

（10）固相萃取柱（硅胶）：6mL，500mg。

（11）甲醇（CH_3OH）：色谱纯。

（12）甲酸（HCOOH）：色谱纯。

（13）甲酸铵（$HCOONH_4$）：色谱纯。

2. 试剂配制

氢氧化钾溶液（50g/100g）：50g 氢氧化钾，加入 50mL 水溶解，冷却后储存于聚乙烯瓶中。

乙酸乙酯—正己烷溶液（5+95）：量取 5mL 乙酸乙酯加入 95mL 正己烷中，混匀。

乙酸乙酯—正己烷溶液（15+85）：量取 15mL 乙酸乙酯加入 85mL 正己烷中，混匀。

0.05% 甲酸—5mmol/L 甲酸铵溶液：称取 0.315g 甲酸铵，加入 0.5mL 甲酸、1000mL 水溶解，超声混匀。

0.05% 甲酸—5mmol/L 甲酸铵甲醇溶液：称取 0.315g 甲酸铵，加入 0.5mL 甲酸、1000mL 甲醇溶解，超声混匀。

3. 标准品

维生素 D_2 标准品：钙化醇（$C_{28}H_{44}O$，CAS 号：50-14-6），纯度>98%，或经国家认证并授予标准物质证书的标准物质。

维生素 D_3 标准品：胆钙化醇（$C_{27}H_{44}O$，CAS 号：67-97-0），纯度>98%，或经国家认证并授予标准物质证书的标准物质。

维生素 D_2-d_3 内标溶液（$C_{28}H_{44}O\text{-}d_3$）：100μg/mL。

维生素 D_3-d_3 内标溶液（$C_{27}H_{44}O\text{-}d_3$）：100μg/mL。

4. 标准溶液配制

维生素 D_2 标准储备溶液：准确称取维生素 D_2 标准品 10.0mg，用色谱纯无水乙醇溶解并定容至 100mL，使其浓度约为 100μg/mL，转移至棕色试剂瓶中，于-20℃冰箱中密封保存，有效期 3 个月。临用前用紫外分光光度法校正其浓度（校正方法参见 GB 5009.82—2016 附录 B）。

维生素 D_3 标准储备溶液：准确称取维生素 D_3 标准品 10.0mg，用色谱纯无水乙醇溶解并定容至 10mL，使其浓度约为 100μg/mL，转移至 100mL 的棕色试剂瓶中，于-20℃冰箱中密封保存，有效期 3 个月。临用前用紫外分光光度法校正其浓度（校正方法参见 GB 5009.82—2016 附录 B）。

维生素 D_2 标准中间使用液：准确吸取维生素 D_2 标准储备溶液 10.00mL，用流动相稀释并定容至 100mL，浓度约为 10.0μg/mL，有效期 1 个月。准确浓度按校正后的浓度折算。

维生素 D_3 标准中间使用液：准确吸取维生素 D_3 标准储备溶液 10.00mL，用流动相稀释并定容至 100mL 棕色容量瓶中，浓度约为 10.0μg/mL，有效期 1 个月。准确浓度按校正后的浓度折算。

维生素 D_2 和维生素 D_3 混合标准使用液：准确吸取维生素 D_2 和维生素 D_3 标准中间使用液各 10.00mL，用流动相稀释并定容至 100mL，浓度为 1.00μg/mL。有效期 1 个月。

维生素 D_2-d_3 和维生素 D_3-d_3 内标混合溶液：分别量取 $100\mu L$ 浓度为 $100\mu g/mL$ 的维生素 D_2-d_3 和维生素 D_3-d_3 标准储备液加入 10mL 容量瓶中，用甲醇定容，配制成 $1\mu g/mL$ 混合内标。有效期 1 个月。

5. 标准系列溶液的配制

分别准确吸取维生素 D_2 和 D_3 混合标准使用液 0.10mL、0.20mL、0.50mL、1.00mL、1.50mL、2.00mL 于 10mL 棕色容量瓶中，各加入维生素 D_2-d_3 和维生素 D_3-d_3 内标混合溶液 1.00mL，用甲醇定容至刻度，混匀。此标准系列工作液浓度分别为 $10.0\mu g/L$、$20.0\mu g/L$、$50.0\mu g/L$、$100\mu g/L$、$150\mu g/L$、$200\mu g/L$。

（四）操作方法

1. 试样制备

将一定数量的样品按要求经过缩分、粉碎、均质后，储存于样品瓶中，避光冷藏，尽快测定。

2. 试样处理

注：处理过程应避免紫外光照，尽可能避光操作。

（1）皂化。

不含淀粉样品：称取 2g（准确至 0.01g）经均质处理的试样于 50mL 具塞离心管中，加入 $100\mu L$ 维生素 D_2-d_3 和维生素 D_3-d_3 混合内标溶液和 0.4g 抗坏血酸，加入 6mL 约 40℃ 温水，涡旋 1min，加入 12mL 乙醇，涡旋 30s，再加入 6mL 氢氧化钾溶液，涡旋 30s 后放入恒温振荡器中，80℃ 避光恒温水浴振荡 30min（如样品组织较为紧密，可每隔 5~10min 取出涡旋 0.5min），取出放入冷水浴降温。

注：一般皂化时间为 30 min，如皂化液冷却后，液面有浮油，需要加入适量氢氧化钾溶液，并适当延长皂化时间。

含淀粉样品：称取 2g（准确至 0.01g）经均质处理的试样于 50mL 具塞离心管中，加入 $100\mu L$ 维生素 D_2-d_3 和维生素 D_3-d_3 混合内标溶液和 0.4g 淀粉酶，加入 10mL 约 40℃ 温水，放入恒温振荡器中，60℃ 避光恒温振荡 30min 后，取出放入冷水浴降温，向冷却后的酶解液中加入 0.4g 抗坏血酸、12mL 乙醇，涡旋 30s，再加入 6mL 氢氧化钾溶液，涡旋 30s 后放入恒温振荡器中，80℃ 避光恒温水浴振荡 30min（如样品组织较为紧密，可每隔 5~10min 取出涡旋 0.5min），取出放入冷水浴降温。

（2）提取：向冷却后的皂化液中加入 20mL 正己烷，涡旋提取 3min，6000r/min 条件下离心 3min。转移上层清液到 50mL 离心管，加入 25mL 水，轻微晃动 30 次，在 6000r/min 条件下离心 3min，取上层有机相备用。

（3）净化：将硅胶固相萃取柱依次用 8mL 乙酸乙酯活化，8mL 正己烷平衡，取备用液全部过柱，再用 6mL 乙酸乙酯—正己烷溶液（5+95）淋洗，用 6mL 乙酸乙酯—正己烷溶液（15+85）洗脱。洗脱液在 40℃ 下氮气吹干，加入 1.00mL 甲醇，涡旋 30s，过 $0.22\mu m$ 有机系滤膜供仪器测定。

3. 仪器测定条件

（1）色谱参考条件。

①C_{18} 柱（柱长 100mm，柱内径 2.1mm，填料粒径 $1.8\mu m$），或相当者。

②柱温：40℃。

③流动相 A：0.05%甲酸—5mmol/L 甲酸铵溶液；流动相 B：0.05%甲酸—5mmol/L 甲酸铵甲醇溶液；流动相洗脱梯度见表4-6。

④流速：0.4mL/min。

⑤进样量：10μL。

表 4-6 流动相洗脱梯度

时间/min	流动相 A/%	流动相 B/%	流速/（mL/min）
0.0	12	88	0.4
1.0	12	88	0.4
4.0	10	90	0.4
5.0	7	93	0.4
5.1	6	94	0.4
5.8	6	94	0.4
6.0	0	100	0.4
17.0	0	100	0.4
17.5	12	88	0.4
20.0	12	88	0.4

（2）质谱参考条件。

①电离方式：ESI$^+$。

②鞘气温度：375℃。

③鞘气流速：12L/min。

④喷嘴电压：500V。

⑤雾化器压力：172kPa。

⑥毛细管电压：4500V。

⑦干燥气温度：325℃。

⑧干燥气流速：10L/min。

⑨多反应监测（MRM）模式。

锥孔电压和碰撞能量见表4-7，质谱图见 GB 5009.82—2016 附录 C.5。

表 4-7 维生素 D_2 和维生素 D_3 质谱参考条件

维生素	保留时间/min	母离子/（m/z）	定性子离子/（m/z）	碰撞电压/eV	定量子离子/（m/z）	碰撞电压/eV
维生素 D_2	6.04	397	379 147	5 25	107	29
维生素 D_2-d_3	6.03	400	382 271	4 6	110	22

维生素	保留时间/ min	母离子/ （m/z）	定性子离子/ （m/z）	碰撞电压/ eV	定量子离子/ （m/z）	碰撞电压/ eV
维生素 D_3	6.33	385	367 259	7 8	107	25
维生素 D_3-d_3	6.33	388	370 259	3 6	107	19

4. 标准曲线的制作

分别将维生素 D_2 和维生素 D_3 标准系列工作液由低浓度到高浓度依次进样，以维生素 D_2、维生素 D_3 与相应同位素内标的峰面积比值为纵坐标，以维生素 D_2、维生素 D_3 标准系列工作液浓度为横坐标分别绘制维生素 D_2、维生素 D_3 标准曲线。

5. 样品测定

将待测样液依次进样，得到待测物与内标物的峰面积比值，根据标准曲线得到测定液中维生素 D_2、维生素 D_3 的浓度。待测样液中的响应值应在标准曲线线性范围内，超过线性范围则应减少取样量重新进行处理后再进样分析。

（五）结果计算

试样中维生素 D_2、维生素 D_3 的含量按式（4-33）计算：

$$X = \frac{\rho \times V \times f}{m} \times 100 \tag{4-33}$$

式中：X——试样中维生素 D_2（或维生素 D_3）的含量，$\mu g/100g$；

ρ——根据标准曲线计算得到的试样中维生素 D_2（或维生素 D_3）的浓度，$\mu g/mL$；

V——定容体积，mL；

f——稀释倍数；

100——试样中量以每 100g 计算的换算系数；

m——试样的称样量，g。

计算结果保留 3 位有效数字。

注：如试样中同时含有维生素 D_2 和维生素 D_3，维生素 D 的测定结果以维生素 D_2 和维生素 D_3 含量之和计算。

（六）精密度

在重复性条件下获得的两次独立测定结果的绝对差值不得超过算术平均值的 15%。

当取样量为 2g 时，维生素 D_2 的检出限为 $1\mu g/100g$，定量限为 $3\mu g/100g$；维生素 D_3 的检出限为 $0.2\mu g/100g$；定量限为 $0.6\mu g/100g$。

四、维生素 C 的测定

（一）原理

试样中的抗坏血酸用偏磷酸溶解超声提取后，以离子对试剂为流动相，经反相色谱柱分离，其中 L（+）-抗坏血酸和 D（-）-抗坏血酸直接用配有紫外检测器的液相色谱仪（波长 245nm）测定；试样中的 L（+）-脱氢抗坏血酸经 L-半胱氨酸溶液进行还原后，用紫外检测器（波长 245nm）测定 L（+）-抗坏血酸总量，或减去原样品中测得的 L（+）-抗坏血酸含量而获得 L（+）-脱氢抗坏血酸的含量。以色谱峰的保留时间定性，外标法定量。

（二）仪器和设备

（1）液相色谱仪：配有二极管阵列检测器或紫外检测器。

（2）pH 计：精度为 0.01。

（3）天平：感量为 0.1g、1mg、0.01mg。

（4）超声波清洗器。

（5）离心机：转速≥4000r/min。

（6）均质机。

（7）滤膜：0.45μm 水相膜。

（8）振荡器。

（三）试剂和材料

除非另有说明，本方法所用试剂均为分析纯。水为 GB/T 6682 规定的一级水。

1. 试剂

（1）偏磷酸（HPO$_3$)$_n$：含量（以 HPO$_3$ 计）≥38%。

（2）磷酸三钠（Na$_3$PO$_4$·12H$_2$O）。

（3）磷酸二氢钾（KH$_2$PO$_4$）。

（4）磷酸（H$_3$PO$_4$）：85%。

（5）L-半胱氨酸（C$_3$H$_7$NO$_2$S）：优级纯。

（6）十六烷基三甲基溴化铵（C$_{19}$H$_{42}$BrN）：色谱纯。

（7）甲醇（CH$_3$OH）：色谱纯。

2. 试剂配制

（1）偏磷酸溶液（200g/L）：称取 200g（精确至 0.1g）偏磷酸，溶于水并稀释至 1L，此溶液保存于 4℃的环境下可保存一个月。

（2）偏磷酸溶液（20g/L）：量取 50mL 200g/L 偏磷酸溶液，用水稀释至 500mL。

（3）磷酸三钠溶液（100g/L）：称取 100g（精确至 0.1g）磷酸三钠，溶于水并稀释至 1L。

（4）L-半胱氨酸溶液（40g/L）：称取 4g L-半胱氨酸，溶于水并稀释至 100mL。临用时配制。

3. 标准品

（1）L（+）-抗坏血酸标准品（C$_6$H$_8$O$_6$）：纯度≥99%。

（2）D（-）-抗坏血酸（异抗坏血酸）标准品（C$_6$H$_8$O$_6$）：纯度≥99%。

4. 标准溶液配制

（1）L（+）-抗坏血酸标准贮备溶液（1.000mg/mL）：准确称取 L（+）-抗坏血酸标准品 0.01g（精确至 0.01mg），用 20g/L 的偏磷酸溶液定容至 10mL。该储备液在 2~8℃避光条件下可保存一周。

（2）D（-）-抗坏血酸标准贮备溶液（1.000mg/mL）：准确称取 D（-）-抗坏血酸标准品 0.01g（精确至 0.01mg），用 20g/L 的偏磷酸溶液定容至 10mL。该储备液在 2~8℃避光条件下可保存一周。

（3）抗坏血酸混合标准系列工作液：分别吸取 L（+）-抗坏血酸和 D（-）-抗坏血酸标准储备液 0、0.05mL、0.50mL、1.0mL、2.5mL、5.0mL，用 20g/L 的偏磷酸溶液定容至 100mL。标准系列工作液中 L（+）-抗坏血酸和 D（-）-抗坏血酸的浓度分别为 0、0.5μg/mL、5.0μg/mL、10.0μg/mL、25.0μg/mL、50.0μg/mL。临用时配制。

（四）操作方法

整个检测过程尽可能在避光条件下进行。

1. 试样制备

（1）液体或固体粉末样品：混合均匀后，应立即用于检测。

（2）水果、蔬菜及其制品或其他固体样品：取 100g 左右样品加入等质量 20g/L 的偏磷酸溶液，经均质机均质并混合均匀后，应立即测定。

2. 试样溶液的制备

称取相对于样品 0.5~2g（精确至 0.001g）混合均匀的固体试样或匀浆试样，或吸取 2~10mL 液体试样［使所取试样含 L（+）-抗坏血酸 0.03~6mg］于 50mL 烧杯中，用 20g/L 的偏磷酸溶液将试样转移至 50mL 容量瓶中，振摇溶解并定容。摇匀，全部转移至 50mL 离心管中，超声提取 5min 后，于 4000r/min 离心 5min，取上清液过 0.45μm 水相滤膜，滤液待测［由此试液可同时分别测定试样中 L（+）-抗坏血酸和 D（-）-抗坏血酸的含量］。

3. 试样溶液的还原

准确吸取 20mL 上述离心后的上清液于 50mL 离心管中，加入 10mL 40g/L 的 L-半胱氨酸溶液，用 100g/L 磷酸三钠溶液调节 pH 至 7.0~7.2，以 200 次/min 振荡 5min。再用磷酸调节 pH 至 2.5~2.8，用水将试液全部转移至 50mL 容量瓶中，并定容至刻度。混匀后取此试液过 0.45μm 水相滤膜后待测［由此试液可测定试样中包括脱氢型的 L（+）-抗坏血酸总量］。

若试样含有增稠剂，可准确吸取 4mL 经 L-半胱氨酸溶液还原的试液，再准确加入 1mL 甲醇，混匀后过 0.45μm 滤膜后待测。

4. 仪器参考条件

（1）色谱柱：C_{18} 柱，柱长 250mm，内径 4.6mm，粒径 5μm，或同等性能的色谱柱。

（2）检测器：二极管阵列检测器或紫外检测器。

（3）流动相：A：6.8g 磷酸二氢钾和 0.91g 十六烷基三甲基溴化铵，用水溶解并定容至 1L（用磷酸调 pH 至 2.5~2.8）；B：100%甲醇。按 A：B=98：2 混合，过 0.45μm 滤膜，超声脱气。

（4）流速：0.7mL/min。

（5）检测波长：245 nm。

（6）柱温：25℃。

（7）进样量：20μL。

5. 标准曲线制作

分别对抗坏血酸混合标准系列工作溶液进行测定，以 L（+）-抗坏血酸［或 D（-）-抗坏血酸］标准溶液的质量浓度（μg/mL）为横坐标，L（+）-抗坏血酸［或 D（-）-抗坏血酸］的峰高或峰面积为纵坐标，绘制标准曲线或计算回归方程。L（+）-抗坏血酸、D（-）-抗坏血酸标准色谱图参见 GB 5009.86—2016 附录 A 中图 A.1。

6. 试样溶液的测定

对试样溶液进行测定，根据标准曲线得到测定液中 L（+）-抗坏血酸［或 D（-）-抗坏血酸］的浓度（μg/mL）。

7. 空白试验

空白试验系指除不加试样外，采用完全相同的分析步骤、试剂和用量，进行平行操作。

（五）结果计算

试样中 L（+）-抗坏血酸［或 D（-）-抗坏血酸］的含量和 L（+）-抗坏血酸总量以 mg/100g 表示，按式（4-34）计算：

$$X = \frac{(C_1 - C_0) \times V}{m \times 1000} \times F \times K \times 100 \tag{4-34}$$

式中：X——试样中 L（+）-抗坏血酸［或 D（-）-抗坏血酸、L（+）-抗坏血酸总量］的含量，mg/100g；

　C_1——样液中 L（+）-抗坏血酸［或 D（-）-抗坏血酸］的质量浓度，μg/mL；

　C_0——样品空白液中 L（+）-抗坏血酸［或 D（-）抗坏血酸］的质量浓度，μg/mL；

　V——试样的最后定容体积，mL；

　m——实际检测试样质量，g；

　1000——换算系数（由 μg/mL 换算成 mg/mL 的换算因子）；

　F——稀释倍数［若使用（四）中"3. 试样溶液的还原"步骤时，即为 2.5］；

　K——若使用（四）中"3. 试样溶液的还原"中甲醇沉淀步骤时，即为 1.25；

　100——换算系数（由 mg/g 换算成 mg/100g 的换算因子）。

计算结果以重复性条件下获得的两次独立测定结果的算术平均值表示，结果保留 3 位有效数字。

（六）精密度

在重复性条件下获得的两次独立测定结果的绝对差值不得超过算术平均值的 10%。

固体样品取样量为 2g 时，L（+）-抗坏血酸和 D（-）-抗坏血酸的检出限均为 0.5mg/100g，定量限均为 2.0mg/100g。液体样品取样量为 10g（或 10mL）时，L（+）-抗坏血酸和 D（-）-抗坏血酸的检出限均为 0.1mg/100g（或 0.1mg/100mL），定量限均为 0.4mg/100g（或 0.4mg/100mL）。

五、维生素 B_1 的测定

（一）原理

硫胺素在碱性铁氰化钾溶液中被氧化成噻嘧色素，在紫外线照射下，噻嘧色素发出荧光。

在给定的条件下，以及没有其他荧光物质干扰时，此荧光之强度与噻嘧色素量成正比，即与溶液中硫胺素量成正比。如试样中含杂质过多，应经过离子交换剂处理，使硫胺素与杂质分离，然后以所得溶液用于测定。

（二）仪器和设备

（1）荧光分光光度计。

（2）离心机：转速≥4000r/min。

（3）pH计：精度0.01。

（4）电热恒温箱。

（5）盐基交换管或层析柱（60mL，300mm×10mm内径）。

（6）天平：感量为0.01g和0.01mg。

（三）试剂和材料

除非另有说明，本方法所用试剂均为分析纯。水为GB/T 6682规定的一级水。

1. 试剂

（1）正丁醇（$CH_3CH_2CH_2CH_2OH$）。

（2）无水硫酸钠（Na_2SO_4）：560℃烘烤6h后使用。

（3）铁氰化钾 [$K_3Fe(CN)_6$]。

（4）氢氧化钠（NaOH）。

（5）盐酸（HCl）。

（6）乙酸钠（$CH_3COONa \cdot 3H_2O$）。

（7）冰乙酸（CH_3COOH）。

（8）人造沸石。

（9）硝酸银（$AgNO_3$）。

（10）溴甲酚绿（$C_{21}H_{14}Br_4O_5S$）。

（11）五氧化二磷（P_2O_5）或者氯化钙（$CaCl_2$）。

（12）氯化钾（KCl）。

（13）淀粉酶：不含维生素B_1，酶活力≥3700U/g。

（14）木瓜蛋白酶：不含维生素B_1，酶活力≥800U（活力单位）/mg。

2. 试剂配制

（1）0.1mol/L盐酸溶液：移取8.5mL盐酸，用水稀释并定容至1000mL，摇匀。

（2）0.01mol/L盐酸溶液：量取0.1mol/L盐酸溶液50mL，用水稀释并定容至500mL，摇匀。

（3）2mol/L乙酸钠溶液：称取272g乙酸钠，用水溶解并定容至1000mL，摇匀。

（4）混合酶液：称取1.76g木瓜蛋白酶、1.27g淀粉酶，加水定容至50mL，涡旋，使其呈混悬状液体，冷藏保存。临用前再次摇匀后使用。

（5）氯化钾溶液（250g/L）：称取250g氯化钾，用水溶解并定容至1000mL，摇匀。

（6）酸性氯化钾（250g/L）：移取8.5mL盐酸，用250g/L氯化钾溶液稀释并定容至1000mL，摇匀。

（7）氢氧化钠溶液（150g/L）：称取150g氢氧化钠，用水溶解并定容至1000mL，摇匀。

（8）铁氰化钾溶液（10g/L）：称取1g铁氰化钾，用水溶解并定容至100mL，摇匀，于棕色瓶内保存。

（9）碱性铁氰化钾溶液：移取4mL 10g/L铁氰化钾溶液，用150g/L氢氧化钠溶液稀释至60mL，摇匀。用时现配，避光使用。

（10）乙酸溶液：量取30mL冰乙酸，用水稀释并定容至1000mL，摇匀。

（11）0.01mol/L硝酸银溶液：称取0.17g硝酸银，用100mL水溶解后，于棕色瓶中保存。

（12）0.1mol/L氢氧化钠溶液：称取0.4g氢氧化钠，用水溶解并定容至100mL，摇匀。

（13）溴甲酚绿溶液（0.4g/L）：称取0.1g溴甲酚绿，置于小研钵中，加入1.4mL 0.1mol/L氢氧化钠溶液研磨片刻，再加入少许水继续研磨至完全溶解，用水稀释至250mL。

（14）活性人造沸石：称取200g 0.25~0.42mm（40~60目）的人造沸石于2000mL试剂瓶中，加入10倍于其体积的接近沸腾的热乙酸溶液，振荡10min，静置后，弃去上清液，再加入热乙酸溶液，重复一次；再加入5倍于其体积的接近沸腾的热250g/L氯化钾溶液，振荡15min，倒出上清液；再加入乙酸溶液，振荡10min，倒出上清液；反复洗涤，最后用水洗直至不含氯离子。氯离子的定性鉴别方法：取1mL上述上清液（洗涤液）于5mL试管中，加入几滴0.01mol/L硝酸银溶液，振荡，观察是否有浑浊产生，如果有浑浊说明还含有氯离子，继续用水洗涤，直至不含氯离子为止。将此活性人造沸石于水中冷藏保存备用。使用时，倒入适量于铺有滤纸的漏斗中，沥干水后称取约8.0g倒入充满水的层析柱中。

3. 标准品

盐酸硫胺素（$C_{12}H_{17}ClN_4OS \cdot HCl$），CAS：67-03-8，纯度≥99.0%。

4. 标准溶液配制

（1）维生素B_1标准储备液（100μg/mL）：准确称取经氯化钙或者五氧化二磷干燥24h的盐酸硫胺素112.1mg（精确至0.1mg），相当于硫胺素为100mg，用0.01mol/L盐酸溶液溶解，并稀释至1000mL，摇匀。于0~4℃冰箱避光保存，保存期为3个月。

（2）维生素B_1标准中间液（10.0μg/mL）：将标准储备液用0.01mol/L盐酸溶液稀释10倍，摇匀，在冰箱中避光保存。

（3）维生素B_1标准使用液（0.100μg/mL）：准确移取维生素B_1标准中间液1.00mL，用水稀释、定容至100mL，摇匀。临用前配制。

（四）操作方法

1. 试样制备

（1）试样预处理：用匀浆机将样品均质成匀浆，于冰箱中冷冻保存，用时将其解冻混匀使用。干燥试样取不少于150g，将其全部充分粉碎后备用。

（2）提取：准确称取适量试样（估计其硫胺素含量为10~30μg，一般称取2~10g试样），置于100mL锥形瓶中，加入50mL 0.1mol/L盐酸溶液，使样品分散开，将样品放入恒温箱中121℃水解30min，结束后，凉至室温后取出。用2mol/L乙酸钠溶液调pH为4.0~5.0或者用0.4g/L溴甲酚绿溶液为指示剂，滴定至溶液由黄色转变为蓝绿色。

酶解：于水解液中加入2mL混合酶液，于45~50℃温箱中保温过夜（16h）。待溶液凉至室温后，转移至100mL容量瓶中，用水定容至刻度，混匀、过滤，即得提取液。

（3）净化。

装柱：根据待测样品的数量，取适量处理好的活性人造沸石，经滤纸过滤后，放在烧杯中。用少许脱脂棉铺于盐基交换管柱（或层析柱）的底部，加水将棉纤维中的气泡排出，关闭柱塞，加入约20mL水，再加入约8.0g（以湿重计，相当于干重1.0~1.2g）经预先处理的活性人造沸石，要求保持盐基交换管中液重始终高过活性人造沸石。活性人造沸石柱床的高度对维生素B₁测定结果有影响，高度不低于45mm。

样品提取液的净化：准确加入20mL上述提取液于上述盐基交换管柱（或层析柱）中，使通过活性人造沸石的硫胺素总量为2~5μg，流速约为1滴/s。加入10mL近沸腾的热水冲洗盐基交换柱，流速约为1滴/s，弃去淋洗液，如此重复三次。于交换管下放置25mL刻度试管用于收集洗脱液，分两次加入20mL温度约为90℃的酸性氯化钾溶液，每次10mL，流速为1滴/s。待洗脱液凉至室温后，用250g/L酸性氯化钾定容，摇匀，即为试样净化液。

标准溶液的处理：重复上述操作，取20mL维生素B₁标准使用液（0.1μg/mL）代替试样提取液，同上用盐基交换管（或层析柱）净化，即得到标准净化液。

（4）氧化：将5mL试样净化液分别加入A、B两支已标记的50mL离心管中。在避光条件下将3mL150g/L氢氧化钠溶液加入离心管A，将3mL碱性铁氰化钾溶液加入离心管B，涡旋15s；然后各加入10mL正丁醇，将A、B管同时涡旋90s。静置分层后吸取上层有机相于另一套离心管中，加入2~3g无水硫酸钠，涡旋20s，使溶液充分脱水，待测定。

用标准的净化液代替试样净化液重复"（4）氧化"的操作。

2. 测定

（1）荧光测定条件。

激发波长：365nm；发射波长：435nm；狭缝宽度：5nm。

（2）依次测定下列荧光强度。

①试样空白荧光强度（试样反应管A）；

②标准空白荧光强度（标准反应管A）；

③试样荧光强度（试样反应管B）；

④标准荧光强度（标准反应管B）。

（五）结果计算

试样中维生素B₁（以硫胺素计）的含量按式（4-35）计算：

$$X = \frac{(U - Ub) \times c \times V}{(S - Sb)} \times \frac{V_1 \times f}{V_2 \times m} \times \frac{100}{1000} \tag{4-35}$$

式中：X——试样中维生素B₁（以硫胺素计）的含量，mg/100g；

U——试样荧光强度；

Ub——试样空白荧光强度；

S——标准管荧光强度；

Sb——标准管空白荧光强度；

c——硫胺素标准使用液的浓度，μg/mL；

V——用于净化的硫胺素标准使用液体积，mL；

V_1——试样水解后定容得到的提取液之体积，mL；

V_2——试样用于净化的提取液体积，mL；

f——试样提取液的稀释倍数；

m——试样质量，g。

注：试样中测定的硫胺素含量乘以换算系数 1.121，即得盐酸硫胺素的含量。

维生素 B_1 标准在 $0.2\sim10\mu g$ 之间呈线性关系，可以用单点法计算结果，否则用标准工作曲线法。以重复性条件下获得的两次独立测定结果的算术平均值表示，结果保留 3 位有效数字。

（六）精密度

在重复性条件下获得的两次独立测定结果的绝对差值不得超过算术平均值的 10%。

检出限为 0.04mg/100g，定量限为 0.12mg/100g。

（七）注意事项

（1）一般食品中维生素 B_1 有游离型的，也有结合型的，即与淀粉、蛋白质等结合在一起的，故需用酸和酶水解，使结合型 B_1 成为游离型，再采用此法测定。

（2）噻嗪色素能溶解于正丁醇，在正丁醇中比在水中稳定，故用正丁醇等提取噻嗪色素。萃取时振摇不宜过猛，以免乳化，不易分层。

（3）紫外线能破坏噻嗪色素，所以噻嗪色素形成后要迅速测定，并尽量避光操作。

（4）用甘油—淀粉润滑剂代替凡士林涂盐基交换管下活塞，因凡士林具有荧光。

（5）谷类物质不需酶分解，试样粉碎后用 250g/L 酸性氯化钾直接提取，氧化测定。

【参考文献】

[1] 王磊．食品分析与检验 [M]．北京：化学工业出版社，2017．

[2] 杨玉红，田艳花．食品理化检验技术 [M]．武汉：武汉理工大学出版社，2016．

[3] 李凤玉，梁文珍．食品分析与检验 [M]．北京：中国农业大学出版社，2009．

[4] 周光理．食品分析与检测 [M]．北京：化学工业出版社，2020．

[5] 王喜波，张英华．食品检测与分析 [M]．北京：化学工业出版社，2013．

[6] 张水华．食品分析 [M]．北京：中国轻工业出版社，2010．

[7] 王水华．食品分析 [M]．北京：中国轻工业出版社，2010．

[8] 吴谋成．食品分析与感官评定 [M]．北京：中国农业出版社，2002．

[9] 侯曼玲．食品分析 [M]．北京：化学工业出版社，2004．

[10] 张水华．食品分析实验 [M]．北京：化学工业出版社，2006．

[11] 张英．食品理化与微生物检测实验 [M]．北京：中国轻工业出版社，2004．

思政小课堂

维生素 C 与健康

项目五　常见食品添加剂的测定

【知识目标】

了解食品添加剂的作用及分类；了解关于食品添加剂的相关国家标准。

【能力目标】

1. 掌握常见食品添加剂的检测方法。
2. 能对食品常见添加剂进行测定。

【相关知识】

食品添加剂是指为改善食品品质和色、香、味以及防腐、保鲜和加工工艺的需要而加入食品中的人工合成或者天然物质。食品用香料、胶基糖果中基础剂物质、食品工业用加工助剂也包括在内。

一、食品添加剂的种类

食品添加剂本身不作为食用目的，也不一定有营养价值，但不包括污染物、残留农药。

（1）食品添加剂的种类很多，按其来源分为以下两种。

①天然食品添加剂：利用动、植物组织或分泌物以及微生物的代谢产物为原料，经过提取、加工所得到的物质。如维生素C、淀粉糖浆、植物色素等。

②化学合成添加剂：通过一系列化学手段所得到的有机或无机物质。

（2）目前我国允许使用并制订了国家标准的食品添加剂种类有：酸度调节剂、抗结剂、消泡剂、抗氧化剂、漂白剂、膨松剂、胶基糖果基础剂、着色剂、护色剂、乳化剂、酶制剂、增味剂、面粉处理剂、被膜剂、水分保持剂、营养强化剂、防腐剂、甜味剂、增稠剂、香料等23个功能类别，共2000多种（世界现在有4000多种）。

二、食品添加剂的安全使用和管理

食品添加剂的使用促进着食品工业的发展，如咸式食品从食盐呈味发展到味精呈鲜，以致现在鸡精等的复合调味剂的出现，正是食品添加剂的应用结果。如果没有食品添加剂，就不会有种类繁多、琳琅满目的食品。因此食品添加剂被誉为现代食品工业的灵魂。当然食品添加剂也是一把"双刃剑"，若按照国家标准正确规范使用食品添加剂，是对食品美味的"锦上添花"，但若超限量或超范围使用，则可能给消费者带来伤害，使公众的生命财产受到损失。

为了保证食品添加剂安全、正确、合理、有效的使用，我国在《GB 2760—2014 食品安全标准 食品添加剂使用标准》《GB 14880—2012 食品安全标准 食品营养强化剂使用标准》中规定了食品添加剂的使用原则、允许使用的品种、使用范围及最大使用量。

本项目主要介绍甜味剂、防腐剂、抗氧化剂、漂白剂、护色剂、食用合成色素的测定。

任务一　甜味剂的测定

一、概述

甜味剂是指能赋予软饮料甜味的食品添加剂。甜味剂按营养价值可分为营养性甜味剂和非营养性甜味剂两类；按其甜度可分为低甜度甜味剂和高甜度甜味剂；按其来源可分为天然甜味剂和合成甜味剂。

葡萄糖、果糖、蔗糖、麦芽糖、淀粉糖和乳糖等糖类物质，虽然也是天然甜味剂，但因长期被人食用，且是重要的营养素，通常视为食品原料，在我国不作为食品添加剂。属于非糖类的甜味剂有天然甜味剂和人工合成甜味剂。天然甜味剂有甜菊糖、甘草、甘草酸二钠、甘草酸三钾和三钠等。人工合成甜味剂有糖精、糖精钠、环己基氨基磺酸钠、天门冬酰苯丙氨酸甲酯、阿力甜等。

二、甜味剂的测定方法

（一）糖精钠的测定方法

糖精钠化学名称为邻苯甲酰磺酰亚胺钠，是糖精的钠盐，是一种广泛使用的人工合成甜味剂。其甜度为蔗糖的 450~550 倍，在低浓度时呈现甜味，高浓度时则呈现苦味，糖精钠本身无营养价值，因其具有一定的毒性，目前我国《GB 2760—2014 食品安全标准 食品添加剂使用标准》对其在不同食品的最大使用量作了明确规定，如在冷饮、腌渍的蔬菜、复合调味剂、配制酒等食品中的最大使用量为 0.15g/kg，而在水果干类、话梅等食品中的最大使用量为 5.0g/kg。食品中糖精钠的测定，在 GB 5009.28—2016 中只有高效液相色谱法。

1. 原理

样品经水提取，高脂肪样品经正己烷脱脂、高蛋白样品经蛋白沉淀剂沉淀蛋白，采用液相色谱分离、紫外检测器检测，外标法定量。

2. 试剂

（1）氨水。

（2）亚铁氰化钾。

（3）乙酸锌。

（4）无水乙醇。

（5）正己烷。

（6）甲醇：色谱纯。

（7）乙酸铵：色谱纯。

（8）甲酸：色谱纯。

（9）糖精钠：以糖精计，纯度≥99.0%。

3. 操作方法

（1）试样制备：取多个预包装的饮料、液态奶等均匀样品直接混合；非均匀的液态、半固态样品用组织匀浆机匀浆；固体样品用研磨机充分粉碎并搅拌均匀；奶酪、黄油、巧克力等采用50~60℃加热熔融，并趁热充分搅拌均匀。取其中的200g装入玻璃容器中，密封，液体试样于4℃保存，其他试样于−18℃保存。

（2）试样提取。

① 一般性试样：准确称取约2g（精确到0.001g）试样于50mL具塞离心管中，加水约25mL，涡旋混匀，于50℃水浴超声20min，冷却至室温后加亚铁氰化钾溶液2mL和乙酸锌溶液2mL，混匀，于8000r/min离心5min，将水相转移至50mL容量瓶中，于残渣中加水20mL，涡旋混匀后超声5min，于8000r/min离心5min，将水相转移到同一50mL容量瓶中，并用水定容至刻度，混匀。取适量上清液过0.22μm滤膜，待液相色谱测定。

注：碳酸饮料、果酒、果汁、蒸馏酒等测定时可以不加蛋白沉淀剂。

②含胶基的果冻、糖果等试样：准确称取约2g（精确到0.001g）试样于50mL具塞离心管中，加水约25mL，涡旋混匀，于70℃水浴加热溶解试样，于50℃水浴超声20min，之后的操作同①。

③油脂、巧克力、奶油、油炸食品等高油脂试样：准确称取约2g（精确到0.001g）试样于50mL具塞离心管中，加正己烷10mL，于60℃水浴加热约5min，并不时轻摇以溶解脂肪，然后加氨水溶液（1+99）25mL、乙醇1mL，涡旋混匀，于50℃水浴超声20min，冷却至室温后，加亚铁氰化钾溶液2mL和乙酸锌溶液2mL，混匀，于8000r/min离心5min，弃去有机相，水相转移至50mL容量瓶中，残渣同①再提取一次后测定。

（3）仪器参考条件。

①色谱柱：C18柱，柱长250mm，内径4.6mm，粒径5μm，或等效色谱柱。

②流动相：甲醇+乙酸铵溶液=5+95。

③流速：1mL/min。

④检测波长：230nm。

⑤进样量：10μL。

注：当存在干扰峰或需要辅助定性时，可以采用加入甲酸的流动相来测定，如流动相：甲醇+甲酸—乙酸铵溶液=8+92。

（4）标准曲线的制作：将标准系列工作溶液分别注入液相色谱仪中，测定相应的峰面积，以标准系列工作溶液的质量浓度为横坐标，以峰面积为纵坐标，绘制标准曲线。

（5）试样溶液的测定：将试样溶液注入液相色谱仪中，得到峰面积，根据标准曲线得到待测液中糖精钠（以糖精计）的质量浓度。

4. 结果计算 ［式（5-1）］

$$x = \frac{\rho \times v}{m \times 1000} \tag{5-1}$$

式中：x——试样中糖精钠的含量，g/kg；

ρ——由标准曲线得出的试样液中糖精钠的质量浓度，mg/L；

v——试样定容体积，mL；

m——试样质量，g；

1000——由mg/kg转换为g/kg的换算因子。

结果保留3位有效数字。

（二）环己基氨基磺酸钠（甜蜜素）的测定方法

甜蜜素的化学名称为环己基氨基磺酸钠，是一种人工合成甜味剂，其甜度为蔗糖的30~40倍，且无蔗糖高浓度时的苦味，是食品生产中常用的添加剂。甜蜜素具有一定的毒性，特别是对代谢能力较弱的老人、小孩、孕妇的危害更明显，在美国、日本等国家已经被禁止使用。我国的《GB 2760—2014 食品安全标准 食品添加剂使用标准》对其在不同食品的最大使用量作了明确规定，如在冷饮、饼干、复合调味料、配制酒等食品中的最大使用量为0.65g/kg，而在果糕类、话梅等食品中的最大使用量为8.0g/kg。食品中甜蜜素的测定，在GB 5009.97—2023 中有气相色谱法、液相色谱法和液相色谱—质谱/质谱法。下面介绍气相色谱法。

1. 原理

食品中的环己基氨基磺酸钠用水提取，在硫酸介质中环己基氨基磺酸钠与亚硝酸反应，生成环己醇亚硝酸酯，利用气相色谱氢火焰离子化检测器进行分离及分析，保留时间定性，外标法定量。

2. 试剂

（1）正庚烷。

（2）氯化钠。

（3）石油醚：沸程为30~60℃。

（4）氢氧化钠。

（5）硫酸。

（6）亚铁氰化钾。

（7）硫酸锌。

（8）亚硝酸钠。

3. 操作方法

（1）试样的制备。

①液体试样处理。

a. 普通液体试样摇匀后称取25.0g试样（如需要可过滤），用水定容至50mL备用。

b. 含二氧化碳的试样：称取25.0g试样于烧杯中，60℃水浴加热30min以除二氧化碳，放冷，用水定容至50mL备用。

c. 含酒精的试样：称取25.0g试样于烧杯中，用氢氧化钠溶液调至弱碱性pH 7~8，60℃水浴加热30min以除酒精，放冷，用水定容至50mL备用。

② 固体、半固体试样处理。

a. 低脂、低蛋白样品（果酱、果冻、水果罐头、果丹类、蜜饯凉果、浓缩果汁、面包、糕点、饼干、复合调味料、带壳熟制坚果和籽类、腌渍的蔬菜等）：称取打碎、混匀的样品3.00~5.00g于50mL离心管中，加30mL水，振摇，超声提取20min，混匀，离心（3000r/min）10min，过滤，用水分次洗涤残渣，收集滤液并定容至50mL，混匀备用。

b. 高蛋白样品（酸乳、雪糕、冰淇淋等奶制品及豆制品、腐乳等）：冰棒、雪糕、冰淇淋等分别放置于250mL烧杯中，待融化后搅匀称取；称取样品3.00~5.00g于50mL离心管中，加30mL水，超声提取20min，加2mL亚铁氰化钾溶液，混匀，再加入2mL硫酸锌溶液，混匀，离心（3000r/min）10min，过滤，用水分次洗涤残渣，收集滤液并定容至50mL，混匀备用。

c. 高脂样品（奶油制品、海鱼罐头、熟肉制品等）：称取打碎、混匀的样品3.00~5.00g于50mL离心管中，加入25mL石油醚，振摇，超声提取3min，再混匀，离心（1000r/min以上）10min，弃石油醚，再用25mL石油醚提取一次，弃石油醚，60℃水浴挥发去除石油醚，残渣加30mL水，混匀，超声提取20min，加2mL亚铁氰化钾溶液，混匀，再加入2mL硫酸锌溶液，混匀，离心（3000r/min）10min，过滤，用水洗涤残渣，收集滤液并定容至50mL，混匀备用。

③衍生化：准确移取液体试样溶液或固体、半固体试样溶液10.0mL于50mL带盖离心管中。离心管置试管架上冰浴中5min后，准确加入5.00mL正庚烷、2.5mL亚硝酸钠溶液、2.5mL硫酸溶液，盖紧离心管盖，摇匀，在冰浴中放置30min，其间振摇3~5次；加入2.5g氯化钠，盖上盖后置旋涡混合器上振动1min（或振摇60~80次），低温离心（3000r/min）10min分层，或低温静置20min至澄清分层后取上清液放置1~4℃冰箱冷藏保存以备进样用。

（2）标准溶液系列的制备及衍生化：准确移取1.00mg/mL环己基氨基磺酸钠标准溶液0.50mL、1.00mL、2.50mL、5.00mL、10.0mL、25.0mL于50mL容量瓶中，加水定容。配成标准溶液系列浓度为：0.01mg/mL、0.02mg/mL、0.05mg/mL、0.10mg/mL、0.20mg/mL、0.50mg/mL。临用时配制以备衍生化用。准确移取标准系列溶液10.0mL同（③）衍生化。

（3）仪器参考条件。

①色谱柱：弱极性石英毛细管柱（内涂5%苯基甲基聚硅氧烷，30m×0.53mm×1.0μm）或等效柱。

②温度：进样温度230℃；检测温度260℃。

③样量：进样量1μL，不分流/分流进样，分流比1∶5（分流比及方式可根据色谱仪器条件调整）。

④检测器：氢火焰离子化检测器（FID）。

⑤气流速度：高纯氮气12.0mL/min，尾吹20mL/min；氢气30mL/min，空气330mL/min（载气、氢气、空气流量大小可根据仪器条件进行调整）。

（4）测定：分别吸取1μL经衍生化处理的标准系列各浓度溶液上清液，注入气相色谱仪中，可测得不同浓度被测物的响应值峰面积，以浓度为横坐标，以环己醇亚硝酸酯和环己醇两峰面积之和为纵坐标，绘制标准曲线。

在完全相同的条件下进样1μL经衍生化处理的试样待测液上清液，保留时间定性，测得峰面积，根据标准曲线得到样液中的组分浓度；试样上清液响应值若超出线性范围，应用正庚烷稀释后再进样分析。平行测定次数不少于两次。

4. 结果计算 [式（5-2）]

$$x = \frac{c}{m} \times v \tag{5-2}$$

式中：x——试样中环己基氨基磺酸的含量，g/kg；

　　c——由标准曲线计算出定容样液中环己基氨基磺酸的浓度，mg/mL；

　　m——试样质量，g；

　　v——试样的最后定容体积，mL。

计算结果以重复性条件下获得的两次独立测定结果的算术平均值表示，结果保留 3 位有效数字。

任务二　防腐剂的测定

一、概述

食品防腐剂是指能防止由微生物引起的腐败变质、具有延长食品保藏期作用的食品添加剂。食品防腐剂按作用分为杀菌剂和抑菌剂，按来源分为化学防腐剂和天然防腐剂两大类。化学防腐剂又分为有机防腐剂和无机防腐剂。有机防腐剂主要包括苯甲酸、山梨酸等，无机防腐剂主要包括亚硫酸盐和亚硝酸盐等。天然防腐剂通常是从动植物和微生物的代谢产物中提取。目前世界各国允许使用的食品防腐剂种类很多。我国允许在一定量内使用的防腐剂有30 多种，其中使用量较多的是苯甲酸和山梨酸及其盐类。

二、防腐剂的测定方法

国内外防腐剂的测定方法有液相色谱法、气相色谱法等，下面主要介绍苯甲酸、山梨酸及其盐类的测定方法。

（一）液相色谱法

1. 原理

样品经水提取，高脂肪样品经正己烷脱脂、高蛋白样品经蛋白沉淀剂沉淀蛋白，采用液相色谱分离、紫外检测器检测，外标法定量。

2. 试剂

（1）氨水。

（2）亚铁氰化钾。

（3）乙酸锌。

（4）无水乙醇。

（5）正己烷。

（6）甲醇：色谱纯。

（7）乙酸铵：色谱纯。

（8）甲酸：色谱纯。

（9）苯甲酸钠：纯度≥99.0%；或苯甲酸，纯度≥99.0%，或经国家认证并授予标准物质证书的标准物质。

（10）山梨酸钾：纯度≥99.0%；或山梨酸，纯度≥99.0%，或经国家认证并授予标准物质证书的标准物质。

3. 操作方法

（1）试样制备：取多个预包装的饮料、液态奶等均匀样品直接混合；非均匀的液态、半固态样品用组织匀浆机匀浆；固体样品用研磨机充分粉碎并搅拌均匀；奶酪、黄油、巧克力等采用50~60℃加热熔融，并趁热充分搅拌均匀。取其中的200g装入玻璃容器中，密封，液体试样于4℃保存，其他试样于−18℃保存。

（2）试样提取。

① 一般性试样：准确称取约2g（精确到0.001g）试样于50mL具塞离心管中，加水约25mL，涡旋混匀，于50℃水浴超声20min，冷却至室温后加亚铁氰化钾溶液2mL和乙酸锌溶液2mL，混匀，于8000r/min离心5min，将水相转移至50mL容量瓶中，于残渣中加水20mL，涡旋混匀后超声5min，于8000r/min离心5min，将水相转移到同一50mL容量瓶中，并用水定容至刻度，混匀。取适量上清液过0.22μm滤膜，待液相色谱测定。

注：碳酸饮料、果酒、果汁、蒸馏酒等测定时可以不加蛋白沉淀剂。

②含胶基的果冻、糖果等试样：准确称取约2g（精确到0.001g）试样于50mL具塞离心管中，加水约25mL，涡旋混匀，于70℃水浴加热溶解试样，于50℃水浴超声20min，之后的操作同①。

③油脂、巧克力、奶油、油炸食品等高油脂试样：准确称取约2g（精确到0.001g）试样于50mL具塞离心管中，加正己烷10mL，于60℃水浴加热约5min，并不时轻摇以溶解脂肪，然后加氨水溶液（1+99）25mL、乙醇1mL，涡旋混匀，于50℃水浴超声20min，冷却至室温后，加亚铁氰化钾溶液2mL和乙酸锌溶液2mL，混匀，于8000r/min离心5min，弃去有机相，水相转移至50mL容量瓶中，残渣同①再提取一次后测定。

（3）仪器参考条件。

①色谱柱：C18柱，柱长250mm，内径4.6mm，粒径5μm，或等效色谱柱。

②流动相：甲醇+乙酸铵溶液=5+95。

③流速：1mL/min。

④检测波长：230nm。

⑤进样量：10μL。

注：当存在干扰峰或需要辅助定性时，可以采用加入甲酸的流动相来测定，如流动相：甲醇+甲酸—乙酸铵溶液=8+92。

（4）标准曲线的制作：将标准系列工作溶液分别注入液相色谱仪中，测定相应的峰面积，以标准系列工作溶液的质量浓度为横坐标，以峰面积为纵坐标，绘制标准曲线。

（5）试样溶液的测定：将试样溶液注入液相色谱仪中，得到峰面积，根据标准曲线得到待测液中糖精钠（以糖精计）的质量浓度。

4. 结果计算 ［式（5-3）］

$$x = \frac{\rho \times v}{m \times 1000} \tag{5-3}$$

式中：x——试样中糖精钠的含量，g/kg；

ρ——由标准曲线得出的试样液中糖精钠的质量浓度，mg/L；

v——试样定容体积，mL；

m——试样质量，g；

1000——由mg/kg转换为g/kg的换算因子。

结果保留3位有效数字。

（二）气相色谱法

1. 原理

试样经盐酸酸化后，用乙醚提取苯甲酸、山梨酸，采用气相色谱—氢火焰离子化检测器进行分离测定，外标法定量。

2. 试剂

（1）乙醚。

（2）乙醇。

（3）正己烷。

（4）乙酸乙酯：色谱纯。

（5）盐酸。

（6）氯化钠。

（7）无水硫酸钠：500℃烘 8h，于干燥器中冷却至室温后备用。

（8）苯甲酸钠：纯度≥99.0%；或苯甲酸，纯度≥99.0%，或经国家认证并授予标准物质证书的标准物质。

（9）山梨酸钾：纯度≥99.0%；或山梨酸，纯度≥99.0%，或经国家认证并授予标准物质证书的标准物质。

3. 操作方法

（1）试样制备：取多个预包装的样品，其中均匀样品直接混合，非均匀样品用组织匀浆机充分搅拌均匀，取其中的 200g 装入洁净的玻璃容器中，密封，水溶液于 4℃保存，其他试样于-18℃保存。

（2）试样提取：准确称取约 2.5g（精确至 0.001g）试样于 50mL 离心管中，加 0.5g 氯化钠、0.5mL 盐酸溶液（1+1）和 0.5mL 乙醇，用 15mL 和 10mL 乙醚提取两次，每次振摇 1min，于 8000r/min 离心 3min。每次均将上层乙醚提取液通过无水硫酸钠滤入 25mL 容量瓶中。加乙醚清洗无水硫酸钠层并收集至约 25mL 刻度，最后用乙醚定容，混匀。准确吸取 5mL 乙醚提取液于 5mL 具塞刻度试管中，于 35℃氮吹至干，加入 2mL 正己烷—乙酸乙酯（1+1）混合溶液溶解残渣，待气相色谱测定。

（3）仪器参考条件。

①色谱柱：聚乙二醇毛细管气相色谱柱，内径 320μm，长 30m，膜厚度 0.25μm，或等效色谱柱。

②气流速度：氮气 3mL/min，空气 400L/min，氢气 40L/min。

③温度：进样口 250℃，检测器 250℃。

（4）标准曲线的制作：将混合标准系列工作溶液分别注入气相色谱仪中，以质量浓度为横坐标，以峰面积为纵坐标，绘制标准曲线。

（5）试样溶液的测定：将试样溶液注入气相色谱仪中，得到峰面积，根据标准曲线得到待测液中苯甲酸、山梨酸的质量浓度。

4. 结果计算［式（5-4）］

$$x = \frac{\rho \times v \times 25}{m \times 5 \times 1000} \tag{5-4}$$

式中：x——试样中待测组分含量，g/kg；

ρ——由标准曲线得出的样液中待测物的质量浓度，mg/L；

v——加入正己烷—乙酸乙酯（1+1）混合溶剂的体积，mL；

25——试样乙醚提取液的总体积，mL；

m——试样的质量，g；

5——测定时吸取乙醚提取液的体积，mL；

1000——由 mg/kg 转换为 g/kg 的换算因子。

任务三　抗氧化剂的测定

一、概述

抗氧化剂是能防止或延缓食品成分的氧化变质、提高食品稳定性和延长储存期的一类食品添加剂。

（一）抗氧化剂的分类

（1）抗氧化剂按来源可分为人工合成抗氧化剂（如 BHA、BHT、PG 等）和天然抗氧化剂（如茶多酚、植酸等）。

（2）抗氧化剂按溶解性可分为油溶性、水溶性和兼容性三类。油溶性抗氧化剂有 BHA、BHT 等；水溶性抗氧化剂有抗坏血酸、茶多酚等；兼容性抗氧化剂有抗坏血酸棕榈酸酯等。

（3）抗氧化剂按照作用方式可分为自由基吸收剂、金属离子螯合剂、氧清除剂、过氧化物分解剂、酶抗氧化剂、紫外线吸收剂或单线态氧淬灭剂等。

（二）抗氧化剂的作用机理

（1）通过抗氧化剂的还原反应，降低食品内部及其周围的氧含量，有些抗氧化剂如抗坏血酸与异抗坏血酸本身极易被氧化，能使食品中的氧首先与其反应，从而避免了油脂的氧化。

（2）抗氧化剂释放出氢原子与油脂自动氧化反应产生的过氧化物结合，中断连锁反应，从而阻止氧化过程继续进行。

（3）破坏、减弱氧化酶的活性，使其不能催化氧化反应的进行。

（4）将能催化及引起氧化反应的物质封闭，如络合能催化氧化反应的金属离子等。

二、抗氧化剂的测定方法

目前我国常用的抗氧化剂有茶多酚（TP）、生育酚、黄酮类、丁基羟基茴香醚（BHA）、二丁基羟基甲苯（BHT）、叔丁基对苯二酚（TBHQ）等。其测定方法主要有高效液相色谱法、液相色谱串联质谱法、气相色谱质谱法、气相色谱法以及比色法五种。下面主要介绍高效液相色谱法和气相色谱法。

（一）高效液相色谱法

1. 原理

油脂样品经有机溶剂溶解后，使用凝胶渗透色谱（GPC）净化；固体类食品样品用正己烷溶解，用乙腈提取，固相萃取柱净化。高效液相色谱法测定，外标法定量。

2. 试剂

（1）甲酸。

（2）乙腈。

（3）甲醇。

（4）正己烷：分析纯，重蒸。

（5）乙酸乙酯。

（6）环己烷。

（7）氯化钠：分析纯。

（8）无水硫酸钠：分析纯，650℃灼烧4h，贮存于干燥器中，冷却后备用。

（9）抗氧化剂标准品。

3. 操作方法

（1）试样制备：固体或半固体样品粉碎混匀，然后用对角线法取2/4或2/6，或根据试样情况取有代表性试样，密封保存；液体样品混合均匀，取有代表性试样，密封保存。

（2）测定步骤。

①提取。

a. 固体类样品：称取1g（精确至0.01g）试样于50mL离心管中，加入5mL乙腈饱和的正己烷溶液，涡旋1min充分混匀，浸泡10min。加入5mL饱和氯化钠溶液，用5mL正己烷饱和的乙腈溶液涡旋2min，3000r/min离心5min，收集乙腈层于试管中，再重复使用5mL正己烷饱和的乙腈溶液提取2次，合并3次提取液，加0.1%甲酸溶液调节pH=4，待净化。同时做空白试验。

b. 油类：称取1g（精确至0.01g）试样于50mL离心管中，加入5mL乙腈饱和的正己烷溶液溶解样品，涡旋1min，静置10min，用5mL正己烷饱和的乙腈溶液涡旋提取2min，3000r/min离心5min，收集乙腈层于试管中，再重复使用5mL正己烷饱和的乙腈溶液提取2次，合并3次提取液，待净化。同时做空白试验。

②净化：在C_{18}固相萃取柱中装入约2g的无水硫酸钠，用5mL甲醇活化萃取柱，再以5mL乙腈平衡萃取柱，弃去流出液。将所有提取液倾入柱中，弃去流出液，再以5mL乙腈和甲醇的混合溶液洗脱，收集所有洗脱液于试管中，40℃下旋转蒸发至干，加2mL乙腈定容，过0.22μm有机系滤膜，供液相色谱测定。

③凝胶渗透色谱法（纯油类样品可选）：称取样品10g（精确至0.01g）于100mL容量瓶中，以乙酸乙酯和环己烷混合溶液定容至刻度，作为母液；取5mL母液于10mL容量瓶中以乙酸乙酯和环己烷混合溶液定容至刻度，待净化。取10mL待测液加入凝胶渗透色谱（GPC）进样管中，使用GPC净化，收集流出液，40℃下旋转蒸发至干，加2mL乙腈定容，过0.22μm有机系滤膜，供液相色谱测定。同时做空白试验。

（3）仪器参考条件。

①色谱柱：C_{18}柱，柱长250mm，径4.6mm，粒径5μm，或等效色谱柱。

②流动相A：0.5%甲酸水溶液；流动相B：甲醇。

③柱温：35℃。

④进样量：5μL。

⑤检测波长：280nm。

（4）标准曲线的制作：将系列浓度的标准工作液分别注入液相色谱仪中，测定相应的抗氧化剂，以标准工作液的浓度为横坐标，以响应值（如峰面积、峰高、吸收值等）为纵坐标，绘制标准曲线。

（5）试样溶液的测定：将试样溶液注入高效液相色谱仪中，得到相应色谱峰的响应值，根据标准曲线得到待测液中抗氧化剂的浓度。

4. 结果计算［式（5-5）］

$$x = \rho \times \frac{\nu}{m} \tag{5-5}$$

式中：x——试样中抗氧化剂含量，mg/kg；

ρ——从标准曲线上得到的抗氧化剂溶液浓度 μg/mL；

ν——样液最终定容体积 mL；

m——称取的试样质量，g。

结果保留 3 位有效数字（或保留到小数点后 2 位）。

5. 注意事项

本法适用于食品中没食子酸丙酯（PG）、2，4，5-三羟基苯丁酮（THBP）、叔丁基对苯二酚（TBHQ）、去甲二氢愈创木酸（NDGA）、叔丁基对羟基茴香醚（BHA）、2，6-二叔丁基4-羟甲基苯酚（Ionox100）、没食子酸辛酯（OG）、2，6-二叔丁基对甲基苯酚（BHT）、没食子酸十二酯（DG）9 种抗氧化剂的测定。

（二）气相色谱法

1. 原理

样品中的抗氧化剂用有机溶剂提取、凝胶渗透色谱（GPC）净化后，用气相色谱氢火焰离子化检测器检测，采用保留时间定性，外标法定量。

2. 试剂

（1）环己烷。

（2）乙酸乙酯。

（3）石油醚：沸程 30~60℃（重蒸）。

（4）乙腈。

（5）丙酮。

（6）标准品：BHA 纯度≥99.0%；BHT 纯度≥99.3%；TBHQ 纯度≥99.0%。

3. 操作方法

（1）试样制备：同液相色谱法。

（2）试样处理。

①油脂样品：混合均匀的油脂样品，过 0.45μm 滤膜后，准确称取 0.5g（精确至0.1mg），用乙酸乙酯和环己烷的混合溶液准确定容至 10.0mL，混合均匀待净化。

②油脂含量较高或中等的样品（油脂含量 15% 以上的样品）：根据样品中油脂的实际含量，称取 5g 混合均匀的样品，置于 250mL 具塞锥形瓶中，加入适量石油醚，使样品完全浸没，放置过夜，用快速滤纸过滤后，旋转蒸发回收溶剂，得到的油脂用乙酸乙酯和环己烷混合溶液准确定容至 10.0mL，混合均匀待净化。

③油脂含量少的试样（油脂含量 15% 以下的样品）和不含油脂的样品（如口香糖等）：称取 1g（精确至 0.01g）试样于 50mL 离心管中，加入 5mL 乙腈饱和的正己烷溶液，涡旋 1min 充分混匀，浸泡 10min。加入 5mL 饱和氯化钠溶液，用 5mL 正己烷饱和的乙腈溶液涡旋 2min，3000r/min 离心 5min，收集乙腈层于试管中，再重复使用 5mL 正己烷饱和的乙腈溶液提取 2 次，合并 3 次提取液，加 0.1% 甲酸溶液调节 pH＝4，待净化。同时做空白试验。

（3）净化：试样经凝胶渗透色谱装置净化，收集流出液蒸发浓缩至近干，用乙酸乙酯和环己烷混合溶液定容至 2mL，进气相色谱仪分析。不同试样的前处理需要同时做试样空白试验。

（4）仪器参考条件。

①色谱柱：5% 苯基—甲基聚硅氧烷毛细管柱，柱长 30m，内径 0.25mm，膜厚 0.25μm，或等效色谱柱。

②载气：氮气，纯度 ≥99.999%，流速 1mL/min。

（5）标准曲线的制作：将标准系列工作液分别注入气相色谱仪中，测定相应的抗氧化剂，以标准工作液的浓度为横坐标，以响应值（如峰面积、峰高、吸收值等）为纵坐标，绘制标准曲线。

（6）试样溶液的测定：将试样溶液注入气相色谱仪中，得到相应抗氧化剂的响应值，根据标准曲线得到待测液中相应抗氧化剂的浓度。

4. 结果计算［式（5-6）］

$$x = \rho \times \frac{\nu}{m} \tag{5-6}$$

式中：x——试样中抗氧化剂含量，mg/kg；

ρ——从标准曲线上得到的抗氧化剂溶液浓度，μg/mL；

ν——样液最终定容体积，mL；

m——称取的试样质量，g。

结果保留 3 位有效数字（或保留到小数点后 2 位）。

5. 注意事项

本方法适用于食品中叔丁基对苯二酚（TBHQ）、叔丁基对羟基茴香醚（BHA）、2,6-二叔丁基对甲基苯酚（BHT）的测定，其检出限叔丁基对苯二酚（TBHQ）为 5mg/kg，叔丁基对羟基茴香醚（BHA）为 2mg/kg，2,6-二叔丁基对甲基苯酚（BHT）为 2mg/kg，定量限均为 5mg/kg。

任务四　漂白剂的测定

一、概述

在食品加工生产过程中，为了使食品保持其特有的色泽，常需加入一定量的漂白剂。漂白剂是破坏或抑制食品中的发色因素使食品褪色或免于褐变的物质。目前食品中常用的漂白剂都是亚硫酸及其盐类，通过其所产生的二氧化硫的还原作用使食品褪色，同时还有抑菌及抗氧化等作用。

漂白剂在使用过程中应遵循食品添加剂使用标准的要求，即使用中不应对食品的品质、营养价值及保存期产生不良影响。二氧化硫和亚硫酸盐本身无营养价值，少量摄入时，以体内经代谢从尿液中排出，但是若超过其摄入量时会给人体带来危害，因此我国的《GB 2760—2014 食品安全标准　食品添加剂使用标准》对其在不同食品的最大使用量作了明确规定，如在经表面处理的鲜水果、蔬菜罐头（仅限竹笋、酸菜）、干制的食用菌和藻类等食品中的最大使用量为 0.05g/kg，而在干制蔬菜（仅限脱水马铃薯）等食品中的最大使用量为 0.4g/kg。

二、硫酸盐及二氧化硫的测定

1. 原理

在密闭容器中对样品进行酸化、蒸馏，蒸馏物用乙酸铅溶液吸收。吸收后的溶液用盐酸酸化，碘标准溶液滴定，根据所消耗的碘标准溶液量计算出样品中的二氧化硫含量。

2. 试剂

盐酸；硫酸；可溶性淀粉；氢氧化钠；碳酸钠；乙酸铅；硫代硫酸钠或无水硫代硫酸钠；碘；碘化钾。

3. 操作方法

（1）试样制备：果脯、干菜、米粉类、粉条和食用菌适当剪成小块，再用剪切式粉碎机剪碎，搅均匀，备用。

（2）试样处理：称取 5g 均匀样品（精确至 0.001g，取样量可视含量高低而定），液体样品可直接吸取 5.00~10.00mL 样品，置于蒸馏烧瓶中。加入 250mL 水，装上冷凝装置，冷凝管下端插入预先备有 25mL 乙酸铅吸收液的碘量瓶的液面下，然后在蒸馏瓶中加入 10mL 盐酸溶液，立即盖塞，加热蒸馏。当蒸馏液约 200mL 时，使冷凝管下端离开液面，再蒸馏 1min。用少量蒸馏水冲洗插入乙酸铅溶液的装置部分。同时做空白试验。

（3）滴定：向取下的碘量瓶中依次加入 10mL 盐酸、1mL 淀粉指示液，摇匀之后用碘标准溶液滴定至溶液颜色变蓝且 30s 内不褪色为止，记录消耗的碘标准滴定溶液体积。

4. 结果计算 ［式（5-7）］

$$x = \frac{(\nu - \nu_0) \times 0.032 \times c \times 1000}{m} \tag{5-7}$$

式中：x——试样中的二氧化硫总含量（以 SO_2 计），g/kg 或 g/L；

　　　ν——滴定样品所用的碘标准溶液体积，mL；

　　　ν_0——空白试验所用的碘标准溶液体积，mL；

　0.032——1mL 碘标准溶液 ［$c(1/2I_2) = 1.0$mol/L］ 相当于二氧化硫的质量 g；

　　　c——碘标准溶液浓度，mol/L；

　　　m——试样质量或体积，g 或 mL。

计算结果以重复性条件下获得的两次独立测定结果的算术平均值表示，当二氧化硫含量≥1g/kg（L）时，结果保留 3 位有效数字；当二氧化硫含量<1g/kg（L）时，结果保留 2 位有效数字。

任务五　护色剂的测定

一、概述

护色剂也称发色剂，是指食品加工工艺中为了使果蔬制品和肉制品等呈现良好色泽所添加的物质。最常使用的护色剂是硝酸盐和亚硝酸盐，硝酸盐在亚硝酸菌的作用下还原成亚硝酸盐，并在肌肉中乳酸菌的作用下生成亚硝酸。亚硝酸不稳定，分解产生亚硝基，并与肌红蛋白质反应生成亮红色的亚硝基红蛋白，使肉制品呈现良好的色泽。

亚硝酸盐除了发色外，还是很好的防腐剂，尤其对肉毒梭状芽孢杆菌在 pH=6 时具有显著的抑制效果。但亚硝酸盐作为食品添加剂，过量使用会对人体产生毒害作用，它能在体内与血红蛋白作用使其失去携氧功能，导致组织缺氧。另外亚硝酸盐还是形成亚硝酸胺的前体物质，在人体内能形成致癌物。因此我国的《GB 2760—2014 食品安全标准　食品添加剂使用标准》对其在不同食品的最大使用量作了明确规定，如硝酸盐在肉制品中的最大使用量为0.05g/kg，而亚硝酸盐在肉制品中的最大使用量为 0.15g/kg。

二、护色剂的测定方法

硝酸盐及亚硝酸盐的测定方法有离子色谱法、分光光度法、紫外分光光度法（只适用于蔬菜、水果中硝酸盐的测定），下面主要介绍前两种方法。

（一）离子色谱法

1. 原理

试样经沉淀蛋白质、除去脂肪后，采用相应的方法提取和净化，以氢氧化钾溶液为淋洗液，阴离子交换柱分离，电导检测器或紫外检测器检测。以保留时间定性，外标法定量。

2. 试剂

（1）乙酸。

（2）氢氧化钾。

（3）亚硝酸钠：基准试剂，或采用具有标准物质证书的亚硝酸盐标准溶液。

（4）硝酸钠：基准试剂，或采用具有标准物质证书的硝酸盐标准溶液。

3. 操作方法

（1）试样预处理。

①蔬菜、水果：将新鲜蔬菜、水果试样用自来水洗净后，用水冲洗，晾干后，取可食部切碎混匀。将切碎的样品用四分法取适量，用食物粉碎机制成匀浆，备用。如需加水应记录加水量。

②粮食及其他植物样品：除去可见杂质后，取有代表性试样 50～100g，粉碎后，过0.30mm 孔筛，混匀，备用。

③肉类、蛋、水产及其制品：用四分法取适量或取全部，用食物粉碎机制成匀浆，备用。

④乳粉、豆奶粉、婴儿配方粉等固态乳制品（不包括干酪）：将试样装入能够容纳 2 倍

试样体积的带盖容器中，通过反复摇晃和颠倒容器使样品充分混匀直到使试样均一化。

⑤发酵乳、乳、炼乳及其他液体乳制品：通过搅拌或反复摇晃和颠倒容器使试样充分混匀。

⑥干酪：取适量的样品研磨成均匀的泥浆状，为避免水分损失，研磨过程中应避免产生过多的热量。

（2）提取。

①蔬菜、水果等植物性试样：称取试样 5g（精确至 0.001g，可适当调整试样的取样量，以下相同），置于 150mL 具塞锥形瓶中，加入 80mL 水，1mL 1mol/L 氢氧化钾溶液，超声提取 30min，每隔 5min 振摇 1 次，保持固相完全分散。于 75℃ 水浴中放置 5min，取出放置至室温，定量转移至 100mL 容量瓶中，加水稀释至刻度，混匀。溶液经滤纸过滤后，取部分溶液于 10000r/min 离心 15min，上清液备用。

②肉类、蛋类、鱼类及其制品等：称取试样匀浆 5g（精确至 0.001g），置于 150mL 具塞锥形瓶中，加入 80mL 水，超声提取 30min，每隔 5min 振摇 1 次，保持固相完全分散。于 75℃ 水浴中放置 5min，取出放置至室温，定量转移至 100mL 容量瓶中，加水稀释至刻度，混匀。溶液经滤纸过滤后，取部分溶液于 10000r/min 离心 15min，上清液备用。

③腌鱼类、腌肉类及其他腌制品：称取试样匀浆 2g（精确至 0.001g），置于 150mL 具塞锥形瓶中，加入 80mL 水，超声提取 30min，每隔 5min 振摇 1 次，保持固相完全分散。于 75℃ 水浴中放置 5min，取出放置至室温，定量转移至 100mL 容量瓶中，加水稀释至刻度，混匀。溶液经滤纸过滤后，取部分溶液于 10000r/min 离心 15min，上清液备用。

④乳：称取试样 10g（精确至 0.01g），置于 100mL 具塞锥形瓶中，加水 80mL，摇匀，超声 30min，加入 3% 乙酸溶液 2mL，于 4℃ 放置 20min，取出放置至室温，加水稀释至刻度。溶液经滤纸过滤，滤液备用。

⑤乳粉及干酪：称取试样 2.5g（精确至 0.01g），置于 100mL 具塞锥形瓶中，加水 80mL，摇匀，超声 30min，取出放置至室温，定量转移至 100mL 容量瓶中，加入 3% 乙酸溶液 2mL，加水稀释至刻度，混匀。于 4℃ 放置 20min，取出放置至室温，溶液经滤纸过滤，滤液备用。

⑥取上述备用溶液约 15mL，通过 0.22μm 水性滤膜针头滤器、C_{18} 柱，弃去前面 3mL（如果 Cl^- 浓度大于 100mg/L，则需要依次通过针头滤器、C_{18} 柱、Ag 柱和 Na 柱，弃去前面 7mL），收集后面洗脱液待测。固相萃取柱使用前需进行活化，C_{18} 柱（1.0mL）、Ag 柱（1.0mL）和 Na 柱（1.0mL），其活化过程为：C_{18} 柱（1.0mL）使用前依次用 10mL 甲醇、15mL 水通过，静置活化 30min。Ag 柱（1.0mL）和 Na 柱（1.0mL）用 10mL 水通过，静置活化 30min。

（3）仪器参考条件。

①色谱柱：氢氧化物选择性，可兼容梯度洗脱的二乙烯基苯—乙基苯乙烯共聚物基质，烷醇基季铵盐功能团的高容量阴离子交换柱，4mm×250mm（带保护柱 4mm×50mm），或性能相当的离子色谱柱。

②检测器：电导检测器，检测池温度为 35℃；或紫外检测器，检测波长为 226nm。

③进样体积：50μL（可根据试样中被测离子含量进行调整）。

（4）测定。

①标准曲线的制作：将标准系列工作液分别注入离子色谱仪中，得到各浓度标准工作液色谱图，测定相应的峰高（μS）或峰面积，以标准工作液的浓度为横坐标，以峰高（μS）或峰面积为纵坐标，绘制标准曲线。

②试样溶液的测定：将空白和试样溶液注入离子色谱仪中，得到空白和试样溶液的峰高（μS）或峰面积，根据标准曲线得到待测液中亚硝酸根离子或硝酸根离子的浓度。

4. 结果计算［式（5-8）］

$$x = \frac{(\rho - \rho_0) \times \nu \times f \times 1000}{m \times 1000} \tag{5-8}$$

式中：x——试样中亚硝酸根离子或硝酸根离子的含量，mg/kg；

ρ——测定用试样溶液中的亚硝酸根离子或硝酸根离子浓度，mg/L；

ρ_0——试剂空白液中亚硝酸根离子或硝酸根离子的浓度，mg/L；

ν——试样溶液体积，mL；

f——试样溶液稀释倍数；

1000——换算系数；

m——试样取样量，g。

试样中测得的亚硝酸根离子含量乘以换算系数 1.5，即得亚硝酸盐（按亚硝酸钠计）含量；试样中测得的硝酸根离子含量乘以换算系数 1.37，即得硝酸盐（按硝酸钠计）含量。结果保留 2 位有效数字。

本法重复性条件下获得的两次独立测定结果的绝对差值不得超过算术平均值的 10%。亚硝酸盐和硝酸盐检出限分别为 0.2mg/kg 和 0.4mg/kg。

（二）分光光度法

1. 原理

亚硝酸盐采用盐酸萘乙二胺法测定，硝酸盐采用镉柱还原法测定。试样经沉淀蛋白质、除去脂肪后，在弱酸条件下，亚硝酸盐与对氨基苯磺酸重氮化后，再与盐酸萘乙二胺偶合形成紫红色染料，外标法测得亚硝酸盐含量。采用镉柱将硝酸盐还原成亚硝酸盐，测得亚硝酸盐总量，由测得的亚硝酸盐总量减去试样中亚硝酸盐含量，即得试样中硝酸盐含量。

2. 试剂

（1）亚铁氰化钾。

（2）乙酸锌。

（3）冰乙酸。

（4）硼酸钠。

（5）盐酸（$\rho = 1.19 g/mL$）。

（6）氨水。

（7）对氨基苯磺酸。

（8）盐酸萘乙二胺。

（9）锌皮或锌棒。

（10）硫酸镉。

（11）硫酸铜。

（12）亚硝酸钠：基准试剂，或采用具有标准物质证书的亚硝酸盐标准溶液。

（13）硝酸钠：基准试剂，或采用具有标准物质证书的硝酸盐标准溶液。

3. 操作方法

（1）试样的预处理：同离子色谱法。

（2）提取。

①干酪：称取试样 2.5g（精确至 0.001g），置于 150mL 具塞锥形瓶中，加水 80mL，摇匀，超声 30min，取出放置至室温，定量转移至 100mL 容量瓶中，加入 3%乙酸溶液 2mL，加水稀释至刻度，混匀于 4℃放置 20min，取出放置至室温，溶液经滤纸过滤，滤液备用。

②液体乳样品：称取试样 90g（精确至 0.001g），置于 250mL 具塞锥形瓶中，加 12.5mL 饱和硼砂溶液，加入 70℃左右的水约 60mL，混匀，于沸水浴中加热 15min，取出置冷水浴中冷却，并放置至室温。定量转移上述提取液至 200mL 容量瓶中，加入 5mL 亚铁氰化钾溶液，摇匀，再加入 5mL 乙酸锌溶液，以沉淀蛋白质。加水至刻度，摇匀，放置 30min，除去上层脂肪，上清液用滤纸过滤，滤液备用。

③乳粉：称取试样 10g（精确至 0.001g），置于 150mL 具塞锥形瓶中，加 12.5mL 50g/L 饱和硼砂溶液，加入 70℃左右的水约 60mL，混匀，于沸水浴中加热 15min，取出置冷水浴中冷却，并放置至室温。定量转移上述提取液至 200mL 容量瓶中，加入 5mL 亚铁氰化钾溶液，摇匀，再加入 5mL 乙酸锌溶液，以沉淀蛋白质。加水至刻度，摇匀，放置 30min，除去上层脂肪，上清液用滤纸过滤，滤液备用。

④其他样品：称取 5g（精确至 0.001g），匀浆试样（如制备过程中加水，应按加水量折算），置于 250mL 具塞锥形瓶中，加 12.5mL 50g/L 饱和硼砂溶液，加入 70℃左右的水约 150mL，混匀，于沸水浴中加热 15min，取出置冷水浴中冷却，并放置至室温。定量转移上述提取液至 200mL 容量瓶中，加入 5mL 亚铁氰化钾溶液，摇匀，再加入 5mL 乙酸锌溶液，以沉淀蛋白质。加水至刻度，摇匀，放置 30min，除去上层脂肪，上清液用滤纸过滤，弃去初滤液 30mL，滤液备用。

（3）亚硝酸盐的测定：吸取 40.0mL 上述滤液于 50mL 带塞比色管中，另吸取 0、0.20mL、0.40mL、0.60mL、0.80mL、1.00mL、1.50mL、2.00mL、2.50mL 亚硝酸钠标准使用液（相当于 0、1.0μg、2.0μg、3.0μg、4.0μg、5.0μg、7.5μg、10.0μg、12.5μg 亚硝酸钠），分别置于 50mL 带塞比色管中。于标准管与试样管中分别加入 2mL 对氨基苯磺酸溶液，混匀，静置 3~5min 后各加入 1mL 盐酸萘乙二胺溶液，加水至刻度，混匀，静置 15min，用 1cm 比色杯，以零管调节零点，于波长 538nm 处测吸光度，绘制标准曲线比较。同时做试剂空白。

（4）硝酸盐的测定。

①镉柱还原。

a. 先以 25mL 氨缓冲液的稀释液冲洗镉柱，流速控制在 3~5mL/min（以滴定管代替的可控制在 2~3mL/min）。

b. 吸取 20mL 滤液于 50mL 烧杯中，加 5mL pH 9.6~9.7 氨缓冲溶液，混合后注入贮液漏斗，使其流经镉柱还原，当贮液杯中的样液流尽后，加 15mL 水冲洗烧杯，再倒入贮液杯中。冲洗水流完后，再用 15mL 水重复 1 次。当第 2 次冲洗水快流尽时，将贮液杯装满水，以最大流速过柱。当容量瓶中的洗提液接近 100mL 时，取出容量瓶，用水定容刻度，混匀。

②亚硝酸钠总量的测定：吸取 10~20mL 还原后的样液于 50mL 比色管中。以下按亚硝酸盐的测定自"吸取 0、0.20mL、0.40mL、0.60mL、0.80mL、1.00mL……"起操作。

4. 结果计算

（1）亚硝酸盐含量计算［式（5-9）］。

$$x_1 = \frac{m_1 \times 1000}{m_2 \times \dfrac{v_1}{v_0} \times 1000} \tag{5-9}$$

式中：x_1——试样中亚硝酸钠的含量，mg/kg；

　　m_1——测定用样液中亚硝酸钠的质量，μg；

　1000——转换系数；

　　m_2——试样质量，g；

　　v_1——测定用样液体积，mL；

　　v_0——试样处理液总体积，mL。

结果保留 2 位有效数字。

（2）硝酸盐含量计算［式（5-10）］。

$$x_2 = \left(\frac{m_3 \times 1000}{m_4 \times \dfrac{v_3}{v_2} \times \dfrac{v_4}{v_5} \times 1000} - x_1 \right) \times 1.232 \tag{5-10}$$

式中：x_2——试样中硝酸钠的含量，mg/kg；

　　m_3——经镉粉还原后测得总亚硝酸钠的质量，μg；

　1000——转换系数；

　　m_4——试样的质量，g；

　　v_3——测总亚硝酸钠的测定用样液体积 mL

　　v_2——试样处理液总体积，mL；

　　v_5——经镉柱还原后样液的测定用体积，mL；

　　v_4——经镉柱还原后样液总体积，mL；

　　x_1——试样中亚硝酸钠的含量，mg/kg；

1.232——亚硝酸钠换算成硝酸钠的系数。

结果保留 2 位有效数字。

思政小课堂

亚硝酸盐与食品安全

任务六　食用合成色素的测定

一、概述

食用合成色素是类能使食品着色或改善食品色泽的一类食品添加剂。食用合成色素因其着色能力强，易于调色，在食品加工过程中稳定性能好且价格低廉，在食品加工过程中被广泛使用。但由于合成色素多以煤焦油为起始原料，且在合成过程中可能受到铅、砷等有害物质所污染，因此在食品安全性上的争论要比其他类食品添加剂更为突出。目前我国允许使用的合成色素有 9 种，分别为日落黄、柠檬黄、赤藓红、苋菜红、胭脂红、新红、诱惑红、亮蓝、靛蓝。

二、食用合成色素的测定

（一）原理

食品中人工合成着色剂用聚酰胺吸附法或液—液分配法提取，制成水溶液，注入高效液相色谱仪，经反相色谱分离，根据保留时间定性和与峰面积比较进行定量。

（二）试剂

（1）甲醇：色谱纯。

（2）正己烷。

（3）盐酸。

（4）冰醋酸。

（5）甲酸。

（6）乙酸铵。

（7）柠檬酸。

（8）硫酸钠。

（9）正丁醇。

（10）三正辛胺。

（11）无水乙醇。

（12）氨水：含量 20%~25%。

（13）聚酰胺粉（尼龙 6）：过 200μm（目）筛。

（14）各种食用色素标准品。

（三）操作方法

1. 试样制备

（1）果汁饮料及果汁、果味碳酸饮料等：称取 20~40g（精确至 0.001g），放入 100mL 烧杯中。含二氧化碳样品加热或超声驱除二氧化碳。

（2）配制酒类：称取 20~40g（精确至 0.001g），放入 100mL 烧杯中，加小碎瓷片数片，加热驱除乙醇。

（3）硬糖、蜜饯类、淀粉软糖等：称取 5~10g（精确至 0.001g）粉碎样品，放入 100mL 小烧杯中，加水 30mL，温热溶解，若样品溶液 pH 较高，用柠檬酸溶液调 pH 到 6 左右。

（4）巧克力豆及着色糖衣制品：称取 5~10g（精确至 0.001g），放入 100mL 小烧杯中，用水反复洗涤色素，到巧克力豆无色素为止，合并色素漂洗液为样品溶液。

2. 色素提取

（1）聚酰胺吸附法：样品溶液加柠檬酸溶液调 pH 到 6，加热至 60℃，将 1g 聚酰胺粉加少许水调成粥状，倒入样品溶液中，搅拌片刻，以 G3 垂熔漏斗抽滤，用 60℃ pH 为 4 的水洗涤 3~5 次，然后用甲醇—甲酸混合溶液洗涤 3~5 次，再用水洗至中性，用乙醇—氨水—水混合溶液解吸 3~5 次，直至色素完全解吸，收集解吸液，加乙酸中和，蒸发至近干，加水溶解，定容至 5mL。经 0.45μm 微孔滤膜过滤，进高效液相色谱仪分析。

（2）液—液分配法（适用于含赤藓红的样品）：将制备好的样品溶液放入分液漏斗中，加 2mL 盐酸，三正辛胺—正丁醇溶液（5%）10~20mL，振摇提取，分取有机相，重复提取，直至有机相无色，合并有机相，用饱和硫酸钠溶液洗 2 次，每次 10mL，分取有机相，放蒸发皿中，水浴加热浓缩至 10mL，转移至分液漏斗中，加 10mL 正己烷，混匀，加氨水溶液提取 2~3 次，每次 5mL，合并氨水溶液层（含水溶性酸性色素），用正己烷洗 2 次，氨水层加乙酸调成中性，水浴加热蒸发至近干，加水定容至 5mL。经 0.45μm 微孔滤膜过滤，进高效液相色谱仪分析。

3. 仪器参考条件

（1）色谱柱：C18 柱，4.6mm×250mm，5μm。

（2）进样量：10μL。

（3）柱温：35℃。

（4）检测波长：二极管阵列检测器波长范围 400~800nm，或紫外检测器检测波长 254nm。

4. 测定

将样品提取液和合成着色剂标准使用液分别注入高效液相色谱仪，根据保留时间定性，外标峰面积法定量。

（四）结果计算［式（5-11）］

$$x = \frac{c \times v \times 1000}{m \times 1000 \times 1000}$$ （5-11）

式中：x——试样中着色剂的含量，g/kg；

c——进样液中着色剂的浓度，μg/mL；

v——试样稀释总体积，mL；

m——试样质量，g；

1000——换算系数。

计算结果以重复性条件下获得的两次独立测定结果的算术平均值表示，结果保留 2 位有效数字。

方法检出限：柠檬黄、新红、苋菜红、胭脂红、日落黄均为 0.5mg/kg，亮蓝、赤藓红均为 0.2mg/kg（检测波长 254nm 时亮蓝检出限为 1.0mg/kg，赤藓红检出限为 0.5mg/kg）。

【复习思考题】

一、填空题

1. 在测定糖精钠、苯甲酸钠含量时，对样品处理液进行酸化的目的是_____。

2. 用比色法测定食品中硝酸钠含量，应先用镉柱将 $NaNO_3$ 还原为_____再进行测定。镉柱使用前，应先用_____洗涤，不用时用_____封盖，并保持在镉层之上，不得使镉层有气泡，目的是_____。

3. 常用防腐剂有_____和_____；常见的甜味剂有_____、_____。

4. 在食品中使用添加剂，都有规定的使用限量指标，糖精钠、苯甲酸钠、硝酸钠、亚硝酸钠、BHT 在加入食品中的最大使用量分别为_____、_____、_____、_____。

5. 硝酸盐在肉品中使用是利用其_____、_____和_____；亚硝酸盐是致癌物质亚硝胺的前体。

6. 测定亚硝酸盐含量的主要方法是_____，所使用的仪器是_____，使用饱和硼砂目的是_____和_____。

7. 测硝酸盐通过镉柱的目的是_____；镉柱的还原效率应为_____。

二、选择题

1. 啤酒中二氧化硫含量的测定的指示剂是（　　）。

A. 淀粉　　　　　　　B. 孔雀石绿　　　　　　　C 酚酞

2. 啤酒中二氧化硫含量的测定的标准溶液是（　　）。

A. 高锰酸钾　　　　　B. 碘标准溶液　　　　　　C. 碳酸钠

3. 啤酒中二氧化硫含量的测定终点时，溶液应呈（　　）。

A. 蓝色　　　　　　　B. 黄色　　　　　　　　　C. 红紫色。

4. 下列属于人工甜味剂的是（　　）。

A. 糖精钠　　　　　　B. 甘草　　　　　　C. 麦芽糖醇　　　　　　D. 甜菊糖苷

5. 在测定亚硝酸盐含量时，在样液中加入饱和硼砂溶液的作用是（　　）。

A. 提取亚硝酸盐　　　B. 沉淀蛋白质　　　　C. 便于过滤　　　　　　D. 还原硝酸盐

6. 我国新修订的《食品添加剂使用卫生标准》标准号是（　　）。

A. GB 14880—1994　　B. GB 2760—2003　　　C. GB 2780—2007　　D. GB 2760—2014

三、简答题

1. 食品添加剂有哪些功效？并分别举例说明。

2. 简述食品中亚硫酸盐的测定原理。

3. 就食品卫生而言，食品添加剂应具备哪些条件？

4. 现有一香肠样品，需测定其亚硝酸盐含量，请写出其检测方案。

项目六 食品中矿物质元素的测定

【知识目标】

熟悉食品中矿物质元素的分类和作用；掌握食品中矿物质元素测定的原理及测定方法。

【能力目标】

1. 掌握不同测定方法中样品的消化方法。

2. 能够配制、储存和使用各类矿物质元素的标准溶液。能够应用滴定法、比色法、液相色谱法、气相色谱法等测定食品中矿物质含量。

【相关知识】

存在于食品中的各种元素中，除碳、氢、氧、氮组成有机化合物，其余的各种元素均称为矿物质，又称为无机盐或灰分。

根据矿物质在人体内含量的多少，将其分类为常量元素和微量元素。常量元素又称为宏量元素，指含量占体重的 0.01% 以上或每日膳食需要量在 100mg 以上的矿物质，如钙、磷、钾、氯、硫、镁 7 种；微量元素又称痕量元素，在人体内浓度极低，含量小于人体体重的0.01% 或每人每日膳食需要量为微克至毫克的矿物质。

FAO/WHO 提出，人体必需的微量元素有铁、锌、硒、碘、钼、铜、钴、铬。可能必需的微量元素有硅、镍、硼、钒和锰 5 种。有潜在毒性，但低剂量可能具有人体必需功能的元素有氟、铅、镉、砷、汞、铝、锡、锂 8 种。

任务一 食品中钙的测定

钙是人体中含量最多的无机元素，成人体内含钙总量为 1100~1200g，约占体重的 2%。钙是人体骨骼和牙齿的重要组成成分，还能起到维持肌肉和神经的正常活动，参与凝血等重要生理作用。

目前食品中钙的测定方法主要有火焰原子吸收光谱法、滴定法、荧光法、电感耦合等离子体发射光谱法和电感耦合等离子体质谱法。

一、火焰原子吸收光谱法

（一）原理

试样经消解处理后，加入镧溶液作为释放剂，经原子吸收火焰原子化，在 422.7nm 处测定的吸光度值在一定浓度范围内与钙含量成正比，与标准系列比较定量。

（二）仪器和设备

原子吸收光谱仪（配火焰原子化器、钙空心阴极灯），可调式电热炉，可调式电热板，微波消解系统（配聚四氟乙烯消解内罐）。

（三）试剂和材料

1. 试剂

硝酸（HNO_3），高氯酸（$HClO_4$），盐酸（HCl），氧化镧（La_2O_3）。

2. 试剂配制

（1）硝酸溶液（5+95）：量取 50mL 硝酸（HNO_3），加入 950mL 水，混匀。

（2）硝酸溶液（1+1）：量取 500mL 硝酸（HNO_3），与 500mL 水混合均匀。

（3）盐酸溶液（1+1）：量取 500mL 盐酸（HCl），与 500mL 水混合均匀。

（4）镧溶液（20g/L）：称取 23.45g 氧化镧（La_2O_3），先用少量水湿润后再加入 75mL 盐酸溶液（1+1）溶解，转入 1000mL 容量瓶中，加水定容至刻度，混匀。

3. 标准溶液的配制

（1）钙标准储备液（1000mg/L）：准确称取 2.4963g（精确至 0.0001g）碳酸钙，加盐酸溶液（1+1）溶解，移入 1000mL 容量瓶中，加水定容至刻度，混匀。

（2）钙标准中间液（100mg/L）：准确吸取钙标准储备液（1000mg/L）10mL 于 100mL 容量瓶中，加硝酸溶液（5+95）至刻度，混匀。

（3）钙标准系列溶液：分别吸取钙标准中间液（100mg/L）0、0.500mL、1.00mL、2.00mL、4.00mL、6.00mL 于 100mL 容量瓶中，另在各容量瓶中加入 5mL 镧溶液（20g/L），最后加硝酸溶液（5+95）定容至刻度，混匀。此钙标准系列溶液中钙的质量浓度分别为 0、0.500mg/L、1.00mg/L、2.00mg/L、4.00mg/L 和 6.00mg/L。

注：可根据仪器的灵敏度及样品中钙的实际含量确定标准溶液系列中元素的具体浓度。

（四）操作方法

1. 试样制备

粮食、豆类样品：去除杂物后，粉碎，储于塑料瓶中。

蔬菜、水果、鱼类、肉类等样品：用水洗净，晾干，取可食部分，制成匀浆，储于塑料瓶中。

饮料、酒、醋、酱油、食用植物油、液态乳等液体样品：摇匀。

2. 试样消解

（1）湿法消解：准确称取固体试样 0.2~3g（精确至 0.001g）或准确移取液体试样 0.500~5.00mL 于带刻度消化管中，加入 10mL 硝酸、0.5mL 高氯酸，在可调式电热炉上消解（参考条件：120℃/0.5h~120℃/1h、升至 180℃/2h~180℃/4h、升至 200~220℃）。若消化液呈棕褐色，再加硝酸，消解至冒白烟，消化液呈无色透明或略带黄色。取出消化管，冷却后用水定容至 25mL，再根据实际测定需要稀释，并在稀释液中加入一定体积的镧溶液（20g/L），使其在最终稀释液中的浓度为 1g/L，混匀备用，此为试样待测液。同时做试剂空白试验，也可采用锥形瓶，于可调式电热板上，按上述操作方法进行湿法消解。

（2）微波消解法：准确称取固体试样 0.2~0.8g（精确至 0.001g）或准确移取液体试样 0.500~3.00mL 于微波消解罐中，加入 5mL 硝酸，按照微波消解的操作步骤消解试样，消解条件见表 6-1。冷却后取出消解罐，在电热板上于 140~160℃ 赶酸至 1mL 左右。消解罐放冷后，将消化液转移至 25mL 容量瓶中，用少量水洗涤消解罐 2~3 次，合并洗涤液于容量瓶中并用水定容至刻度。根据实际测定需要稀释，并在稀释液中加入一定体积镧溶液（20g/L）使其在最终稀释液中的浓度为 1g/L，混匀备用，此为试样待测液。同时做试剂空白试验。

表 6-1　微波消解升温程序参考条件

步骤	设定温度/℃	升温时间/min	恒温时间/min
1	120	5	5
2	160	5	10
3	180	5	10

3. 标准曲线的制作

将钙标准系列溶液按浓度由低到高的顺序分别导入火焰原子化器，测定吸光度值，以标准系列溶液中钙的质量浓度为横坐标，相应的吸光度值为纵坐标，制作标准曲线。

4. 试样溶液的测定

在与测定标准溶液相同的实验条件下，将空白溶液和试样待测液分别导入原子化器，测定相应的吸光度值，与标准系列比较定量。仪器参考条件见表 6-2。

表 6-2　火焰原子吸收光谱法参考条件

元素	波长/nm	狭缝/nm	灯电流/mA	燃烧头高度/mm	空气流量/(L/min)	乙炔流量/(L/min)
钙	422.7	1.3	5~15	3	9	2

（五）结果计算

试样中钙的含量按式（6-1）计算：

$$x = \frac{(\rho - \rho_0) \times f \times v}{m} \tag{6-1}$$

式中：x——试样中钙的含量，mg/kg 或 mg/L；

ρ——试样待测液中钙的质量浓度，mg/L；

ρ_0——空白溶液中钙的质量浓度 mg/L；

f——试样消化液的稀释倍数；

v——试样消化液的定容体积，mL；

m——试样质量或移取体积，g 或 mL。

当钙含量 ≥ 10.0mg/kg 或 10.0mg/L 时，计算结果保留 3 位有效数字，当钙含量 < 10.0mg/kg 或 10.0mg/L 时，计算结果保留 2 位有效数字。

二、EDTA 滴定法

在适当的 pH 范围内，钙与 EDTA（乙二胺四乙酸二钠）形成金属络合物。以 EDTA 滴定，在达到当量点时，溶液呈现游离指示剂的颜色。根据 EDTA 用量，计算钙的含量。

思政小课堂

食品中的钙与健康

任务二　食品中铁的测定

人体内铁的含量随年龄、性别、营养状况、健康状况的不同而有个体差异，一般成人体内含铁总量为 4~5g，主要储存于血红蛋白中。铁在人体中主要起到参与氧气的运输和组织呼吸，维持正常的造血功能，增加机体免疫等功能。

目前食品中铁的测定方法主要有火焰原子吸收光谱法、分光光度法、比色法、电感耦合等离子体发射光谱法和电感耦合等离子体质谱法等。

一、邻二氮菲法

（一）原理

在 pH 值 2~9 的溶液中，二价铁离子能与邻二氮菲生成稳定的橙红色络合物，在 510nm 有最大吸收，其吸光度与铁的含量成正比，可采用比色测定。

（二）试剂

（1）10% 盐酸羟胺（$NH_2OH \cdot HCL$）溶液。

（2）新鲜配制的 0.12% 邻二氮菲水溶液。

（3）10% 醋酸钠溶液。

（4）1mol/L 盐酸溶液。

（5）铁标准溶液：准确称取 0.4979g 硫酸亚铁（$FeSO_4 \cdot 7H_2O$）溶于 100mL 水中，加入 5mL 浓硫酸微热，溶解即滴加 2% 高锰酸钾溶液，至最后一滴红色不褪色为止，用水定容至 1000mL，摇匀，得标准储备液，此液每毫升含 Fe^{3+} 100μg。取铁标准储备液 10mL 于 100mL 容量瓶中，加水至刻度，混匀，得标准使用液，此液每毫升含 Fe^{3+} 10μg。

（三）操作方法

1. 试样处理

称取均匀样品 10.0g，干法灰化后，加入 2mL 1∶1 盐酸，在水浴上蒸干，再加入 5mL 蒸馏水，加入煮沸后移入 100mL 容量瓶中，以水定容，混匀。

2. 标准曲线绘制

吸取 10μg/mL 铁标准溶液（标准溶液吸取量可根据样品含铁量高低来确定）0、1.0mL、2.0mL、3.0mL、4.0mL、5.0mL，分别置于 50mL 容量瓶中，加入 1mol/L 盐酸溶液 1mL、10% 盐酸羟胺 1mL、0.12% 邻二氮菲 1mL，然后加入 10% 醋酸钠 5mL，用水稀释至刻度，摇匀，以不加铁的试剂空白溶液作对比，在 510nm 波长处用 1cm 比色皿测吸光度，绘制标准曲线。

3. 样品测定

准确吸取样液 5~10mL（根据样品含铁量高低来确定）与 50mL 容量瓶中，以下按标准曲线绘制测定吸光度，在标准曲线上查出相对应的含铁量（μg）。

（四）结果计算

试样中铁的含量按式（6-2）计算：

$$w_{铁} = \frac{m_{铁} \times 10^{-6}}{m \times \dfrac{V_1}{V_2}} \qquad\qquad (6-2)$$

式中：$w_{铁}$——试样中铁的质量分数，%；

$m_{铁}$——从标准曲线上查得测定用样液中的铁含量，μg；

V_1——测定用样液体积，mL；

V_2——样液总体积，mL；

m——样品质量，g。

二、火焰原子吸收光谱法

试样消解后，经原子吸收火焰原子化，在 248.3nm 处测定吸光度值。在一定浓度范围内铁的吸光度值与铁含量成正比，与标准系列比较定量。

任务三　食品中锌的测定

锌在人体含 2.0~2.5g，所有器官都含锌，按单位重量含锌量计算，视网膜、脉络膜、前列腺为最高，其次为骨骼、肌肉、皮肤、肝、肾、心等。锌对生长发育、免疫功能、物质代谢和生殖功能等均具有重要的作用。

目前食品中锌的测定方法主要有原子吸收光谱法、分光光度法、电感耦合等离子体发射光谱法、电感耦合等离子体质谱法和二硫腙比色法。

一、火焰原子吸收光谱法

（一）原理

试样消解处理后，经火焰原子化，在 213.9nm 处测定吸光度。在一定浓度范围内锌的吸光度值与锌含量成正比，与标准系列比较定量。

（二）仪器和设备

原子吸收光谱仪（配火焰原子化器，附锌空心阴极灯）；可调式电热炉。

（三）试剂和材料

1. 试剂

（1）硝酸（HNO_3）。

（2）硝酸溶液（5+95）：量取 50mL 硝酸，缓慢加入 950mL 水中，混匀。

（3）硝酸溶液（1+1）：量取 250mL 硝酸，缓慢加入 250mL 水中，混匀。

（4）高氯酸（$HClO_4$）。

2. 标准溶液配制

（1）锌标准储备液（1000mg/L）：准确称取 1.2447g（精确值 0.0001g）氧化锌，加少量硝酸溶液（1+1），加热溶解，冷却后移入 1000mL 容量瓶，加水至刻度，混匀。

（2）锌标准中间液（10.0mg/L）：准确吸取锌标准储备（1000mg/L）1.00mL 于 100mL 容量瓶中，加硝酸溶液（5+95）至刻度，混匀。

（3）锌标准系列溶液：分别准确吸取锌标准中间液 0、1.00mL、2.00mL、4.00mL、8.00mL 和 10.0mL 于 100mL 容量瓶中，加硝酸溶液（5+95）至刻度，混匀。此锌标准系列溶液的质量浓度分别为 0、0.100mg/L、0.200mmg/L、0.400mg/L、0.800mg/L 和 1.00mg/L。

（四）操作方法

1. 试样制备

（1）粮食、豆类样品：样品去除杂物后，粉碎，储于塑料瓶中。

（2）蔬菜、水果、鱼类、肉类等样品：样品用水洗净，晾干，取可食部分，制成匀浆，储于塑料瓶中。

（3）饮料、酒、醋、酱油、食用植物油、液态乳等液体样品：摇匀。

2. 试样湿法消解

准确称取固体试样 0.2~3g（精确至 0.001g）或准确移取液体试样 0.500~5.00mL 于带刻度消化管中，加入 10mL 硝酸、0.5mL 高氯酸，在可调式电热炉上消解（参考条件：120℃/（0.5~1h）、升至 180℃/（2~4h）、升至 200~220℃）。若消化液呈棕褐色，再加少量硝酸，消解至冒白烟，消化液呈无色透明或略带黄色，取出消化管，冷却后用水定容至 25mL 或 50mL，混匀备用。同时做试剂空白试验。

3. 测定

（1）仪器参考条件（表 6-3）。

表 6-3　火焰原子吸收光谱法仪器参考条件

元素	波长/nm	狭缝/nm	灯电流/mA	燃烧头高度/mm	空气流量/（L/min）	乙炔流量/（L/min）
锌	213.9	0.2	3~5	3	9	2

（2）标准曲线的制作：将锌标准系列溶液按质量浓度由低到高的顺序分别导入火焰原

子化器，原子化后测其吸光度值，以质量浓度为横坐标，吸光度值为纵坐标，制作标准曲线。

（3）试样测定：在与测定标准溶液相同的实验条件下，将空白溶液和试样溶液分别导入火焰原子化器，原子化后测其吸光度值，与标准系列比较定量。

（五）结果计算

试样中锌的含量按式（6-3）计算：

$$X = \frac{(\rho - \rho_0) \times V}{m} \tag{6-3}$$

式中：X——试样中锌的含量，mg/kg 或 mg/L；

$\quad\rho$——试样溶液中锌的质量浓度，mg/L；

$\quad\rho_0$——空白溶液中锌的质量浓度，mg/L；

$\quad V$——试样消化液的定容体积，mL；

$\quad m$——试样称样量或移取体积，g 或 mL。

当锌含量 ≥ 10.0mg/kg（或 mg/L）时，计算结果保留 3 位有效数字；当锌含量 < 10.0mg/kg（或 mg/L）时，计算结果保留 2 位有效数字。

二、二硫腙比色法

样品经消化后，在 pH 4.0~5.5 时，锌离子与二硫腙形成紫红色络合物，溶于四氯化碳，加入硫代硫酸钠，可防止铜、汞、铅、铋、银和镉等离子干扰，与标准系列比较定量。

任务四　食品中硒的测定

人体硒总量为 3~20mg，存在于所有细胞与组织器官中，其浓度在肝、肾、胰、心、脾、牙釉质和指甲中较高，肌肉、骨骼和血液中次之，脂肪组织最低，肌肉中硒占总量一半。硒在人体中起到抗氧、清除自由基、保护心血管、解毒等生理作用。

目前食品中硒的测定方法主要有氢化物原子荧光光谱法、荧光分光光度法和电感耦合等离子体质谱法。

一、荧光分光光度法

（一）原理

将试样用混合酸消化，使硒化合物转化为无机硒 Se^{4+}，在酸性条件下 Se^{4+} 与 2，3-二氨基萘（2，3- Diaminonaphthalene，DAN）反应生成 4，5-苯并苤硒脑（4，5-Benzopiaselenol），然后用环己烷萃取后上机测定。4，5-苯并苤硒脑在波长为 376nm 的激发光作用下，发射波长为 520nm 的荧光，测定其荧光强度，与标准系列比较定量。

（二）仪器和设备

荧光分光光度计。

（三）试剂和材料

1. 试剂

（1）盐酸（HCL）。

（2）环己烷（C_6H_{12}）。

（3）2，3-二氨基萘（DAN，$C_{10}H_{10}N_2$）。

（4）乙二胺四乙酸二钠（EDTA-2Na，$C_{10}H_{14}N_2Na_2O_8$）。

（5）盐酸羟胺（$NH_2OH \cdot HCL$）。

（6）甲酚红（$C_{21}H_{18}O_5S$）。

（7）氨水（$NH_3 \cdot H_2O$）：优级纯。

2. 试剂的配制

（1）盐酸溶液（1%）：量取 5mL 盐酸，用水稀释至 500mL，混匀。

（2）DAN 试剂（1g/L）：此试剂在暗室内配制。称取 DAN 0.2g 于一带盖锥形瓶中，加入盐酸溶液（1%）200mL，振荡约 15min 使其全部溶解。加入约 40mL 环己烷，继续振荡 5min。将此液倒入塞有玻璃棉（或脱脂棉）的分液漏斗中，待分层后滤去环己烷层，收集 DAN 溶液层，反复用环己烷纯化直至环己烷中荧光降至最低时为止（纯化 5~6 次）。将纯化后的 DAN 溶液储于棕色瓶中，加入约 1cm 厚的环己烷覆盖表层，于 0~5℃保存。必要时在使用前再以环己烷纯化一次。

此试剂有一定毒性，使用本试剂的人员应注意防护。

（3）硝酸—高氯酸混合酸（9+1）：将 900mL 硝酸 100mL 高氯酸混匀。

（4）盐酸溶液（6mol/L）：量取 50mL 盐酸，缓慢加入 40 mL 水中，冷却后用水定容至 100 mL，混匀。

（5）氨水溶液（1+1）：将 5mL 水与 5mL 氨水混匀。

（6）EDTA 混合液：

a. EDTA 溶液（0.2mol/L）：称取 EDTA-2Na 37g，加水并加热至完全溶解，冷却后用水稀释至 500mL。

b. 盐酸羟胺溶液（100g/L）：称取 10g 盐酸羟胺溶于水中，稀释至 100mL，混匀。

c. 甲酚红指示剂（0.2g/L）：称取甲酚红 50mg 溶于少量水中，加氨水溶液（1+1）1 滴，待完全溶解后加水稀释至 250mL，混匀。

d. 取 EDTA 溶液（0.2mol/L）及盐酸羟胺溶液（100g/L）各 50mL，加甲酚红指示剂（0.2g/L）5mL，用水稀释至 1L，混匀。

（7）盐酸溶液（1+9）：量取 100mL 盐酸，缓慢加入 900mL 水中，混匀。

3. 标准溶液的制备

（1）硒标准中间液（100mg/L）：准确吸取 1.00mL 硒标准溶液（1000mg/L）于 10mL 容量瓶中，加盐酸溶液（1%）定容至刻度，混匀。

（2）硒标准使用液（50.0μg/L）：准确吸取硒标准中间液（100mg/L）0.50mL，用盐酸溶液（1%）定容至 1000mL，混匀。

（3）硒标准系列溶液：准确吸取硒标准使用液（50.0μg/L）0、0.200mL、1.00mL、2.00mL 和 4.00mL，相当于含有硒的质量为 0、0.0100μg、0.0500 μg、0.100μg 及 0.200μg，

加盐酸溶液（1+9）至 5mL 后，加入 20mL EDTA 混合液，用氨水溶液（1+1）及盐酸溶液（1+9）调至淡红橙色（pH 1.5～2.0）。以下步骤在暗室操作：加 DAN 试剂（1g/L）3mL，混匀后，置沸水浴中加热 5min，取出冷却后，加环己烷 3mL，振摇 4min，将全部溶液移入分液漏斗，待分层后弃去水层，小心将环己烷层由分液漏斗上口倾入带盖试管中，勿使环己烷中混入水滴。环己烷中反应产物为 4，5-苯并苤硒脑，待测。

（四）操作方法

1. 试样制备

（1）粮食、豆类样品：样品去除杂物后，粉碎，储于塑料瓶中。

（2）蔬菜、水果、鱼类、肉类等样品：用水洗净，晾干，取可食部分，制成匀浆，储于塑料瓶中。

（3）饮料、酒、醋、酱油、食用植物油、液态乳等液体样品：摇匀。

2. 试样消解

准确称取 0.5～3g（精确至 0.001g）固体试样，或准确吸取液体试样 1.00～5.00mL，置于锥形瓶中，加 10mL 硝酸—高氯酸混合酸（9+1）及几粒玻璃珠，盖上表面皿冷消化过夜。次日于电热板上加热，并及时补加硝酸。当溶液变为清亮无色并伴有白烟产生时，再继续加热至剩余体积 2mL 左右，切不可蒸干，冷却后再加 5mL 盐酸溶液（6mol/L），继续加热至溶液变为清亮无色并伴有白烟出现，再继续加热至剩余体积 2mL 左右，冷却。同时做试剂空白。

（五）结果计算

（1）仪器参考条件：根据各自仪器性能调至最佳状态。参考条件为：激发光波长 376nm、发射光波长 520nm。

（2）标准曲线的制作：将硒标准系列溶液按质量浓度由低到高的顺序分别上机测定 4，5-苯并苤硒脑的荧光强度。以质量浓度为横坐标，荧光强度为纵坐标，制作标准曲线。

（3）分析结果

试样中硒的含量按式（6-4）计算：

$$X = \frac{m_1}{(F_1 - F_0)} \times \frac{F_2 - F_0}{m} \tag{6-4}$$

式中：X——试样中硒含量，mg/kg 或 mg/L；

$\quad m_1$——试样管中硒的质量，μg；

$\quad F_1$——标准管硒荧光读数；

$\quad F_0$——空白管荧光读数；

$\quad F_2$——试样管荧光读数；

$\quad m$——试样称样量或移取体积，g 或 mL。

当硒含量 ≥1.00mg/kg（或 mg/L）时，计算结果保留 3 位有效数字；当硒含量 <1.00mg/kg（或 mg/L）时，计算结果保留 2 位有效数字。

二、原子荧光光谱法

具体见"任务工作单任务十八 食品中汞的测定"。

任务五　食品中碘的测定

碘是人体必需微量元素之一，健康成人体内碘的总量为 20~50mg，其中 70%~80% 存在于甲状腺。碘在体内主要参与甲状腺素的合成，其生理功能是通过甲状腺实现的。

目前食品中碘的测定方法主要有滴定法、分光光度法、气相色谱法、液相色谱法等。

一、溴氧化碘滴定法

（一）原理

酸性溶液中碘离子经溴氧化为碘酸根离子，甲酸钠除去过剩溴。碘酸根离子氧化碘化钾析出碘，后用硫代硫酸钠标准溶液滴定，测定碘含量。此方法操作简便，显色稳定，重现性好。

（二）试剂

（1）KIO_3 标准溶液（0.002mol/L）：准确称取 1.4267g KIO_3，加水溶解，移入 1000mL 容量瓶中，加水定容至刻度。

（2）硫代硫酸钠（$Na_2S_2O_3 \cdot 5H_2O$）标准溶液（0.002mol/L）：准确称取 5.00g $Na_2S_2O_3 \cdot 5H_2O$，用水溶于 1000mL 容量瓶中，并稀释至刻度，避光保存。

（3）KIO_3 标准溶液用 $Na_2S_2O_3 \cdot 5H_2O$ 标准溶液滴定，测定 $Na_2S_2O_3 \cdot 5H_2O$ 对碘的滴定度［式（6-5）］：

$$T = \frac{c \times 21.15 \times 10 \times 100}{V} \tag{6-5}$$

式中：T——硫代硫酸钠对碘的滴定度，$\mu g/mL$；

c——KIO_3 标准溶液浓度，mol/L；

V——硫代硫酸钠标准溶液量，mL；

21.15——KIO_3 标准溶液约等于碘量。

（三）操作方法

1. 样品处理

准确称取样品置于坩埚中，加 KOH，烘干，炭化，入高温炉（约 500℃）灰化完全。加水、加热溶解，过滤，移入容量瓶并定容。

可溶解性样品：准确称取样品，置于碘瓶中，加水溶解。

2. 操作步骤

样液加入盐酸溶液和饱和溴水溶液，混匀，放置 5min；摇动状况下加入 10% 甲酸钠溶液 5mL，放置 5min。加入 10% 碘化钾溶液，静置约 10min。用 0.005mol/L 硫代硫酸钠溶液滴定至溶液呈淡黄色。加入 2mL 1% 淀粉指示液，摇匀后，继续用 0.005mol/L 硫代硫酸钠溶液滴定至溶液颜色恰好消失。

（四）结果计算

试样中碘的含量按式（6-6）计算：

$$X = T \times \frac{V}{m} \tag{6-6}$$

式中：X——样品中碘的含量，$\mu g/g$；

T——硫代硫酸钠溶液对碘滴定度，$\mu g/mL$；

V——硫代硫酸钠溶液体积，mL；

m——样品质量，g。

二、氧化还原滴定法

样品经炭化、灰化后，将有机碘转化为无机碘离子，在酸性介质中，用溴水将碘离子氧化成碘酸根离子，生成的碘酸根离子在碘化钾的酸性溶液中被还原析出碘，用硫代硫酸钠溶液滴定反应中析出的碘。

任务六　食品中铬的测定

成年人体内含铬总量为6~7mg，骨骼、大脑、肌肉、皮肤和肾上腺中铬的含量较高，一般组织中铬含量随年龄增长而减少。铬是体内葡萄糖耐量因子的重要组成成分，有增强胰岛素的作用。

目前食品中铬的测定方法主要有石墨炉原子吸收光谱法、分光光度法、比色法等。下面主要介绍石墨炉原子吸收光谱法。

一、原理

试样经消解处理后，采用石墨炉原子吸收光谱法，在357.9nm处测定吸收值，在一定浓度范围内其吸收值与标准系列溶液比较定量。

二、仪器和设备

原子吸收光谱仪：配石墨炉原子化器，附铬空心阴极灯；微波消解系统：配有消解内罐。

三、试剂和材料

（一）试剂

硝酸（HNO_3），高氯酸（$HClO_4$），磷酸二氢铵（$NH_4H_2PO_4$）。

（二）试剂配制

硝酸溶液（5+95）：量取50mL硝酸慢慢倒入950mL水中，混匀。

硝酸溶液（1+1）：量取250mL硝酸慢慢倒入250mL水中，混匀。

磷酸二氢铵溶液（20g/L）：称取2.0g磷酸二氢铵，溶于水中，并定容至100mL，混匀。

（三）标准液制备

（1）铬标准储备液：准确称取基准物质重铬酸钾（110℃，烘2h）1.4315g（精确至

0.0001g），溶于水中，移入 500mL 容量瓶中，用硝酸溶液（5+95）稀释至刻度，混匀。此溶液每毫升含 1.000mg 铬。或购置经国家认证并授予标准物质证书的铬标准储备液。

（2）铬标准使用液：将铬标准储备液用硝酸溶液（5+95）逐级稀释至每毫升含 100ng 铬。

（3）标准系列溶液的配制：分别吸取铬标准使用液（100ng/mL）0、0.50mL、1.00mL、2.00mL、3.00mL、4.00mL 于 25mL 容量瓶中，用硝酸溶液（5+95）稀释至刻度，混匀。各容量瓶中每毫升分别含铬 0、2.00ng、4.00ng、8.00ng、12.0ng、16.0ng。或采用石墨炉自动进样器自动配制。

四、操作方法

（一）试样预处理

粮食、豆类等去除杂物后，粉碎，装入洁净的容器内，作为试样。密封，并标明标记，试样应于室温下保存。

蔬菜、水果、鱼类、肉类及蛋类等水分含量高的鲜样，直接打成匀浆，装入洁净的容器内，作为试样。密封，并标明标记。试样应于冰箱冷藏室保存。

（二）样品微波消解

准确称取试样 0.2~0.6g（精确至 0.001g）于微波消解罐中加入 5mL 硝酸，按照微波消解的操作步骤消解试样（消解条件见表 6-4）。冷却后取出消解罐，在电热板上于 140~160℃赶酸至 0.5~1.0mL。消解罐放冷后，将消化液转移至 10mL 容量瓶中，用少量水洗涤消解罐 2~3 次，合并洗涤液，用水定容至刻度。同时做试剂空白试验。

表 6-4　微波消解参考条件

步骤	功率（1200W）变化/%	设定温度/℃	升温时间/min	恒温时间/min
1	0~80	120	5	5
2	0~80	160	5	10
3	0~80	180	5	10

（三）检验步骤

1. 仪器测定条件（表 6-5）

表 6-5　石墨炉原子吸收法参考条件

元素	波长/nm	狭缝/nm	灯电流/mA	干燥/（℃/s）	灰化/（℃/s）	原子化/（℃/s）
铬	357.9	0.2	5~7	（85~120）/（40~50）	900/（20~30）	2700/（4~5）

2. 标准曲线的制作

将标准系列溶液工作液按浓度由低到高的顺序分别取 10μL（可根据使用仪器选择最佳进样量），注入石墨管，原子化后测其吸光度值，以浓度为横坐标，吸光度值为纵坐标，绘制标准曲线。

3. 试样测定

在与测定标准溶液相同的实验条件下，将空白溶液和样品溶液分别取 $10\mu L$（可根据使用仪器选择最佳进样量），注入石墨管，原子化后测其吸光度值，与标准系列溶液比较定量。

五、结果计算

试样中锌的含量按式（6-7）计算：

$$X = \frac{(c - c_0) \times V}{m \times 1000} \qquad (6-7)$$

式中：X——试样中铬的含量，mg/kg；

c——测定样液中铬的含量，ng/mL；

c_0——空白液中铬的含量，ng/mL；

V——样品消化液的定容总体积，mL；

m——样品称样量，g；

1000——换算系数。

当分析结果 $\geq 1mg/kg$ 时，保留 3 位有效数字；当分析结果 $< 1mg/kg$ 时，保留 2 位有效数字。

任务七　食品中铜的测定

铜在人体内总量为 $50 \sim 120mg$，分布于体内各器官组织中，其中以肝和脑中浓度最高，其他脏器较低。铜在体内是许多酶的组成成分，已知有十余种酶含铜，且都为氧化酶，例如过氧化物歧化酶、细胞色素氧化酶等。铜在体内以酶的形式参与生理作用。

目前食品中铜的测定方法主要有石墨炉和火焰原子吸收光谱法等。下面主要介绍石墨炉原子吸收光谱法。

一、原理

试样消解处理后，经石墨炉原子化，在 324.8nm 处测定吸光度。在一定浓度范围内铜的吸光度值与铜含量成正比，与标准系列比较定量。

二、主要仪器和设备

原子吸收光谱仪（配石墨炉原子化器，附铜空心阴极灯），可调式电热炉，可调式电热板，微波消解系统（配聚四氟乙烯消解内罐），压力消解罐（配聚四氟乙烯消解内罐），恒温干燥箱，马弗炉。

注：所有玻璃器皿及聚四氟乙烯消解内罐均需硝酸（1+5）浸泡过夜，用自来水反复冲洗，最后用水冲洗干净。

三、试剂和材料

（一）试剂

（1）硝酸（HNO_3）。

（2）高氯酸（$HClO_4$）。

（3）磷酸二氢铵（$NH_4H_2PO_4$）。

（4）硝酸钯［$Pd(NO_3)_2$］。

（二）试剂配制

（1）硝酸溶液（5+95）：量取 50mL 硝酸，缓慢加入 950mL 水中，混匀。

（2）硝酸溶液（1+1）：量取 250mL 硝酸，缓慢加入 250mL 水中，混匀。

（3）磷酸二氢铵—硝酸钯溶液：称取 0.02g 硝酸钯，加少量硝酸溶液（1+1）溶解后，再加入 2g 磷酸二氢铵，溶解后用硝酸溶液（5+95）定容至 100mL，混匀。

（三）标准品及标准液配制

1. 标准品

五水硫酸铜（$CuSO_4 \cdot 5H_2O$，CAS 号：7758-99-8）：纯度>99.99%，或经国家认证并授予标准物质证书的一定浓度的铜标准溶液。

2. 标准溶液配制

（1）铜标准储备液（1000mg/L）：准确称取 3.9289g（精确至 0.0001g）五水硫酸铜，用少量硝酸溶液（1+1）溶解，移入 1000mL 容量瓶，加水至刻度，混匀。

（2）铜标准中间液（1.00mg/L）：准确吸取铜标准储备液（1000mg/L）1.00mL 于 1000mL 容量瓶中，加硝酸溶液（5+95）至刻度，混匀。

（3）铜标准系列溶液：分别吸取铜标准中间液（1.00mg/L）0、0.500mL、1.00mL、2.00mL、3.00mL 和 4.00mL 于 100mL 容量瓶中，加硝酸溶液（5+95）至刻度，混匀。

此铜标准系列溶液的质量浓度分别为 0、5.00μg/L、10.0μg/L、20.0μg/L、30.0μg/L 和 40.0μg/L。

注：可根据仪器的灵敏度及样品中铜的实际含量确定标准系列溶液中铜元素的质量浓度。

四、操作方法

1. 试样制备

（1）粮食、豆类样品：样品去除杂物后，粉碎，储于塑料瓶中。

（2）蔬菜、水果、鱼类、肉类等样品：样品用水洗净，晾干，取可食部分，制成匀浆，储于塑料瓶中。

（3）饮料、酒、醋、酱油、食用植物油、液态乳等液体样品：将样品摇匀。

2. 试样前处理

（1）湿法消解：称取固体试样 0.2~3g（精确至 0.001g）或准确移取液体试样 0.500~5.00mL 于带刻度消化管中，加入 10mL 硝酸、0.5mL 高氯酸，在可调式电热炉上消解［参考条件：120℃/（0.5~1h）、升至 180℃/（2~4h）、升至 200~220℃］。若消化液呈棕褐色，再加少量硝酸，消解至冒白烟，消化液呈无色透明或略带黄色，取出消化管，冷却后用水定容至 10mL，混匀备用。同时做试剂空白试验。也可采用锥形瓶，于可调式电热板上，按上述操作方法进行湿法消解。

（2）微波消解：称取固体试样 0.2~0.8g（精确至 0.001g）或准确移取液体试样 0.500~

3.00mL 于微波消解罐中，加入 5mL 硝酸，按照微波消解的操作步骤消解试样，消解条件见表 6-6。冷却后取出消解罐，在电热板上于 140~160℃ 赶酸至 1mL 左右。消解罐放冷后，将消化液转移至 10mL 容量瓶中，用少量水洗涤消解罐 2~3 次，合并洗涤液于容量瓶中，用水定容至刻度，混匀备用。同时做试剂空白试验。

表 6-6　微波消解条件

步骤	设定温度/℃	升温时间/min	恒温时间/min
1	120	5	5
2	160	5	10
3	180	5	10

（3）压力罐消解：称取固体试样 0.2~1g（精确至 0.001g）或准确移取液体试样 0.500~5.00mL 于消解内罐中，加入 5mL 硝酸。盖好内盖，旋紧不锈钢外套，放入恒温干燥箱，于 140~160℃ 下保持 4~5h。冷却后缓慢旋松外罐，取出消解内罐，放在可调式电热板上于 140~160℃ 赶酸至 1mL 左右。冷却后将消化液转移至 10mL 容量瓶中，用少量水洗涤内罐和内盖 2~3 次，合并洗涤液于容量瓶中并用水定容至刻度，混匀备用。同时做试剂空白试验。

（4）干法灰化：称取固体试样 0.5~5g（精确至 0.001g）或准确移取液体试样 0.500~10.0mL 于坩埚中，小火加热，炭化至无烟，转移至马弗炉中，于 550℃ 灰化 3~4h。冷却，取出，对于灰化不彻底的试样，加数滴硝酸，小火加热，小心蒸干，再转入 550℃ 马弗炉中，继续灰化 1~2h，至试样呈白灰状，冷却，取出，用适量硝酸溶液（1+1）溶解并用水定容至 10mL。同时做试剂空白试验。

3. 测定

（1）仪器参考条件（表 6-7）。

表 6-7　石墨炉原子吸收光谱法仪器参考条件

元素	波长/nm	狭缝/nm	灯电流/mA	干燥/（℃/s）	灰化/（℃/s）	原子化/（℃/s）
铜	324.8	0.5	8~12	（85~120）/（40~50）	800/（20~30）	2350/（4~5）

（2）标准曲线的制作：按质量浓度由低到高的顺序分别将 10μL 铜标准系列溶液和 5μL 磷酸二氢铵—硝酸钯溶液（可根据所使用的仪器确定最佳进样量）同时注入石墨炉，原子化后测其吸光度值，以质量浓度为横坐标，吸光度值为纵坐标，制作标准曲线。

（3）试样溶液的测定：与测定标准溶液相同的实验条件下，将 10μL 空白溶液或试样溶液与 5μL 磷酸二氢铵—硝酸钯溶液（可根据所使用的仪器确定最佳进样量）同时注入石墨炉，注入石墨管，原子化后测其吸光度值，与标准系列比较定量。

五、结果计算

试样中锌的含量按式（6-8）计算：

$$X = \frac{(\rho - \rho_0) \times V}{m \times 1000} \tag{6-8}$$

式中：X——试样中铜的含量，mg/kg 或 mg/L；

　　　ρ——试样溶液中铜的质量浓度，μg/L；

　　　ρ_0——空白溶液中铜的质量浓度，μg/L；

　　　V——试样消化液的定容体积，mL；

　　　m——试样称样量或移取体积，g 或 mL；

　　1000——换算系数。

当铜含量 ≥ 1.00mg/kg（或 mg/L）时，计算结果保留 3 位有效数字；当铜含量 < 1.00mg/kg（或 mg/L）时，计算结果保留 2 位有效数字。

【复习思考题】

1. 食品中钙的测定方法主要有哪些？简述各种方法的原理是什么？
2. 食品样品无机化处理的方法主要是什么？
3. 石墨炉原子吸收光谱法中，微波消解的具体做法是什么？
4. 铁的常用检测方法有哪些？测定原理是什么？
5. 碘的常用检测方法有哪些？测定原理是什么？
6. 硒的常用检测方法有哪些？测定原理是什么？
7. DAN 试剂具有毒性，操作过程中应该注意什么？

【参考文献】

［1］周光理. 食品分析与检验技术［M］.4 版. 北京：化学工业出版社，2020.

［2］彭珊珊. 食品分析检测及其实训教程［M］. 北京：中国轻工业出版社，2011.

［3］杨玉红，田艳华. 食品理化检验技术［M］. 武汉：武汉理工大学出版社，2016.

［4］李东凤. 食品分析综合实训［M］. 北京：化学工业出版社，2008.

项目七　食品中有毒有害物质的测定

【知识目标】

1. 了解食品中有毒有害物质的种类，并进一步了解食品安全国家标准对有毒有害物质含量的规定。

2. 熟悉并掌握食品中有毒有害物质的检测方法。

【能力目标】

1. 熟悉测定方法的原理和适用范围。

2. 熟悉并掌握分光光度计、原子吸收分光光度计、液相色谱仪等相关仪器设备在有毒有害元素测定中的操作方法和要求。

【相关知识】

1. 有害物质和有毒物质的概念

一般认为，在食品或食品原料中有时存在一些化学结构不同、含量范围变化较大的各种非营养性化学物质，这些物质对人体是有毒的或者具有潜在危险性（即有害的），因此可以把它们看成食品中的不需要成分（嫌忌成分），或将其称为食品毒素或毒物、有害物质。在大不列颠百科全书中，有关毒素和毒物已经被区分，毒素被定义为"任何能够对生物体产生毒害作用的物质"，但是又指出毒素一词有时仅用于指生物体自然产生的毒物；而相应的，毒物被定义为"可导致组织损伤，对机体功能有破坏作用，甚至是致死作用的一类物质"。在本书中，一般将我们通常认为的毒素与毒物统称为有毒有害物质，只是对某类有毒有害物质，如来自微生物繁殖所产生的一些物质、一些动物组织中的有害组分以及一些植物组织所含的有害代谢产物，按照过去沿用的惯例我们仍然将它们称为毒素。

有害物质是指在自然界中，某物质或含有该物质的物料不按其原来的用途正常使用时，若因该物质而导致人体生理机能、自然环境或生态平衡遭受破坏，则该物质被称为有害物质。

有毒物质一般的定义为凡是以小剂量进入机体，通过化学或物理化学作用能够导致健康受损的物质。与有害物质相比，有毒物质是相对的，其毒性由摄入该物质的剂量决定（表7-1）。

表 7-1　毒物毒性分级

毒性分级	大白鼠一次口服半数致死量（LD_{50}）/（mg/kg）	人一次性致死量/（g/kg）
剧毒	<1	<0.05
高毒	1~50	1.15~1.5
中等毒	50~500	1.5~5.0
低毒	500~5000	5.0~15
微毒	>5000	>15

2. 食品中有害物质的种类及来源

食品中有害物质分为三大类，分别是生物性有害物质（如黄曲霉、口蹄疫病毒等）、化学性有害物质（如重金属、DDT、河豚毒素等）和物理学有害物质（如金属屑、石子、动物排泄物等）。

造成食品不安全的因素有很多，可以是在食品中存在的生物体（如黄曲霉、口蹄疫病毒等）、化学物质（一些有害物质如天然毒素、微生物毒素、有毒有机化合物和无机化合物等）或外来物质（外源杂质如死亡的虫体、杂质等）。食品中的这些有毒有害物质包括不同种类的无机物质和有机物质，包括金属元素、简单的无机盐、简单有机物、复杂的大分子有机物质等。从这些有毒有害物质的具体来源上来看，这些物质可分为植物源的、动物源的、微生物源的、因环境污染所带入以及食品加工过程而产生的五大类；也可以从来源上根据这些有毒有害物质产生的特点将其分为外源性有毒有害物质、内源性有毒有害物质、诱发性有毒有害物质三大类。

任务一 食品中有害元素的测定

自然界存在的，在常量甚至微量的接触条件下可对人和动物产生明显毒性作用的金属元素，称为有毒金属元素或金属毒物。目前已发现的具有较大危害性的有毒金属元素有汞、镉、铅、砷、铬等。实际上，有毒金属元素的划分是相对的，过去一般认为有毒的金属元素如铬、硒等，现在发现是动物机体所需要的元素，而在动物营养上所必需的金属元素如铜、锌、铁等，如果摄入量过多，也会产生毒性作用。因此，无论是人体必需的微量元素还是有害元素，在食品安全要求中都有一定的限量规定，从食品理化分析的角度统称为限量元素。

一、食品中铅的测定

铅是在自然界分布很广的微量元素，主要存在于岩石圈和土壤圈，是重要的工业原料，也是环境的重要因子。由于人类的活动，铅向大气圈、水圈以及生物圈不断迁移，特别是随着近代工业的发展，大气层中的铅与原始时代相比，污染的体积增加了近万倍，人类对铅的吸收也增加了数千倍，吸收值已接近或超出人体的允许浓度。铅的过度摄入已经成为危害人体健康不容忽视的社会问题。铅的测定有石墨炉原子吸收光谱法、火焰原子吸收光谱法和二硫腙比色法。下面主要介绍石墨炉原子吸收光谱法和二硫腙比色法。

（一）石墨炉原子吸收光谱法

1. 原理

试样消解处理后，经石墨炉原子化，在283.3nm处测定吸光度。在一定浓度范围内铅的吸光度值与铅含量成正比，与标准系列比较定量。

适用于各类食品中铅含量的测定。

2. 仪器和设备

所有玻璃器皿及聚四氟乙烯消解内罐均需硝酸溶液（1+5）浸泡过夜，用自来水反复冲洗，最后用水冲洗干净。

（1）原子吸收光谱仪：配石墨炉原子化器，附铅空心阴极灯。

（2）分析天平：感量 0.1mg 和 1mg。

（3）可调式电热炉。

（4）可调式电热板。

（5）微波消解系统：配聚四氟乙烯消解内罐。

（6）恒温干燥箱。

（7）压力消解罐：配聚四氟乙烯消解内罐。

3. 试剂和材料

除非另有说明，本方法所用试剂均为优级纯，水为 GB/T 6682 规定的二级水。

（1）试剂。

①硝酸（HNO_3）。

②高氯酸（$HClO_4$）。

③磷酸二氢铵（$NH_4H_2PO_4$）。

④硝酸钯 [$Pd(NO_3)_2$]。

（2）试剂的配制。

①硝酸溶液（5+95）：量取 50mL 硝酸，缓慢加入 950mL 水中，混匀。

②硝酸溶液（1+9）：量取 50mL 硝酸，缓慢加入 450mL 水中，混匀。

③磷酸二氢铵—硝酸钯溶液：称取 0.02g 硝酸钯，加少量硝酸溶液（1+9）溶解后，再加入 2g 磷酸二氢铵，溶解后用硝酸溶液（5+95）定容至 100mL，混匀。

（3）标准品。

硝酸铅 [$Pb(NO_3)_2$，CAS 号：10099-74-8]：纯度>99.99%。或经国家认证并授予标准物质证书的一定浓度的铅标准溶液。

（4）标准溶液配制。

①铅标准储备液（1000mg/L）：准确称取 1.5985g（精确至 0.0001g）硝酸铅，用少量硝酸溶液（1+9）溶解，移入 1000mL 容量瓶，加水至刻度，混匀。

②铅标准中间液（1.00mg/L）：准确吸取铅标准储备液（1000mg/L）1.00mL 于 1000mL 容量瓶中，加硝酸溶液（5+95）至刻度，混匀。

③铅标准系列溶液：分别吸取铅标准中间液（1.00mg/L）0、0.500mL、1.00mL、2.00mL、3.00mL 和 4.00mL 于 100mL 容量瓶中，加硝酸溶液（5+95）至刻度，混匀。此铅标准系列溶液的质量浓度分别为 0、5.00μg/L、10.0μg/L、20.0μg/L、30.0μg/L 和 40.0μg/L。

可根据仪器的灵敏度及样品中铅的实际含量确定标准系列溶液中铅的质量浓度。

4. 操作方法

（1）试样制备。

在采样和试样制备过程中，应避免试样污染。

①粮食、豆类样品：去除杂物后，粉碎，储于塑料瓶中。

②蔬菜、水果、鱼类、肉类等样品：用水洗净，晾干，取可食部分，制成匀浆，储于塑料瓶中。

③饮料、酒、醋、酱油、食用植物油、液态乳等液体样品：将样品摇匀。

（2）试样前处理。

①湿法消解：称取固体试样 0.2~3g（精确至 0.001g）或准确移取液体试样 0.500~

5.00mL 于带刻度消化管中，加入 10mL 硝酸和 0.5mL 高氯酸，在可调式电热炉上消解（参考条件：120℃/（0.5~1h）；升至 180℃/（2~4h）、升至 200~220℃）。若消化液呈棕褐色，再加少量硝酸，消解至冒白烟，消化液呈无色透明或略带黄色，取出消化管，冷却后用水定容至 10mL，混匀备用。同时做试剂空白试验。也可采用锥形瓶，于可调式电热板上，按上述操作方法进行湿法消解。

②微波消解：称取固体试样 0.2~0.8g（精确至 0.001g）或准确移取液体试样 0.500~3.00mL 于微波消解罐中，加入 5mL 硝酸，按照微波消解的操作步骤消解试样，消解条件参考表 7-2。冷却后取出消解罐，在电热板上于 140~160℃赶酸至 1mL 左右。消解罐放冷后，将消化液转移至 10mL 容量瓶中，用少量水洗涤消解罐 2~3 次，合并洗涤液于容量瓶中并用水定容至刻度，混匀备用。同时做试剂空白试验。

表 7-2　微波消解升温程序（摘自 GB 5009.12—2017）

步骤	设定温度/℃	升温时间/min	恒温时间/min
1	120	5	5
2	160	5	10
3	180	5	10

③压力罐消解：称取固体试样 0.2~1g（精确至 0.001g）或准确移取液体试样 0.500~5.000mL 于消解内罐中，加入 5mL 硝酸。盖好内盖，旋紧不锈钢外套，放入恒温干燥箱，于 140~160℃下保持 4~5h。冷却后缓慢旋松外罐，取出消解内罐，放在可调式电热板上于 140~160℃赶酸至 1mL 左右。冷却后将消化液转移至 10mL 容量瓶中，用少量水洗涤内罐和内盖 2~3 次，合并洗涤液于容量瓶中并用 水定容至刻度，混匀备用。同时做试剂空白试验。

（3）测定。

①仪器参考条件：根据各自仪器性能调至最佳状态。参考条件为波长 283.3nm，狭缝 0.5nm，灯电流 8~12mA，干燥温度（85~120℃）/（40~50s），灰化温度 750℃，20~30s，原子化温度 2300℃，持续 4~5s。

②标准曲线的制作：按质量浓度由低到高的顺序分别将 10μL 铅标准系列溶液和 5μL 磷酸二氢铵—硝酸钯溶液（可根据所使用的仪器确定最佳进样量）同时注入石墨炉，原子化后测其吸光度值，以质量浓度为横坐标，吸光度值为纵坐标，制作标准曲线。

③试样溶液的测定：在与测定标准溶液相同的实验条件下，将 10μL 空白溶液或试样溶液与 5μL 磷酸二氢铵—硝酸钯溶液（可根据所使用的仪器确定最佳进样量）同时注入石墨炉，原子化后测其吸光度值，与标准系列比较定量。

5. 结果计算

试样中铅的含量按式（7-1）计算。

$$X = \frac{(\rho - \rho_0) \times V}{m \times 1000} \tag{7-1}$$

式中：X——试样中铅的含量，mg/kg 或 mg/L；

ρ——试样溶液中铅的质量浓度，μg/L；

ρ_0——空白溶液中铅的质量浓度，μg/L；

V——试样消化液的定容体积，mL；

m——试样称样量或移取体积，g 或 mL；

1000——换算系数。

当铅含量 ≥ 1.00mg/kg（或 mg/L）时，计算结果保留 3 位有效数字；当铅含量 < 1.00mg/kg（或 mg/L）时，计算结果保留 2 位有效数字。

6. 说明与注意事项

在重复性条件下获得的两次独立测定结果的绝对差值不得超过算术平均值的 20%。当称样量为 0.5g（或 0.5mL），定容体积为 10mL 时，方法的检出限为 0.02mg/kg（或 0.02mg/L），定量限为 0.04mg/kg（或 0.04mg/L）。

（二）二硫腙比色法

1. 原理

试样经消化后，在 pH 8.5 ~ 9.0 时，铅离子与二硫腙生成红色络合物，溶于三氯甲烷。加入柠檬酸铵、氰化钾和盐酸羟胺等，防止铁、铜、锌等离子干扰。于波长 510nm 处测定吸光度，与标准系列比较定量。

2. 仪器和设备

所有玻璃器皿均需用硝酸（1+5）浸泡过夜，用自来水反复冲洗，最后用水冲洗干净。

（1）分光光度计。

（2）分析天平：感量 0.1mg 和 1mg。

（3）可调式电热炉。

（4）可调式电热板。

3. 试剂和材料

除非另有说明，本方法所用试剂均为分析纯，水为 GB/T 6682 规定的三级水。

（1）试剂。

①硝酸（HNO_3）：优级纯。

②高氯酸（$HClO_4$）：优级纯。

③氨水（$NH_3 \cdot H_2O$）：优级纯。

④盐酸（HCl）：优级纯。

⑤酚红（$C_{19}H_{14}O_5S$）。

⑥盐酸羟胺（$NH_2OH \cdot HCl$）。

⑦柠檬酸铵 $[C_6H_5O_7(NH_4)_3]$。

⑧氰化钾（KCN）。

⑨三氯甲烷（CH_3Cl，不应含氧化物）。

⑩二硫腙（$C_6H_5NHNHCSN \!=\! NC_6H_5$）。

⑪乙醇（C_2H_5OH）：优级纯。

（2）试剂配制。

①硝酸溶液（5+95）：量取 50mL 硝酸，缓慢加入 950mL 水中，混匀。

②硝酸溶液（1+9）：量取 50mL 硝酸，缓慢加入 450mL 水中，混匀。

③氨水溶液（1+1）：量取 100mL 氨水，加入 100mL 水，混匀。

④氨水溶液（1+99）：量取 10mL 氨水，加入 990mL 水，混匀。

⑤盐酸溶液（1+1）：量取100mL盐酸，加入100mL水，混匀。

⑥酚红指示液（1g/L）：称取0.1g酚红，用少量多次乙醇溶解后移入100mL容量瓶中并定容至刻度，混匀。

⑦二硫腙—三氯甲烷溶液（0.5g/L）：称取0.5g二硫腙，用三氯甲烷溶解，并定容至1000mL，混匀，保存于0~5℃下，必要时用下述方法纯化。

称取0.5g研细的二硫腙，溶于50mL三氯甲烷中，如不全溶，可用滤纸过滤于250mL分液漏斗中，用氨水溶液（1+99）提取3次，每次100mL，将提取液用棉花过滤至500mL分液漏斗中，用盐酸溶液（1+1）调至酸性，将沉淀出的二硫腙用三氯甲烷提取2~3次，每次20mL，合并三氯甲烷层，用等量水洗涤2次，弃去洗涤液，在50℃水浴上蒸去三氯甲烷。精制的二硫腙置硫酸干燥器中，干燥备用。或将沉淀出的二硫腙用200mL、200mL、100mL三氯甲烷提取3次，合并三氯甲烷层为二硫腙—三氯甲烷溶液。

⑧盐酸羟胺溶液（200g/L）：称20g盐酸羟胺，加水溶解至50mL，加2滴酚红指示液（1g/L），加氨水溶液（1+1），调pH至8.5~9.0（由黄变红，再多加2滴），用二硫腙—三氯甲烷溶液（0.5g/L）提取至三氯甲烷层绿色不变为止，再用三氯甲烷洗2次，弃去三氯甲烷层，水层加盐酸溶液（1+1）至呈酸性，加水至100mL，混匀。

⑨柠檬酸铵溶液（200g/L）：称取50g柠檬酸铵，溶于100mL水中，加2滴酚红指示液（1g/L），加氨水溶液（1+1），调pH至8.5~9.0，用二硫腙—三氯甲烷溶液（0.5g/L）提取数次，每次10~20mL，至三氯甲烷层绿色不变为止，弃去三氯甲烷层，再用三氯甲烷洗2次，每5mL，弃去三氯甲烷层，加水稀释至250mL，混匀。

⑩氰化钾溶液（100g/L）：称取10g氰化钾，用水溶解后稀释至100mL，混匀。

⑪二硫腙使用液：吸取1.0mL二硫腙—三氯甲烷溶液（0.5g/L），加三氯甲烷至10mL，混匀。用1cm比色杯，以三氯甲烷调节零点，于波长510nm处测吸光度（A），用下式计算出配制100mL二硫腙使用液（70%透光率）所需二硫腙—三氯甲烷溶液（0.5g/L）的毫升数（V）。量取计算所得体积的二硫腙三氯甲烷溶液，用三氯甲烷稀释至100mL。

$$V=10\times(2-\lg70)/A=1.55/A \tag{7-2}$$

（3）标准品。

硝酸铅［Pb（NO$_3$）$_2$，CAS号：10099-74-8］：纯度>99.99%。或经国家认证并授予标准物质证书的一定浓度的铅标准溶液。

（4）标准溶液配制。

①铅标准储备液（1000mg/L）：准确称取1.5985g（精确至0.0001g）硝酸铅，用少量硝酸溶液（1+9）溶解，移入1000mL容量瓶，加水至刻度，混匀。

②铅标准使用液（10.0mg/L）：准确吸取铅标准储备液（1000mg/L）1.00mL于100mL容量瓶中，加硝酸溶液（5+95）至刻度，混匀。

4. 操作方法

（1）试样制备：同石墨炉原子吸收光谱法的试样制备操作。

（2）试样前处理：同石墨炉原子吸收光谱法中湿法消解操作。

（3）测定。

①仪器参考条件：根据各自仪器性能调至最佳状态。测定波长：510nm。

②标准曲线的制作：吸取0、0.100mL、0.200mL、0.300mL、0.400mL和0.500mL铅标准使用液（相当0、1.00μg、2.00μg、3.00μg、4.00μg和5 00μg铅）分别置于125mL分液

漏斗中，各加硝酸溶液（5+95）至20mL。再各加2mL柠檬酸铵溶液（200g/L），1mL盐酸羟胺溶液（200g/L）和2滴酚红指示液（1g/L），用氨水溶液（1+1）调至红色，再各加2mL氰化钾溶液（100g/L），混匀。各加5mL二硫腙使用液，剧烈振摇1min，静置分层后，三氯甲烷层经脱脂棉滤入1cm比色杯中，以三氯甲烷调节零点于波长510nm处测吸光度，以铅的质量为横坐标，吸光度值为纵坐标，制作标准曲线。

③试样溶液的测定：将试样溶液及空白溶液分别置于125mL分液漏斗中，各加硝酸溶液至20mL。于消解液及试剂空白液中各加2mL柠檬酸铵溶液（200g/L），1mL盐酸羟胺溶液（200g/L）和2滴酚红指示液（1g/L），用氨水溶液（1+1）调至红色，再各加2mL氰化钾溶液（100g/L），混匀。各加5mL二硫腙使用液，剧烈振摇1min，静置分层后，三氯甲烷层经脱脂棉滤入1cm比色杯中，于波长510nm处测吸光度，与标准系列比较定量。

5. 结果计算

试样中铅的含量按式（7-3）计算。

$$X = (m_1 - m_0) / m_2 \tag{7-3}$$

式中：X——试样中铅的含量，mg/kg 或 mg/L；

m_1——试样溶液中铅的质量，μg；

m_0——空白溶液中铅的质量，μg；

m_2——试样称样量或移取体积，g 或 mL。

当铅含量 ≥ 10.0mg/kg（或 mg/L）时，计算结果保留 3 位有效数字；当铅含量 < 10.0mg/kg（或 mg/L）时，计算结果保留 2 位有效数字。

6. 精密度

在重复性条件下获得的两次独立测定结果的绝对差值不得超过算术平均值的10%。以称样量0.5g（或0.5mL）计算，方法的检出限为1mg/kg（或1mg/L），定量限为3mg/kg（或3mg/L）。

二、食品中汞的测定

在自然界中，汞以无机汞和有机汞形式存在。一般土壤中汞的含量不高，它在自然界中可以进行迁移转化，例如水中的无机汞由微生物作用能够转变为剧毒的甲基汞。施用含汞农药和含汞污泥肥料，是土壤中汞的主要来源，如农业上曾使用的有机农药有赛利散、谷乐生、西力生等，中国现已停止生产并禁止使用含汞农药。

现行国家标准《食品中总汞及有机汞的测定》（GB 5009.17—2021）中总汞的测定采用原子荧光光谱分析法和冷原子吸收光谱法，并增加了甲基汞测定的液相色谱—原子荧光光谱法（LC—AFS）。本节内容介绍原子荧光光谱分析法和液相色谱—原子荧光光谱法。

（一）原子荧光光谱分析法

1. 原理

试样经酸加热消解后，在酸性介质中，试样中汞被硼氢化钾或硼氢化钠还原成原子态汞，由载气（氩气）带入原子化器中，在汞空心阴极灯照射下，基态汞原子被激发至高能态，在由高能态回到基态时，发射出特征波长的荧光，其荧光强度与汞含量成正比，与标准系列溶液比较定量。

2. 仪器和设备

玻璃器皿及聚四氟乙烯消解内罐均需以硝酸溶液（1+4）浸泡24h，用水反复冲洗，最后用去离子水冲洗干净。

①原子荧光光谱仪。

②天平：感量为 0.1mg 和 1mg。

③微波消解系统。

④压力消解器。

⑤恒温干燥箱（50~300℃）。

⑥控温电热板（50~200℃）。

⑦超声水浴箱。

3. 试剂和材料

除非另有说明，本方法所用试剂均为优级纯，水为 GB/T 16682 规定的一级水。

（1）试剂。

①硝酸（HNO_3）。

②过氧化氢（H_2O_2）。

③硫酸（H_2SO_4）。

④氢氧化钾（KOH）。

⑤硼氢化钾（KBH_4）：分析纯。

（2）试剂配制。

①硝酸溶液（1+9）：量取 50mL 硝酸，缓缓加入 450mL 水中。

②硝酸溶液（5+95）：量取 5mL 硝酸，缓缓加入 95mL 水中。

③氢氧化钾溶液（5g/L）：称取 5.0g 氢氧化钾，纯水溶解并定容至 1000mL，混匀。

④硼氢化钾溶液（5g/L）：称取 5.0g 硼氢化钾，用 5g/L 的氢氧化钾溶液溶解并定容至 1000mL，混匀。现用现配。

⑤重铬酸钾的硝酸溶液（0.5g/L）：称取 0.05g 重铬酸钾溶于 100mL 硝酸溶液（5+95）中。

⑥硝酸—高氯酸混合溶液（5+1）：量取 500mL 硝酸，100mL 高氯酸，混匀。

（3）标准品。

氯化汞（$HgCl_2$）：纯度≥99%。

（4）标准溶液配制。

①求标准储备液（1.00mg/mL）：准确称取 0.1354g 经干燥过的氯化汞，用重铬酸钾的硝酸溶液（0.5g/L）溶解并转移至 100mL 容量瓶中，稀释至刻度，混匀。此溶液浓度为 1.00mg/mL。于 4℃冰箱中避光保存，可保存 2 年。或购买经国家认证并授予标准物质证书的标准溶液物质。

②汞标准中间液（10μg/mL）：吸取 1.00mL 汞标准储备液（1.00mg/mL）于 100mL 容量瓶中，用重铬酸钾的硝酸溶液（0.5g/L）稀释至刻度，混匀，此溶液浓度为 10μg/mL。于 4℃冰箱中避光保存，可保存 2 年。

③汞标准使用液（50ng/mL）：吸取 0.50mL 汞标准中间液（10μg/mL）于 100mL 容量瓶中，用 0.5g/L 重铬酸钾的硝酸溶液稀释至刻度，混匀，此溶液浓度为 50ng/mL，现用现配。

4. 操作方法

（1）试样预处理。

在采样和制备过程中，应注意不使试样污染。

①粮食、豆类等样品：去杂物后粉碎均匀，装入洁净的聚乙烯瓶中，密封保存备用。

②蔬菜、水果、鱼类、肉类及蛋类等新鲜样品：洗净晾干，取可食部分匀浆，装入洁净的聚乙烯瓶中密封，于4℃冰箱冷藏备用。

（2）试样消解。

①压力罐消解法：称取固体试样 0.2~1.0g（精确到 0.001g），新鲜样品 0.5~2.0g 或液体试样吸取 1~5mL 称量（精确到 0.001g），置于消解内罐中，加入 5mL 硝酸浸泡过夜。盖好内盖，旋紧不锈钢外套，放入恒温干燥箱，140~160℃保持 4~5h，在箱内自然冷却至室温，然后缓慢旋松不锈钢外套，将消解内罐取出，用少量水冲洗内盖，放在控温电热板上或超声水浴箱中，于 80℃或超声脱气 2~5min 赶去棕色气体。取出消解内罐，将消化液转移至 25mL 容量瓶中，用少量水分洗涤内罐 3 次，洗涤液合并于容量瓶中并定容至刻度，混匀备用。同时做空白试验。

②微波消解法：称取固体试样 0.2~0.5g（精确到 0.001g）、新鲜样品 0.2~0.8g 或液体试样 1~3mL 于消解罐中，加入 5~8mL 硝酸，加盖放置过夜，旋紧罐盖，按照微波消解仪的标准操作步骤进行消解。冷却后取出，缓慢打开罐盖排气，用少量水冲洗内盖，将消解罐放在控温电热板上或超声水浴箱中，于 80℃加热或超声脱气 2~5min，赶去棕色气体，取出消解内罐，将消化液转移至 25mL 塑料容量瓶中，用少量水分洗涤内罐 3 次，洗涤液合并于容量瓶中并定容至刻度，混匀备用。同时做空白试验。

③回流消解法。

a. 粮食：称取 1.0~4.0g（精确到 0.001g）试样，置于消化装置锥形瓶中，加玻璃珠数粒，加 45mL 硝酸、10mL 硫酸，转动锥形瓶防止局部炭化。装上冷凝管后，小火加热，待开始发泡即停止加热，发泡停止后，加热回流 2h。如加热过程中溶液变棕色，再加 5mL 硝酸，继续回流 2h，消解到样品完全溶解，一般呈淡黄色或无色，放冷后从冷凝管上端小心加 20mL 水，继续加热回流 10min 放冷，用适量水冲洗冷凝管，冲洗液并入消化液中，将消化液经玻璃棉过滤于 100mL 容量瓶内，用少量水洗涤锥形瓶、滤器，洗涤液并入容量瓶内，加水至刻度，混匀。同时做空白试验。

b. 植物油及动物油脂：称取 1.0~3.0g（精确到 0.001g）试样，置于消化装置锥形瓶中，加玻璃球数粒，加入 7mL 硫酸，小心混匀至溶液颜色变为棕色，然后加 40mL 硝酸。以下按粮食处理操作中"装上冷凝管后，小火加热……同时做空白试验"步骤操作。

c. 薯类、豆制品：称取 1.0~4.0g（精确到 0.001g），置于消化装置锥形瓶中，加玻璃球数粒及 30mL 硝酸、5mL 硫酸，转动锥形瓶防止局部炭化。以下按粮食处理操作中"装上冷凝管后，小火加热……同时做空白试验"步骤操作。

d. 肉、蛋类：称取 0.5~2.0g（精确到 0.001g）置于消化装置锥形瓶中，加玻璃球数粒及 30mL 硝酸、5mL 硫酸，转动锥形瓶防止局部炭化。以下按粮食处理操作中"装上冷凝管后，小火加热……同时做空白试验"步骤操作。

e. 乳及乳制品：称取 1.0~4.0g（精确到 0.001g）乳或乳制品，置于消化装置锥形瓶中，加玻璃球数粒及 30mL 硝酸，乳加 10mL 硫酸，乳制品加 5mL 硫酸，转动锥形瓶防止局部炭化。以下按粮食处理操作中"装上冷凝管后，小火加热……同时做空白试验"步骤操作。

（3）测定。

①标准曲线制作：别吸取 50ng/mL 汞标准使用液 0、0.20mL、0.50mL、1.00mL、1.50mL、2.00mL、2.50mL 于 50mL 容量瓶中，用硝酸溶液（1+9）稀释至刻度，混匀。各自相当于汞浓

度为0、0.20ng/mL、0.50ng/mL、1.00ng/mL、1.50ng/mL、2.00ng/mL、2.50ng/mL。

②试样溶液的测定：设定好仪器最佳条件，连续用硝酸溶液（1+9）进样，待读数稳定之后，转入标准系列测量，绘制标准曲线。转入试样测量，先用硝酸溶液（1+9）进样，使读数基本回零，再分别测定试样空白和试样消化液，每测不同的试样前都应清洗进样器。

5. 结果计算

试样测定结果按式（7-4）计算。

$$X = \frac{(c-c_0) \times V \times 1000}{m \times 1000 \times 1000} \tag{7-4}$$

式中：X——试样中汞的含量，mg/kg 或 mg/L；

c——测定样液中汞含量，ng/mL；

c_0——空白液中汞含量，ng/mL；

V——试样消化液定容总体积，mL；

1000——换算系数；

m——试样质量，g 或 mL。

计算结果保留两位有效数字。

6. 精密度

在重复性条件下获得的 2 次独立测定结果的绝对差值不得超过算术平均值的 20%。当样品称样量为 0.5g，定容体积为 25mL 时，方法检出限 0.003mg/kg，方法定量限 0.010mg/kg。

7. 注意事项

仪器参考条件。

光电倍增管负高压：240V；汞空心阴极灯电流：30mA；原子化器温度：300℃；载气流速 500mL/min；屏蔽气流速：1000mL/min。

（二）液相色谱—原子荧光光谱联用方法

1. 原理

食品中甲基汞经超声波辅助 5mol/L 盐酸溶液提取后，使用 C_{18} 反相色谱柱分离，色谱流出液进入在线紫外消解系统，在紫外光照射下与强氧化剂过硫酸钾反应，甲基汞转变为无机汞。酸性环境下，无机汞与硼氢化钾在线反应生成汞蒸气，由原子荧光光谱仪测定。由保留时间定性，外标法峰面积定量。

2. 仪器和设备

玻璃器皿均需以硝酸溶液（1+4）浸泡24h，用水反复冲洗，最后用去离子水冲洗干净。

（1）液相色谱—原子荧光光谱联用仪（LC-AFS）：由液相色谱仪（包括液相色谱泵和手动进样阀）、在线紫外消解系统及原子荧光光谱仪组成。

（2）天平：感量为 0.1mg 和 1.0mg。

（3）组织匀浆器。

（4）高速粉碎机。

（5）冷冻干燥机。

（6）离心机：最大转速 10000r/min。

（7）超声清洗器。

3. 试剂和材料

除非另有说明，本方法所用试剂均为优级纯，水为 GB/T 6682 规定的一级水。

（1）试剂。

①甲醇（CH_3OH）：色谱纯。

②氢氧化钠（$NaOH$）。

③氢氧化钾（KOH）。

④硼氢化钾（KBH_4）：分析纯。

⑤过硫酸钾（$K_2S_2O_8$）：分析纯。

⑥乙酸铵（CH_3COONH_4）：分析纯。

⑦盐酸（HCl）。

⑧氨水（$NH_3 \cdot H_2O$）。

⑨L-半胱氨酸 [$L-HSCH_2CH（NH_2）COOH$]：分析纯。

（2）试剂配制。

①流动相（5%甲醇+0.06mol/L 乙酸铵+0.1%L-半胱氨酸）：称取 0.5g L-半胱氨酸，2.2g 乙酸铵，置于 500mL 容量瓶中，用水溶解，再加入 25mL 甲醇，最后用水定容至 500mL。经 0.45μm 有机系滤膜过滤后，于超声水浴中超声脱气 30min。现用现配。

②盐酸溶液（5mol/L）：量取 208mL 盐酸，溶于水并稀释至 500mL。

③盐酸溶液 10%（体积比）：量取 100mL 盐酸，溶于水并稀释至 1000mL。

④氢氧化钾溶液（5g/L）：称取 5.0g 氢氧化钾，溶于水并稀释至 1000mL.

⑤氢氧化钠溶液（6mol/L）：称取 24g 氢氧化钠，溶于水并稀释至 100mL。

⑥硼氢化钾溶液（2g/L）：称取 2.0g 硼氢化钾，用氢氧化钾溶液（5g/L）溶解并稀释至 1000mL。现用现配。

⑦过硫酸钾溶液（2g/L）：称取 1.0g 过硫酸钾，用氢氧化钾溶液（5g/L）溶解并稀释至 500mL。现用现配。

⑧L-半胱氨酸溶液（10g/L）：称取 0.1g L-半胱氨酸，溶于 10mL 水中。现用现配。

⑨甲醇溶液（1+1）：量取甲醇 100mL，加入 100mL 水中，混匀。

（3）标准品。

①氯化汞（$HgCl_2$），纯度≥99%。

②氯化甲基汞（$HgCH_3Cl$），纯度≥99%。

（4）标准溶液配制。

①氯化汞标准储备液（200μg/mL，以 Hg 计）：准确称取 0.0270g 氯化汞，用 0.5g/L 重铬酸钾的硝酸溶液溶解，并稀释、定容至 100mL。于 4℃冰箱中避光保存，可保存两年。或购买经国家认证并授予标准物质证书的标准溶液物质。

②甲基汞标准储备液（200μg/mL，以 Hg 计）：准确称取 0.0250g 氯化甲基汞，加少量甲醇溶解，用甲醇溶液（1+1）稀释和定容至 100mL。于 4℃冰箱中避光保存，可保存两年。或购买经国家认证并授予标准物质证书的标准溶液物质。

③混合标准使用液（1.00μg/mL，以 Hg 计）：准确移取 0.50mL 甲基汞标准储备液和 0.50mL 氯化汞标准储备液，置于 100mL 容量瓶中，以流动相稀释至刻度，摇匀。此混合标准使用液中，两种汞化合物的浓度均为 1.00μg/mL。现用现配。

4. 操作方法

（1）试样预处理：同原子荧光光谱分析法对试样的预处理方法。

（2）试样提取：称取样品 0.50~2.0g（精确至 0.001g），置于 15mL 塑料离心管中，加入 10mL 的盐酸溶液（5mol/L），放置过夜。室温下超声水浴提取 60min，期间振摇数次。4℃下以 8000r/min 转速离心 15min。准确吸取 2.0mL 上清液至 5mL 容量瓶或刻度试管中，逐滴加入氢氧化钠溶液（6mol/L），使样液 pH 为 2~7。加入 0.1mL 的 L-半胱氨酸溶液（10g/L），最后用水定容至刻度。0.45μm 有机系滤膜过滤，待测。同时做空白试验。

滴加氢氧化钠溶液（6mol/L）时应缓慢逐滴加入，避免酸碱中和产生的热量来不及扩散，使温度很快升高，导致汞化合物挥发，造成测定值偏低。

（3）仪器参考条件。

①液相色谱参考条件如下：

a. 色谱柱：C_{18} 分析柱（柱长 150mm，内径 4.6mm，粒径 5μm），C_{18} 预柱（柱长 10mm，内径 4.6mm，粒径 5μm）。

b. 流速：1.0mL/min。

c. 进样体积：100μL。

②原子荧光检测参考条件如下：

a. 负高压：300V；

b. 汞灯电流：30mA；

c. 原子化方式：冷原子；

d. 载液：10% 盐酸溶液；

e. 载液流速：4.0mL/min；

f. 还原剂：2g/L 硼氢化钾溶液；

g. 还原剂流速 4.0mL/min；

h. 氧化剂：2g/L 过硫酸钾溶液，氧化剂流速 1.6mL/min；

i. 载气流速：500mL/min。

（4）标准曲线制作：取 5 支 10mL 容量瓶，分别准确加入混合标准使用液（1.00μg/mL）0、0.010mL、0.020mL、0.040mL、0.060mL 和 0.10mL，用流动相稀释至刻度。此标准系列溶液的浓度分别为 0、1.0ng/mL、2.0ng/m、4.0g/mL、6.0ng/mL 和 10.0ng/mL。吸取标准系列溶液 100μL 进样，以标准系列溶液中目标化合物的浓度为横坐标，以色谱峰面积为纵坐标，绘制标准曲线。

试样溶液的测定：将试样溶液 100μL 注液相色谱—原子荧光光谱联用仪中得到色谱图，以保留时间定性。以外标法峰面积定量。平行测定次数不少于两次。

5. 结果计算

试样中甲基汞含量按式（7-5）计算：

$$X = \frac{f \times (c - c_0) \times V \times 1000}{m \times 1000 \times 1000} \tag{7-5}$$

式中：X——试样中甲基汞的含量，mg/kg；

f——稀释因子；

c——经标准曲线得到的测定液中甲基汞的浓度，ng/mL；

c_0——经标准曲线得到的空白溶液中甲基汞的浓度，ng/mL；

V——加入提取试剂的体积，mL；

1000——换算系数；

m——试样称样量，g。

计算结果保留 2 位有效数字。

6. 精密度

在重复性条件下获得的两次独立测定结果的绝对差值不得超过算术平均值的 20%。当样品称样量为 1g，定容体积为 10mL 时，方法检出限为 0.008mg/kg，方法定量限为 0.025mg/kg。

三、食品中镉的测定

镉存在于周围空气、饮用水、烟草、工作环境、土壤、灰尘和食物中，并且食物是非职业环境中镉的主要来源。镉在食品中的浓度一般为 0.01~0.1mg/kg，有些鱼、肉、内脏可能更高。镉污染的食品主要是鱼介类等水生生物。鱼介类可以从周围水体中富集镉，其浓度比水高出 4500 倍。一般来说，动物性食物含镉量比植物性食物略高，大多数肉类食品含镉量平均为 0.03mg/kg。长期饮用受镉污染的自来水或地表水，并用受镉污染的水进行灌溉（特别是稻谷），会致使镉在体内蓄积，造成肾损伤，进而导致骨软化症，周身疼痛，称为"痛痛病"。

1. 原理

试样经灰化或酸消解后，注入一定量样品消化液于原子吸收分光光度计石墨炉中，电热原子化后在 228.8nm 处测定吸光度，在一定浓度范围内，其吸光度值与镉含量成正比，采用标准曲线法定量。

2. 仪器和设备

（1）原子吸收分光光度计，附石墨炉。

（2）镉空心阴极灯。

（3）电子天平：感量为 0.1mg 和 1mg。

（4）可调温式电热板、可调温式电炉。

（5）马弗炉。

（6）恒温干燥箱。

（7）压力消解器、压力消解罐。

（8）微波消解系统：配聚四氟乙烯或其他合适的压力罐。

3. 试剂和材料

除非另有说明，本方法所用试剂均为分析纯，水为 GB/T 6682 规定的二级水。所用玻璃仪器均需以硝酸溶液（1+4）浸泡 24h 以上，用水反复冲洗，最后用去离子水冲洗干净。

（1）试剂。

①硝酸（HNO_3）：优级纯。

②盐酸（HCl）：优级纯。

③高氯酸（$HClO_4$）：优级纯。

④氧化氢（H_2O_2，30%）。

⑤磷酸二氢铵（$NH_4H_2PO_4$）。

（2）试剂配制。

①硝酸溶液（1%）：取10.0mL硝酸加入100mL水中，稀释至1000mL。

②盐酸溶液（1+1）：取50mL盐酸慢慢加入50mL水中。

③硝酸—高氯酸混合溶液（9+1），取9份硝酸与1份高氯酸混合。

④磷酸二氢铵溶液（10g/L）：称取10.0g磷酸二氢铵，用100mL硝酸溶液（1%）溶解后定量移入1000mL容量瓶，用硝酸溶液（1%）定容至刻度。

（3）标准品：金属镉（Cd）标准品，纯度为99.99%或经国家认证并授予标准物质证书的标准物质。

（4）标准溶液配制。

①镉标准储备液（1000mg/L）：准确称取1g金属镉标准品（精确至0.0001g）于小烧杯中，分次加20mL盐酸溶液（1+1）溶解，加2滴硝酸，移入1000mL容量瓶中，用水定容至刻度，混匀；后购买国家认证并授予标准物质证书的标准物质。

②镉标准使用液（100ng/mL）：吸取镉标准储备液10.0mL于100mL容量瓶中，用硝酸溶液（1%）定容至刻度，如此经多次稀释成每毫升含100.0ng镉的标准使用液。

③镉标准曲线工作液：准确吸取镉标准使用液0、0.50mL、1.0mL、1.5mL、2.0mL、3.0mL于100mL容量瓶中，用硝酸溶液（1%）定容至刻度，即得到含镉量分别为0、0.50ng/mL、1.0ng/mL、1.5ng/mL、2.0ng/mL、3.0ng/mL的标准系列溶液。

4. 操作方法

（1）试样制备。

①干试样：粮食、豆类，去除杂质；坚果类去杂质、去壳；磨碎成均匀的样品，颗粒度不大于0.425mm。储于洁净的塑料瓶中，并标明标记，于室温下或按样品保存条件下保存备用。

②鲜（湿）试样：蔬菜、水果、肉类、鱼类及蛋类等，用食品加工机打成匀浆或碾磨成匀浆，储于洁净的塑料瓶中，并标明标记，于−18~−16℃冰箱中保存备用。

③液态试样：按样品保存条件保存备用。含气样品使用前应除气。

（2）试样消解：可根据实验室条件选用以下任何一种方法消解，称量时应保证样品的均匀性。

①压力消解罐消解法：称取干试样0.3~0.5g（精确至0.0001g）、鲜（湿）试样1~2g（精确到0.001g）于聚四氟乙烯内罐，加硝酸5mL浸泡过夜。再加过氧化氢溶液（30%）2~3mL（总量不能超过罐容积的1/3）。盖好内盖，旋紧不锈钢外套，放入恒温干燥箱，120~160℃保持4~6h，在箱内自然冷却至室温，打开后加热赶酸至近干，将消化液洗入10mL或25mL容量瓶中，用少量硝酸溶液（1%）洗涤内罐和内盖3次，洗液合并于容量瓶中并用硝酸溶液（1%）定容至刻度，混匀备用。同时做试剂空白试验。

②微波消解：称取干试样0.3~0.5g（精确至0.0001g）、鲜（湿）试样1~2g（精确到0.001g）置于微波消解罐中，加5mL硝酸和2mL过氧化氢。微波消化程序可以根据仪器型号调至最佳条件。消解完，待消解罐冷却后打开，消化液呈无色或淡黄色，加热赶酸至近干，用少量硝酸溶液（1%）冲洗消解罐3次，将溶液转移至10mL或25mL容量瓶中，并用硝酸溶液（1%）定容至刻度，混匀备用。同时做试剂空白试验。

③湿式消解法：称取干试样0.3~0.5g（精确至0.0001g）、鲜（湿）试样1~2g（精确到0.001g）于锥形瓶中，放数粒玻璃珠，加10mL硝酸—高氯酸混合溶液（9+1），加盖浸泡过

夜，加一小漏斗在电热板上消化，若变棕黑色，再加硝酸，直至冒白烟，消化液呈无色透明或略带微黄色，放冷后将消化液洗入 10~25mL 容量瓶中，用少量硝酸溶液（1%）洗涤锥形瓶 3 次，洗液合并于容量瓶中并用硝酸溶液（1%）定容至刻度，混匀备用。同时做试剂空白试验。

④干法灰化：称取 0.3~0.5 干试样（精确至 0.0001g）、鲜（湿）试样 1~2g（精确到 0.001g）、液态试样 1~2g（精确到 0.001g）于瓷坩埚中，先小火在可调式电炉上炭化至无烟，移入马弗炉 500℃灰化 6~8h，冷却。若个别试样灰化不彻底，加 1mL 混合酸在可调式电炉上小火加热，将混合酸蒸干后，再转入马弗炉中 500℃继续灰化 1~2h，直至试样消化完全，呈灰白色或浅灰色。放冷，用硝酸溶液（1%）将灰分溶解，将试样消化液移入 10mL 或 25mL 容量瓶中，用少量硝酸溶液（1%）洗涤瓷坩埚 3 次，洗液合并于容量瓶中并用硝酸溶液（1%）定容至刻度，混匀备用。同时做试剂空白试验。

（3）仪器参考条件：根据所用仪器型号将仪器调至最佳状态。原子吸收分光光度计（附石墨炉及镉空心阴极灯）测定参考条件如下：

①波长 228.8nm，狭缝 0.2~1.0nm，灯电流 2~10mA，干燥温度 105℃，干燥时间 20s；

②灰化温度 400~700℃，灰化时间 20~40s；

③原子化温度 1300~2300℃，原子化时间 3~5s；

④背景校正为氘灯或塞曼效应。

（4）标准曲线的制作：将标准曲线工作液按浓度由低到高的顺序各取 20μL 注入石墨炉，测其吸光度值，以标准曲线工作液的浓度为横坐标，相应的吸光度值为纵坐标，绘制标准曲线并求出吸光度值与浓度关系的一元线性回归方程。

标准系列溶液应为不少于 5 个点的不同浓度的镉标准溶液，相关系数不应小于 0.995。如果有自动进样装置，也可用程序稀释来配制标准系列。

（5）试样溶液的测定：于测定标准曲线工作液相同的实验条件下，吸取样品消化液 20μL（可根据使用仪器选择最佳进样量），注入石墨炉，测其吸光度值。代入标准系列的一元线性回归方程中求样品消化液中镉的含量，平行测定次数不少于 2 次。若测定结果超出标准曲线范围，用硝酸溶液（1%）稀释后再行测定。

（6）基体改进剂的使用：对有干扰的试样，和样品消化液一起注入石墨炉 5μL 基体改进剂磷酸二氢铵溶液（10g/L），绘制标准曲线时也要加入与试样测定时等量的基体改进剂。

5. 结果计算

试样中镉含量按式（7-6）进行计算：

$$X = \frac{(c_1 - c_0) \times V}{m \times 1000} \tag{7-6}$$

式中：X——试样中镉含量，mg/kg 或 mg/L；

c_1——试样消化液中镉含量，ng/mL；

c_0——空白液中镉含量，ng/mL；

V——试样消化液定容总体积，mL；

m——试样质量或体积，g 或 mL；

1000——换算系数。

以重复性条件下获得的两次独立测定结果的算术平均值表示，结果保留 2 位有效数字。

6. 精密度

在重复性条件下获得的两次独立测定结果的绝对差值不得超过算术平均值的 20%。方法检出限为 0.001mg/kg，定量限为 0.003mg/kg。

7. 注意事项

实验要在通风良好的通风内进行。对含油脂的样品，尽量避免用湿式消解法消化，最好采用干法消化，如果必须采用湿式消解法消化，样品的取样量最大不能超过 1g。

四、食品中砷的测定

砷是机体的微量元素，在细胞代谢中起一定作用，但长期摄入可致慢性中毒，砷可通过饮水、食物经消化道吸收分布到整个身体中，最后蓄积在肝、肺、肾、脾、皮肤、指甲及毛发内，其中以指甲、毛发的蓄积量最高，可超过肝脏 50 倍。元素砷没有毒性，砷化合物（如氧化物、盐类及有机化合物）均有毒性，三价砷化物的毒性比五价的高。

根据现行食品安全国家标准食品中总砷及无机砷的测定（GB 5009.11—2014），测定砷常采用二乙氨基二硫代甲酸银比色法和氢化物原子荧光测定法。

任务二　食品中农药残留量的测定

一、概述

农药是人类用以与植物病虫害、杂草做斗争的武器，也是实现农业机械化保证农业获得高产、稳产的主要措施。但是，农药具有各种毒性，由于长期滥用农药，环境中的有害物质大大增加，危害到生态和人类，形成农药污染。

农药污染是指农药或其有害代谢物、降解物对环境和生物产生的污染。农药及其在自然环境中的降解产物，污染气体、水体和土壤，会破坏生态环境，引起人和动物、植物的急性或慢性中毒。我国有 250 种农药原药和制剂，居世界第二位，按来源分类为有机合成农药（包括有机氯、有机磷、氨基甲酸酯、拟除虫菊酯等）、生物源农药（包括微生物农药、动物源农药和植物农药三类）、矿物源农药（包括硫制剂、铜制剂和矿物油乳剂等）。目前，我国常用的生物农药有苏云金杆菌杀虫剂、农用抗生素制剂（如井网霉素）等。按用途分类有杀虫剂（防治害虫的农药）、杀螨剂（防治红蜘蛛的农药）、杀真菌剂（防治作物病杀线虫剂）、杀鼠剂（防治鼠类的农药）、除草剂（防治杂草的农药）、杀螺剂、熏蒸剂、植物生长调节剂（促进或调控植物生长）等。

目前食品中农药残留已成为全球性的共性问题和一些国际贸易纠纷的起因，是当前我国农产品出口的重要限制因素。

二、有机磷农药残留的测定

现行食品安全国家标准食品中有机磷农药残留量的测定为气相色谱—质谱法，适用于清蒸猪肉罐头、猪肉、鸡肉、牛肉、鱼肉中有机磷农药残留量的测定和确证，其他食品可参照执行。标准中规定了进出口动物源食品中 10 种有机磷农药残留量（敌敌畏、二嗪磷、皮蝇磷、杀螟硫磷、马拉硫磷、毒死蜱、倍硫磷、对硫磷、乙硫磷、蝇毒磷）的气相色谱—质谱检测方法。

1. 原理

试样用水—丙酮溶液均质提取，二氯甲烷液—液分配，凝胶色谱柱净化，再经石墨化炭黑固相萃取柱净化，气相色谱—质谱检测，外标法定量。

2. 仪器和设备

（1）气相色谱—质谱仪：配有电子轰击源（EI）。

（2）电子天平：感量 0.01g 和 0.0001g。

（3）凝胶色谱仪：配有单元泵、馏分收集器。

（4）均质器。

（5）旋转蒸发器。

（6）具塞锥形瓶：250 mL。

（7）分液漏斗：250mL。

（8）浓缩瓶：250mL。

3. 试剂和材料

除另有规定外，所用试剂均为分析纯，水为 GB/T 6682—1992 规定的一级水。

（1）试剂。

①丙酮（C_3H_6O）：残留级。

②二氯甲烷（CH_2Cl_2）：残留级。

③环己烷（C_6H_{12}）：残留级。

④乙酸乙酯（$C_4H_8O_2$）：残留级

⑤正己烷（C_6H_{14}）：残留级。

⑥氯化钠（NaCl）。

（2）溶液配制。

①无水硫酸钠：650℃灼烧 4h，贮于密封容器中备用。

②氯化钠水溶液（5%）：称取 5.0g 氯化钠，用水溶解，并定容至 100mL。

③乙酸乙酯—正己烷（1+1，*V/V*）：量取 100mL 乙酸乙酯和 100mL 正己烷，混匀。

④环己烷—乙酸乙酯（1+1，*V/V*）：量取 100mL 环己烷和 100mL 正己烷，混匀。

（3）标准品。

10 种有机磷农药标准品：纯度均≥95%。

（4）标准溶液配制。

①标准储备溶液：分别称取适量的 10 种有机磷农药标准品，用丙酮分别配制成浓度为 100~1000μg/mL 的标准储备溶液。

②混合标准工作溶液：根据需要再用丙酮逐级稀释成适用浓度的系列混合标准工作溶液，保存于 4℃冰箱内。

（5）试样制备与保存

①试样制备：取代表性样品约 1kg，经捣碎机充分捣碎均匀，装入洁净容器，密封，标明标记。

②试样保存：试样于-18℃保存。在抽样及制样的操作过程中，应防止样品受到污染或发生残留物含量的变化。

（6）材料。

①弗罗里硅土固相萃取柱：Florisil，500mg，6mL，或相当者。

②石墨化炭黑固相萃取柱：ENVI-Carb，250mg，6mL，或相当者，使用前用 6mL 乙酸乙酯—正己烷预淋洗。

③有机相微孔滤膜：0.45μm。

④石墨化炭黑：60~80 目。

4. 操作方法

（1）提取：称取解冻后的试样 20g（精确到 0.01g）于 250mL 具塞锥形瓶中，加入 20mL 水和 100mL 丙酮，均质提取 3min。将提取液过滤，残渣再用 50mL 丙酮重复提取 1 次，合并滤液于 250mL 浓缩瓶中，于 40℃ 水浴中浓缩至约 20mL。

将浓缩提取液转移至 250mL 分液漏斗中，加入 150mL 氯化钠水溶液和 50mL 二氯甲烷，振摇 3min，静置分层，收集二氯甲烷相。水相再用 50mL 二氯甲烷重复提取 2 次，合并二氯甲烷相。经无水硫酸钠脱水，收集于 250mL 浓缩瓶中，于 40℃ 水浴中浓缩至近干。加入 10mL 环己烷—乙酸乙酯溶解残渣，用 0.45μm 滤膜过滤，待凝胶色谱（GPC）净化。

（2）净化。

①凝胶色谱（GPC）净化。

a. 凝胶色谱条件。

凝胶净化柱：Bio Beads S-X3，700mm×25mm（i.d.），或相当者；

流动相：乙酸乙酯—环己烷（1+1，V/V）；

流速：4.7mL/min；

样品定量环：10mL；

预淋洗时间：10min；

凝胶色谱平衡时间：5min；

收集时间：23~31min。

b. 凝胶色谱净化步骤。

将 10mL 待净化液按 a. 规定的条件进行净化，收集 23~31min 区间的组分，于 40℃ 下浓缩至近干，并用 2mL 乙酸乙酯—正己烷溶解残渣，待固相萃取净化。

②固相萃取（SPE）净化：将石墨化炭黑固相萃取柱（对于色素较深试样，在石墨化炭黑固相萃取柱上加 1.5cm 高的石墨化炭黑）用 6mL 乙酸乙酯—正己烷预淋洗，弃去淋洗液；将 2mL 待净化液倾入上述连接柱中，并用 3mL 乙酸乙酯—正己烷分 3 次洗涤浓缩瓶，将洗涤液倾入石墨化炭黑固相萃取柱中，再用 12mL 乙酸乙酯—正己烷洗脱，收集上述洗脱液至浓缩瓶中，于 40℃ 水浴中旋转蒸发至近干，用乙酸乙酯溶解并定容 1.0mL，供气相色谱—质谱测定和确证。

（3）测定。

①气相色谱—质谱参考条件。

a. 色谱柱：30m×0.25mm（i.d.），膜厚 0.25μm，DB-5MS 石英毛细管柱，或相当者；

b. 色谱柱温度：50℃（2min）→180℃（10min）→270℃（10min），升温速度为 30℃/min；

c. 进样口温度：280℃；

d. 色谱—质谱接口温度：270℃；

e. 载气：氦气，纯度≥99.999%，流速 1.2mL/min；

f. 进样量：1μL；

g. 进样方式：无分流进样，1.5min 后开阀；

h. 电离方式：EI；

i. 电离能量：70eV；

j. 测定方式：选择离子监测方式（表7-3）；

k. 选择监测离子（m/z）：参见国标；

l. 溶剂延迟：5min；

m. 高子源温度：150℃；

n. 四级杆温度：200℃。

表7-3　选择离子监测方式的质谱参数表

通道	时间（t_R）/min	选择离子/u
1	5.00	109，125，137，145，179，185，199，220，270，285，304
2	17.00	109，127，158，169，214，235，245，247，258，260，261，263，285，286，314
3	19.00	153，125，384，226，210，334

②气相色谱—质谱测定与确证：根据样液中被测物含量情况，选定浓度相近的标准工作溶液，对标准工作溶液与样液等体积参插进样测定，标准工作溶液和待测样中每种有机磷农药的响应值均应在仪器检测的线性范围内。

如果样液与标准工作溶液的选择离子色谱图中，在相同保留时间有色谱峰出现，则根据每种有机磷农药选择离子的种类及其丰度比进行确证。

5. 结果计算

试样中每种有机磷农药残留量按式（7-7）计算：

$$X_i = \frac{A_i \times c_i \times V}{A_{is} \times m} \qquad (7-7)$$

式中：X_i——试样中每种有机磷农药残留量，mg/kg；

　　　A_i——样液中每种有机磷农药的峰面积（或峰高）；

　　　A_{is}——标准工作液中每种有机磷农药的峰面积（或峰高）；

　　　c_i——标准工作液中每种有机磷农药的浓度，μg/mL；

　　　V——样液最终定容体积，mL；

　　　m——最终样液代表的试样质量，g。

计算结果须扣除空白值，测定结果用平行测定的算术平均值表示，保留2位有效数字。

6. 精密度

（1）在重复性条件下获得的两次独立测定结果的绝对差值与其算术平均值的比值（百分率），应符合 GB 23200.93—2016 附录 D 的要求。

（2）在再现性条件下获得的两次独立测定结果的绝对差值与其算术平均值的比值（百分率），应符合 GB 23200.93—2016 附录 E 的要求。

三、有机氯农药残留的测定

动物性食品中有机氯农药和拟除虫菊酯农药多组分残留量的测定可以采用气相色谱—质

谱（GC-MS）和气相色谱—电子捕获器（GC-ECD）两种方法，本节介绍气相色谱—质谱（GC-MS）测定方法。

1. 原理

在均匀的试样溶液中定量加入$^{13}C_6$-六氯苯和$^{13}C_{10}$-灭蚁灵稳定性同位素内标，经有机溶剂振荡提取、凝胶色谱层析净化，采用选择离子监测的气相色谱—质谱法（GC-MS）测定，以内标法定量。

2. 仪器和设备

（1）气相色谱—质谱联用仪（GC-MS）。

（2）凝胶净化柱：长30cm、内径2.3~2.5cm具活塞玻璃层析柱，柱底垫少许玻璃棉。用洗脱剂乙酸乙酯—环己烷（1+1）浸泡的凝胶，以湿法装入柱中，柱高约26cm，使凝胶始终保持在洗脱剂中。

（3）全自动凝胶色谱系统，带有固定波长（254nm）紫外检测器，供选择使用。

（4）旋转蒸发仪。

（5）组织匀浆器。

（6）振荡器

（7）氮气浓缩器。

3. 试剂

（1）丙酮（CH_3COCH_3）：分析纯，重蒸。

（2）石油醚：沸程30~60℃，分析纯，重蒸。

（3）乙酸乙酯（$CH_3COOC_2H_5$）：分析纯，重蒸。

（4）环己烷（C_6H_{12}）：分析纯，重蒸。

（5）正己烷（n-C_6H_{14}）：分析纯，重蒸。

（6）氯化钠（NaCl）：分析纯。

（7）无水硫酸钠（Na_2SO_4）：分析纯，将无水硫酸钠置于干燥箱中，于120℃干燥4h，冷却后，密闭保存。

（8）凝胶：Bio- Beads S-X3 200目~400目。

（9）农药标准品：α-六六六、六氯苯、β-六六六、γ-六六六、五氯硝基苯、δ-六六六、五氯苯胺、七氯、五氯苯基硫醚、艾氏剂、氧氯丹、环氧七氯、反氯丹、α-硫丹、顺氯丹、p,p'-滴滴伊、狄氏剂、异狄氏剂、β-硫丹、o,p'-滴滴涕、异狄氏剂醛、硫丹硫酸盐、p,p'-滴滴涕、异狄氏剂酮、灭蚁灵、除螨酯、丙烯菊酯、杀螨蟥、杀螨酯、胺菊酯、甲氰菊酯、氯菊酯、氯氰菊酯、氰戊菊酯、溴氰菊酯、$^{13}C_6$-六氯苯和$^{13}C_{10}$-灭蚁灵等纯度均>99%。

（10）标准溶液：分别准确称取上述农药标准品适量，用少量苯溶解，再用正己烷稀释成一定浓度的标准储备溶液。量取适量标准储备溶液，用正己烷稀释为系列混合标准溶液。

（11）内标溶液：将浓度为1000mg/L、体积为1mL的$^{13}C_6$-六氯苯和$^{13}C_{10}$-灭蚁灵稳定性同位素内标溶液转移至容量瓶中，分别用正己烷定容至10.00mL，配制成100mg/L的标准储备液，-20℃冰箱保存。取此标准储备液0.6mL，分别用正己烷定容至10.00mL，配制成6.0mg/L的标准工作液。

4. 操作方法

（1）试样制备：蛋品去壳，制成匀浆；肉品去筋后，切成小块，制成肉糜；乳品混匀待用。

（2）提取与分配。

①蛋类：称取试样 20g（精确到 0.01g），置于 200mL 具塞三角瓶中，加水 5mL（视试样水分含量加水，使总含水量约 20g。通常鲜蛋水分含量约 75%，加水 5mL 即可），加入 $^{13}C_6$-六氯苯（6mg/L）和 $^{13}C_{10}$-灭蚁灵（6mg/L）各 5μL，加入 40mL 丙酮，振摇 30min 后，加入氯化钠 6g，充分摇匀，再加入 30mL 石油醚，振摇 30min。静置分层后，将有机相全部转移至 100mL 具塞三角瓶中经无水硫酸钠干燥，并量取 35mL 于旋转蒸发瓶中，浓缩至约 1mL，加 2mL 乙酸乙酯—环己烷（1+1）溶液再浓缩，如此重复 3 次，浓缩至约 1mL，供凝胶色谱层析净化使用，或将浓缩液转移至全自动凝胶渗透色谱系统配套的进样试管中，用乙酸乙酯—环己烷（1+1）溶液洗涤旋转蒸发瓶数次，将洗涤液合并至试管中，定容至 10mL。

②肉类：称取试样 20g（精确到 0.01g），加水 6mL（视试样水分含量加水，使总含水量约为 20g。通常鲜肉水分含量约 70%，加水 6mL 即可），加入 $^{13}C_6$-六氯苯（6mg/L）和 $^{13}C_{10}$-灭蚁灵（6mg/L）各 5μL，再加入 40mL 丙酮，振摇 30min。其余操作与①从"加入氯化钠 6g"开始的蛋类操作相同。

③乳类：称取试样 20g（精确到 0.01g。鲜乳无须加水，直接加丙酮提取），加入 $^{13}C_6$-六氯苯（6mg/L）和 $^{13}C_{10}$-灭蚁灵（6mg/L）各 5μL，再加入 40mL 丙酮，振摇 30min。其余操作与①从"加入氯化钠 6g"开始的蛋类操作相同。

④油脂：称取 1g（精确到 0.01g），加 $^{13}C_6$-六氯苯（6mg/L）和 $^{13}C_{10}$-灭蚁灵（6mg/L）各 5μL，加入 30mL 石油振摇 30min 后，将有机相全部转移至旋转蒸发瓶中，浓缩至约 1mL，加入 2mL 乙酸乙酯—环己烷（1+1）溶液再浓缩，如此重复 3 次，浓缩至约 1mL，供凝胶色谱层析净化使用，或将浓缩液转移至全自动凝胶渗透色谱系统配套的进样试管中，用乙酸乙酯—环己烷（1+1）溶液洗涤旋转蒸发瓶数次，将洗涤液合并至试管中，定容至 10mL。

（3）净化。

选择手动或全自动净化方法的任何一种进行。

①手动凝胶色谱柱净化：将试样浓缩液经凝胶柱以乙酸乙酯—环己烷（1+1）溶液洗脱，弃去 0~35mL 流分，收集 35~70mL 流分。将其旋转蒸发浓缩至约 1mL，再重复上述步骤，收集 35~70mL 流分，蒸发浓缩，用氮气吹除溶剂，再用正己烷定容至 1mL，留待 GC-MS 分析。

②全自动凝胶渗透色谱系统（GPC）净化：试样由 5mL 试样环注入 GPC 柱，泵流速 5.0mL/min，用乙酸乙酯—环己烷（1+1）溶液洗脱，时间程序为：弃 0~7.5min 流分，收集 7.5~15min 流分，15~20min 冲洗 GPC 柱。将收集的流分旋转蒸发浓缩至约 1mL，用氮气吹至近干，以正己烷定容至 1mL，留待 GC-MS 分析。

（4）测定。

①气相色谱参考条件。

a. 色谱柱：CP-sil8 毛细管柱或等效柱，柱长 30m，膜厚 0.25μm，内径 0.25mm。

b. 进样口温度：230℃。

c. 柱温程序：初始温度 50℃，保持 1min，以 30℃/min 升至 150℃，再以 5℃/min 升至 185℃，然后以 10℃/min 升至 280℃，保持 10min。

d. 进样方式：不分流进样，不分流阀关闭时间 1min。

e. 进样量：1μL。

f. 载气：使用高纯氦气（纯度>99.999%），柱前压为41.4kPa。

②质谱参数。

a. 离子化方式：电子轰击源（EI），能量为70eV。

b. 离子检测方式：选择离子监测（SIM），各组分选择的特征离子参见GB/T 5009.162—2008附录A。

c. 离子源温度：250℃。

d. 接口温度：285℃。

e. 分析器电压：450V。

f. 扫描质量范围：50~450u。

g. 溶剂延迟：9min。

h. 扫描速度：每秒扫描1次。

③测定：吸取试样溶液1μL进样，记录色谱图及各目标化合物和内标的峰面积，计算目标化合物与相应内标的峰面积比。

5. 结果计算

试样中各农药组分的含量按式（7-8）进行计算：

$$X = \frac{A \times f}{m} \qquad\qquad (7-8)$$

式中：X——试样中各农药组分的含量，μg/kg；

　　　A——试样色谱峰与内标色谱峰的峰面积比值对应的目标化合物质量，ng；

　　　f——试样溶液的稀释因子；

　　　m——试样的取样量，g。

计算结果保留3位有效数字。

6. 精密度

在重复性条件下获得的两次独立测定结果的绝对差值不得超过算术平均值的20%。

7. 注意事项

（1）本方法适用于肉类、蛋类、乳类食品及油脂（含植物油）中α-六六六、六氯苯、β-六六六、γ-六六六、五氯硝基苯、δ-六六六、五氯苯胺、七氯、五氯苯基硫醚、艾氏剂、氧氯丹、环氧七氯、反氯丹、α-硫丹、顺氯丹、p,p'-滴滴伊、狄氏剂、异狄氏剂、β-硫丹、o,p'-滴滴涕、异狄氏剂醛、硫丹硫酸盐、p,p'-滴滴涕、异狄氏剂酮、灭蚁灵、除螨酯、丙烯菊酯、杀螨蟥、杀螨酯、胺菊酯、甲氰菊酯、氯菊酯、氯氰菊酯、氰戊菊酯、溴氰菊酯的确证分析。

（2）本方法的各种农药检出限（μg/kg）为：α-六六六0.20；六氯苯0.20；β-六六六0.20；γ-六六六0.20；五氯硝基苯0.50；δ-六六六0.20；五氯苯胺0.50；七氯0.50；五氯苯基硫0.50；艾氏剂0.50；氧氯丹0.20；环氧七氯0.50；反氯丹0.20；α-硫丹0.50；顺氯丹0.20；p,p'-滴滴伊0.20，狄氏剂0.20；异狄氏剂0.50；β-硫丹0.50；p,p'-滴滴滴0.20；o,p'-滴滴涕0.20；异狄氏剂醛0.50，硫丹硫酸盐0.50；p,p'-滴滴涕0.20；异狄氏剂酮0.50；灭蚁灵0.20；除螨酯0.50；丙烯菊酯0.50；杀螨蟥0.50；杀螨酯0.50；胺菊酯1.00；甲氰菊酯1.00；氯菊酯1.00；氯氰菊酯2.00；氰戊菊酯2.00；溴氰菊酯2.00。

四、拟除虫菊酯类农药残留的测定

拟除虫菊酯是以天然除虫菊酯为基础发展起来的一类高效、安全的新型杀虫剂，仅次于有机磷和氨基甲酸酯类化合物，约占世界杀虫剂市场的 20%，拟除虫菊酯农药在有效控制农业病虫草害、保障农作物增产和室内卫生、各类消毒、控制疟疾、粮食储存、园林绿化、木材防腐、浸渍纺织品、宠物杀虫等方面均起到了重要作用。

随着氰基、氟原子、非酯基团等的加入，其毒性效应大大增强，由此产生的健康风险问题日益受到人们的普遍关注。拟除虫菊酯农药残留测定方法可参考本节有机氯农药残留的测定介绍的气相色谱—质谱（GC-MS）测定方法。

思政小课堂

农药残留

任务三　动物性食品中兽药残留量的测定

一、概述

随着膳食结构的不断改善，肉、蛋、乳、水产品等动物性食品所占的比例在不断增加。由于诊断、治疗和饲料添加的需要，大量的兽药被允许使用，而应用兽药和药物饲料添加剂也创造了可观的经济效益。

（一）兽药与兽药残留

兽药是指用于预防、治疗、诊断动物疾病，或者有目的地调节动物生理机能的物质（含药物饲料添加剂）。

兽药残留是"兽药在动物源食品中的残留"的简称，根据联合国粮农组织和世界卫生组织（FAO/WHO）食品中兽药残留联合立法委员会的定义，兽药残留是指动物产品的任何可食部分所含兽药的母体化合物及（或）其代谢物，以及与兽药有关的杂质。

兽药残留既包括原药，也包括药物在动物体内的代谢产物和兽药生产中所伴生的杂质。包括抗生素类、驱肠虫药类、生长促进剂类、抗原虫药类、灭锥虫药类、镇静剂类、β-肾上腺素能受体阻断剂等。

（二）常见兽药残留的种类

动物源食品中较容易引起兽药残留量超标的兽药主要有抗生素类、磺胺类、呋喃类、抗寄生虫类和激素类药物。

（1）抗生素类：大量、频繁地使用抗生素，可使动物机体中的耐药致病菌更容易感染人类；而且抗生素药物残留可使人体中细菌产生耐药性，扰乱人体微生态而产生各种毒副作用。目前，在畜产品中容易造成残留量超标的抗生素主要有氯霉素、四环素、土霉素、金霉素等。

（2）磺胺类：磺胺类药物主要通过输液、口服、创伤外用等用药方式或作为饲料添加剂而残留在动物源食品中。动物源食品中磺胺类药物残留量超标现象十分严重，多在猪、禽、牛等动物中发生。

（3）激素和 β-兴奋剂类：在养殖业中常见使用的激素和 β-兴奋剂类主要有性激素类、皮质激素类和盐酸克仑特罗等。许多研究已经表明盐酸克仑特罗、己烯雌酚等激素类药物在动物源食品中的残留超标可极大危害人类健康。其中，盐酸克仑特罗（瘦肉精）很容易在动物源食品中造成残留，健康人摄入盐酸克仑特罗超过 20μg 就有药效，5～10 倍的摄入量则会导致中毒。

（4）其他兽药：呋喃唑酮和硝呋烯腙常用于猪或鸡的饲料中来预防疾病，它们在动物源食品中应为零残留，即不得检出，是中国食品动物禁用兽药。苯并咪唑类能在机体各组织器官中蓄积，并在投药期的肉、蛋、奶中有较高残留。

二、牛乳中抗生素残留量的测定

抗生素是治疗动物疾病的常用药物，并作为饲料成分被广泛使用。但抗生素容易在动物体内及其产品中残留，经过食用后进入人体，给人类的健康造成危害。目前人们对牛奶的消费量越来越大，牛奶中残留的抗生素会对饮用者的身体健康造成危害，也会对牛奶发酵过程的发酵剂产生抑制作用而使牛奶变质造成经济损失。因此，牛奶中抗生素残留的问题日益受到社会的重视。

（一）牛奶中抗生素残留的来源

抗生素类是主要的兽药添加剂和兽药残留物质，约占药物添加剂的 60%，在世界及我国的农产品或食品进出口贸易中，常需检测的抗生素残留主要有以下 6 类：内酰胺类、磺胺类、四环素类、氨基糖苷类、大环内酯类和氯霉素类。

随着畜牧业的发展，在奶牛的饲料中添加一定比例的抗生素已经十分普遍了，主要是预防疾病的发生，这也是牛奶中残留抗生素的主要来源。另外，对乳牛用药不当也是造成牛奶中抗生素残留的又一来源。特别是当使用乳房灌注法治疗奶牛的乳房炎时，容易造成牛奶中残留抗生素。此外在高温季节，一些不法产奶户为了防止牛奶酸败，往往向牛奶中加入各种抗生素，这也是牛奶中抗生素残留的一个来源。经过调查表明，重用经过抗生素治疗的乳牛用过的挤乳器给正常乳牛挤乳，也可使正常牛的牛乳中残留抗生素，由此可见，挤乳是牛奶中抗生素残留的另一个来源。

（二）牛乳中抗生素残留检测方法

目前牛奶中抗生素残留的检测方法有很多，比较常用的是微生物法，如纸片法、TTC 法等。此外还有其他理化方法，主要包括：高效液相色谱法、色谱/质谱联用法、免疫法等。

（1）微生物法：微生物法是经典的检测方法，应用广泛，其检测原理是利用微生物的代谢、生理机能等会受到抗生素的抑制来定量或定性地检测牛奶及其制品中抗生素的残留量。此法具有不需要大型仪器、检测成本低的优点，缺点为检测时间长，显色状态需经过肉眼鉴别判定，极易产生误差且操作复杂。具体方法有 TTC 法（氯化三苯基四唑氮法）、BSDA 法（嗜热脂肪芽孢杆菌纸片法）、PD 法（纸片法）及 STOP 法（试纸法）等，其中 TTC 法和 PD 法是两种常用的检测方法。

TTC 法是 GB/T 4789.27—2008 中的第一法，是我国的标准方法。奶样经过 80℃杀菌后，紧接着加入一定量的嗜热链球菌菌液，培养到菌株开始增殖时，加入一定量的 TTC（2，3，5-氯化三苯四氮唑），若乳样中抗生素含量低于检出限或不含时，则菌株会继续生长增殖，还原 TTC 成为红色物质。相反，如果乳样中抗生素的含量高于检出限时，菌株的生长增殖会受到抑制，TTC 保持原色。此法检测成本低、设备简单，但是精密度低、检测时间长、易出现假阳性。

PD 法有嗜热脂肪杆菌纸片法和枯草杆菌纸片法，可以检测乳样中 β-内酰胺类抗生素。嗜热脂肪杆菌纸片法不但能检测乳样中的 β-内酰胺类抗生素，还能检测乳样中是不是含有其他类抗生素，检测限为 0.008U/mL。枯草杆菌纸片法容易出现假阳性的检测结果，检测时需要对加热处理后的奶样使用青霉素酶处理来灭活青霉素，然后再进行检测，测定限为 0.01U/mL，检测时间为 4h。

（2）理化检测法：理化检测法的原理是利用抗生素分子中的基团所具有的特有性质或者反应来检测其含量，如荧光分光光度法、电泳法、比色法、质谱法、色谱法、联用技术等。此法能进行抗生素的定量、定性分析和鉴定，具有灵敏度高、结果精确稳定的优点，但是有的检测过程较复杂，费用较高。经常使用的理化检测方法有高效液相色谱和联用技术。

①高效液相色谱法：气相色谱的理论被引入高效液相色谱法中，在检测设备上使用了高压泵、高效固定相、高灵敏度检测器，实现了检测过程的快速、高效、自动化。检测过程为样品的前处理（提取、脱蛋白、离心、层析柱净化、衍生化等步骤）、分离、检测。

样品的提取试剂一般为酸化的有机溶剂和水，能使样品脱蛋白，还可以达到萃取的目的。但是这样提取后，易导致目标检测物浓度低，含有其他一些共萃物，共萃物会增加检测噪音和损坏检测仪器，导致无法检测到微量的目标物。因此，必须浓缩和净化目标检测物，其方法有免疫亲和色谱法、离子交换法、固相萃取法。

②联用技术：各种检测分析技术的联用是牛奶中抗生素残留的检测趋势，如薄层色谱—质谱法、气相色谱—质谱法、液相色谱—质谱法、毛细管电泳—质谱法、液相色谱—核磁共振法、超临界流体—质谱法等。色谱与串联质谱的联用已被广泛地使用于抗生素的多残留筛查。利用高效液相色谱—串联质谱法来检测简单样品时，可以进行样品分析前净化处理并能检测、分析多种抗生素的残留，对复杂混合物的组分可准确地进行定性或定量的检测，是一种效率高、通量高、可靠性高的分析检测技术。

（3）免疫分析法：免疫分析法是以抗原或半抗原和抗体特异性结合为抗原—抗体复合物的免疫反应为基础的生化测试技术。目前抗生素残留的免疫分析技术有放射免疫标记技术（RIA）、酶联免疫法（ELISA）、免疫亲和色谱法（IAC），具有专一性强，灵敏度高的特点。

ELISA 法是目前奶牛养殖场和乳制品生产企业使用最广泛的检测方法，可同时检测 40 个以上的样品，检测费用较低、通量高、操作易掌握、检测速度快、灵敏度高，是一种抗生素残留检测的快速筛查方法。

（4）生物传感器法：生物传感器法是使用电化学和生物化学的原理，使生化反应信号转换为电信号，再经过放大和模数转换，检测出抗生素种类及其含量，是目前较为先进的检测和监控技术。但是该方法目前还停留在研究阶段，不太成熟，而且检测成本也较高。

思政小课堂

孔雀石绿　　　　农产品质量安全执法案例

任务四　食品中致癌物质残留量的测定

一、食品中苯并（a）芘的检测

1. 原理

试样经过有机溶剂提取，中性氧化铝或分子印迹小柱净化，浓缩至干，乙腈溶解，反相液相色谱分离，荧光检测，根据色谱峰的保留时间定性，外标法定量。

2. 仪器和设备

（1）液相色谱仪：配有荧光检测器。

（2）分析天平：感量为 0.01mg 和 1mg。

（3）粉碎机。

（4）组织匀浆机。

（5）离心机：转速≥4000r/min。

（6）涡旋振荡器。

（7）超声波振荡器。

（8）旋转蒸发器或氮气吹干装置。

（9）固相萃取装置。

3. 试剂和材料

除非另有说明，本方法所用试剂均为分析纯，水为 GB/T 6682 规定的一级水。

（1）试剂。

①甲苯（C_7H_8）：色谱纯。

②乙腈（CH_3CN）：色谱纯。

③正己烷（C_6H_{14}）：色谱纯。

④二氯甲烷（CH_2Cl_2）：色谱纯。

（2）标准品：苯并（a）芘标准品（$C_{20}H_{12}$，CAS 号：50-32-8）：纯度≥99.0%，或经国家认证并授予标准物质证书的标准物质。

（3）标准溶液配制。

①苯并（a）芘标准储备液（100μg/mL）：准确称取苯并（a）芘 1mg（精确到 0.01mg）于 10mL 容量瓶中，用甲基溶解，定容。避光保存在 0~5℃的冰箱中，保存期 1 年。

②苯并（a）芘标准中间液（1.0μg/mL）：吸取 0.10mL 苯并（a）芘标准储备液

（100μg/mL），用乙腈定容到 10mL。避光保存在 0~5℃的冰箱中，保存期 1 个月。

③苯并（a）芘标准工作液：把苯并（a）芘标准中间液（1.0μg/mL）用乙腈稀释得到 0.5ng/mL、1.0ng/mL、5.0ng/mL、10.0ng/mL、20.0ng/mL 的校准曲线溶液，临用现配。

（4）材料。

①中性氧化铝柱：填料粒径 75~150μm，22g，60mL。

空气中水分对其性能影响很大，打开柱子包装后应立即使用或密闭避光保存。由于不同品牌氧化铝活性存在差异，建议对质控样品进行测试，或做加标回收试验，以验证氧化铝活性是否满足回收率要求。

②苯并（a）芘分子印迹柱：500mg，6mL。

由于不同品牌分子印迹柱质量存在差异，建议对质控样品进行测试，或做加标回收试验，以验证是否满足要求。

③微孔滤膜：0.45μm。

4. 操作方法

（1）试样制备、提取及净化。

①谷物及其制品。

预处理：去除杂质，磨碎成均匀的样品，储于洁净的样品瓶中，并标明标记，于室温下或按产品包装要求的保存条件保存备用。

提取：称取 1g（精确到 0.001g）试样，加入 5mL 正己烷，旋涡混合 0.5min，40℃下超声提取 10min，4000r/min 离心 5min，转移出上清液。再加入 5mL 正己烷重复提取一次。合并上清液，用下列两种净化方法之一进行净化。

净化方法 1：采用中性氧化铝柱，用 30mL 正己烷活化柱子，待液面降至柱床时，关闭底部旋塞。将待净化液转移进柱子，打开旋塞，以 1mL/min 的速度收集净化液到茄形瓶，再转入 50mL 正己烷洗脱，继续收集净化液。将净化液在 40℃下旋转蒸至约 1mL，转移至色谱仪进样小瓶，在 40℃氮气流下浓缩至近干。用 1mL 正己烷清洗茄形瓶，将洗涤再次转移至色谱仪进样小瓶并浓缩至干。准确吸取 1mL 乙腈到色谱仪进样小瓶，涡旋复溶 0.5min，过微孔滤膜后供液相色谱测定。

净化方法 2：采用苯并（a）芘分子印迹柱，依次用 5mL 二氯甲烷及 5mL 正己烷活化柱子。将待净化液转移进柱子，待液面降至柱床时，用 6mL 正己烷淋洗柱子，弃去流出液。用 6mL 二氯甲烷洗脱并收集净化液到试管中。将净化液在 40℃下氮气吹干，准确吸取 1mL 乙腈涡旋复溶 0.5min，过微滤膜后供液相色谱测定。

②熏、烧、烤肉类及熏、烤水产品。

预处理：肉去骨、鱼去刺、贝去壳，把可食部分绞碎均匀，储于洁净的样品瓶中，并于-18~-16℃冰箱中保存备用。

提取：同①中提取部分。

净化方法 1：除了正己烷洗脱液体积为 70mL 外，其余操作同①中净化方法 1。

净化方法 2：操作同①中净化方法 2。

③油脂及其制品。

提取：称取 0.4g（精确到 0.01g）试样，加入 5mL 正己烷，旋涡混合 0.5min，待净化。若样品为人造黄油等含水油脂制品，则会出现乳化现象，需要 4000r/min 离心 5min，转移出正己烷层待净化。

净化方法1：除了最后用0.4mL乙腈涡旋复溶试样外，其余操作同①中的净化方法1。

净化方法2：除了最后用0.4mL乙腈涡旋复溶试样外，其余操作同①中的净化方法2。

试样制备时，不同试样的前处理需要同时做试样空白试验。

（2）仪器参考条件。

①色谱柱：C_{18}柱长250mm，内径4.6mm，粒径5μm，或性能相当者。

②流动相：乙腈+水=88+12。

③流速：1.0mL/min。

④荧光检测器：激发波长384nm，发射波长406nm。

⑤柱温：35℃。

⑥进样量：20μL。

（3）标准曲线的制作。

将标准系列工作液分别注入液相色谱中，测定相应的色谱峰，以标准系列工作液的浓度为横坐标，以峰面积为纵坐标，得到标准曲线回归方程。苯并（a）芘标准溶液的色谱图见图7-1。

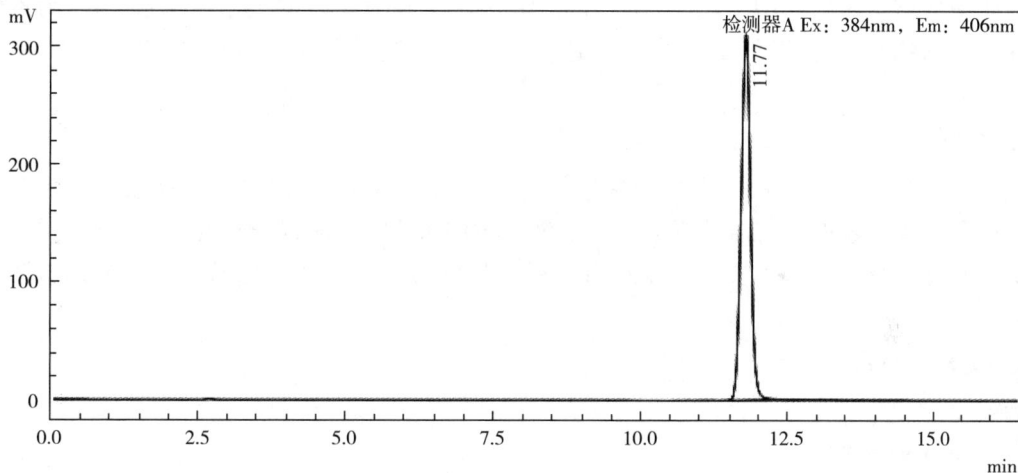

图7-1　苯并（a）芘标准溶液色谱图（进样浓度：10ng/mL）

（4）试样溶液的测定：将待测液进样测定，得到苯并（a）芘色谱峰面积。根据标准曲线回归方程计算试样溶液中苯并（a）芘的浓度。

5. 分析结果的表述

试样中苯并（a）芘的含量按式（7-9）计算：

$$X = \frac{\rho \times V \times 1000}{m \times 1000} \tag{7-9}$$

式中：X——试样中苯并（a）芘含量，μg/kg；

　　　ρ——由标准曲线得到的样品净化溶液浓度，ng/mL；

　　　V——试样最终定容体积，mL；

　　　m——试样质量，g；

　　1000——由ng/g换算成μg/kg的换算因子。

结果保留到小数点后1位。

6. 精密度

在重复性条件下获得的两次独立测试结果的绝对差值不得超过算术平均值的 20%。方法检出限为 0.2μg/kg，定量限为 0.5μg/kg。

7. 注意事项

（1）本方法适用于谷物及其制品（稻谷、糙米、大米、小麦、小麦粉、玉米、玉米面、玉米渣、玉米片）、肉及肉制品（熏、烧、烤肉类）、水产动物及其制品（熏烤水产品）、油脂及其制品中苯并（a）芘的测定。

（2）苯并（a）芘是一种已知的致癌物质，测定时应特别注意安全防护。测定应在通风柜中进行并戴手套，尽量减少暴露。如已污染了皮肤，应采用 10% 次氯酸钠水溶液浸泡和洗刷，在紫外光下观察皮肤上有无蓝紫色斑点，一直洗到蓝色斑点消失为止。

二、食品中黄曲霉毒素含量的检测

黄曲霉毒素是黄曲霉和寄生曲霉的代谢产物。特曲霉也能产生黄曲霉毒素，但产量较少。产生的黄曲霉毒素主要有 B1、B2、G1、G2 以及另外两种代谢产物 M1、M2，其中 M1 和 M2 是从牛奶中分离出来的，B1、B2、G1、G2、M1 和 M2 在分子结构上十分接近。B1 为毒性及致癌性最强的物质。本节介绍高效液相色谱—柱前衍生法测定食品中黄曲霉毒素 B 族和 G 族。

1. 原理

试样中的黄曲霉毒素 B1、黄曲霉毒素 B2、黄曲霉毒素 G1、黄曲霉毒素 G2，用乙腈—水溶液或甲醇—水溶液的混合溶液提取，提取液经黄曲霉毒素固相净化柱化去除脂肪、蛋白质、色素及碳水化合物等干扰物质，净化液用三氟乙酸柱前衍生，液相色谱分离，荧光检测器检测，外标法定量。

2. 仪器和设备

（1）匀浆机。

（2）高速粉碎机。

（3）组织捣碎机。

（4）超声波/涡旋振荡器或摇床。

（5）天平：感量 0.01g 和 0.0001g。

（6）涡旋混合器。

（7）高速均质器：转速 6500~24000r/min。

（8）离心机：转速≥6000r/min。

（9）玻璃纤维滤纸：快速、高载量、液体中颗粒保 1.6μm。

（10）氮吹仪。

（11）液相色谱仪：配光检测器。

（12）色谱分离柱。

（13）黄曲霉毒素专用型固相萃取净化柱（以下简称净化柱），或相当者。

（14）一次性微孔滤头：带 0.22μm 微孔滤膜（所选用滤膜应采用标准溶液检验确认无吸附现象，方可使用）。

（15）筛网：1~2mm 试验筛孔径。

（16）恒温箱。

（17）pH 计。

3. 试剂和材料

除非另有说明，本方法所用试剂均为分析纯，水为 GB/T 6682 规定的一级水。

（1）试剂。

①甲醇（CH_3OH）：色谱纯。

②乙腈（CH_3CN）：色谱纯。

③正己烷（C_6H_{14}）：色谱纯。

④三氟乙酸（CF_3COOH）。

（2）试剂配制。

①乙腈—水溶液（84+16）：取 840mL 乙腈加入 160mL 水。

②甲醇—水溶液（70+30）：取 700mL 甲醇加入 300mL 水。

③乙腈—水溶液（50+50）：取 500mL 乙腈加入 500mL 水。

④乙腈—甲醇溶液（50+50）：取 500mL 乙腈加入 500mL 甲醇。

（3）标准品。

①AFT B1 标准品（$C_{17}H_{12}O_6$，CAS 号：1162-65-8）：纯度≥98%，或经国家认证并授予标准物质证书的标准物质。

②AFT B2 标准品（$C_{17}H_{14}O_6$，CAS 号：7220-81-7）：纯度≥98%，或经国家认证并授予标准物质证书的标准物质。

③AFT G1 标准品（$C_{17}H_{12}O_7$，CAS 号：1165-39-5）：纯度≥98%，或经国家认证并授予标准物质证书的标准物质。

④AFT G2 标准品（$C_{17}H_{14}O_7$，CAS 号：7241-98-7）：纯度≥98%，或经国家认证并授予标准物质证书的标准物质。

标准物质可以使用满足溯源要求的商品化标准溶液。

（4）标准溶液配制。

①标准储备溶液（10μg/mL）：分别称取 AFT B1、AFT B2、AFT G1 和 AFT G2 1mg（精确至 0.01mg），用乙腈溶解并定容至 100mL。此溶液浓度约为 10μg/mL。溶液转移至试剂瓶中后，在 20℃下避光保存，备用。临用前进行浓度校准。

②混合标准工作液（AFT B1 和 AFT G1：100ng/mL，AFT B2 和 AFT G2：30ng/mL）：准确移取 AFT B1 和 AFT G1 标准储备溶液各 1mL，AFT B2 和 AFT G2 标准储备溶液各 300μL 至 100mL 容量瓶中，乙腈定容。密封后避光-20℃下保存，三个月内有效。

③标准系列工作溶液：分别准确移取混合标准工作液 10μL、50μL、200μL、500μL、1000μL、2000μL、4000μL 至 10mL 容量瓶中，用初始流动相定容至刻度（含 AFT B1 和 AFT G1 浓度为 0.1ng/mL、0.5ng/mL、2.0ng/mL、5.0ng/mL、10.0ng/mL、20.0ng/mL、40.0ng/mL，AFT B2 和 AFT G2 浓度为 0.03ng/mL、0.15ng/mL、0.6ng/mL、1.5ng/mL、3.0ng/mL、6.0ng/mL、12ng/mL 的系列标准溶液）。

4. 操作方法

（1）样品制备。

①液体样品（植物油、酱油、醋等）：采样量需大于 1L，对于袋装、瓶装等包装样品需至少采集 3 个包装（同一批次或号），将所有液体样品在一个容器中用匀浆机混匀后，其中

任意的 100g（mL）样品进行检测。

②固体样品（谷物及其制品、坚果及籽类、婴幼儿谷类辅助食品等）：采样量需大于1kg，用高速粉碎机将其粉碎，过筛，使其粒径小于 2mm 孔径试验筛，混合均匀后缩分至100g，储存于样品瓶中，密封保存，供检测用。

③半流体（腐乳、豆豉等）：采样量需大于 1kg（L），对于袋装、瓶装等包装样品需至少采集 3 个包装（同一批次或号），用组织捣碎机捣碎混匀后，储存于样品瓶中，密封保存，供检测用。

（2）样品提取。

①液体样品。

a. 植物油脂：称取 5g 试样（精确至 0.01g）于 50mL 离心管中，加入 20mL 乙腈—水溶液（84+16）或甲醇—水溶液（70+30），涡旋混匀，置于超声波/涡旋振荡器或摇床中振荡20min（或用均质器均质 3min），在 6000r/min 下离心 10min（或均质后玻璃纤维滤纸过滤），取上清液备用。

b. 酱油、醋：称取 5g 试样（精确至 0.01g）于 50mL 离心管中，用乙腈或甲醇定容至25mL（精确至 0.1mL），涡旋混匀，置于超声波/涡旋振荡器或摇床中振荡 20min（或用均质器均质 3min），在 6000r/min 下离心 10min（或均质后玻璃纤维滤纸过滤），取上清液备用。

②样品。

a. 一般固体样品：称取 5g 试样（精确至 0.01g）于 50mL 离心管中，加入 20.0mL 乙腈—水溶液（84+16）或甲醇—水溶液（70+30），涡旋混匀，置于超声波/涡旋振荡器或摇床中振荡 20min（或用均质器均质 3min），在 6000r/min 下离心 10min（或均质后玻璃纤维滤纸过滤），取上清液备用。

b. 婴幼儿配方食品和婴幼儿辅助食品：称取 5g 试样（精确至 0.01g）于 50mL 离心管中，加入 20.0mL 乙腈—水溶液（50+50）或甲醇—水溶液（70+30），涡旋混匀，置于超声波/涡旋振荡器或摇床中振荡 20min（或用均质器均质 3min），在 6000r/min 下离心 10min（或均质后玻璃纤维滤纸过滤），取上清液备用。

③半流体样品：称取 5g 试样（精确至 0.01g）于 50mL 离心管中，加入 20.0mL 乙腈—水溶液（84+16）或甲醇—水溶液（70+30），置于超声波/涡旋振荡器或摇床中振荡 20min（或用均质器均质 3min），在 6000r/min 下离心 10min（或均质后玻璃纤维滤纸过滤），取上清液备用。

（3）样品黄曲霉毒素固相净化柱净化：移取适量上清液，按净化柱操作说明进行净化，收集全部净化液。

（4）衍生：用移液管准确吸取 4.0mL 净化液于 10mL 离心管后在 50℃下用氮气缓慢地吹至近干，分别加入 200μL 正己烷和 100μL 三氟乙酸，涡旋 30s，在（40±1）℃的恒温箱中衍生 15min，衍生结束后，在 50℃下用氮气缓地将衍生液吹至近干，用初始流动相定容至1.0mL，涡旋 30s 溶解残留物，过 0.22μm 滤膜，收集滤液于进样瓶中以备进样。衍生色谱图如图 7-2 所示。

（5）色谱参考条件。

①流动相：A 相：水，B 相：乙腈—甲醇溶液（50+50）。

②梯度洗脱：24%B（0～6min），35%B（8.0～10.0min），100%B（10.2～11.2min），24%B（11.5～13.0min）。

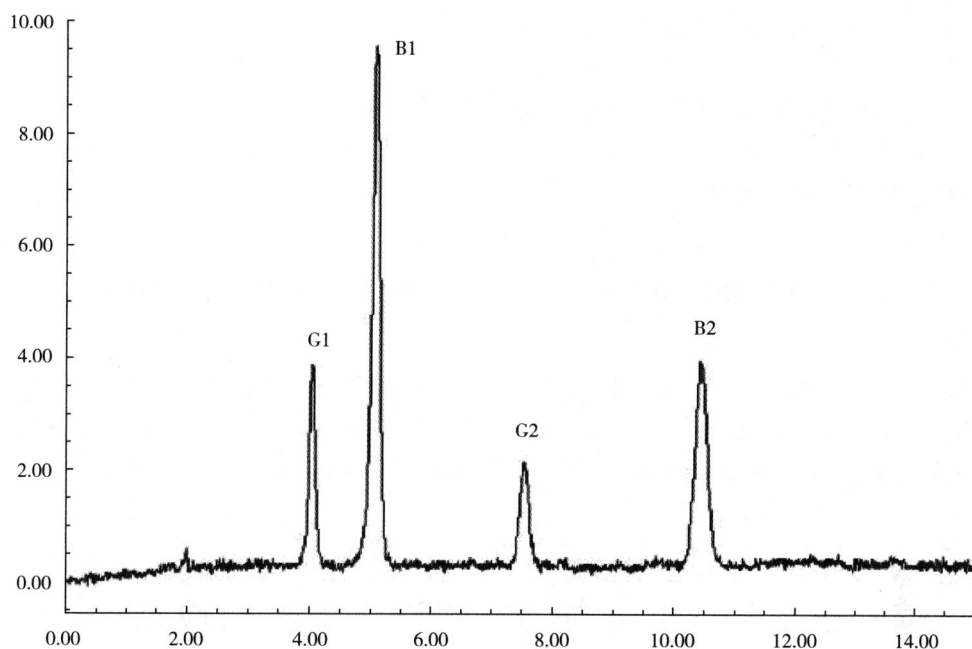

图 7-2 四种黄曲霉毒素 TFA 柱前衍生液相色谱图（0.5ng/mL 标准溶液）

③色谱柱：C_{18} 柱（柱长 150mm 或 250mm，柱内径 4.6mm，填料粒径 5.0μm），或相当者。

④流速：1.0mL/min。

⑤柱温：40℃。

⑥进样体积：50μL。

⑦检测波长：激发波长 360nm；发射波长 440nm。

（6）样品测定。

①标准曲线的制作：系列标准工作溶液由低到高浓度依次进样检测，以峰面积为纵坐标，浓度为横坐标作图，得到标准曲线回归方程。

②试样溶液的测定：待测样液中待测化合物的响应值应在标准曲线线性范围内，浓度超过线性范围的样品则应稀释后重新进样分析。

③空白试验：不称取试样，按样品提取的步骤做空白实验。应确认不含有干扰待测组分的物质。

5. 结果计算

试样中 AFT B1、AET B2、AFT G1 和 AFT G2 的残留量按式（7-10）计算：

$$X=\frac{\rho \times V_1 \times V_3 \times 1000}{V_2 \times m \times 1000} \tag{7-10}$$

式中：X——试样中 AFT B1、AET B2、AFT G1 或 AFT G2 的含量，μg/kg；

ρ——进样溶液中 AFT B1、AET B2、AFT G1 或 AFT G2 按照外标法在标准曲线中对应的浓度，ng/mL；

V_1——试样提取液体积（植物油脂、固体、半固体按加入的提取液体积；酱油、醋按定容总体积），mL；

V_3——净化液的最终定容体积，mL；

1000——换算系数；

V_2——净化柱净化后的取样液体积，mL；

m——试样的称样量，g。

计算结果保留 3 位有效数字。

6. 精密度

在重复性条件下获得的两次独立测定结果的绝对差值不得超过算术平均值的 20%。

7. 注意事项

当称取样品 5g 时，柱前衍生法的 AFT B1 的检出限为 0.03μg/kg，AFT B2 的检出限为 0.03μg/kg，AFT G1 的检出限为 0.03μg/kg，AFT G2 的检出限为 0.03μg/kg；柱前衍生法的 AFT B1 的定量限为 0.1μg/kg，AFT B2 的定量限为 0.1μg/kg，AFT G1 的定量限为 0.1μg/kg，AFT G2 的定量限为 0.1μg/kg。

任务五　食品中其他非法添加物的检测

一、原料乳与乳制品中三聚氰胺的检测

现行原料乳与乳制品中三聚氰胺检测方法包括原料乳、乳制品以及含乳制品中三聚氰胺的三种测定方法，即高效液相色谱法（HPLC 法）、液相色谱质谱/质谱法（LCMS/MS 法）和气相色谱—质谱联用法 [包括气相色谱—质谱法（GCMS 法），气相色谱—质谱/质谱法（GC-MS/MS 法）]。适用于原料乳、乳制品以及含乳制品中三聚胺的定量测定；液相色谱—质谱/质谱法、气相色谱—质谱联用法（包括气相色谱—质谱/质谱法）同时适用于原料乳、乳制品以及含乳制品中三聚氰胺的定性确证。本节介绍高效液相色谱法（HPLC 法）。

1. 原理

试样用三氯乙酸溶液—乙腈提取，经阳离子交换固相萃取柱净化后，用高效液相色谱测定，外标法定量。

2. 仪器和设备

（1）高效液相色谱（HPLC）仪：配有紫外检测器或二极管阵列检测器。

（2）分析天平：感量为 0.0001g 和 0.01g。

（3）离心机：转速不低于 4000r/min。

（4）超声波水浴。

（5）固相萃取装置。

（6）氮气吹干仪。

（7）涡旋混合器。

（8）具塞塑料离心管：50mL。

（9）研钵。

3. 试剂与材料

除非另有说明，所有试剂均为分析纯，水为 GB/T 6682 规定的一级水。

（1）甲醇：色谱纯。

（2）乙腈：色谱纯。

（3）氨水：含量为 25%~28%。

（4）三氯乙酸。

（5）柠檬酸。

（6）辛烷磺酸钠：色谱纯。

（7）甲醇水溶液：准确量取 50mL 甲醇和 50mL 水，混匀后备用。

（8）三氯乙酸溶液（1%）：准确称取 10g 三氯乙酸于 1L 容量瓶中，用水溶解并定容至刻度，混匀后备用。

（9）氨化甲醇溶液（5%）：准确量取 5mL 氨水和 95mL 甲醇，混匀后备用。

（10）离子对试剂缓冲液：准确称取 2.10g 柠檬酸和 2.16g 辛烷磺酸钠，加入约 980mL 水溶解，调节 pH 至 3.0 后，定容至 1L 备用。

（11）三聚氰胺标准品：CAS108-78-01，纯度大于 99.0%。

（12）三聚氰胺标准储备液：准确称取 100mg（精确到 0.1mg）三聚氰胺标准品于 100mL 容量瓶中，用甲醇水溶液溶解并定容至刻度，配制成浓度为 1mg/mL 的标准储备液，于 4℃ 避光保存。

（13）阳离子交换固相萃取柱：混合型阳离子交换固相萃取柱，基质为苯磺酸化的聚苯乙烯—二乙烯基苯高聚物，填料质量为 60mg，体积为 3mL，或相当者。使用前依次用 3mL 甲醇、5mL 水活化。

（14）定性滤纸。

（15）海砂：化学纯，粒度 0.65~0.85mm，二氧化硅（SiO_2）含量为 99%。

（16）微孔滤膜：0.2μm，有机相。

（17）氮气：纯度 ≥99.99%。

（18）样品处理。

①提取。

a. 液态奶、奶粉、酸奶、冰淇淋和奶等：称取 2g（精确至 0.01g）试样于 50mL 具塞塑料离心管中，加入 15mL 三氯乙酸溶液和 5mL 乙腈，超声提取 10min，再振荡提取 10min 后，以不低于 4000r/min 离心 10min。上清液经三氯乙酸溶液润湿的滤纸过滤后，用三氯乙酸溶液定容至 25mL，移取 5mL 滤液，加入 5mL 水混匀后做待净化液。

b. 奶酪、奶油和巧克力等：称取 2g（精确至 0.01g）试样于研钵中，加入适量海砂（试样质量的 4~6 倍）研磨成干粉状，转移至 50mL 具塞塑料离心管中，用 15mL 三氯乙酸溶液分数次清洗研钵，清洗液转入离心管中，再往离心管中加入 5mL 乙腈，余下操作同①中"超声提取 10min，…加入 5mL 水混匀后做待净化液"。

若样品中脂肪含量较高，可以用三氯乙酸溶液饱和的正己烷液—液分配除脂后再用 SPE 柱净化。

②净化：将上述提取中的待净化液转移至固相萃取柱中。依次用 3mL 水和 3mL 甲醇洗涤，抽至近干后，用 6mL 氨化甲醇溶液洗脱。整个固相萃取过程流速不超过 1mL/min。洗脱液于 50℃ 下用氮气吹干，残留物（相当于 0.4g 样品）用 1mL 流动相定容，涡旋混合 1min，过微孔滤膜后，供 HPLC 测定。

4. 操作方法

（1）HPLC 参考条件。

①色谱柱：C_8 柱，250mm×4.6mm［内径（i.d.）］，5μm，或相当者。

C_{18} 柱，250mm×4.6mm［内径（i.d.）］，5μm，或相当者。

②流动相：C_8 柱，离子对试剂缓冲液—乙腈（85+15，体积比），混匀。

C_{18} 柱，离子对试剂缓冲液—乙腈（90+10，体积比），混匀。

③流速：10mL/min。

④柱温：40℃。

⑤波长：240nm。

⑥进样量：20μL。

（2）标准曲线的绘制：用流动相将三聚氰胺标准储备液逐级稀释得到的浓度为 0.8μg/mL、2μg/mL、20μg/mL、40μg/mL、80μg/mL 的标准工作液，浓度由低到高进样检测，以峰面积—浓度作图，得到标准曲线回归方程。

（3）定量测定：待测样液中三聚氰胺的响应值应在标准曲线线性范围内，超过线性范围则应稀释后再进样分析。

（4）结果计算：试样中三聚氰胺的含量由色谱数据处理软件或按式（7-11）计算获得：

$$X = \frac{A \times c \times V \times 1000 \times f}{A_0 \times m \times 1000} \tag{7-11}$$

式中：X——试样中三聚氰胺的含量，mg/kg；

A——样液中三聚氰胺的峰面积；

c——标准溶液中三聚氰胺的浓度，μg/mL；

V——样液最终定容体积，mL；

A_0——标准溶液中三聚氰胺的峰面积；

m——试样的质量，g；

f——稀释倍数。

5. 精密度

在重复性条件下获得的两次独立测定结果的绝对差值不得超过算术平均值的10%。

6. 说明

（1）空白实验除不称取样品外，均按上述测定条件和步骤进行。

（2）本方法的定量限为2mg/kg。

（3）在添加浓度2~10mg/kg 范围内，回收率为80%~110%，相对标准偏差小于10%。

二、食品中苏丹红检测

苏丹红是一类人工合成的亲脂性、偶氮类染料，主要包括苏丹红Ⅰ、Ⅱ、Ⅳ和Ⅳ四种类型，见图7-3。

苏丹红染料是分子结构中含有偶氮基（—N＝N—）发色团的一类人工合成的脂溶性偶氮染料，主要用于纺织品、橡胶、塑料、油漆等的着色剂。苏丹红具有潜在的致癌性、遗传毒性及致敏性，这与其胺类、萘酚类代谢产物有关。研究表明，苏丹红染料分子可以通过多种途径接触到人体，并透过生物膜通过血液循环分散到全身各组织细胞，与生物体内的大分子（蛋白质、DNA 等）相结合，生成致敏、致癌物质。世界癌症研究机构（IARC）将其列为第三类可能致癌物质。

目前，检测这四种苏丹红染料的方法主要有分光光度法、薄层色谱法、电化学法、酶联

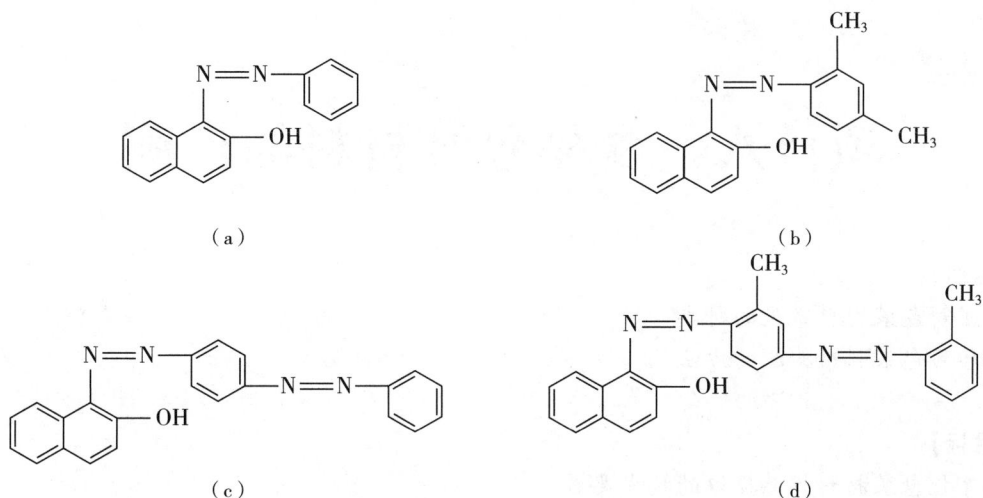

图7-3　苏丹红Ⅰ、Ⅱ、Ⅲ和Ⅳ的结构

免疫法、液相色谱法、气相色谱—质谱联用法、液相色谱—质谱联用法和毛细管电泳法等。

高效液相色谱法具有分析检测速度快、分离效果好、操作简便等多种优点，是目前分离及分析化学物的有效方法。高效液相色谱法已应用于如辣椒制品、调味品、香肠等肉制中苏丹红的残留检测，且该方法已于2005年列入国家标准。目前食品中检测苏丹红的高效液相色谱法主要有欧洲委员会推荐方法和我国的国标法（GB/T 19681—2005）。在欧洲委员会推荐的检测方法中，先对样品进行匀浆，在苏丹红Ⅰ和Ⅱ中加入乙腈，在苏丹红和苏丹红Ⅲ和Ⅳ中加入氯仿，进行提取和过滤，再用高效液相色谱仪反相方法对滤液进行色谱分析。其中苏丹红Ⅰ和Ⅱ的检测波长为478nm，苏丹红Ⅲ和Ⅳ的检测波长为520nm。

【复习思考题】

1. 简述食品中有毒有害物质的种类及来源。

2. 什么是有毒金属元素？其中有较大危害性的有毒金属元素有哪些？

3. 什么是农药污染？

4. 有机磷农药多组分残留量的测定原理是什么？

5. 什么是兽药残留？有哪些危害？

6. 食品中致癌物质有哪些？如何测定？

7. 牛乳中抗生素残留有哪些？测定方法有哪些？

8. 黄曲霉毒素有哪几种？其中毒性最强的黄曲霉毒素的测定方法是什么？

思政小课堂

吊白块

苏丹红

三聚氰胺

项目八　食品包装材料的检测

【知识目标】

    1. 了解包装材料常见的种类。

    2. 学习包装材料检测的方法。

【能力目标】

    1. 掌握包装材料样品提取的技术要领。

    2. 熟悉包装材料的质量标准。

【相关知识】

    包装材料是指"用于制造包装容器和构成产品包装的材料的总称"，包括纸、塑料、金属、玻璃、陶瓷等原材料以及黏合剂、涂覆材料等各种辅助材料。目前我国允许使用的食品容器、包装材料从原料上可分为塑料制品，天然、合成橡胶制品，陶瓷、搪瓷容器，铝、不锈钢、铁质容器，玻璃容器，食品包装用纸，复合薄膜、复合薄膜袋，竹木，棉麻等。

    包装材料直接和食物接触，很多材料成分可迁移到食品中，造成不良后果，比如：塑料、橡胶包装容器，其残留的单体、添加剂及裂解物等可迁移进入食品中；纸包装中的造纸助剂、荧光增白剂、印刷油墨中的多氯联苯等对食品造成化学污染；搪瓷、陶瓷、金属等包装容器，所含有害金属溶出后，移入盛装的食品中。包装材料及容器的基本要求：适合食品的耐冷冻、耐高温、耐油脂、防渗漏、抗酸碱、防潮、保香、保色、保味等性能；食品容器、包装材料应具有安全性，即不能向食品中释放有害物质，不与食品中营养成分发生反应，许多国家制订了食品包装材料中有害物质的限制标准。

    用于食品包装的材料很多，从使用的材料来源和使用用途分为两大类。

一、按包装材料来源分类

（一）塑料类

    塑料包装材料作为包装材料的后起之秀，因其原材料丰富、成本低廉、性能优良、质轻美观的特点，成为近四十年来世界上发展最快的包装材料。塑料作为食品包装材料的缺点就是某些品种存在着卫生安全方面的问题以及包装废弃物的回收处理对环境的污染问题。塑料包装材料的安全性主要表现为材料内部残留的有毒有害物质迁移、溶出而导致食品污染，其主要来源有以下5个方面：①树脂本身具有一定毒性；②树脂中残留的有害单体、裂解物及老化产生的有毒物质；③塑料制品在制造过程中添加的稳定剂、增塑剂、着色剂等助剂的毒性；④塑料包装容器表面的微生物及微尘杂质污染；⑤非法使用的回收塑料中的大量有毒添加剂、重金属、色素、病毒等对食品造成的污染。近几年来，各地塑料食品包装袋抽检合格率普遍偏低，只有50%~60%，主要不合格项是苯残留超标等，而造成苯超标的主要原因是在塑料包装印刷过程中为了稀释油墨使用含苯类溶剂。

主要类型有：

（1）可溶性包装：不必去掉包装材料，一同置入水中溶化，如速溶果汁、速溶咖啡、茶叶等饮料的内包装。

（2）收缩包装：加热时即自行收缩，裹紧内容物，突出产品轮廓，如常用于腊肠、肉脯等聚乙烯薄膜包装。

（3）吸塑包装：用真空吸塑热成型的包装。用此法生产成型的两个半圆透明塑膜，充满糖果后捏拢呈橄榄形、葡萄形等各种果形，再用塑条贴牢，可悬挂展销。许多种糖果采用此种包装。

（4）泡塑包装：将透明塑料按所需模式吸塑成型后，罩在食品的硬纸板或塑料板上，可供展示，如糕点、巧克力糖多采用此种包装。

（5）蒙皮包装：将食品与塑料底板同时用吸塑法成形，在食品上蒙上一层贴体的衣服，它比收缩包装更光滑，内容物轮廓更加突出，清晰可见，如香肠的包装。

（6）拉伸薄膜包装：将拉伸薄膜依序绕在集装板上垛的纸箱箱外，全部裹紧，以代替集装箱。

（7）镀金属薄膜包装：在空箱内，将汽化金属涂覆到薄膜上，性能与铝箔不相上下，造价较低，如罐头的包装及一些饮料的包装。

（二）纸与盒类

纸包装材料因其一系列独特的优点，在食品包装中占有相当重要的地位。在某些发达国家，纸包装材料占总包装材料总量的 40%～50%，我国占 40% 左右。国家标准对食品包装原纸的卫生指标、理化指标及微生物指标有规定。单纯的纸是卫生、无毒、无害的，且在自然条件下能够被微生物分解，对环境无污染。但是，在纸的加工过程中，尤其是使用化学法制浆，纸和纸板通常会残留一定的化学物质，如硫酸盐法制浆过程残留的碱液及盐类。因此，必须根据包装内食品来正确选择各种纸和纸板，避免残留物溶入食品中而造成对食品安全的影响。此外，纸包装材料封口较困难，受潮后牢度会下降，受外力作用易破裂。因此，使用纸类作为食品包装材料，要特别注意避免因封口不严或包装破损而引起的食品包装安全问题。

（1）可供烘烤的纸浆容器：有涂聚乙烯的纸质以及用聚乙烯聚酯涂层的漂白硫酸盐纸制成的容器。这种纸浆容器可在微波炉及常规炉上烘烤加热。

（2）折叠纸盒（箱）：使用前为压有线痕的图案，按线痕折叠后即成纸盒箱，这样方便运输，节省运输费用开支。

（3）包装纸：这种普通的包装纸是流通最多、使用最广泛的，使用时要注意国家规定的卫生标准。

（三）金属类

金属包装材料以金属薄板或箔材为原料加工成各种形式的容器用于包装食品。由于金属包装材料的高阻隔性、耐高低温性、废弃物易回收等优点，在食品包装上的应用越来越广。

金属作为食品包装材料最大的缺点是化学稳定性差，不耐酸碱性，特别是用其包装高酸性食品时易被腐蚀，同时金属离子易析出，从而影响食品风味。因此，一般需要在金属容器的内、外壁施涂涂料。内壁涂料是涂布在金属罐内壁的有机涂层，可防止内容物与金属直接接触，避免电化学腐蚀，提高食品货架期，但涂层中的化学污染物也会在罐头的加工和贮藏过程中向内容物迁移造成污染。这类物质有 BPA（双酚-A）、BADGE（双酚-A 二缩水甘油醚）、NOGE（酚醛清漆甘油醚）及其衍生物。双酚-A 环氧衍生物是一种环境激素，通过罐头食品进入体内，造成内分泌失衡及遗传基因变异，在选择内壁涂料时应符合国家标准。外壁涂料主要是为防止外壁腐蚀以及起到装饰和广告的作用。外壁涂料应符合罐装食品加工及安全要求，涂料及油墨不得污染食品。为了保证食品包装安全，采用无苯印刷将成为发展趋势。

常用类型有：

（1）马口铁罐：在金属包装中，以马口铁包装为主，由于马口铁印刷技术和加工技术的不断改进和完善，马口铁包装的应用越来越广泛。在历史上有热浸马口铁和电镀马口铁之分，现正式名称为电镀锡薄钢板。马口铁罐是用马口铁做成的罐子，质量较轻，不易破碎，运输方便，相对于其他包装容器，如塑料、玻璃、纸类容器等，强度大，刚性好，不易破裂，且可回收再利用，符合国际环保要求，符合未来产品趋势。但该材料易为酸性食品所腐蚀，故采用镀锡在马口铁面上，注意镀锡的卫生标准。

（2）易开罐及其他易开器：最广泛使用的是拉环式易开罐，还有用手指掀开的液体罐头，罐盖上有两个以金属薄片封闭的小孔，用手指下掀，露出小孔，液体即可从罐中倾出。铝箔封顶的罐，外罩塑料套盖，开启时用三指捏铝箔上突出的箔片，将箔撕掉，塑盖还可以再盖上。出口的饮料常采用此种罐装。

（3）轻质铝罐头：呈长筒形，多用以盛饮料。

（四）玻璃类

玻璃作为包装材料的最大特点是：高阻隔、光亮透明、化学稳定性好、易成型，其用量占包装材料总量的 10%左右。用作食品包装的玻璃是氧化物玻璃中的钠—钙—硅系列玻璃。

在包装安全性方面：①熔炼过程中应避免有毒物质的溶出。一般来说，玻璃内部离子结合紧密，高温熔炼后大部分形成不溶性盐类物质而具有极好的化学惰性，不与被包装的食品发生作用，具有良好的包装安全性。需要注意的是，熔炼不好的玻璃制品可能发生来自玻璃原料的有毒物质溶出问题。所以，对玻璃制品应作水浸泡处理或加稀酸加热处理。对包装有严格要求的食品药品可改钠钙玻璃为硼硅玻璃，同时应注意玻璃熔炼和成型加工质量，以确保被包装食品的安全性；②注意避免重金属如铅的超标；③对加色玻璃，应注意着色剂的安全性；④玻璃瓶罐在包装含气饮料时易发生爆瓶现象。常有媒体报道啤酒瓶爆炸伤人事件，给食品带来了不安全因素。

二、按包装功能分类

（一）运输包装

商品运输包装是以满足商品运输、装卸、储存需要为目的的包装，他既是保证运输、储存安全的条件，又是提高运输装卸、储存作业效率的物质基础。

运输包装又称外包装、大包装，主要作用在于保护商品，防止在储存、运输和装卸过程中发生货损货差。运输包装的分类有很多种，按包装方式可分为单件运输包装和集合运输包装；按包装的造型不同，可分为箱、袋、桶、捆等；按包装材料不同，可分为纸制包装、金属包装、木制包、塑料包装、麻织品包装、玻璃制品包装、陶瓷制品及竹、柳、草制品包装等。

（二）销售包装

包装特别是销售包装，是无声的推销员，在商品和消费者之间起到媒介作用，通过美化商品和宣传商品，使商品具有吸引消费者的魅力，引起消费者对商品的购买欲，从而促进销售。包装的促销功能是因为包装具有传达信息功能、表现商品功能和美化商品功能而引起的。传达信息功能主要通过包装上的文字说明，向消费者介绍商品的名称、品牌、产地、特性、规格、用途、食用方法、价格、注意事项等，起到广告、宣传商品、指导消费的作用。

销售包装又称内包装或小包装，是直接接触商品并随商品进入零售网点和消费者或用户直接见面的包装。为了适应商品市场竞争和满足多层次消费要求，市场不断向销售包装发出要求改进与创新的信息。这些信息不仅仅是针对销售包装的，也是泛指整个包装工业的。

销售包装要求商品便于陈列展销，吸引顾客与供消费者选购，便于识别商品，便于消费者了解、看货成交，同时还要便于携带使用，有艺术吸引力，以吸引顾客，提高售价和扩大销售。主要包括挂式包装：如有吊钩、吊孔、网兜等；堆叠式包装：瓶类、罐类、盆类等；易开式包装：易拉罐等；携带式包装：有提手装置等；透明式包装：可以使消费者直接了解商品的形态和造型，便于识别，以利选购；礼品式包装：外表美观、讲究，以示礼品的名贵。

（三）方便包装

方便包装主要是考虑到商品的包装应适于顾客购买、运输和储存、食用。此包装还要方便物流作业，包装设计过大，不利于搬运，包装设计过小，会使搬运的效率大大降低，因此在设计商品包装时应考虑搬运工具的不同以及如何使各种搬运工具更好地对商品进行操作，尤其要考虑到包装物的尺寸、形状与大小。方便包装主要是指包装的便利功能，包装为商品从生产领域向流通领域和消费领域转移提供的一切方便，其内容包括方便运输、方便装卸、方便储存、方便分发、方便销售、方便识别、方便携带、方便启闭、方便使用、方便处理等。

主要形式：①开启后可复关闭的容器，如糖果盒上的小漏斗，以便少量取用。大瓶上有水龙头或小口，盖上有筒形的小盖，抽出或竖直即可倾出器内液体，塞进或横置小盖则复闭，粉状食品的塑料袋斜角开一小口，口边粘有一小铝皮，便于捏紧、折合、关闭；②气雾罐，如用盛调味品、香料。同时捏罐即可将调味品喷出；③软管式，如桶装果酱、膏、泥状佐料，挤出来抹在食品上；④集合包装，将有关联的食品，搭配在一起，以便利消费者，如一日三餐包装在一个大盒内，每餐又另包开。

（四）专用包装

专用包装主要是针对不同类型的食品，为了达到包装的目的而进行的特殊包装。

（1）饮料：从目前发展的情况来看趋向于塑料瓶或塑料小桶等。乳制品等饮料多采用砖式铝箔复合纸盒、复合塑料袋等。

（2）鲜肉、鱼、蛋的包装：①鲜肉，内有透气薄膜、外用密封薄膜包装，零售展销时，去掉外层包装，使空气进入袋内，肉即恢复鲜红色；②活鱼，充氧包装，一般采用空运，使远方消费者也能吃到鲜货；③鲜蛋，充二氧化碳包装，抑制其呼吸作用，延长鲜蛋的保存期。

（3）鲜果：鲜果一般用气调贮藏，运输时用保鲜纸或保鲜袋（加入一定的保鲜剂）等包装方法。

任务一　食品包装塑料的检测

塑料可分为热塑性塑料和热固性塑料。用于食品包装材料及容器的热塑性塑料有聚乙烯（PE）、聚丙烯（PP）、聚苯乙烯（PS）、聚氯乙烯（PVC）、聚碳酸酯（PC）等；热固性塑料有三聚氰胺（蜜胺）及脲醛树脂（电玉）等。

一、食品包装用塑料成型品的检测

塑料的特点是重量轻、耐酸碱、耐腐蚀性、低透气、透水性、运输销售方便、化学稳定性好、易于加工、装饰效果好及良好的食品保护作用，是近30年来世界上发展最快的包装材料。大多数塑料可达到食品包装材料对卫生安全性的要求，但仍存在着不少影响食品的不安全因素。在安全性方面：塑料制品在制造过程中添加的稳定剂、增塑剂、着色剂等助剂的毒性；塑料包装容器表面的微生物及微尘杂质污染，因塑料易带电，易吸附微尘杂质和微生物，对食品形成污染；非法使用的回收塑料中的大量有毒添加剂、重金属、色素、病毒等对食品造成的污染；复合薄膜用黏合剂，黏合剂大致可分为聚醚类和聚氨酯类黏合剂。

当前用作食品包装的塑料主要有聚乙烯、聚丙烯、聚苯乙烯这几种。聚氯乙烯也是一种常用的塑料，但其生产中使用了添加剂，如以邻苯二甲酸二丁酯作增塑剂，后者有毒，包装含油食品如油条、点心时，就会使包装中的铅发生转移扩散到食品中去，常食用这种包装的食品，就会发生慢性铅中毒。另外，聚氯乙烯制品在高温下，如80℃以上，就会缓慢析出氯化氢气体，这种气体对人体有害，因此聚氯乙烯不宜用作食品包装材料。废旧回收塑料的再生制品，因原料来源复杂，很难确保不带毒性，所以也不宜作食品盛具和包装，更不宜盛装食用油。

塑料食品容器、包装材料的卫生标准中，均以各种浸泡剂对塑料制品进行溶出试验，然后测定浸泡液中有害成分的迁移量，溶剂的选择以食品容器、包装材料接触的食品种类而定。实验时，以不同温度和时间进行浸泡，测定浸泡液中的溶出物总量、重金属、蒸发残渣以及各单体物质、甲醛等的含量。其他根据易造成食品污染的砷、氟、重金属（铅、镉、锑、锗、钴、铬、锌）、有机物单体残留物、裂解物（氯乙烯、苯乙烯、酚类、丁腈胶、甲醛）、助剂、老化物等有害元素的测定，单位系 mg/kg（mg/L）级，控制量一般在 0.01 以下。

1. 原理

将食品包装用的各种塑料材料用各种浸泡剂对塑料制品进行溶出试验，然后测其浸泡液中有害成分的迁移量。

2. 操作方法

（1）溶剂选择：溶剂的选择以食品容器、包装材料接触的食品种类而定。中性食品时可选用水作溶剂；酸性食品时用4%醋酸作溶剂；碱性食品时用碳酸氢钠作溶剂；油脂食品时用正己烷作溶剂；含酒精的食品时用乙醇作溶剂。

（2）测定：实验时测定不同温度、不同浸泡时间，浸泡液中的溶出物总量（以高锰酸钾消耗量计）、重金属、蒸发残渣以及各单体物质、甲醛等的含量。

3. 卫生标准

我国制订的常用塑料制品卫生标准见表8-1。

表8-1　我国对几种塑料或制品的卫生标准

指标名称	浸泡条件[①]	聚乙烯	聚丙烯	聚苯乙烯	二聚氰胺	聚氯乙烯
单体残留量/（mg/kg）	—	—	—	—	—	<1
蒸发残渣量/（mg/L）	4%醋酸	<30	<30	<30	—	<20
	65%乙醇	<30	<30	<30	—	<20
	蒸馏水	—	—	—	<10	<20
	正己烷	<60	<30	—	—	<15
高锰酸钾消耗量/（mg/L）	蒸馏水	<10	<10	<10	<10	<10
重金属量（以 Pb 计）/（mg/L）	4%醋酸	<1	1	<1	<1	<1
脱色试验	冷餐具	阴性	阴性	阴性	阴性	阴性
	乙醇	阴性	阴性	阴性	阴性	阴性
	无色油脂	阴性	阴性	阴性	阴性	阴性
甲醛[②]	4%醋酸	—	—	—	<30	—

①浸泡液接触面积一般按 $2mL/cm^2$。
②指标中的甲醛为对三聚氰胺而言。

二、塑料食品容器、包装材料的鉴别

常见塑料的鉴别方法：

（1）聚氯乙烯：薄膜透明，表面有油感，有弹性；硬片透明，不易折断；难燃，离火不能自燃；火焰上端为黄色，底部为蓝色；燃烧后软化、卷曲，有刺激性氯臭味。

（2）聚乙烯：乳白色，薄膜无弹性，离火能自燃；燃烧后呈蜡样熔融滴落，有蜡燃烧之臭味。

（3）聚丙烯：薄膜透明，有脆性，揉搓有响声，离火能自燃；燃烧时膨胀滴落，有石油臭味。

（4）聚苯乙烯：透明，有脆性，敲击有金属声，点火易燃烧，离火能自燃；燃烧时有黑色浓烟时软化，有苯乙烯单体臭味。

（5）密胺：质地坚固，点火难燃，离火不能自燃；燃烧后膨胀龟裂，燃烧端呈白色，燃烧时有甲醛特有的臭味。

任务二　食品包装纸的检测

一、包装纸的分类

用于包装目的的一类纸的统称，可分为普通包装纸、专用包装纸、商标纸、防油包装纸和防潮包装纸等。通常具有高的强度和韧性。各类包装纸具有不同的性质和用途。例如，专用水果包装纸薄而柔软；感光防护纸不透光；防油包装纸（植物羊皮纸等）具有防油脂渗透性能；防潮包装纸（沥青纸、油纸、铝箔纸等）则有防潮性。

其中用于食品包装的纸要求较高，不但强度高、含水率低、透气性小、无腐蚀作用、具有一定的抗水性，还要求卫生、无菌、无污染杂质等。食品包装纸种类很多，包括原纸、涂蜡纸、玻璃纸、锡纸、彩色纸、防霉纸、纸杯、纸盒、纸箱等；纯净的纸是无毒、无害的，但由于原材料受到污染，或经过加工处理，纸中通常会有一些杂质、细菌和某些化学残留物，从而影响包装食品的安全性。

食品包装纸的品种规格较多。并分为内包装用及外包装用两大类。直接接触食品的称为内包装纸，主要要求清洁，不带病菌，具有防潮、防油、防粘、防霉等特性。例如原纸，用于咸菜、油糕点、豆制品、熟肉制品等；涂蜡纸，用于面包，奶油，冰棍，雪糕、糖果等；玻璃纸，用于糖果；锡纸，用于奶油糖及巧克力糖等。外包装纸主要为了美化和保护商品，主要为纸板，如糕点盒、冰点心盒等，除要求一定物理强度外，还需洁净美观，适于印刷多色的商品图案和文字。供牛奶、菜汁等液体饮料的包装纸，还必须具有极好防渗透性。为了满足能较长期保存、保鲜的需要，近年发展了纸与金属薄膜复合、纸与塑料及金属薄膜复合的特种饮料软包装纸。

包装纸中主要的有害物质的来源主要有以下几种：①原料本身的问题，如原材料本身不清洁、存在重金属、农药残留等污染；②造纸过程中添加的助剂残留，如硫酸铝、纯碱、亚硫酸钠、次氯酸钠、松香和滑石粉、防霉剂等，加工助剂必须是低毒或无毒，并不得采用社会回收废纸作为原料、禁止添加荧光增白剂等有害助剂，制造涂蜡纸的蜡应采用食用级石蜡，控制其中多环芳烃含量。用于食品包装纸的印刷油墨、颜料应符合食品卫生要求，石蜡纸及油墨颜料印刷面不得直接与食品接触；③包装纸在涂蜡、荧光增白处理过程中，会残留多环芳烃化合物和荧光增白化学污染物，以及要防止再生纸对食品的细菌污染和回收废纸中残留的化学物质对食品的污染；④彩色颜料污染，如生产糖果使用的彩色包装纸，涂彩层接触糖果可造成污染；⑤成品纸表面的微生物及微尘杂质污染。因此，有关食品包装纸的检测主要有以下两方面：一是卫生指标，二是多氯联苯的检测。

二、包装纸的卫生标准

在我国，食品包装纸必须按照 GB 31604.7—2016《食品安全国家标准　食品接触材料及制品　脱色试验》、GB 31604.34—2016《食品安全国家标准　食品接触材料及制品　铅的测定和迁移量的测定》、GB 31604.38—2016《食品安全国家标准　食品接触材料及制品　砷的测定和迁移量的测定》、GB 31604.47—2016《食品安全国家标准　食品接触材料及制品　纸、纸板及纸制品中荧光增白剂的测定》的规定进行检验。成品必须符合 GB 4806.8—2016《食品安全国家标准　食品接触用纸和纸板材料及制品》中规定的各项卫生指标要求。我国食品包装用纸材料卫生标准见表 8-2。

表 8-2　我国食品包装用纸材料卫生标准

项目	标准
感官指标	色泽正常、无异物、无污物
铅含量（以 Pb 计）/（mg/kg）（4%醋酸浸泡液中）	<3.0

续表

项目	标准
砷含量（以 As 计）/（mg/kg）（4%醋酸浸泡液中）	<1.0
荧光性物质（波长为 365nm 及 254nm）	不得检出
脱色试验（水、正己烷）	阴性
致病菌（系指肠道致病菌，致病性球菌）	不得检出
大肠菌群/（个/100g）	<30

通常食品包装纸还必须按照美国食品药品监督管理局联邦法规，对与水性及油性食品相接触的纸和纸板的成分的规定进行检测。成品中萃取物的量必须符合对食品相接触的纸与纸板的要求，见表 8-3。

表 8-3　FDA21 CFR176.170（d）

萃取剂和条件	最大允许限量值/（mg/inch²）
蒸馏水在 250°F 提取 2h	0.5
80%乙醇在 150°F 提取 2h	0.5
50%乙醇在 150°F 提取 2h	0.5
正庚烷在 150°F 提取 2h	0.5

此外，对于出口的食品包装纸来说，这些产品还必须符合进口国对与食品接触的材料及其制品食品级安全的要求。

【复习思考题】

1. 塑料包装材料中，可能含有的对人体有害的常见物质是（　　　）

A. 双酚 A

B. 聚酰胺

C. 碳酸钙

D. 聚碳酸酯

2. 食品包装材料中的迁移物质是指（　　　）

A. 包装材料中的化学成分

B. 食品包装材料与食品接触时迁移到食品中的物质

C. 食品包装材料中的微生物

D. 食品包装材料中的添加剂

3. 下列哪种食品包装材料在高温下会产生有害物质？

A. 聚乙烯

B. 聚丙烯

C. 聚乳酸

D. 聚氯乙烯

4. 塑料包装材料检测过程中溶剂的选择标准是什么？

5. 食品包装纸中有哪些有害物质？如何检测？

6. 查阅资料谈谈如何减少食品包装材料的污染。

【参考】

［1］ GB 9685—2016 食品安全国家标准　食品接触材料及制品用添加剂使用标准

［2］ GB 4806.1—2016 食品安全国家标准　食品接触材料及制品通用安全要求

［3］ GB 31603—2015 食品安全国家标准　食品接触材料及制品生产通用卫生规范

［4］ GB 5009.156—2016 食品安全国家标准　食品接触材料及制品迁移试验预处理方法通则

《食品理化检验技术》

任务工作单

目　录

任务一 0.1mol/L HCl 标准溶液的配制及标定

任务描述			
教学方法	任务驱动	教学模式	理实一体
建议学时	4	教学地点	理实一体化教室
任务要求	标准溶液的配制及标定是检化验人员的基本技能。本任务通过 0.1mol/L 盐酸标准溶液的配制及标定练习称量、滴定等技能，掌握标准溶液的配制及标定。		
学习目标	**知识和技能目标** 1. 学会配制标准溶液和用基准物质来标定溶液浓度的方法。 2. 掌握滴定操作和滴定终点的判断。		**思政和职业素养目标** 1. 通过提前查阅资料，了解标准溶液配制及标定的一般流程，完成方案设计，进而通过组内成员的分工协作完成实验，培养团队协作能力。 2. 以安全事故案例警示大家安全工作重于泰山，树立安全意识、纪律意识。
任务准备			
设备、耗材和试剂	设备：可调式电炉、铁架台、50mL 的酸式滴定管、250mL 的锥形瓶、量筒、烧杯、试剂瓶、滴管、药匙、洗瓶、分析天平、干燥器。 耗材：溴甲酚绿指示剂、甲基红指示剂。 试剂：95%乙醇、浓盐酸、无水碳酸钠。		
技术路线			
稀盐酸溶液的配制——称量基准物质——溶解基准物质——滴定基准物质——计算溶液浓度			
任务实施			
实施步骤	实施方法		
步骤 1 稀盐酸溶液的配制	在通风橱中取约 9mL 的浓盐酸，加水定容至 1000mL，储存备用。		
步骤 2 称量基准物质	1. 从干燥器中取出在 270~300℃ 灼烧至恒重的无水碳酸钠。 2. 在万分之一的天平上用差减法称量四份无水碳酸钠于锥形瓶中。每份的质量大约为 0.2g。记录无水碳酸钠质量。		
步骤 3 溶解基准物质	1. 在锥形瓶中加入大约 50mL 无二氧化碳的蒸馏水。 2. 轻摇锥形瓶使无水碳酸钠溶解。		

	任务实施
实施步骤	实施方法
步骤4 滴定基准物质	1. 盛装盐酸溶液。取出配制好的0.1mol/L盐酸溶液，润洗滴定管，装液，排气，调整零刻度。 2. 在滴定前往锥形瓶中加入10滴混合指试剂（甲基红指示剂和溴甲酚绿指示剂，比例为1∶3，现用现混合）。 3. 滴定。溶液颜色从绿色到暗红色，在电炉上煮沸2min，去除反应生成的二氧化碳，待颜色变为绿色，在锥形瓶上盖一只表面皿，冷却后，再滴加盐酸至暗红色为滴定终点。 4. 读取盐酸消耗的体积到小数点后两位。 5. 用同样的方法对另外三份基准物质进行滴定。 6. 记录四份基准物质的质量和相应的消耗氢氧化钠的体积。
步骤5 计算溶液浓度	1. 代入公式（参照分析化学相关内容），计算相应的盐酸浓度，得到四个浓度。 $$c\ (\mathrm{HCl}) = \frac{1000 \times m_{\mathrm{Na_2CO_3}}}{(V_{\mathrm{HCl}} - V_{空白}) \times M_{\mathrm{Na_2CO_3}}}$$ 式中：$m_{\mathrm{Na_2CO_3}}$——基准无水碳酸钠的质量，g。 　　　V_{HCl}——消耗盐酸标准溶液的体积，mL。 　　　$V_{空白}$——空白实验中消耗盐酸标准溶液的体积，mL。 　　　$M_{\mathrm{Na_2CO_3}}$——基准无水碳酸钠的摩尔质量，g/mol。 2. 对四个浓度取平均值，计算极差（最大值减最小值的差值为极差）和相对极差（极差占平均值的百分率即为相对极差）。

工作任务单

任务名称						
姓名			学号		班级	
基本信息	样品名称			检测日期		
	检测项目			检测方法		
	检测依据					

测定数据记录

工序名称	主要参数				备注
1. 稀盐酸溶液的配制	浓盐酸的体积： 水的体积：				
2. 称量基准物质					
编号	1	2	3	4	
m（基准物）前读数/g					
m（基准物）后读数/g					
m（基准物质量）/g					

测定数据记录					
工序名称	主要参数				备注
3. 溶解基准物质					
4. 滴定基准物质					
编号	1	2	3	4	空白
V_1（HCl）初读数/mL					
V_2（HCl）终读数/mL					
C（HCl）/（mol/L）					
5. 计算溶液浓度					
C（HCl）/（mol/L）平均					
极差					
相对极差					
备注	实验注意事项： 1. 使用浓盐酸注意安全。 2. 实验用到的蒸馏水，应使用无二氧化碳的蒸馏水。 3. 滴定前，应将滴定管前端外侧的溶液用滤纸吸附，以防影响滴定体积。				

测定结果

C（HCl）平均浓度是_____（mol/L），相对极差是_____。

教师考核

项次	项目	考核内容	考核标准	分值	自评得分	小组评价	教师评价
素养	纪律	遵规守纪守法	1. 按时到岗，不早退。 2. 遵守实验室各项规章制度。	10			
	职业道德	严谨细致团结协作	1. 团结协作。 2. 能主动帮助同学。 3. 工作精益求精，认真仔细。	10			
	安全卫生	注重安全注意卫生	1. 实验相关仪器、设备清洗干净。 2. 实验室场地保持干净卫生。 3. 工作台保持整洁有序、不杂乱。	10			

项次	项目	考核内容	考核标准	分值	自评得分	小组评价	教师评价
			教师考核				
知识和能力	方案制定	查阅相关标准，制订测定实施方案	1. 正确选用标准。 2. 方案制订合理。	5			
	溶解和称量	天平的使用	1. 仪器校准。 2. 器皿准备。 3. 试剂准备。	10			
	样品测定	检漏润洗装液，排气调零点滴定，读数	1. 滴定管的使用。 2. 滴定操作。 3. 滴定终点读数准确性。	30			
	结果分析	数据有效处理	1. 数字正确、记录清楚。 2. 能利用计算公式正确计算。	25			
总分							
加权平均（自评 25%，小组评价 25%，教师评价 50%）							

根据以上打分进行总体评价。

1. 总结知识点并从素养和职业能力的自我提升方面进行评价。

2. 分析不足、提出改进措施。

任务二　0.1mol/L 氢氧化钠标准溶液的配制及标定

任务描述			
教学方法	任务驱动	教学模式	理实一体
建议学时	4	教学地点	理实一体化教室
任务要求	标准溶液的配制及标定是检化验人员的基本技能。本任务通过 0.1mol/L 氢氧化钠标准溶液的配制及标定练习称量、滴定等技能，掌握标准溶液的配制及标定。		
学习目标	知识和技能目标		思政和职业素养目标
学习目标	1. 学会配制标准溶液和用基准物质来标定标准溶液浓度的方法。 2. 掌握滴定操作和滴定终点的判断。		1. 通过提前查阅资料，了解标准溶液配制及标定的一般流程，完成方案设计，进而通过组内成员的分工协作完成实验，培养团队协作能力。 2. 以安全事故案例警示大家安全工作重于泰山，树立安全意识、纪律意识。
任务准备			
设备、耗材和试剂	设备：铁架台、50mL 的碱式滴定管、250mL 的锥形瓶、量筒、药匙、烧杯、洗瓶、分析天平、干燥器、聚乙烯塑料桶、恒温干燥箱等。 耗材：0.1% 酚酞指示剂。 试剂：邻苯二甲酸氢钾、氢氧化钠。		
技术路线			
氢氧化钠溶液的配制——称量基准物质——溶解基准物质——滴定基准物质——计算溶液浓度			
任务实施			
实施步骤	实施方法		
步骤 1 氢氧化钠溶液的配制	1. 配制 0.1mol/L 氢氧化钠溶液，需称取 110g 氢氧化钠溶于 100mL 无二氧化碳的水中，摇匀，注入聚乙烯容器中，密闭放置至溶液清亮。 2. 用塑料管量取上层清液，用无二氧化碳的蒸馏水稀释至 1000mL，摇匀即可得到我们要用的 0.1mol/L 氢氧化钠溶液。 （氢氧化钠溶液配制的方法主要有浓碱法、漂洗法、阴离子交换树脂法以及沉淀法，最常用的是浓碱法。取一份的氢氧化钠，加入一份水搅拌使之溶解，配成 50% 的浓溶液。在这种浓溶液中，碳酸钠的溶解度很小，待碳酸钠沉淀后，吸取上层澄清液稀释至所需浓度。）		
步骤 2 称量基准物质	1. 从干燥器中取出在 105~110℃ 烘干至恒重的邻苯二甲酸氢钾。 2. 在万分之一的天平上用差减法称量四份邻苯二甲酸氢钾于锥形瓶中。每份的质量大约 0.75g。一般需要满足 30~40mL 体积碱液消耗量，所以基准物质所称的质量是 0.61~0.82g。		

任务实施	
实施步骤	实施方法
步骤3 溶解基准物质	1. 在锥形瓶中加入大约50mL无二氧化碳的蒸馏水。 2. 轻摇锥形瓶使邻苯二甲酸氢钾溶解，如果不易溶，可以稍微加热帮助其溶解。
步骤4 滴定基准物质	1. 盛装氢氧化钠溶液。取出配制好的0.1mol/L氢氧化钠溶液，润洗滴定管，装液，排气，调整零刻度。 2. 在滴定前往锥形瓶中加入2~3滴酚酞指试剂。 3. 滴定。开始可以速度稍快一些（不能形成液柱，是以滴状的形式滴下溶液），当溶液中心出现粉红色时，滴定速度需放慢。接近滴定终点时，使用半滴操作。滴下来的溶液未滴到锥形瓶中，要用锥形瓶内壁去触及滴液，然后用洗瓶冲洗滴液到锥形瓶底部，如果溶液粉红色半分钟不消失，为滴定终点。 4. 读取消耗氢氧化钠的体积到小数点后两位。 5. 用同样的方法对另外三份基准物质进行滴定。 6. 记录四份基准物质的质量和相应消耗的氢氧化钠的体积。
步骤5 计算溶液浓度	1. 代入公式（参照分析化学相关内容），计算其相应的氢氧化钠的浓度，得到四个浓度 $$C = m/(V_2 - V_1) \times 0.2042 \text{mol/L}$$ 2. 对四个浓度取平均值，计算极差和相对极差。 $$C_R = C_{max} - C_{min}$$ 式中：C_R——浓度极差； C_{max}——浓度最大值； C_{min}——浓度最小值。 $$相对极差 = \frac{浓度极差}{浓度平均值} \times 100\%。$$

工作任务单						
任务名称						
姓名			学号		班级	
基本信息	样品名称			检测日期		
	检测项目			检测方法		
	检测依据					

测定数据记录						
工序名称	主要参数					备注
1. 氢氧化钠溶液的配制	氢氧化钠质量： 水的体积：					
2. 称量基准物质						
编号	1	2	3	4		
m（基准物）前读数/g						
m（基准物）后读数/g						

测定数据记录					
工序名称	主要参数				备注
m（基准物质量）/g					
3. 溶解基准物质					
4. 滴定基准物质					
编号	1	2	3	4	空白
V_1（NaOH）初读数/mL					
V_2（NaOH）终读数/mL					
C（NaOH）/（mol/L）					
5. 计算溶液浓度					
C（NaOH）/（mol/L）平均					
极差					
相对极差					
备注	实验注意事项： 　1. 固体氢氧化钠应放在表面皿上或小烧杯中称量，不能在称量纸上称量，因为氢氧化钠极易吸潮，因而称量速度应尽量快。 　2. 实验用到的蒸馏水，应使用无二氧化碳的蒸馏水。最简单的方法是把蒸馏水放置在电炉上加热煮沸，冷却后即可得到无二氧化碳的蒸馏水。 　3. 滴定前，应将滴定管前端外侧的溶液用滤纸吸附，以防影响滴定体积。				

测定结果					
C（NaOH）/（mol/L）平均浓度是_____，相对极差是_____。					

教师考核								
项次	项目	考核内容	考核标准	分值	自评得分	小组评价	教师评价	
素养	纪律	遵规守纪守法	1. 按时到岗，不早退。 2. 遵守实验室各项规章制度。	10				
	职业道德	严谨细致团结协作	1. 团结协作。 2. 能主动帮助同学。 3. 工作精益求精，认真仔细。	10				
	安全卫生	注重安全注意卫生	1. 实验相关仪器，设备清洗干净。 2. 实验室场地保持干净卫生。 3. 工作台保持整洁有序、不杂乱。	10				

项次	项目	考核内容	考核标准	分值	自评得分	小组评价	教师评价
			教师考核				
知识和能力	方案制定	查阅相关标准，制订测定实施方案	1. 正确选用标准。 2. 方案制订合理。	5			
	溶解和称量	天平的使用	1. 仪器校准。 2. 器皿准备。 3. 试剂准备。	10			
	样品测定	检漏润洗装液，排气调零点，滴定读数	1. 滴定管的使用。 2. 滴定操作。 3. 滴定终点读数准确性。	30			
	结果分析	数据有效处理	1. 数字正确、记录清楚。 2. 能利用计算公式正确计算。	25			
总分							
加权平均（自评 25%，小组评价 25%，教师评价 50%）							

根据以上打分进行总体评价。

1. 总结知识点并从素养和职业能力的自我提升方面进行评价。

2. 分析不足、提出改进措施。

任务三　密度瓶法测定牛乳的相对密度

任务描述			
教学方法	任务驱动	教学模式	理实一体
建议学时	4	教学地点	理实一体化教室
任务要求	各种液态食品都有一定的相对密度，当其组成成分及浓度发生改变时，其相对密度也发生改变。本任务通过密度瓶法测定牛乳的相对密度以检验牛乳的纯度。以此掌握密度瓶测定相对密度的操作技能。		
学习目标	知识和技能目标		思政和职业素养目标
学习目标	1. 学会密度瓶法测定相对密度的操作技能。 2. 能够正确使用密度瓶测定液体食品的相对密度，对其进行质量判定。		1. 在配制试剂时以够用为原则，在点滴间培养学生的规范意识、环保意识和安全意识。 2. 利用实训环节，从实验台面整理、环境卫生维持和仪器清洗维护保养环节，对学生进行劳动精神和敬业精神的熏陶。
任务准备			
设备、耗材和试剂	设备：密度瓶、分析天平、温度计、恒温水浴锅、烧杯。 耗材：酒精、乙醚、滤纸、蒸馏水。 试剂：待测牛乳。		
技术路线			
密度瓶的选择与准备——样品的准备——装满样品的密度瓶称重——装满水的密度瓶称重——计算牛乳的相对密度			
任务实施			
实施步骤	实施方法		
步骤 1 密度瓶的选择与准备	1. 选择合适规格的密度瓶，将密度瓶清洗干净。 2. 依次用乙醚、乙醇洗涤。 3. 干燥、恒重并精密称重，记为 m_0。		
步骤 2 样品的准备	1. 将密度瓶中装满待测牛乳样品。 2. 密度瓶内不应有气泡。 3. 将密度瓶置于20℃恒温水浴锅中静置0.5h，使牛乳温度达到20℃。		
步骤 3 装满样品的密度瓶称重	1. 盖上瓶盖。 2. 用滤纸将密度瓶外及支管标线上的试样擦干。 3. 将密度瓶置于20℃的天平室静置0.5h。 4. 准确称量，记为 m_2。		
步骤 4 装满水的密度瓶称重	1. 将密度瓶内的牛乳倾出。 2. 洗净密度瓶。 3. 装满水，密度瓶内不应有气泡。 4. 将密度瓶置于20℃恒温水浴锅中静置0.5h，使水的温度达到20℃。 5. 盖上瓶盖，用滤纸将密度瓶外及支管标线上的水擦干。 6. 将密度瓶置于20℃的天平室静置0.5h后，准确称量，记为 m_1。		

任务实施	
实施步骤	实施方法
步骤 5 计算牛乳的相对密度	计算公式： $$d_{20}^{20} = \frac{m_2 - m_0}{m_1 - m_0} \quad d_4^{20} = d_{20}^{20} \times 0.99823$$ 式中：d——牛乳的相对密度； 　　　m_0——密度瓶的质量，g； 　　　m_1——密度瓶加水的质量，g； 　　　m_2——密度瓶加牛乳试样的质量，g。 计算结果表示到称量天平的精确度的有效数位（精确到 0.001）。

工作任务单					
任务名称					
姓名		学号		班级	
基本信息	样品名称		检测日期		
	检测项目		检测方法		
	检测依据				

测定数据记录				
工序名称	主要参数			备注
1. 选择密度瓶	规格：			
2. 测定相对密度				
编号	1	2	3	
密度瓶的质量 m_0/g				
密度瓶加水的质量 m_1/g				
密度瓶加牛乳的质量 m_2/g				
牛乳在 20℃时的相对密度				
相对密度的平均值				
3. 样品的相对密度	样品的相对密度：			
备注	实验注意事项： 1. 密度瓶应充满液体，无气泡； 2. 拿取已达恒温的密度瓶时，不得用手直接接触密度瓶； 3. 天平室内温度保持 20℃恒温条件； 4. 水浴锅的水必须清洁无油污。			

测定结果
_____样品溶液相对密度是_____。

续表

教师考核							
项次	项目	考核内容	考核标准	分值	自评得分	小组评价	教师评价
素养	纪律	遵规守纪守法	1. 按时到岗，不早退。 2. 遵守实验室各项规章制度。	10			
	职业道德	严谨细致团结协作	1. 团结协作。 2. 能主动帮助同学。 3. 工作精益求精，认真仔细。	10			
	安全卫生	注重安全注意卫生	1. 实验相关仪器，设备清洗干净。 2. 实验室场地保持干净卫生。 3. 工作台保持整洁有序、不杂乱。	10			
知识和能力	方案制定	查阅相关标准，制订测定实施方案	1. 正确选用标准。 2. 方案制订合理。	10			
	准备工作	密度瓶、分析天平等仪器准备	1. 密度瓶清洗。 2. 分析天平预热、调平。 3. 恒温水浴锅的准备。	10			
	样品测定	检查密度瓶里是否有气泡；分析天平的正确使用	1. 密度瓶应充满液体，无气泡。 2. 分析天平需预热、调平。	30			
	结果分析	牛乳相对密度	1. 能利用计算公式正确计算。 2. 能正确保留有效数字。	20			
总分							
加权平均（自评25%，小组评价25%，教师评价50%）							

根据以上打分进行总体评价。
1. 总结知识点并从素养和职业能力的自我提升方面进行评价。
2. 分析不足、提出改进措施。

任务四　天平法测定牛乳的相对密度

<table>
<tr><td colspan="4" align="center">任务描述</td></tr>
<tr><td align="center">教学方法</td><td align="center">任务驱动</td><td align="center">教学模式</td><td align="center">理实一体</td></tr>
<tr><td align="center">建议学时</td><td align="center">2</td><td align="center">教学地点</td><td align="center">理实一体化教室</td></tr>
<tr><td align="center">任务要求</td><td colspan="3">　　各种液态食品都有一定的相对密度，当其组成成分及浓度发生改变时，其相对密度也发生改变。本任务通过天平法测定牛乳的相对密度可以检验牛乳的纯度。以此掌握天平法测定液体食品相对密度的操作技能。</td></tr>
<tr><td rowspan="3" align="center">学习目标</td><td colspan="2" align="center">知识和技能目标</td><td align="center">思政和职业素养目标</td></tr>
<tr><td colspan="2">　　1. 学会天平法测定液体食品相对密度的操作技能。
　　2. 能够正确使用韦氏相对密度天平测定液体食品的相对密度，对其进行质量判定。</td><td>　　1. 通过关注实验细节，如实验试剂配制、仪器规范操作等，培养学生精益求精、严谨求实的科学精神。
　　2. 食品专业有其独特的专业伦理价值规范，让学生熟悉从事本专业所应遵循的价值观念、伦理原则，做到心有敬畏、行有所止。</td></tr>
<tr><td colspan="3" align="center">任务准备</td></tr>
<tr><td align="center">设备、耗材和试剂</td><td colspan="3">设备：韦氏相对密度天平、温度计、恒温水浴锅、玻璃圆筒。
耗材：酒精棉球、蒸馏水。
试剂：待测牛乳。</td></tr>
<tr><td colspan="4" align="center">技术路线</td></tr>
<tr><td colspan="4">　　组装韦氏相对密度天平并调平——取下砝码，挂上玻锤——玻璃圆筒内装入水进行调平读数——玻璃圆筒内装入待测样品进行调平读数——计算牛乳的相对密度</td></tr>
<tr><td colspan="4" align="center">任务实施</td></tr>
<tr><td align="center">实施步骤</td><td colspan="3" align="center">实施方法</td></tr>
<tr><td align="center">步骤1
组装韦氏相对密度
天平并调平</td><td colspan="3">1. 将支架置于平面桌上；
2. 横梁架于刀口处，挂钩处挂上砝码；
3. 调节升降旋钮至适宜高度；
4. 旋转调零旋钮，使两指针吻合。</td></tr>
<tr><td align="center">步骤2
取下砝码，挂上玻锤</td><td colspan="3">取下砝码，挂上玻锤。</td></tr>
<tr><td align="center">步骤3
玻璃圆筒内装入水
进行调平读数</td><td colspan="3">1. 玻璃圆筒内加水至4/5处；
2. 使玻锤沉于玻璃圆筒内；
3. 调节圆筒内水温至20℃；
4. 试放四种游码，至主横梁上两指针吻合，读数记为 P_1。</td></tr>
</table>

任务实施	
实施步骤	实施方法
步骤4 玻璃圆筒内装入待测 样品进行调平读数	1. 将玻锤取出擦干； 2. 将待测牛乳置于干净玻璃圆筒中； 3. 使玻锤浸入玻璃圆筒至与之前相同的深度； 4. 调节圆筒内试样温度至20℃； 5. 试放四种游码，至主横梁上两指针吻合，记录读数为P_2。
步骤5 计算牛乳的相对密度	牛乳在20℃时的相对密度按下式进行计算： $$d_{20}^{20}=\frac{P_2}{P_1} \quad d_4^{20}=d_{20}^{20}\times0.99823$$ 式中：d——牛乳的相对密度； P_1——玻锤浸入水中时游码的读数，g； P_2——玻锤浸入牛乳中时游码的读数，g。 计算结果表示到韦氏相对密度天平精确度的有效数位（精确到0.001）。

工作任务单						
任务名称						
姓名			学号		班级	
基本信息	样品名称		检测日期			
	检测项目		检测方法			
	检测依据					

测定数据记录				
工序名称	主要参数			备注
1. 韦氏相对密度 天平的组装、调平				
2. 测定相对密度				
编号	1	2	3	
玻璃圆筒内的水温				
玻璃圆筒内装入水 进行调平读数 P_1/g				
玻璃圆筒内待测样品的温度				
玻璃圆筒内装入待测样品 进行调平读数 P_2/g				
试样在20℃的相对密度				
相对密度的平均值				
3. 样品的相对密度	样品的相对密度：			

编号	1	2	3	
备注	实验注意事项： 1. 玻锤放入圆筒内时，勿使其碰及圆筒四周及底部。 2. 玻锤浸入水和待测样液时必须在同一高度。 3. 取放玻锤时必须十分小心，防止损坏。 4. 天平横梁V形槽同一位置若需放两个砝码时，要将小砝码放在大砝码的脚钩上。 5. 韦氏天平备有与玻锤等重的金属锤，在安装天平时，可代替玻锤调节天平平衡。取下等重金属锤，换上玻锤，天平应保持平衡。 6. 韦氏天平调节平衡后，在测定过程中，不得移动位置；不得松动任意螺丝。否则须重新调节平衡后，方可测定。			

测定结果

_____样品溶液相对密度是_____。

教师考核

项次	项目	考核内容	考核标准	分值	自评得分	小组评价	教师评价
素养	纪律	遵规守纪守法	1. 按时到岗，不早退。 2. 遵守实验室各项规章制度。	10			
	职业道德	严谨细致团结协作	1. 团结协作。 2. 能主动帮助同学。 3. 工作精益求精，认真仔细。	10			
	安全卫生	注重安全注意卫生	1. 实验相关仪器，设备清洗干净。 2. 实验室场地保持干净卫生。 3. 工作台保持整洁有序、不杂乱。	10			
知识和能力	方案制定	查阅相关标准，制订测定实施方案	1. 正确选用标准。 2. 方案制订合理。	10			
	准备工作	韦氏相对密度天平的组装、调平	1. 组装。 2. 调平。 3. 玻锤使用时的注意事项。	10			
	样品测定	砝码的放置与读数	1. 试样温度保持20℃。 2. 横梁上两指针吻合。 3. 韦氏相对密度天平精确度的有效数位（精确到0.001）。	30			
	结果分析	牛乳相对密度	1. 能利用计算公式正确计算。 2. 能正确保留有效数字。	20			
总分							
加权平均（自评25%，小组评价25%，教师评价50%）							

续表

根据以上打分进行总体评价。

1. 总结知识点并从素养和职业能力的自我提升方面进行评价。

2. 分析不足、提出改进措施。

任务五　密度计法测定牛乳的相对密度

任务描述			
教学方法	任务驱动	教学模式	理实一体
建议学时	2	教学地点	理实一体化教室
任务要求	各种液态食品都有一定的相对密度，当其组成成分及浓度发生改变时，其相对密度也发生改变。本任务通过密度计法测定牛乳的相对密度可以检验牛乳的纯度。以此掌握密度计法测定相对密度的操作技能。		
学习目标	**知识和技能目标** 1. 熟悉食品工业常用的密度计。 2. 掌握密度计使用要点。 3. 能够正确使用密度计测定液体食品的相对密度，对其进行质量判定。	**思政和职业素养目标** 1. 引导学生规范操作仪器设备，在实验数据处理时，要求实事求是，不能为了追求结果完美而篡改数据，培养学生合规守标、精益求精的精神。 2. 在整个实训教学环节，注重培养学生团队协作能力和分析解决问题能力。	

任务准备	
设备、耗材和试剂	设备：乳稠计、温度计、恒温水浴锅、量筒、烧杯。 耗材：酒精棉球、蒸馏水。 试剂：待测牛乳。

技术路线
待测样品的准备——乳稠计的准备——乳稠计的测量——乳稠计的读数——计算牛乳的相对密度

任务实施	
实施步骤	实施方法
步骤 1 待测牛乳的准备	1. 量筒的清洗； 2. 将牛乳样品预热到20℃； 3. 将已预热的牛乳缓慢倒入量筒； 4. 不断搅拌，使液体内无气泡。
步骤 2 乳稠计的准备	1. 仔细清洗乳稠计； 2. 用手拿住干管最高刻线以上部位垂直、缓慢放入盛有牛乳试样的适当量筒中； 3. 勿使乳稠计碰及量筒四周和底部。
步骤 3 乳稠计的测量	1. 保持牛乳温度在20℃； 2. 待乳稠计静置后，再轻轻按下少许； 3. 待乳稠计自然上升，静置至无气泡冒出。
步骤 4 乳稠计的读数	1. 从水平位置观察与液面相交处的刻度，读取数值 X，即为试样的密度； 2. 密度计浸入液体后，若弯月面不正常，应重新洗涤密度计。
步骤 5 计算牛乳的相对密度	1. 查表得知20℃水的密度； 2. 20℃时，牛乳的密度与水的密度的比值即为牛乳相对密度。

工作任务单					
任务名称					
姓名		学号		班级	
基本信息	样品名称		检测日期		
	检测项目		检测方法		
	检测依据				

测定数据记录				
工序名称	主要参数			备注
1. 选择乳稠计	规格：			
2. 盛装样品溶液测定密度				
编号	1	2	3	
乳稠计读数				
待测样品的相对密度				
相对密度的平均值				
3. 样品的相对密度	样品的相对密度：			
备注	实验注意事项： 1. 本实验不适用于极易挥发的样液。 2. 使用前先检查密度计是否破损。 3. 测量完成后，把密度计用酒精清洗干净并存放好，以便下一次测量时使用。 4. 操作时应注意密度计不得接触量筒的内壁和底部，待测液中不得有气泡。			

测定结果

_____样品溶液相对密度是_____。

教师考核

项次	项目	考核内容	考核标准	分值	自评得分	小组评价	教师评价
素养	纪律	遵规守纪守法	1. 按时到岗，不早退。 2. 遵守实验室各项规章制度。	10			
	职业道德	严谨细致团结协作	1. 团结协作。 2. 能主动帮助同学。 3. 工作精益求精，认真仔细。	10			
	安全卫生	注重安全注意卫生	1. 实验相关仪器，设备清洗干净。 2. 实验室场地保持干净卫生。 3. 工作台保持整洁有序、不杂乱。	10			

续表

			教师考核				
项次	项目	考核内容	考核标准	分值	自评得分	小组评价	教师评价
知识和能力	方案制定	查阅相关标准，制订测定实施方案	1. 正确选用标准。 2. 方案制订合理。	10			
	准备工作	乳稠计等仪器准备	1. 乳稠计清洗。 2. 量筒准备。	10			
	样品测定	检查乳稠计的放置、测定读数	1. 乳稠计操作规范性（未碰及量筒四周和底部）。 2. 乳稠计读数（从水平位置观察与液面相交处的刻度）。	30			
	结果分析	牛乳相对密度	1. 能利用计算公式正确计算。 2. 能正确保留有效数字。	20			
总分							
加权平均（自评25%，小组评价25%，教师评价50%）							
根据以上打分进行总体评价。 1. 总结知识点并从素养和职业能力的自我提升方面进行评价。 2. 分析不足、提出改进措施。							

任务六 阿贝折光仪的使用

任务描述			
教学方法	任务驱动	教学模式	理实一体
建议学时	4	教学地点	理实一体化教室
任务要求	光线从一种介质进入另一种介质时，会产生折射现象。入射角正弦和折射角正弦之比，称为折射率。折射率是物质的特征常数，每一种物质都有其固有的折射率。折射率的大小决定于入射光的波长、介质的温度和溶质的浓度。对于同一物质，其浓度不同时，折射率也不同。 通过本次任务，让学生了解阿贝折光仪的结构并掌握阿贝折光仪的原理和使用方法；学会使用阿贝折光仪测定某待测样品的折射率或浓度。		

学习目标	知识和技能目标	思政和职业素养目标
	1. 掌握阿贝折光仪的使用方法。 2. 能使用阿贝折光仪测定某待测样品的折射率或浓度。	通过在阿贝折光仪的使用过程中（测定前后、校准时）遵守镜面的清洗及仪器校正等操作的要求，强化实验过程的规范性、严谨性，培养学生爱岗敬业、严谨做事、精益求精的工匠精神。

任务准备	
设备、耗材和试剂	设备：2WA-J阿贝折光仪、螺丝刀、滴管、温度计、沾有乙醇和乙醚的脱脂棉。 耗材：乙醇、乙醚、水。 样品：待测蔗糖溶液。

技术路线
熟悉阿贝折光仪的结构——阿贝折光仪的使用——测定糖液折射率或浓度

任务实施	
实施步骤	实施方法
步骤1 熟悉阿贝折光仪的结构	1. 从仪器右侧开始由下往上依次熟悉其结构：底座；壳体；棱镜调节手轮；转轴；进光棱镜座；折射棱镜座；色散调节手轮；色散值刻度圈；恒温器接头；目镜。 2. 从仪器左侧开始由上往下继续依次熟悉其结构：盖板；锁紧手轮；聚光镜；温度计座；遮光板、反光镜。 3. 仪器的背面有小孔，它是分界线调节螺丝，可调节它以使视野中明暗分界线和十字交叉线三线共点。
步骤2 阿贝折光仪的使用	1. 每次测定前及进行校准时必须将进光棱镜的毛面，折射棱镜的抛光面，用沾有乙醇与乙醚混合液的脱脂棉花轻擦干净，以免留有其他物质，影响成相清晰度和测量准确度。 2. 校准仪器，用蒸馏水校正阿贝折光仪。 3. 当读数视场指示于蒸馏水的折射率值时，观察明暗分界线是否在十字线中间。若有偏离，用螺丝刀轻微调节螺丝，使明暗分界线恰好通过十字交叉线点。校正完毕。

任务实施	
实施步骤	实施方法
步骤3 测定糖液的折射率、浓度	1. 测定前先用如上方法清洗进光棱镜的毛面，折射棱镜的抛光面。 2. 将被测蔗糖溶液用干净滴管滴加在折射棱镜表面，并将进光棱镜盖上，用锁紧手轮锁紧，要求液层均匀，充满视场，无气泡。 3. 打开遮光板，合上反射镜，调节目镜视度，使十字线成相清晰。 4. 此时旋转棱镜调节手轮并在目镜视场中找到明暗分界线的位置。 5. 旋转色散调节手轮使分界线不带任何彩色。 6. 微调棱镜调节手轮，使分界线位于十字线的中心。 7. 适当转动聚光镜，此时目镜视场下方显示的示值，即为所测折射率（下半部分示值）或质量分数（上半部分示值）。 8. 测定完毕必须将进光棱镜的毛面、折射棱镜的抛光面擦拭干净。

工作任务单

任务名称					
姓名		学号		班级	
基本信息	样品名称		检测日期		
	检测项目		检测方法		
	检测依据				

测定数据记录

工序名称	主要参数			备注
1. 阿贝折光仪的结构	规格：			
2. 阿贝折光仪的使用	阿贝折光仪的校正：_____线和_____线三线共点			
3. 测定				
编号	1	2	3	
折光率				
糖液折光率平均值				
糖液浓度				
糖液浓度平均值				
4. 样品的折射率、浓度	样品的折射率： 样品的浓度：			
备注	实验注意事项： 1. 仪器应置于干燥、空气流通的室内，以免光学零件受潮后生霉。 2. 仪器使用前后及更换样品时，必须先清洗、擦净折射棱镜系统的工作表面。 3. 被测试样中不应有硬性杂质，当测定固体样品时，应防止把折射棱镜表面拉毛或产生压痕。 4. 仪器应避免强烈振动或撞击，以防止光学零件损伤及影响精度。 5. 溶液的折射率随温度而改变，温度升高折射率减少；温度降低折射率增大。折光仪上的刻度是在标准温度20℃下刻制的，所以最好在20℃时测定折射率。否则，应对测定结果进行温度校正。超过20℃，加上校正数；低于20℃，减去校正数。			

			测定结果				
_____样品溶液的折射率是_____浓度是_____。							

			教师考核				
项次	项目	考核内容	考核标准	分值	自评得分	小组评价	教师评价
素养	纪律	遵规守纪守法	1. 按时到岗，不早退。 2. 遵守实验室各项规章制度。	10			
	职业道德	严谨细致团结协作	1. 团结协作。 2. 能主动帮助同学。 3. 工作精益求精，认真仔细。	10			
	安全卫生	注重安全注意卫生	1. 实验相关仪器、设备清洗干净。 2. 实验室场地保持干净卫生。 3. 工作台保持整洁有序、不杂乱。	10			
知识和能力	方案制定	查阅相关标准，制订测定实施方案	1. 正确选用标准。 2. 方案制订合理。	10			
	准备工作	阿贝折光仪等仪器准备	1. 仪器清洗。 2. 仪器的校准。	10			
	样品测定	滴加液体读数	1. 被测蔗糖溶液滴加在折射棱镜表面，液层均匀，充满视场，无气泡。 2. 调节视野中明暗分界线和十字交叉线三线共点。 3. 能正确读取折光率及糖液浓度。	30			
	结果分析	糖液的折射率、浓度	1. 能利用计算公式正确计算。 2. 能正确保留有效数字。	20			
总分							
加权平均（自评25%，小组评价25%，教师评价50%）							
根据以上打分进行总体评价。 1. 总结知识点并从素养和职业能力的自我提升方面进行评价。 2. 分析不足、提出改进措施。							

任务七　旋光仪测蔗糖溶液旋光度

任务描述			
教学方法	任务驱动	教学模式	理实一体
建议学时	4	教学地点	理实一体化教室
任务要求	旋光法是通过测定有旋光活性物质的旋光度计算浓度的方法。本任务通过测定蔗糖溶液的旋光度计算蔗糖溶液的浓度练习旋光仪的使用，掌握旋光法。		
学习目标	知识和技能目标		思政和职业素养目标
学习目标	1. 掌握旋光仪使用要点。 2. 能够正确进行旋光仪操作；能够正确使用旋光仪测定旋光度并计算溶液浓度。		1. 通过提前查阅资料，了解旋光度测定的一般流程，完成方案设计，进而通过组内成员的分工协作完成实验，培养团队协作能力。 2. 以安全事故案例警示大家安全工作重于泰山，树立安全意识、纪律意识。
任务准备			
设备、耗材和试剂	设备：WXG-4 型目视旋光仪、旋光管、恒温水浴锅、温度计、小烧杯。 耗材：棉花、蒸馏水。 试剂：待测蔗糖样品溶液。		
技术路线			
接通电源启动仪器预热——检查旋光仪的零度是否准确——盛装样品溶液——测定旋光度——计算样品溶液浓度			
任务实施			
实施步骤	实施方法		
步骤 1 接通电源、启动仪器、预热	1. 将旋光仪接入 220V 交流电源。开启电源开关。 2. 约 10min 后，等钠光灯发光正常就可以开始测量了。		
步骤 2 检查旋光仪的零度是否准确	1. 首先在旋光管中装入蒸馏水。在小烧杯中倒入恒温 20℃的蒸馏水，装满旋光管。装水时尽量不要有气泡。 2. 盖上护目镜和螺母，拧紧至不漏水为止。 3. 检查一下光路上是否有气泡。 4. 用棉花擦掉外面的水。将样品管放入旋光仪的样品桶内。 5. 通过镜头观察零度时视场是否亮度一致。 当我们可以看到刻度盘上是零度，视场中是亮度一致的，说明这台仪器零度是准确的。		
步骤 3 盛装样品溶液	1. 选取合适的旋光管，装入已经恒温的蔗糖溶液。 2. 润洗小烧杯和样品管。 3. 将样品溶液倒入样品管，注意倒满，不要有气泡。 4. 盖好镜片。拧好螺母至不漏水为止，不要拧得过紧，防止玻璃产生应力影响观察。 5. 检查一下光路上是否有气泡，如果有气泡，将气泡赶到样品管的膨大部位。 6. 用棉花擦拭镜片以及样品管上的水。 7. 将样品管的膨大部位向上放入旋光仪中。		

续表

	任务实施	
实施步骤	实施方法	
步骤4 测定旋光度	1. 从镜头中观察。可以看到视场现在是不一致的。 2. 转动刻度盘调节手轮。使视场重新达到亮度一致的情景。这个时候通过刻度盘来读取样品溶液的旋光度。 3. 读数为正的为右旋物质，读数为负的为左旋物质。 4. 首先观测外侧的刻度盘游标，零刻度指在外侧度盘的位置来确定旋光度的整数位。再看游标第几格与度盘的某一格是完全对齐的。将游标格数乘以 0.05 为旋光度的小数位，加上旋光度的整数位即为最后的旋光度读数。 5. 重复三次，取其平均值为最终旋光度结果。	
步骤5 计算样品溶液浓度	样品溶液浓度等于溶液旋光度乘以 100 除以样品溶液比旋光度除以溶液厚度。 $$C = (\alpha \times 100) \div ([\alpha]_\lambda^T \times L)$$ 式中：C——样品溶液浓度，g/100mL； 　　　α——旋光度，°； 　　　100——换算系数； 　　　$[\alpha]$——比旋光度，°； 　　　T——温度，℃； 　　　λ——入身光波长，nm； 　　　L——溶液厚度（旋光管长度），dm。	

	工作任务单				
任务名称					
姓名		学号		班级	
基本信息	样品名称		检测日期		
	检测项目		检测方法		
	检测依据				

	测定数据记录			
工序名称	主要参数			备注
1. 接通电源、启动仪器、预热	仪器型号： 旋光管规格：			
2. 检查旋光仪的零度是否准确	零度时视场_____一致。（填是或否）			若不一致如何处理？
3. 盛装样品溶液测定旋光度	旋光管规格： 该样品旋光是_____旋。（填左或右）			
编号	1	2	3	
温度				
旋光度				
旋光度平均值				

续表

测定数据记录		
工序名称	主要参数	备注
4. 计算样品溶液浓度	样品溶液浓度：	
备注	实验注意事项： 1. 旋光仪应放在通风、干燥和温度适宜的地方，以免受潮发霉。 2. 旋光仪连续使用时间不宜超过 4h，如果使用时间较长，中间应关息 10～15min，待钠光灯冷却后再继续使用。或用电风扇吹，减少灯管受热程度，以免亮度下降和寿命降低。 3. 旋光管使用后，要及时将溶液倒出，用蒸馏水洗涤干净，擦干收藏好。所有镜片均不能用手直接擦拭，应用柔软绒布擦拭。 4. 旋光仪停用时，应将塑料套套上，装箱时应按固定位置放入箱内并压紧。	

测定结果

_____样品溶液旋光度是_____浓度是_____。

教师考核							
项次	项目	考核内容	考核标准	分值	自评得分	小组评价	教师评价
素养	纪律	遵规守纪守法	1. 按时到岗，不早退。 2. 遵守实验室各项规章制度。	10			
	职业道德	严谨细致团结协作	1. 团结协作。 2. 能主动帮助同学。 3. 工作精益求精，认真仔细。	10			
	安全卫生	注重安全注意卫生	1. 实验相关仪器，设备清洗干净。 2. 实验室场地保持干净卫生。 3. 工作台保持整洁有序、不杂乱。	10			
知识和能力	方案制定	查阅相关标准，制订测定实施方案	1. 正确选用标准。 2. 方案制订合理。	10			
	准备工作	旋光仪等仪器准备	1. 仪器校准。 2. 器皿准备。 3. 试剂准备。	10			
	样品测定	检查零点装液测定读数	1. 仪器操作操作规范性（视场亮度一致）。 2. 旋光管操作规范性（无气泡、不漏液）。 3. 旋光度测定准确性。	30			
	结果分析	样品溶液浓度	1. 能利用计算公式正确计算。 2. 能正确保留有效数字。	20			
总分							
加权平均（自评 25%，小组评价 25%，教师评价 50%）							

根据以上打分进行总体评价。

1. 总结知识点并从素养和职业能力的自我提升方面进行评价。

2. 分析不足、提出改进措施。

任务八　酸奶黏度的测定

任务描述			
教学方法	任务驱动	教学模式	理实一体
建议学时	4	教学地点	理实一体化教室
任务要求	黏度计法是通过测得发酵牛奶的扭矩（扭矩与液体的黏度成正比），软件自动计算得出样品的黏度来判定黏度是否合格的方法。 本任务通过测定发酵牛奶的黏度练习黏度计的使用，掌握黏度计法。		

学习目标	知识和技能目标	思政和职业素养目标
	1. 掌握黏度计使用要点。 2. 能够正确进行黏度计操作；能够正确使用黏度计测定发酵牛奶黏度。	1. 通过提前查阅资料，了解黏度计测定的一般流程，完成方案设计，进而通过组内成员的分工协作完成实验，培养团队协作能力。 2. 以安全事故案例警示大家安全工作重于泰山，树立安全意识、纪律意识。

任务准备	
设备、耗材和试剂	设备：DV2T 型黏度计、92#转子、300mL 小烧杯、洗瓶。 耗材：抹布、三级水。 试剂：发酵牛奶。

技术路线
接通电源、启动仪器、调零——安装转子——打开、设置仪器软件——盛装样品——测定黏度

任务实施	
实施步骤	实施方法
步骤1 接通电源、启动仪器、调零	1. 通过一个标准化弹簧带动一个转子在流体中持续旋转，根据弹簧的形变程度测得流体对转子的黏性阻力，旋转扭矩传感器测得弹簧的扭变程度即扭矩，它与浸入样品中的转子被黏性拖拉形成的阻力成比例，扭矩因而与液体的黏度成正比，软件计算出样品的黏度。 2. 确认仪器主机和水平泡是否在中心区域内，可通过底座的底部两个水平螺丝调整水平。 3. 将黏度计接入220V 交流电源。开启电源开关。 4. 点击下一步，黏度计将自动调零（调零过程中不要触碰黏度计）。 5. 选择软件控制模式（外部控制模式）。
步骤2 安装转子	1. 选择需使用的转子。 2. 一只手轻轻抬起转子固定螺母，另一只手旋转将转子连接上，转子安装及拆卸方向与常规螺丝相反。
步骤3 打开、设置仪器软件	1. 打开计算机上操作软件。 2. 点击"search"将仪器与软件进行连接。 3. 在控制软件输入或选择转子型号（92号转子代码 T-B）。 4. 设置测试程序包括转速、转子型号、运行时间等，或通过加载设定好的测试程序完成。

任务实施	
实施步骤	实施方法
步骤4 盛装样品	1. 将待测样品使用40目筛子过滤至300mL烧杯中。 2. 观察测量温度是否符合方法要求。 3. 将试样放在黏度计下，将转子浸没待测样品至转子上2~3cm，同时要保证转子在试样中心位置，转子切勿触碰容器壁及底部。
步骤5 测定黏度	1. 运行仪器进行测试，待程序运行完成读取仪器测量结果。 2. 记录测量结果，结合标准给出合格或不合格结论。

工作任务单					
任务名称					
姓名		学号		班级	
基本信息	样品名称		检测日期		
	检测项目		检测方法		
	检测依据				

测定数据记录		
工序名称	主要参数	备注
1. 接通电源、启动仪器、调零	仪器型号： 水平泡是否在中心位置？ 调零是否正确？	水平泡不在中心位置是否会调节？
2. 安装转子	转子型号：	
3. 打开、设置仪器软件	转速： 转子型号： 运行时间：	
4. 盛装样品	样品是否过滤： 样品温度要求： 转子位置是否合适：	
5. 测定黏度	1. 结果参数：温度、扭矩、黏度值是否记录全，且单位正确？ 2. 合格判定是否正确？	
备注	实验注意事项： 1. 黏度计环境温度：(0~40)℃；相对湿度：(20~80)%RH，仪器放置在稳固、无振动的水平台面上。 2. 检测完样品后立即用水或其他溶剂将转子冲洗干净。 3. 实验完毕后，关闭控制软件、关闭仪器主机电源开关、卸下转子清洗干净后装入专用盒子里。	

测定结果

样品温度_____扭矩_____黏度_____是否合格_____

续表

教师考核								
项次	项目	考核内容	考核标准	分值	自评得分	小组评价	教师评价
素养	纪律	遵规守纪守法	1. 按时到岗，不早退。 2. 遵守实验室各项规章制度。	10			
	职业道德	严谨细致团结协作	1. 团结协作。 2. 能主动帮助同学。 3. 工作精益求精，认真仔细。	10			
	安全卫生	注重安全注意卫生	1. 实验相关仪器，设备清洗干净。 2. 实验室场地保持干净卫生。 3. 工作台保持整洁有序、不杂乱。	10			
知识和能力	方案制定	查阅相关标准，制订测定实施方案	1. 正确选用标准。 2. 方案制订合理。	10			
	准备工作	黏度计等仪器准备	1. 仪器校准。 2. 转子准备。 3. 耗材准备。	10			
	样品测定	样品测量	1. 水平泡位置正确。 2. 转子安装正确。 3. 筛网选择正确。 4. 样品测量参数正确。	30			
	结果分析	结果读取及判定	1. 结果读取正确。 2. 单位使用正确。	20			
总分							
加权平均（自评25%，小组评价25%，教师评价50%）							

根据以上打分进行总体评价。
1. 总结知识点并从素养和职业能力的自我提升方面进行评价。
2. 分析不足、提出改进措施。

任务九　小麦粉中水分含量测定

任务描述			
教学方法	任务驱动	教学模式	理实一体
建议学时	4	教学地点	理实一体化教室
任务要求	本任务通过常压干燥法测定小麦粉中水分含量的训练，使学生掌握常压干燥法测定水分的原理及操作要点；熟练掌握电热恒温箱、分析天平的使用方法以及干燥过程中的"恒重"操作；明确造成测定误差的主要原因。		

	知识和技能目标	思政和职业素养目标
学习目标	1. 熟练掌握分析天平称量规范操作要领。 2. 熟练掌握电热恒温干燥箱、干燥器的正确使用方法。 3. 能够准确把握"恒重"操作技能。 4. 能够熟练地应用常压干燥法测定食品中水分含量。	1. 通过提前查阅资料，了解食品中水分含量测定的操作流程，完成方案设计，进而通过组内成员的分工协作完成实验，培养团队协作意识和协作能力。 2. 以电热干燥箱操作不当引发火灾等安全事故案例来警示大家把安全工作放在第一位，树立安全意识，培养安全第一的思维。

任务准备	
设备、耗材和试剂	仪器设备：电子天平（感量：0.1mg）、称量盒、干燥器（底部放蓝色硅胶）、恒温干燥箱、磨口瓶。 耗材：粉碎至一定细度的小麦粉试样。

技术路线
接通电源、启动电热恒温干燥箱预热——称量盒干燥至恒重——准确称样——样品干燥、冷却、称重——重复干燥至恒重——结果计算

任务实施	
实施步骤	实施方法
步骤1 接通电源、启动 恒温干燥箱、预热	接通电源，启动恒温干燥箱，将干燥箱温度调节至所需的温度（101~105℃），并且将超温保护调节至105℃±2℃，开始预热。
步骤2 制备样品	将小麦样品用粉碎机粉碎，至粉碎细度通过1.5mm圆孔筛的不少于90%，混匀，立即装入磨口瓶内备用。
步骤3 称量盒干燥至恒重	1. 取洁净铝制（或玻璃制）的称量盒，置于101~105℃干燥箱中，称量盒盖应放在称量盒底部，加热1.0h后取出盖好盖，置干燥器内冷却至室温（大约冷却30min），称重。 2. 重复上述操作步骤，直至恒重（前后两次质量差不超过2mg），称量结果记为 m_0。
步骤4 准确称样	称取小麦粉3~5g（精确至0.0001g），放入干燥至恒重的称量盒中，样品厚度约为5mm，加盖后精确称量，称量结果记为 m_1。

任务实施	
实施步骤	实施方法
步骤 5 样品干燥、冷却、称重	将精确称量的样品放入 101～105℃ 干燥箱中，称量盒盖应放在称量盒底部，干燥 2.0h 左右，盖好盒盖取出，放入干燥器内冷却至室温（大约冷却 0.5h）后称重。
步骤 6 恒重操作	重复以上操作至前后两次质量差不超过 2mg，即为恒重，记为 m_2。
步骤 7 结果计算	按照如下公式计算： $$小麦粉中水分的含量 X（\%） = \frac{m_1 - m_2}{m_1 - m_0} \times 100$$ 式中：m_1——称量盒和样品的质量，g； 　　　m_2——称量盒和样品干燥至恒重后的质量，g； 　　　m_0——称量盒的质量，g。 水分含量≥1%时，计算结果保留三位有效数字；水分含量≤1%时，计算结果保留两位有效数字。

工作任务单

任务名称					
姓名		学号		班级	
基本信息	样品名称		检测日期		
	检测项目		检测方法		
	检测依据				
检测数据	样品编号		1	2	3
	干燥至恒重的称量盒质量 m_0/g				
	干燥前称量盒与样品的总质量 m_1/g				
	干燥后称量盒与样品的总质量 m_2/g				
结果计算	计算公式				
	计算结果				
	平均值				
结果讨论	小麦粉中水分的含量为：_____ 根据标准判断是否符合要求：_____				
备注	实验注意事项： 1. 精密度：在重复性条件下获得的两次独立测定结果的绝对差值不超过算数平均值的 5%。 2. 固体样品的细度要均匀一致，达到标准要求。 3. 称样量：测定时称样量一般控制在其干燥后的残留物质量在 1.5～3g，称量时，手不能直接接触称量盒。 4. 称量器皿容量规格的选择：以样品置于其中铺平后的厚度不超过容器高度的 1/3 为宜。 5. 测定过程中，当称有试样的称量器皿从恒温干燥箱中取出后，应盖好盖迅速放入干燥器中进行冷却，否则，不易达到恒重。				

备注	6. 从电热恒温干燥箱中取放称量盒时，手不能直接接触称量盒。 7. 干燥器内一般用硅胶作为干燥剂，硅胶吸潮后会使干燥效果降低，当硅胶蓝色减退或变红时，应及时于135℃左右的干燥箱内干燥2.0~3.0h，使其再生后使用。

教师考核								
项次	项目	考核内容	考核标准	分值	自评得分	小组评价	教师评价
素养	纪律情况	遵规守纪守法	1. 按时到岗，不早退。 2. 遵守实验室各项规章制度。	5			
	职业道德	严谨细致团结协作	1. 团结协作。 2. 能主动帮助同学。 3. 工作认真细致，一丝不苟，精益求精。	10			
	安全卫生	注重安全与卫生	1. 实验中相关的仪器设备能够规范操作。 2. 实验仪器设备、设施和实验室场地保持干净卫生。 3. 实验产生的废弃物处理合规。	5			
知识和能力	方案制定	查阅相关标准，制定测定实施方案	1. 正确选用标准。 2. 方案制订合理、规范。	10			
	准备工作	分析天平与电热恒温干燥箱的调试与检查，干燥器的检查及处理，称量盒的准备	1. 用小毛刷清扫天平盘，检查分析天平是否水平，并调零。 2. 检查干燥箱电源，检查干燥箱内的温度计，接通电源，启动干燥箱，调节预热温度和超温保护，开始预热。 3. 检查干燥器中干燥剂状态，检查干燥器密封状态是否良好。 4. 干燥条件选择正确，称量盒洁净并干燥至恒重，记录称量盒质量 m_0。	20			
	样品制备	用粉碎机粉碎小麦	1. 将小麦样品用粉碎机粉碎，至粉碎细度通过1.5mm圆孔筛的不少于90%。 2. 混匀样品，立即装入磨口瓶内备用。	10			
	称量样品	称量盒和样品总重	1. 称量姿势应为坐姿，手不能直接接触称量盒。 2. 样品应均匀平摊于称量盒内，厚度不超过称量盒高度的1/3为宜，记录干燥前总质量 m_1。 3. 正确计算所需称量样品量，样品取样量为3~5g。	15			

项次	项目	考核内容	考核标准	分值	自评得分	小组评价	教师评价
			教师考核				
知识和能力	样品测定	样品干燥至恒重	1. 将精确称量的样品放入电热恒温干燥箱中，称量盒盖应放在称量盒底部。 2. 干燥 2.0 h 左右，盖好盒盖取出，放入干燥器内冷却后称重，重复干燥操作。 3. 正确判断样品已达到恒重，记录数据 m_2。	15			
	结果分析	小麦中水分含量计算	1. 能利用计算公式正确计算结果。 2. 能根据要求正确保留有效数字。	10			
总　分							
加权平均（自评25%，小组评价25%，教师评价50%）							

根据以上打分情况，对本任务中的工作和学习状态进行总体评价。

1. 总结知识点并从素养和职业能力的自我提升方面进行评价。

2. 分析不足、提出改进措施。

任务十　小麦粉中灰分含量测定

任务描述			
教学方法	任务驱动	教学模式	理实一体
建议学时	4	教学地点	理实一体化教室
任务要求	食品经灼烧以后的残留物质称为灰分。通过小麦粉中灰分的测定训练，要求掌握灰分测定的原理及操作过程中炭化、灰化的关键要领，熟练掌握高温炉、分析天平的使用方法及注意事项，熟练把握"恒重"操作技巧，能够采取一定措施提高测定结果精确度。		
学习目标	**知识和技能目标** 1. 熟练掌握高温炉的使用方法、坩埚的处理，样品炭化、灰化、天平称量等基本操作。 2. 掌握食品的基本灰化原理及操作技能。 3. 能够准确把握"恒量"操作技能。 4. 能够熟练地应用乙酸镁法测定食品中的灰分含量。 5. 能够评定测定结果的准确度和精密度。	**思政和职业素养目标** 1. 提前查阅资料，了解食品中灰分含量测定的操作流程，完成方案设计，提升自主学习能力。进而通过组内成员的分工协作完成实验，培养团队协作意识和协作能力。 2. 通过精密度要求来提升学生精益求精的职业精神。 3. 通过讲解高温炉的安全隐患，结合案例分析，让学生明白安全无小事、责任大于天，固化学生的居安思危意识，养成安全第一的行为习惯。	

任务准备	
设备、耗材和试剂	**仪器设备**：高温炉、控温电炉、瓷坩埚、坩埚钳、分析天平（感量：0.1mg）、干燥器、100mL样品瓶、5mL吸量管、酒精棉。 **耗材**：粉碎至一定细度的小麦粉试样。 **试剂**：乙酸镁乙醇溶液、5g/L三氯化铁、蓝墨水、1：4盐酸溶液。

技术路线
高温炉准备——坩埚预处理——样品制备——准确称样——样品炭化、灰化——重复灼烧至恒重——结果计算

任务实施	
实施步骤	实施方法
步骤1 高温炉准备	接通电源，开启高温炉，调节温度控制器，使其温度达到所需温度（800～850℃），开始升温。
步骤2 坩埚预处理	将坩埚用1：4的盐酸煮1~2h，洗净晾干后（新坩埚用三氯化铁与蓝墨水的等体积混合液在坩埚外壁及盖上编号），置于500～550℃高温炉中灼烧0.5~1h，移至炉口，冷却至200℃以下，取出坩埚，至于干燥器中冷却至室温，称重，再放入高温炉内灼烧0.5h，取出冷却称重，直至恒重（前后两次称量之差不超过0.5mg），记录空坩埚质量（m_0）。

续表

<table>
<tr><th colspan="2">任务实施</th></tr>
<tr><th>实施步骤</th><th>实施方法</th></tr>
<tr><td>步骤 3
制备样品</td><td>将小麦样品用粉碎机粉碎，粉碎至一定细度，混匀，立即装入样品瓶内备用。</td></tr>
<tr><td>步骤 4
准确称量</td><td>称取小麦粉 3~5g（精确至 0.0001g，保证灰化后灰分在 10~100mg 为宜），均匀平铺在坩埚底部，记录坩埚与样品总质量（m_1）。</td></tr>
<tr><td>步骤 5
样品碳化、灰化</td><td>称取样品后，在每个坩埚中准确加入 3mL 乙酸镁乙醇溶液，使样品完全润湿，同时做空白试验，放置 10min 后，用酒精棉点燃干锅中的酒精，待酒精完全燃烧后，将干锅转移至电炉上，小火加热开始炭化，炭化时，坩埚盖要盖上并错开 1/4，炭化至无烟时，将坩埚转入 800~850℃ 的高温炉中进行灰化。灰化时，先将坩埚在炉膛口预热片刻，然后转入炉膛中央，继续炭化 1h，冷却至 200℃ 以下，取出坩埚，置于干燥器中冷却至室温，称重。</td></tr>
<tr><td>步骤 6
恒重操作</td><td>将坩埚继续放入高温炉内灼烧 0.5h，取出冷却称重，重复上述操作直至恒重（两次称量之差不超过 0.5mg），记录坩埚与灰分质量（m_2），记录空白试验氧化镁质量（m_3）。</td></tr>
<tr><td>步骤 7
结果计算</td><td>按照如下公式计算：
$$小麦粉中灰分的含量X（\%）= \frac{m_2 - m_0 - m_3}{m_1 - m_0} \times 100$$
式中：m_1——坩埚和样品的质量，g；
m_2——坩埚和样品灰化至恒重后的质量，g；
m_3——氧化镁（乙酸镁灼烧后生成物）的质量，g；
m_0——坩埚的质量，g。
试样中灰分含量≥10g/100g 时，保留三位有效数字；灰分含量≤10g/100g 时，保留两位有效数字。</td></tr>
</table>

<table>
<tr><th colspan="7">工作任务单</th></tr>
<tr><td>任务名称</td><td colspan="6"></td></tr>
<tr><td>姓名</td><td></td><td>学号</td><td></td><td>班级</td><td colspan="2"></td></tr>
<tr><td rowspan="3">基本信息</td><td>样品名称</td><td></td><td>检测日期</td><td colspan="3"></td></tr>
<tr><td>检测项目</td><td></td><td>检测方法</td><td colspan="3"></td></tr>
<tr><td>检测依据</td><td colspan="5"></td></tr>
<tr><td rowspan="5">检测数据</td><td colspan="3">样品编号</td><td>1</td><td>2</td><td>3</td></tr>
<tr><td colspan="3">灼烧至恒重的坩埚质量 m_0/g</td><td></td><td></td><td></td></tr>
<tr><td colspan="3">灼烧前坩埚与样品的总质量 m_1/g</td><td></td><td></td><td></td></tr>
<tr><td colspan="3">灼烧至恒重后坩埚与灰分的总质量 m_2/g</td><td></td><td></td><td></td></tr>
<tr><td colspan="3">氧化镁（乙酸镁灼烧后生成物）的质量 m_3/g</td><td></td><td></td><td></td></tr>
<tr><td rowspan="3">结果计算</td><td>计算公式</td><td colspan="5"></td></tr>
<tr><td>计算结果</td><td colspan="5"></td></tr>
<tr><td>平均值</td><td colspan="5"></td></tr>
</table>

结果讨论	小麦粉中灰分的含量为： 根据标准判断是否符合要求：
备注	实验注意事项： 1. 精密度：在重复性条件下获得的两次独立测定结果的绝对差值不超过算术平均值的5%。 2. 试样粉碎细度不宜过细，且样品在坩埚内不要放得很紧密，否则增加灼烧难度，样品难以灰化。 3. 坩埚在送入高温炉时，先在炉膛口预热片刻，然后转入炉膛中央进行炭化，目的是防止坩埚因骤冷骤热而破裂。 4. 部分样品在炭化、灰化时会引起硅酸盐的熔融，遮盖碳粒表面，使氧气被隔绝而妨碍碳粒完全氧化，加入乙酸镁乙醇溶液、过氧化氢、硝酸等可以使样品疏松多孔，氧气易于进入，使样品灰化彻底。 5. 乙酸镁高温灼烧后会生成氧化镁惰性不容物，他们会增加灰分的重量，因此需要同时做空白实验。 6. 样品在灰化前先需要进行炭化，否则在灰化时，因温度过高，试样中的水分、有机物质急剧逸出，会带走部分无机物，造成测定结果偏低。 7. 炭化、灰化时，坩埚盖要盖上并错开1/4，目的是防止无机物逸出，影响测定结果。 8. 灰化至恒重的时间因样品的不同而异，一般灰化至无碳粒为止。

教师考核

项次	项目	考核内容	考核标准	分值	自评得分	小组评价	教师评价
素养	纪律情况	遵规守纪守法	1. 按时到岗，不早退。 2. 遵守实验室各项规章制度。 3. 无违规操作。	5			
	职业道德	严谨细致团结协作	1. 团结协作。 2. 能主动帮助同学，能密切配合同学完成任务。 3. 工作认真细致，一丝不苟，精益求精。	10			
	安全卫生	注重安全与卫生	1. 实验中相关的仪器设备能够规范操作。 2. 实验仪器设备、设施和实验室场地保持干净卫生。 3. 能按要求合规处理实验室废弃物。	5			
知识和能力	方案制订	查阅相关标准，制订测定实施方案	1. 正确选用标准。 2. 方案制订合理，可操作性强。	10			
	高温炉准备	开启高温炉、调节温度	1. 接通电源，开启高温炉。 2. 调节温度控制器，使其温度达到所需温度，开始升温。	5			

项次	项目	考核内容	考核标准	分值	自评得分	小组评价	教师评价
知识和能力	坩埚预处理	清洗坩埚，坩埚编号，坩埚灼烧至恒重	1. 将坩埚用 1:4 的盐酸煮 1~2h，洗净晾干。 2. 新坩埚用三氯化铁与蓝墨水的等体积混合液在坩埚外壁及盖上编号。 3. 将坩埚置于 500~550℃高温炉中灼烧 0.5~1h（坩埚入高温炉前在炉膛口预热）。 4. 灼烧完成后将坩埚先移至炉口，冷却至 200℃以下再放入干燥器中冷却至室温，称重（手不能直接接触坩埚）。 5. 将坩埚再放入高温炉内灼烧 0.5h，取出冷却称重，直至恒重（两次称量之差不超过 0.5mg），记录空坩埚质量（m_0）。	15			
	样品制备	用粉碎机粉碎小麦	将小麦样品用粉碎机粉碎，粉碎至一定细度，混匀，装入样品瓶内备用。	5			
	称量样品	称量坩埚和样品总重	1. 称量姿势应为坐姿，手不能直接接触坩埚。 2. 样品应均匀疏松地平铺在坩埚底部，记录灼烧前坩埚和样品总质量 m_1。 3. 正确计算所需称量样品量，样品取样量为 3~5g（精确至 0.0001g）。	10			
	灼烧样品	样品中加乙酸镁乙醇溶液、炭化、灰化	1. 在每个坩埚中准确加入 3mL 乙酸镁乙醇溶液，使样品完全润湿，同时做空白试验，放置 10min 后，用酒精棉点燃干锅中的酒精，烧去坩埚中的酒精。 2. 待酒精完全燃烧后，将干锅转移至电炉上，小火加热开始炭化，炭化时，坩埚盖要盖上并错开 1/4。 3. 炭化至无烟时，将坩埚转入 800~850℃在高温炉中进行灰化，灰化时，先将坩埚在炉膛口预热片刻，然后转入炉膛中央，继续炭化 1h（炭化时坩埚盖应盖在坩埚上，并错开 1/4），冷却至 200℃以下，取出坩埚，置于干燥器中冷却至室温，称重。	20			

考核标准栏顶部标题：教师考核

续表

			教师考核				
项次	项目	考核内容	考核标准	分值	自评得分	小组评价	教师评价
知识和能力	恒重操作	将样品灼烧至恒重	1. 将坩埚继续放入高温炉内灼烧，重复上述操作直至恒重（前后两次称量之差不超过 0.5mg）。 2. 正确判断灰分已达到恒重，记录坩埚与灰分质量（m_2），记录空白试验氧化镁质量（m_3）。	5			
	结果分析	小麦中灰分含量计算	1. 能利用计算公式正确计算结果。 2. 能根据要求正确保留有效数字。	10			
			总分				
加权平均（自评 25%，小组评价 25%，教师评价 50%）							
根据以上打分情况，对本任务中的工作和学习状态进行总体评价。 1. 总结知识点并从素养和职业能力的自我提升方面进行评价。 2. 分析不足、提出改进措施。							

续表

测定结果

样品的温度是 ＿＿＿＿＿＿＿＿＿＿ , 有效酸度是 ＿＿＿＿＿＿＿＿＿＿。

教师考核

项次	项目	考核内容	考核标准	分值	自评得分	小组评价	教师评价
素养	纪律	遵规守纪守法	1. 按时到岗，不早退。 2. 遵守实验室各项规章制度。	10			
	职业道德	严谨细致团结协作	1. 团结协作。 2. 能主动帮助同学。 3. 工作精益求精，认真仔细。	10			
	安全卫生	注重安全注意卫生	1. 实验相关仪器，设备清洗干净。 2. 实验室场地保持干净卫生。 3. 工作台保持整洁有序、不杂乱。	10			
知识和能力	方案制订	查阅相关标准，制订测定实施方案	1. 正确选用标准。 2. 方案制订合理。	5			
	实验准备	准备 pH 计，整理装置，所用仪器清洗	1. 检测所需仪器设备完好无损。 2. 玻璃仪器洗净、烘干。 3. 根据样品状态选用恰当的方法进行试样制备。	15			
	pH 计的校正（标定）	两点校正法进行 pH 计校正	校正 pH 计的温度应与测定样品温度相同，若 pH 计没有温度补偿系统，应保证缓冲溶液的温度在 20℃±2℃ 范围内。	10			
	测定样品	测定样品 pH 值	1. 将 pH 计的温度补偿系统调至试样温度，若 pH 计没有温度补偿系统，应保证缓冲溶液的温度在 20℃±2℃ 范围内。 2. 读数显示稳定以后，直接读数。准确至 0.01。 3. 同一个备试样至少要进行两次测定。	20			
	电极清洗	将电极清洗后进行保存	1. 用脱脂棉先后蘸乙醚和乙醇擦拭电极，最后用水冲洗。 2. 按生产商的要求保存电极。	10			
	结果分析	计算	1. 数字正确、记录清楚。 2. 能正确保留有效数字。	10			
总分							

续表

加权平均（自评 25%，小组评价 25%，教师评价 50%）	
根据以上打分进行总体评价。 1. 总结知识点并从素养和职业能力的自我提升方面进行评价。 2. 分析不足、提出改进措施。	

任务十二　牛乳酸度的测定

<table>
<tr><td colspan="4" align="center">任务描述</td></tr>
<tr><td align="center">教学方法</td><td align="center">任务驱动</td><td align="center">教学模式</td><td align="center">理实一体</td></tr>
<tr><td align="center">建议学时</td><td align="center">4</td><td align="center">教学地点</td><td align="center">理实一体化教室</td></tr>
<tr><td align="center">任务要求</td><td colspan="3">　　牛乳经过处理后，以酚酞作为指示剂，用 0.1000mol/L 氢氧化钠标准溶液滴定至中性，记录消耗氢氧化钠溶液的体积数，经计算可确定乳样的酸度。
　　本任务根据国标 GB 5009.239—2016　食品安全国家标准　食品酸度的测定中的第一法——酚酞指示剂法测定牛乳酸度，使学生掌握牛乳酸度的测定方法和操作技能。</td></tr>
<tr><td align="center" rowspan="2">学习目标</td><td colspan="2" align="center">知识和技能目标</td><td align="center">思政和职业素养目标</td></tr>
<tr><td colspan="2">　　1. 掌握滴定操作的规范要求。
　　2. 能够利用滴定的方式测定牛乳酸度。</td><td>　　1. 查找标准，制订方案的过程中，培养遵守食品卫生各项标准、法规的意识，具有社会责任感。
　　2. 实验过程中，通过移液管的使用，滴定终点的确定及读取 0.1mol/LNaOH 消耗的体积数，培养学生细致操作、科学严谨、实事求是的实验态度。</td></tr>
<tr><td colspan="4" align="center">任务准备</td></tr>
<tr><td align="center">设备、耗材和试剂</td><td colspan="3">　　设备：分析天平、100mL 容量瓶、10mL 碱式滴定管、锥形瓶、移液管、吸耳球、量筒。
　　耗材和试剂：0.1mol/L NaOH、七水硫酸钴、酚酞指示液、蒸馏水。
　　样品：待测牛乳。</td></tr>
<tr><td colspan="4" align="center">技术路线</td></tr>
<tr><td colspan="4">制备参比溶液——试剂准备——样品准备——滴定——做空白实验——计算牛乳的酸度</td></tr>
<tr><td colspan="4" align="center">任务实施</td></tr>
<tr><td align="center">实施步骤</td><td colspan="3" align="center">实施方法</td></tr>
<tr><td align="center">步骤 1
制备参比溶液</td><td colspan="3">　　1. 将 3g 七水硫酸钴溶解于水中，并定容至 100mL。
　　2. 准备锥形瓶，加入 10g 牛乳，加入 20mL 新煮沸（15min）冷却至室温的水，混匀。
　　3. 再加入 2.0mL 参比溶液，轻轻转动，使之混合，得到标准参比颜色。</td></tr>
<tr><td align="center">步骤 2
试剂准备</td><td colspan="3">　　1. 在碱式滴定管中装满 0.1mol/L NaOH 溶液。
　　2. 把橡皮管向上弯曲，出口上斜，挤捏玻璃珠，使溶液从尖嘴快速喷出，气泡即可随之排掉。
　　3. 读取初始读数，凹液面在零刻度值处。</td></tr>
<tr><td align="center">步骤 3
样品准备</td><td colspan="3">　　1. 称取 10g（精确到 0.001g）乳样，记为 m，置于锥形瓶中。
　　2. 加入 20mL 新煮沸（15min）冷却至室温的水，混匀。
　　3. 加入 2.0mL 酚酞指示剂混匀。</td></tr>
</table>

任务实施	
实施步骤	实施方法
步骤4 滴定	1. 用氢氧化钠标准溶液滴定，边滴加边转动锥形瓶，直到颜色与参比溶液的颜色相似，且5s内不消退，整个滴加过程应在45s内完成。 2. 滴定结束后，读取碱式滴定管中NaOH的最终体积数，记为V_1。
步骤5 做空白实验	1. 用等体积蒸馏水做空白实验。 2. 读取氢氧化钠消耗的毫升数，记为V_0。
步骤6 计算牛乳的酸度	计算公式： $$X = [c \times (V_1 - V_0) \times 100] / (m \times 0.1)$$ 式中：X——试样的酸度，单位为度（°T）[以100g样品所消耗的0.1mol/L氢氧化钠毫升数计，单位为毫升每100克（mL/100g）]。 c——氢氧化钠标准溶液的摩尔浓度，单位为摩尔每升（mol/L）。 V_1——滴定时所消耗氢氧化钠标准溶液的体积，单位为毫升（mL）。 V_0——空白实验所消耗氢氧化钠标准溶液的体积，单位为毫升（mL）。 100——100g试样。 m——试样的质量，单位为克（g）。 0.1——酸度理论定义氢氧化钠的摩尔浓度，单位为摩尔每升（mol/L）。

工作任务单					
任务名称					
姓名		学号		班级	
基本信息	样品名称		检测日期		
	检测项目		检测方法		
	检测依据				

测定数据记录				
工序名称	主要参数			备注
1. 准备工作	分析天平移液管容量瓶碱式滴定管			
2. 制备参比溶液、待测溶液	制备七水硫酸钴参比溶液 制备标准参比颜色 制备样品溶液			
3. 测定牛乳酸度、做空白实验				
编号	1	2	3	
牛乳的质量m/g				
滴定时所消耗氢氧化钠标准溶液的体积V/mL				
空白实验所消耗氢氧化钠标准溶液的体积V_0/mL				

测定数据记录				
工序名称	主要参数			备注
氢氧化钠标准溶液的摩尔浓度 c/（mol/L）				
牛乳的酸度/（°T）				
牛乳酸度的平均值/（°T）				
4. 计算牛乳的酸度	牛乳的酸度：			
备注	实验注意事项： 1. 如果要测定多个相似的产品，则此参比溶液可用于整个测定过程，但时间不得超过 2h。 2. 碱管清洗干净，加入溶液后，排除气泡后读取初始读数，凹液面在零刻度值处。 3. 注意滴定过程的操作：边滴加边转动锥形瓶，直到颜色与参比溶液的颜色相似，且 5s 内不消退，整个滴加过程应在 45s 内完成。 4. 计算结果保留三位有效数字，以重复性条件下获得的两次独立测定结果的算术平均值表示。			

测定结果

_____样品溶液的酸度是_____。

教师考核

项次	项目	考核内容	考核标准	分值	自评得分	小组评价	教师评价
素养	纪律	遵规守纪守法	1. 按时到岗，不早退。 2. 遵守实验室各项规章制度。	5			
	职业道德	严谨细致团结协作	1. 团结协作。 2. 能主动帮助同学。 3. 工作精益求精，认真仔细。	10			
	安全卫生	注重安全注意卫生	1. 实验相关仪器，设备清洗干净。 2. 实验室场地保持干净卫生。 3. 工作台保持整洁有序、不杂乱。	5			
知识和能力	方案制订	查阅相关标准，制订测定实施方案	1. 正确选用标准。 2. 方案制订合理。	10			
	准备工作	整理装置，所用仪器清洗	1. 检查所需仪器设备是否有污损。 2. 仪器洗净、烘干。	10			
	参比溶液、样品溶液的制备	按要求制备参比溶液、样品溶液	1. 移液管清洗、润洗。 2. 移液操作准确无误。 3. 容量瓶检漏、正确定容。	20			

			教师考核				
项次	项目	考核内容	考核标准	分值	自评得分	小组评价	教师评价
知识和能力	样品测定	按要求用标准碱液滴定牛乳，记录消耗的标准碱液的体积	1. 以酚酞为指示剂，加量为 2~4 滴。 2. 滴定终点为与参比溶液的颜色相似，且 5s 内不消退。 3. 滴定至终点读数消耗标准碱体积时应将滴定管从滴定管夹上拿下，自然垂直，视线与凹液面最低处平齐进行读数。	20			
	空白实验	按样品酸度测定的操作，同时做空白实验	用等体积蒸馏水做空白实验。	10			
	结果分析	牛乳酸度	1. 能利用计算公式正确计算。 2. 能正确保留有效数字。	10			
总分							
加权平均（自评 25%，小组评价 25%，教师评价 50%）							
根据以上打分进行总体评价。 1. 总结知识点并从素养和职业能力的自我提升方面进行评价。 2. 分析不足、提出改进措施。							

任务十三　索氏抽提法测定葵花籽中粗脂肪的含量

<table>
<tr><td colspan="4" align="center">任务描述</td></tr>
<tr><td align="center">教学方法</td><td align="center">任务驱动</td><td align="center">教学模式</td><td align="center">理实一体</td></tr>
<tr><td align="center">建议学时</td><td align="center">4</td><td align="center">教学地点</td><td align="center">理实一体化教室</td></tr>
<tr><td align="center">任务要求</td><td colspan="3">索氏抽提法是常用的游离粗脂肪的测定方法。
　　本任务通过测定葵花籽中粗脂肪的含量锻炼学生称量、溶剂提取、干燥恒重等技能，掌握游离粗脂肪的测定方法。</td></tr>
<tr><td rowspan="3" align="center">学习目标</td><td align="center">知识和技能目标</td><td colspan="2" align="center">思政和职业素养目标</td></tr>
<tr><td>1. 学会根据食品中脂肪存在状态及食品组成，正确选择脂肪的测定方法。
2. 掌握索氏抽提法测定脂肪含量的基本操作技能。</td><td colspan="2">1. 通过提前查阅资料，了解食品中脂肪测定的一般流程，完成方案设计，进而通过组内成员的分工协作完成实验，培养团队协作能力。
2. 以安全事故案例警示大家安全工作重于泰山，树立安全意识、纪律意识。</td></tr>
<tr><td colspan="4" align="center">任务准备</td></tr>
<tr><td align="center">设备、耗材和试剂</td><td colspan="3">设备：索氏抽提器、铁架台、电热恒温水浴锅、电热恒温干燥箱、分析天平、干燥器、研钵、药匙。
耗材：称量纸、滤纸、脱脂棉、脱脂棉线、冷却水或循环冷却水机。
试剂：无水乙醚或石油醚（30~60℃沸程）。</td></tr>
<tr><td colspan="4" align="center">技术路线</td></tr>
<tr><td colspan="4">滤纸筒的制备——样品制备——索氏抽提器的准备——抽提——回收溶剂——称重——计算</td></tr>
<tr><td colspan="4" align="center">任务实施</td></tr>
<tr><td align="center">实施步骤</td><td colspan="3" align="center">实施方法</td></tr>
<tr><td align="center">步骤1
滤纸筒的制备</td><td colspan="3">1. 将滤纸裁成8cm×20cm大小，以直径为2.0cm的大试管为模型，将滤纸紧靠试管壁卷成圆筒型，把底端封口，内放一片脱脂棉，用脱脂棉线扎好定型。
2. 在100~105℃烘箱中烘至恒量（准确至0.0002g）。</td></tr>
<tr><td align="center">步骤2
样品制备</td><td colspan="3">1. 将经过烘干、粉碎的葵花籽仁从干燥器中取出。进行样品的称量并记录。
2. 将样品移入研钵，用研钵锤小心的将其捣碎。
3. 将粉碎好的葵花籽仁小心的装入之前做好的滤纸筒底部。研钵内的残渣，也用脱脂棉蘸取少量乙醚，擦拭干净后都转入滤纸筒内，用脱脂棉线封好。</td></tr>
<tr><td align="center">步骤3
索氏提取器的准备</td><td colspan="3">1. 提前将索氏抽提器各部分洗涤干净并干燥。
2. 脂肪接收瓶须烘干并称至恒量。</td></tr>
</table>

任务实施	
实施步骤	实施方法
步骤4 抽提	1. 将滤纸筒或滤纸包放入索氏抽提器内（装样品的滤纸筒一定要严密，不能往外漏样品，但也不要包得太紧影响溶剂渗透。放入滤纸筒时高度不要超过回流弯管，否则超过弯管的样品中的脂肪不能提尽，造成误差）。 2. 连接已干燥至恒重的脂肪接收瓶，由冷凝管上端加入无水乙醚，加入量为接受瓶的2/3体积，于水浴上（夏天65℃，冬天80℃左右）加热使乙醚或石油醚不断地回流提取，控制每分钟滴下乙醚80滴左右，抽提3~4h至抽提完全（视含油量高低，或8~12h，甚至24h）。提取过程应注意防火。 3. 用滤纸或毛玻璃检查抽提是否完成。用玻璃棒蘸取一滴提脂管下口滴下的乙醚在滤纸或毛玻璃上，挥发后不留下油渍即抽提完成。
步骤5 回收溶剂	1. 取出滤纸筒，用抽提器回收乙醚。当乙醚在提脂管内即将虹吸时立即取下提脂管，将其下口放到盛乙醚的试剂瓶口，使之倾斜，使液面超过虹吸管，乙醚即经虹吸管流入瓶内。 2. 按同法继续回收，将乙醚绝大部分回收后，取下脂肪接收瓶，于水浴上蒸去残留乙醚。
步骤6 称重	1. 用纱布擦净烧瓶外部，于100~105℃烘箱中烘至恒量并准确称量。 2. 或将滤纸筒置于小烧杯内，挥干乙醚，在100~105℃烘箱中烘至恒量，滤纸筒及样品所减少的质量即为脂肪质量。（所用滤纸应事先用乙醚浸泡挥干处理，滤纸筒应预先恒量。）
步骤7 计算	1. 脂肪的含量等于恒重后抽提瓶和脂肪的质量减去抽提瓶的质量后，除以样品的质量，最后乘以100，计算结果表示到小数点后1位。 2. 在重复性条件下获得的两次独立测定结果的绝对值差不得超过算术平均值的10%。

工作任务单					
任务名称					
姓名		学号		班级	
基本信息	样品名称		检测日期		
	检测项目		检测方法		
	检测依据				

测定数据记录				
项目	记录			备注
编号	1	2	3	
m_1（样品质量）/g				
m_2（滤纸包加样品质量）/g				
m_3（抽提后滤纸包加样品质量）/g				
m_4（恒重后脂肪烧瓶和脂肪的质量）/g				

续表

	测定数据记录			
项目	记录			备注
编号	1	2	3	
m_5（脂肪烧瓶的质量）/g				
计算公式				
脂肪含量				
脂肪的平均含量				
备注	实验注意事项： 　1. 对含多量糖及糊精的样品，要先以冷水使糖及糊精溶解，经过滤除，将残渣连同滤纸一起烘干，再一起放入抽提管中。 　2. 抽提用的乙醚或石油醚要求无水、无醇、无过氧化物，挥发残渣含量低。因水和醇可导致水溶性物质溶解，如水溶性盐类、糖类等，使测定结果偏高。过氧化物会导致脂肪氧化，在烘干时也有引起爆炸的危险。 　3. 在抽提时，冷凝管上端最好连接一个氯化钙干燥管，这样可防止空气中水分进入，也可避免乙醚挥发在空气中，如无此装置可塞一团干燥的脱脂棉球。 　4. 在挥发乙醚或石油醚时，切忌直接用火加热，应该用电热套、电水浴等。烘干前应驱除全部残余的乙醚，因乙醚稍有残留，放入烘箱时，有发生爆炸的危险。因为乙醚是麻醉剂，要注意室内通风。 　5. 反复加热会因脂类氧化而增重。重量增加时，以增重前的重量作为恒重。			

测定结果

样品中粗脂肪的含量是_____。

教师考核

项次	项目	考核内容	考核标准	分值	自评得分	小组评价	教师评价
素养	纪律	遵规守纪守法	1. 按时到岗，不早退。 2. 遵守实验室各项规章制度。	10			
	职业道德	严谨细致团结协作	1. 团结协作。 2. 能主动帮助同学。 3. 工作精益求精，认真仔细。	10			
	安全卫生	注重安全注意卫生	1. 实验相关仪器，设备清洗干净。 2. 实验室场地保持干净卫生。 3. 工作台保持整洁有序、不杂乱。	10			
知识和能力	方案制订	查阅相关标准，制订测定实施方案	1. 正确选用标准。 2. 方案制订合理。	5			
	实验准备	滤纸筒的制备样品制备索氏提取器的准备	1. 天平的使用。 2. 索氏提取器的连接、使用。 3. 烘干、恒重。	15			

项次	项目	考核内容	考核标准	分值	自评得分	小组评价	教师评价
			教师考核				
知识和能力	样品测定	抽提 回收溶剂 称重	1. 水浴锅的使用。 2. 使用乙醚的操作。 3. 恒重。 4. 烘箱的使用。	30			
	结果分析	计算	1. 数字正确、记录清楚。 2. 能利用计算公式正确计算。	20			
总分							
加权平均（自评25%，小组评价25%，教师评价50%）							

根据以上打分进行总体评价。
1. 总结知识点并从素养和职业能力的自我提升方面进行评价。
2. 分析不足、提出改进措施。

任务十四　水果硬糖中还原糖含量的测定（费林氏法）

任务描述			
教学方法	任务驱动	教学模式	理实一体
建议学时	4	教学地点	理实一体化教室
任务要求	还原糖是指具有还原性的糖类。在糖类中，分子中含有游离醛基或酮基的单糖和含有游离醛基的二糖都具有还原性。还原性糖主要有葡萄糖、果糖、半乳糖、乳糖、麦芽糖等。 　　还原糖的测定是食品中糖类测定的基础。 　　本任务通过测定水果硬糖中还原糖含量锻炼学生的氧化还原滴定操作技能，学会控制反应条件，掌握还原糖测定时提高精密度的方法。		
学习目标	**知识和技能目标** 1. 巩固和规范氧化还原滴定操作技能。 2. 理解还原糖测定原理及操作要点。 3. 掌握水果硬糖中还原糖测定的操作技能。 4. 学会控制反应条件，掌握还原糖测定时提高精密度的方法。		**思政和职业素养目标** 1. 通过提前查阅资料，了解食品中还原糖测定的方法，完成方案设计，进而通过组内成员的分工协作完成实验，培养团队协作能力。 2. 以安全事故案例警示大家安全工作重于泰山，树立安全意识、纪律意识。
任务准备			
设备、耗材和试剂	设备：酸式滴定管、可调式电炉（带石棉网）、天平、水浴锅、容量瓶、锥形瓶、量筒、烧杯、移液管、玻璃珠、洗耳球、手套、滴定台等。 耗材：蒸馏水。 试剂：碱性酒石酸铜甲液和碱性酒石酸铜乙液（硫酸铜，次甲基蓝，酒石酸钾钠，氢氧化钠），乙酸锌、冰乙酸、亚铁氰化钾、葡萄糖标准溶液、6mol/L盐酸溶液、待测定的样品。		
技术路线			
试样制备——标定——样品溶液预测定——样品溶液的测定——计算			
任务实施			
实施步骤	实施方法		
步骤1 试样制备	1. 样品粉碎（打浆混匀），称取混匀后的试样5g（精确至0.001g），置250mL容量瓶中。 2. 加50mL水，缓慢加入乙酸锌溶液5mL和亚铁氰化钾溶液5mL。 3. 静置30min，用干燥滤纸过滤，弃去初滤液，取后续滤液备用。		
步骤2 标定	1. 准确吸取碱性酒石酸铜甲液及乙液各5.00mL，置于150mL锥形瓶中，加水10mL，加入玻璃珠2~4粒。 2. 从已准备好的滴定管中滴加约9mL葡萄糖标准溶液，在电炉上控制锥形瓶内液体在2min内加热至沸，趁沸以每2s一滴的速度继续滴加葡萄糖标准溶液或其他还原糖标准溶液。 3. 直至溶液蓝色刚好退去为终点，记录消耗葡萄糖（或其他还原糖）标准溶液的总体积。 4. 同时平行操作三份，取其平均值，计算每10mL（甲、乙各5mL）碱性酒石酸铜溶液相当于葡萄糖（或其他还原糖）的质量（mg）。		

任务实施	
实施步骤	实施方法
步骤2 标定	$$F = m_1 \times V_1$$ 式中：F——还原糖的质量（以葡萄糖计），mg。 $\quad\quad m_1$——1mL还原糖标准溶液相当于还原糖的质量，mg。 $\quad\quad V_1$——平均消耗还原糖标准溶液的体积，mL。
步骤3 样品溶液预测定	1. 准确吸取碱性酒石酸铜甲液及乙液各5.00mL，置于150mL锥形瓶中，加水10mL，加入玻璃珠2~4粒，在电炉上控制锥形瓶内液体在2min内加热至沸。 2. 从已准备好的滴定管中滴加样品滤液溶液，趁沸以先快后慢的速度，从滴定管中滴加样品溶液，并保持溶液沸腾状态，待溶液颜色变浅时，以每2s一滴的速度滴定，直至溶液蓝色刚好退去为终点，记录样液消耗体积。 3. 样品中还原糖浓度根据预测加以调节，以0.1g/100g为宜，即控制样液消耗体积在10mL左右，否则误差大。
步骤4 样品溶液的测定	1. 吸取5.00mL碱性酒石酸铜甲液及5.00mL乙液，置于150mL锥形瓶中，加水10mL，加入玻璃珠2粒。 2. 从已准备好的滴定管加比预测体积少1mL的样品溶液，在电炉上控制锥形瓶内液体在2min内加热至沸，趁沸继续以每2s一滴的速度滴定，直至蓝色刚好退去为终点，记录样液消耗体积。 3. 同法平行操作三次，取平均消耗体积。
步骤5 计算	按照如下公式计算： $$还原糖（以葡萄糖计，\%） = \frac{F}{m \times \dfrac{V}{250} \times 1000} \times 100$$ 式中：F——还原糖的质量（以葡萄糖计），mg。 $\quad\quad m$——样品质量，g。 $\quad\quad V$——消耗样品糖液的体积，mL。

工作任务单					
任务名称					
姓名			学号		班级
基本信息	样品名称			检测日期	
	检测项目			检测方法	
	检测依据				

测定数据记录				
项目	记录			备注
编号	第一次	第二次	第三次	
试样的质量 m/g				
葡萄糖标准溶液 浓度 C/（mg/mL）				

续表

测定数据记录				
项目	记录			备注
编号	第一次	第二次	第三次	
标定消耗葡萄糖标准溶液体积 V_1/mL				
每10mL碱性酒石酸铜溶液相当于葡萄糖的质量 m_1/mL（mg）				
每10mL碱性酒石酸铜溶液相当于葡萄糖的平均质量 m_2/mL（mg）				
滴定时样液消耗体积 V_2/（mL）				
系数 F〔10mL碱性酒石酸铜溶液相当于还原糖的质量（以葡萄糖计），mg〕				（数值参考步骤2 标定）
还原糖含量				
还原糖平均含量				
备注	实验注意事项： 本法对滴定操作条件要求很严。对碱性酒石酸铜溶液的标定，样品液必须预测，样品液测定的操作条件与预测条件均应保持一致。			

测定结果
样品的还原糖含量是_____。

教师考核							
项次	项目	考核内容	考核标准	分值	自评得分	小组评价	教师评价
素养	纪律	遵规守纪守法	1. 按时到岗，不早退。 2. 遵守实验室各项规章制度。	5			
	职业道德	严谨细致团结协作	1. 团结协作。 2. 能主动帮助同学。 3. 工作精益求精，认真仔细。	10			
	安全卫生	注重安全注意卫生	1. 实验相关仪器，设备清洗干净。 2. 实验室场地保持干净卫生。 3. 工作台保持整洁有序、不杂乱。	10			

项次	项目	考核内容	考核标准	分值	自评得分	小组评价	教师评价
			教师考核				
知识和能力	方案制订	查阅相关标准，制订测定实施方案	1. 正确选用标准。 2. 方案制订合理。	5			
	实验准备	实验设备、器皿的准备及清洗	1. 仪器设备准备齐全。 2. 玻璃器皿洗净、烘干。	10			
	试样制备	按标准处理样品、制备测定用样液	1. 天平的正确使用。 2. 移液管的正确使用。 3. 容量瓶的正确使用。 4. 漏斗的正确使用。	20			
	测定样品	碱性酒石酸铜的标定、待测溶液预滴，待测溶液的测定	1. 移液管的正确使用。 2. 电炉的正确使用。 3. 滴定管的正确使用。 4. 滴定速度的控制。 5. 滴定终点准确判定。	20			
	结果计算	样品中还原糖含量的计算	1. 能利用计算公式正确计算。 2. 能正确保留有效数字。	10			
	精密度	测量结果重复性	在重复条件下获得的两次独立测定结果的绝对差值不得超过算术平均值的5%。	10			
总分							
加权平均（自评25%，小组评价25%，教师评价50%）							

根据以上打分进行总体评价。

1. 总结知识点并从素养和职业能力的自我提升方面进行评价。

2. 分析不足、提出改进措施。

任务十五　凯氏定氮法测定面粉中粗蛋白的含量

任务描述			
教学方法	任务驱动	教学模式	理实一体
建议学时	4	教学地点	理实一体化教室
任务要求	凯氏定氮法是一种测定粗蛋白的常用测定方法，具有准确和经济的特点，适用于食品中真实蛋白质的测定。本任务通过测定面粉中粗蛋白的含量锻炼学生称量、消化、蒸馏吸收、滴定等技能，掌握凯氏定氮法的测定步骤。		
学习目标	**知识和技能目标** 1. 了解凯氏定氮法的原理及操作要点。 2. 掌握凯氏定氮法中样品的消化、蒸馏、吸收等基本操作步骤、熟练掌握滴定操作。	**思政和职业素养目标** 1. 通过提前查阅资料，了解食品中蛋白质测定的方法，完成方案设计，进而通过组内成员的分工协作完成实验，培养团队协作能力。 2. 以安全事故案例警示大家安全工作重于泰山，树立安全意识、纪律意识。		
任务准备			
设备、耗材和试剂	设备：样品消化装置、全套凯氏定氮装置、铁架台、电炉或电加热套、电热恒温干燥箱、分析天平、药匙、洗瓶、滴管、移液管、量筒、烧杯、锥形瓶。 耗材：称量纸、冷却水或循环冷却水机。 试剂：硫酸铜、硫酸钾、浓硫酸、氢氧化钠溶液（400g/L）、硼酸（20g/L）、混合指示液（甲基红和次甲基蓝混合指示剂。混合指示剂比例为2：1，临用前混合。或者甲基红乙醇溶液和溴甲酚绿乙醇溶液。混合指示剂比例为1：5临用时混合）、0.0500mol/L HCl标准溶液。		
技术路线			
样品处理——消化——蒸馏吸收——滴定——计算			
任务实施			
实施步骤	实施方法		
步骤1 样品处理	1. 准确称取均匀的固体面粉试样0.2~0.3g。 2. 将干燥的凯氏烧瓶横放，将样品卷在称量试纸中，顺势通入烧瓶底部，然后直立烧瓶，防止试样沾到凯氏烧瓶磨砂口。 3. 加入混合指示剂约1g。混合指示剂是硫酸铜和硫酸钾混合物，硫酸铜和硫酸钾的比例是1：10。 4. 加入3~5mL的浓硫酸。		
步骤2 消化	1. 加好样品和试剂的凯氏烧瓶放到自动回流消化仪中，进行加热消化。 2. 将样品置于电炉上，先以小火缓慢加热，在内容物完全炭化后，泡沫消失。 3. 加大火力消化至溶液呈蓝绿色，继续加热30min，冷却至室温。 4. 待消化液完全冷却后，转移至100mL容量瓶中，加蒸馏水至刻度摇匀，备用。		

任务实施	
实施步骤	实施方法
步骤3 蒸馏吸收	1. 组装蒸馏装置，在加热器烧瓶中加入了蒸馏水、几滴硫酸和甲基橙指示剂，蒸馏水显浅粉色，主要目的就是防止蒸馏水中有氨气。 2. 在蒸馏吸收前，要对蒸馏吸收装置进行检漏。取小烧杯置于冷凝管出口处，检查是否有均匀气泡出现。如有均匀气泡出现，说明蒸馏吸收密闭性是完好的。 3. 取 30mL 硼酸吸收液于 100mL 锥形瓶中。加入 2~3 滴甲基红和次甲基蓝混合指示剂。（混合指示剂应临用前混合，比例为 2：1），加入后的溶液应呈灰红色。将锥形瓶置于冷凝管出口处。 4. 准确吸取 5mL 定容好的消化液于加液漏斗中，加入反应室，再加入 10mL 蒸馏水，冲洗加液漏斗，也加入反应室。加氢氧化钠 1mL。马上将冷凝管出口置于锥形瓶硼酸吸收液面下，防止氨气泄漏。 5. 观察反应室内溶液颜色是否变黑褐色，判断碱液加入量是否足够。 6. 待硼酸吸收液颜色变绿 30s 后，液面离开冷凝管出口，继续蒸馏 30s，并用蒸馏水冲洗冷凝管出口外侧。 7. 清洗反应室，准备下一份样液的蒸馏。
步骤4 滴定	1. 用已知浓度的盐酸标准溶液滴定硼酸吸收液。 2. 硼酸吸收液颜色由绿色变为紫红色，记录消耗盐酸的体积。 3. 同时做平行试验和空白实验。
步骤5 计算	根据公式计算样品中蛋白质的含量。 $$W = \frac{(V_1 - V_0) \times c \times 0.014 \times F}{m \times \frac{V_2}{100}} \times 100\%$$ 式中：W——蛋白质的质量分数，%； V_0——滴定空白蒸馏液消耗盐酸标准液体积，mL； V_1——滴定样品蒸馏液消耗盐酸标准液体积，mL； V_2——蒸馏时吸取样品稀释液体积，mL； c——盐酸标准液的浓度，mol/L； 0.014——氮的摩尔质量，g/mmol； F——蛋白质系数； m——样品质量，g。

工作任务单						
任务名称						
姓名			学号		班级	
基本信息	样品名称		检测日期			
	检测项目		检测方法			
	检测依据					

续表

测定数据记录				
项目	记录			备注
编号	1	2	3	
m （样品质量）g				
V_1 （样品滴定耗盐酸体积）mL				
V_0 （空白滴定耗盐酸体积）mL				
C （盐酸标准溶液浓度）mol/L				
V_2 （吸取消化液的体积）mL				
F 蛋白质换算系数				
计算公式				
粗蛋白含量				
粗蛋白含量平均值				
备注	实验注意事项： 　1. 消化过程应注意转动凯氏烧瓶，利用冷凝酸液将附着在瓶壁上的炭粒冲下，以促进消化完全。 　2. 样品含脂肪或糖较多时，易产生泡沫，可加入少量辛醇或液体石蜡或硅消泡剂，防止其溢出瓶外，并注意适当控制热源强度。 　3. 硫酸铜起到催化作用，加速氧化分解。同时也是蒸馏时样品液碱化的指示剂，若所加碱量不足，分解液呈现蓝色不生成氢氧化铜沉淀，需再增加氢氧化钠用量。 　4. 蒸馏终点的确定对测定样品含量的准确程度影响很大，一般样品馏出液超过250mL，氮可完全蒸出。蒸馏完毕，先将蒸馏出口离开液面，继续蒸馏30s，将附着在尖端的吸收液完全洗入吸收瓶内，再将吸收瓶移开，最后关闭电源，绝不能先关闭电源，否则吸收液将发生倒吸。			

测定结果						
样品中粗蛋白的含量是_____。						

教师考核							
项次	项目	考核内容	考核标准	分值	自评 得分	小组 评价	教师 评价
素养	纪律	遵规守纪 守法	1. 按时到岗，不早退。 2. 遵守实验室各项规章制度。	10			

续表

			教师考核				
项次	项目	考核内容	考核标准	分值	自评得分	小组评价	教师评价
素养	职业道德	严谨细致团结协作	1. 团结协作。 2. 能主动帮助同学。 3. 工作精益求精，认真仔细。	10			
	安全卫生	注重安全注意卫生	1. 实验相关仪器，设备清洗干净。 2. 实验室场地保持干净卫生。 3. 工作台保持整洁有序、不杂乱。	10			
知识和能力	方案制订	查阅相关标准，制订测定实施方案	1. 正确选用标准。 2. 方案制订合理。	5			
	实验准备	样品处理	1. 天平的使用。 2. 浓硫酸的使用。 3. 仪器洗净烘干。	15			
	样品测定	消化蒸馏吸收滴定	1. 消化装置的使用。 2. 凯氏定氮仪的操作。 3. 滴定操作。	30			
	结果分析	计算	1. 数字正确、记录清楚。 2. 能利用计算公式正确计算。	20			
总分							
加权平均（自评25%，小组评价25%，教师评价50%）							

根据以上打分进行总体评价。
1. 总结知识点并从素养和职业能力的自我提升方面进行评价。
2. 分析不足、提出改进措施。

任务十六　食品中山梨酸、苯甲酸、安赛蜜的测定

<table>
<tr><td colspan="4" align="center">任务描述</td></tr>
<tr><td align="center">教学方法</td><td align="center">任务驱动</td><td align="center">教学模式</td><td align="center">理实一体</td></tr>
<tr><td align="center">建议学时</td><td align="center">4</td><td align="center">教学地点</td><td align="center">理实一体化教室</td></tr>
<tr><td align="center">任务要求</td><td colspan="3">液相色谱法测定食品中山梨酸、苯甲酸、安赛蜜，样品经水提取，高脂肪样品经正己烷脱脂、高蛋白样品经蛋白沉淀剂沉淀蛋白，采用液相色谱分离、紫外检测器检测，外标法定量的方法。
　　通过测定食品中山梨酸、苯甲酸、安赛蜜，掌握高效液相色谱法。</td></tr>
<tr><td rowspan="3" align="center">学习目标</td><td colspan="2" align="center">知识和技能目标</td><td align="center">思政和职业素养目标</td></tr>
<tr><td colspan="2">　　1. 掌握高效液相色谱仪使用要点。
　　2. 能够正确进行高效液相色谱仪操作；能够正确使用高效液相色谱仪测定食品中山梨酸、苯甲酸、安赛蜜。</td><td>　　1. 通过提前查阅资料，了解山梨酸、苯甲酸、安赛蜜测定的一般流程，完成方案设计，进而通过组内成员的分工协作完成实验，培养团队协作能力。
　　2. 以安全事故案例警示大家安全工作重于泰山，树立安全意识、纪律意识。</td></tr>
<tr><td colspan="3"></td></tr>
<tr><td colspan="4" align="center">任务准备</td></tr>
<tr><td align="center">设备、耗材和试剂</td><td colspan="3">设备：高效液相色谱仪、电子天平、涡旋混合仪、离心机、恒温水浴锅、超声波发生器。
耗材：塑料离心管 50mL、0.22μm 水系滤膜。
试剂：氨水、亚铁氰化钾、乙酸锌、无水乙醇、正己烷、甲醇、乙酸铵、甲酸、标准物质。</td></tr>
<tr><td colspan="4" align="center">技术路线</td></tr>
<tr><td colspan="4">试样制备——试样提取——标准曲线制作——试样测定——结果计算</td></tr>
<tr><td colspan="4" align="center">任务实施</td></tr>
<tr><td align="center">实施步骤</td><td colspan="3" align="center">实施方法</td></tr>
<tr><td align="center">步骤1
试样制备</td><td colspan="3">液态奶均匀样品直接混合。</td></tr>
<tr><td align="center">步骤2
试样提取</td><td colspan="3">1. 准确称取约 2g 试样于 50mL 具塞离心管中。
2. 加水约 25mL。
3. 涡旋混匀。
4. 于 50℃ 水浴中超声 20min。
5. 冷却至室温。
6. 加亚铁氰化钾溶液 2mL 和乙酸锌溶液 2mL，混匀。
7. 8000r/min 离心 5min。
8. 将水相转移到同一 50mL 容量瓶中，用水定容至刻度，混匀。
9. 取适量上清液过 0.22μm 滤膜，待液相色谱测定。</td></tr>
</table>

任务实施	
实施步骤	实施方法
步骤3 标准曲线制作	将混合标准系列工作溶液分别注入液相色谱仪中，测定相应的峰面积，以混合标准系列工作溶液的质量浓度为横坐标，以峰面积为纵坐标，绘制标准曲线。
步骤4 试样测定	1. 启动仪器：首先分别打开仪器设备各个模块开关，等待仪器自检。 2. 自检完成后打开脱气阀门，选择管路进行脱气。 3. 连接仪器与软件：打开软件，连接各模块。 4. 依次打开泵、柱温箱、检测器，仪器达到设定条件，等待检测。 5. 将试样溶液注入液相色谱仪中，得到峰面积，根据标准曲线得到待测液中苯甲酸、山梨酸的质量浓度。
步骤5 结果计算	$$X=\frac{\rho \times V}{m \times 1000}$$ 式中：X——试样中待测组分含量，g/kg； 　　　ρ——由标准曲线得出的试样液中待测物的质量浓度，mg/L； 　　　V——试样定容体积，mL； 　　　m——试样质量，g； 　　　1000——由 mg/kg 转换为 g/kg 的换算因子。 结果保留 3 位有效数字。

工作任务单					
任务名称					
姓名		学号		班级	
基本信息	样品名称		检测日期		
	检测项目		检测方法		
	检测依据				

测定数据记录		
工序名称	主要参数	备注
步骤1 试样制备	称取试样质量。	
步骤2 试样提取	离心机型号：　　转速：　　时间： 超声器型号： 容量瓶比对有效期：	
步骤3 标准曲线制作	稀释梯度计算。	
步骤4 试样测定	色谱柱：　　柱长：　　内径：　　粒径： 流动相： 流速： 检测波长： 进样量：	

续表

<table>
<tr><td colspan="4" align="center">测定数据记录</td></tr>
<tr><td align="center">工序名称</td><td colspan="2" align="center">主要参数</td><td align="center">备注</td></tr>
<tr><td align="center">步骤5
结果计算</td><td colspan="2">待测物的质量浓度：
试样定容体积：
试样质量：</td><td></td></tr>
<tr><td align="center">备注</td><td colspan="3"></td></tr>
<tr><td colspan="4" align="center">测定结果</td></tr>
<tr><td colspan="4">试样中待测组分含量：_____</td></tr>
</table>

<table>
<tr><td colspan="8" align="center">教师考核</td></tr>
<tr><td align="center">项次</td><td align="center">项目</td><td align="center">考核内容</td><td align="center">考核标准</td><td align="center">分值</td><td align="center">自评
得分</td><td align="center">小组
评价</td><td align="center">教师
评价</td></tr>
<tr><td rowspan="3" align="center">素养</td><td align="center">纪律</td><td align="center">遵规守纪
守法</td><td>1. 按时到岗，不早退。
2. 遵守实验室各项规章制度。</td><td align="center">10</td><td></td><td></td><td></td></tr>
<tr><td align="center">职业道德</td><td align="center">严谨细致
团结协作</td><td>1. 团结协作。
2. 能主动帮助同学。
3. 工作精益求精，认真仔细。</td><td align="center">10</td><td></td><td></td><td></td></tr>
<tr><td align="center">安全卫生</td><td align="center">注重安全
注意卫生</td><td>1. 实验相关仪器，设备清洗干净。
2. 实验室场地保持干净卫生。
3. 工作台保持整洁有序、不杂乱。</td><td align="center">10</td><td></td><td></td><td></td></tr>
<tr><td rowspan="4" align="center">知识和能力</td><td align="center">方案制订</td><td align="center">查阅相关标准，
制订测定
实施方案</td><td>1. 正确选用标准。
2. 方案制订合理。</td><td align="center">10</td><td></td><td></td><td></td></tr>
<tr><td align="center">准备工作</td><td align="center">液相色谱
仪器准备</td><td>1. 液相色谱仪与软件连接。
2. 超声器准备。
3. 离心机准备。
4. 滤膜准备。</td><td align="center">10</td><td></td><td></td><td></td></tr>
<tr><td align="center">样品测定</td><td align="center">样品测量</td><td>1. 稀释梯度计算。
2. 定容操作是否正确。
3. 仪器参数设置正确。
4. 仪器操作规范。</td><td align="center">30</td><td></td><td></td><td></td></tr>
<tr><td align="center">结果分析</td><td align="center">结果读取及判定</td><td>1. 能正确计算。
2. 能正确保留有效数字。
3. 符合精密度要求。</td><td align="center">20</td><td></td><td></td><td></td></tr>
<tr><td colspan="4" align="center">总分</td><td></td><td></td><td></td><td></td></tr>
<tr><td colspan="8">加权平均（自评25%，小组评价25%，教师评价50%）</td></tr>
</table>

根据以上打分进行总体评价。

1. 总结知识点并从素养和职业能力的自我提升方面进行评价。

2. 分析不足、提出改进措施。

任务十七　食品中铬的测定

任务描述			
教学方法	任务驱动	教学模式	理实一体
建议学时	4	教学地点	理实一体化教室
任务要求	石墨炉原子吸收光谱法测定牛奶中铬的方法是试样消解处理后，经石墨炉原子化，在357.9nm处测定吸光度。在一定浓度范围内铬的吸光度值与铬含量成正比，与标准系列比较定量的方法。 本任务通过牛奶中铬的测定，练习石墨炉原子吸收光谱仪器的使用。		
学习目标	知识和技能目标		思政和职业素养目标
	1. 掌握石墨炉原子吸收光谱仪器使用要点。 2. 能够正确进行石墨炉原子吸收光谱仪器操作；能够正确使用石墨炉原子吸收光谱法测定牛奶中的铬。		1. 通过提前查阅资料，了解原子吸收光谱仪测定的一般流程，完成方案设计，进而通过组内成员的分工协作完成实验，培养团队协作能力。 2. 以安全事故案例警示大家安全工作重于泰山，树立安全意识、纪律意识。
任务准备			
设备、耗材和试剂	设备：石墨炉原子吸收光谱仪、容量瓶、量筒、电子天平、可调式电热板、微波消解系统、恒温干燥箱、马弗炉、样品粉碎设备。 耗材：二级水。 试剂：硝酸、高氯酸、磷酸二氢铵、重铬酸钾、标准品。		
技术路线			
前处理——微波消解——标准曲线制作——试样测定——结果计算			
任务实施			
实施步骤	实施方法		
步骤1 前处理	液体牛奶经过充分混匀。		
步骤2 微波消解	1. 准确称取0.500~3.00g于微波消解罐中。 2. 加入5~10mL硝酸，按照微波消解的操作步骤消解试样。 3. 冷却后取出消解罐。 4. 140~160℃赶酸1mL左右。 5. 消解罐放冷后，将消化液转移至10mL或25mL容量瓶中。 6. 用少量水洗涤消解罐2~3次。 7. 合并洗涤液与容量瓶，用水定容至刻度，混匀。 8. 同时做空白试验。		
步骤3 标准曲线制作	按质量浓度由低到高的顺序分别取10μL标准系列溶液、5μL磷酸二氢铵溶液，同时注入石墨管，原子化后测定吸光度值。 以质量浓度为横坐标、吸光度值为纵坐标，绘制标准曲线。		

续表

任务实施	
实施步骤	实施方法
步骤4 试样测定	1. 安装元素灯。 2. 打开仪器电源。 3. 打开软件开关。 4. 设定分析元素。 5. 设定分析方法。 6. 设定仪器参数。 7. 设定校正参数。 8. 设定样品参数。 9. 设定运行程序序列。 10. 打开附属设备。 11. 运行分析：在测定标准曲线的相同实验条件下，吸取 10μL 空白溶液或试样消化液、5μL 磷酸二氢铵溶液，同时注入石墨管，原子化后测定其吸光度值，根据标准曲线得到待测液中的质量浓度，若测定结果超出标准曲线范围，用硝酸溶液（5-95）稀释后测定。

步骤5
计算
	按计算公式进行计算。
	
	$$X=\dfrac{(\rho-\rho_0)\times f\times V}{m\times 1000}$$
	
	式中：X——试样中铬的含量，mg/kg 或 mL/L。
	    ρ——试样消化液中铬的质量浓度，μg/L。
	    ρ_0——空白溶液中铬的质量浓度，μg/L。
	    f——稀释倍数。
	    V——试样消化液定容体积，mL。
	    m——试样质量或体积，g 或 mL。
	    1000——换算系数。
	当铬的含量≥1mg/kg（mL/L）时，计算结果保留 3 位有效数字，当铬的含量<1mg/kg（mL/L）时，计算结果保留 2 位有效数字。

工作任务单				
任务名称				
姓名		学号		班级
基本信息	样品名称		检测日期	
	检测项目		检测方法	
	检测依据			

测定数据记录		
工序名称	主要参数	备注
步骤1 前处理	是否混匀样品。	
步骤2 微波消解	微波消解仪型号： 微波消解参数设定：	

续表

测定数据记录			
工序名称	主要参数		备注
步骤3 标准曲线制作	梯度稀释浓度计算： 曲线：		
步骤4 试样测定	石墨炉原子吸收光谱仪型号： 参数设定：		
步骤5 计算	1. 试样消化液中铬含量： 2. 空白溶液中铬含量： 3. 试样消化液定容体积： 4. 试样质量：		
备注			

测定结果
样品中铬的含量：_____

教师考核							
项次	项目	考核内容	考核标准	分值	自评 得分	小组 评价	教师 评价
素养	纪律	遵规守纪 守法	1. 按时到岗，不早退。 2. 遵守实验室各项规章制度。	10			
	职业道德	严谨细致 团结协作	1. 团结协作。 2. 能主动帮助同学。 3. 工作精益求精，认真仔细。	10			
	安全卫生	注重安全 注意卫生	1. 实验相关仪器，设备清洗干净。 2. 实验室场地保持干净卫生。 3. 工作台保持整洁有序、不杂乱。	10			
知识和能力	方案制订	查阅相关标准， 制订测定 实施方案	1. 正确选用标准。 2. 方案制订合理。	10			
	准备工作	实验准备	1. 原子吸收分光光度计仪器校正。 2. 原子吸收分光光度计仪器参数设定。 3. 微波消解仪准备。 4. 耗材准备。	10			
	样品测定	样品测量	1. 石墨炉操作正确性。 2. 电子天平操作规范。 3. 微波消解仪操作规范。	30			
	结果分析	结果读取 及判定	1. 能利用计算公式正确计算。 2. 能正确保留有效数字。	20			
总分							

续表

加权平均（自评 25%，小组评价 25%，教师评价 50%）	
根据以上打分进行总体评价。 1. 总结知识点并从素养和职业能力的自我提升方面进行评价。 2. 分析不足、提出改进措施。	

任务十八　食品中汞的测定

<table>
<tr><td colspan="4" align="center">任务描述</td></tr>
<tr><td>教学方法</td><td>任务驱动</td><td>教学模式</td><td>理实一体</td></tr>
<tr><td>建议学时</td><td>4</td><td>教学地点</td><td>理实一体化教室</td></tr>
<tr><td>任务要求</td><td colspan="3">试样经酸加热消解后，在酸性介质中，试样中汞被硼氢化钾或硼氢化钠还原成原子态汞，由载气（氩气）带入原子化器中，在汞空心阴极灯照射下，基态汞原子被激发至高能态，在由高能态回到基态时，发射出特征波长的荧光，其荧光强度与汞含量成正比，外标法定量。
本任务通过牛奶中汞的测定，练习原子荧光光谱仪器的使用。</td></tr>
<tr><td rowspan="2">学习目标</td><td colspan="2" align="center">知识和技能目标</td><td align="center">思政和职业素养目标</td></tr>
<tr><td colspan="2">1. 掌握原子荧光光谱仪器使用要点。
2. 能够正确进行原子荧光光谱仪器操作；能够正确使用原子荧光光谱法牛奶中汞。</td><td>1. 通过提前查阅资料，了解原子荧光光谱仪测定的一般流程，完成方案设计，进而通过组内成员的分工协作完成实验，培养团队协作能力。
2. 以安全事故案例警示大家安全工作重于泰山，树立安全意识、纪律意识。</td></tr>
<tr><td colspan="4" align="center">任务准备</td></tr>
<tr><td>设备、耗材和试剂</td><td colspan="3">设备：原子荧光光谱仪；配汞空心阴极灯；电子天平：感量为0.01mg、0.1mg和1mg；微波消解系统；恒温干燥箱（50~300℃）；控温电热板（50~200℃）；超声水浴箱；匀浆机；高速粉碎机。
耗材：一级水。
试剂：硝酸、过氧化氢、硫酸、氢氧化钾、硼氢化钾、重铬酸钾、氯化汞标准品。</td></tr>
<tr><td colspan="4" align="center">技术路线</td></tr>
<tr><td colspan="4">称取样品——微波消解——标准曲线制作——试样测定——结果计算</td></tr>
<tr><td colspan="4" align="center">任务实施</td></tr>
<tr><td>实施步骤</td><td colspan="3" align="center">实施方法</td></tr>
<tr><td>步骤1
称取样品</td><td colspan="3">1. 乳及乳制品匀浆或均质后装入洁净聚乙烯瓶中，密封于2~8℃冰箱冷藏备用。
2. 称取1.0~3.0g样品于微波消解管中。</td></tr>
<tr><td>步骤2
微波消解</td><td colspan="3">1. 加入5mL硝酸，盖好，静置1h，放入微波消解炉中，按照微波消解的操作步骤消解试样。
2. 消解完毕冷却后取出消解罐。
3. 消解管80℃赶酸5min。
4. 消解管冷却后，将消化液转移至25mL容量瓶中。
5. 用少量水洗涤消解罐3次，合并洗涤液于容量瓶中，用水定容至刻度，混匀备用。
6. 同时做空白试验。</td></tr>
</table>

	任务实施
实施步骤	实施方法
步骤3 标准曲线制作	设定好仪器最佳条件（仪器参考条件：光电倍增管负高压：240V；汞空心阴极灯电流：30mA；原子化器温度：200℃；载气流速：500mL/min；屏蔽气流速：1000mL/min），连续用硝酸溶液（1+9）进样，待读数稳定之后，转入标准系列溶液测量，由低到高浓度顺序测定标准溶液的荧光强度，以汞的质量浓度为横坐标，荧光强度为纵坐标，绘制标准曲线。
步骤4 试样测定	1. 安装元素灯。 2. 打开仪器电源。 3. 打开软件开关。 4. 设定分析元素。 5. 设定分析方法。 6. 设定仪器参数。 7. 设定校正参数。 8. 设定样品参数。 9. 设定运行程序序列。 10. 打开附属设备。 11. 运行分析：在测定标准曲线的相同实验条件下，转入试样测量，先用硝酸溶液（1+9）进样，使读数基本回零，再分别测定处理好的试样空白和试样溶液。
步骤5 结果计算	按计算公式进行计算。 $$X = \frac{(c-c_0) \times V \times 1000}{m \times 1000 \times 1000}$$ 式中：X——试样中汞的含量，mg/kg。 c——试样消化液中汞的含量，μg/L。 c_0——空白溶液中汞的含量，μg/L。 V——试样消化液定容总体积，mL。 m——试样称样量，g。 1000——换算系数。 当汞的含量≥1.00mg/kg时，计算结果保留3位有效数字，当汞的含量<1.00mg/kg（mL/L）时，计算结果保留2位有效数字。

		工作任务单			
任务名称					
姓名		学号		班级	
基本信息	样品名称		检测日期		
	检测项目		检测方法		
	检测依据				

	测定数据记录	
工序名称	主要参数	备注
步骤1 称取样品	1. 是否混匀样品。 2. 样品称取量：	

测定数据记录		
工序名称	主要参数	备注
步骤2 微波消解	1. 微波消解仪型号： 2. 微波消解参数设定：	
步骤3 标准曲线制作	标准曲线：	
步骤4 试样测定	1. 原子荧光光谱仪型号： 2. 参数设定：	
步骤5 计算	1. 试样消化液中汞含量： 2. 空白溶液中汞含量： 3. 试样消化液定容体积： 4. 试样质量：	
备注	样品中汞含量大于1mg/kg时，在重复性条件下获得的两次独立测定结果的绝对差值不得超过算术平均值的10%；小于或等于1mg/kg且大于0.1mg/kg时，在重复性条件下获得的两次独立测定结果的绝对差值不得超过算术平均值的15%；小于或等于0.1mg/kg时，在重复性条件下获得的两次独立测定结果的绝对差值不得超过算术平均值的20%。	

测定结果

样品中汞的含量：_____

			教师考核				
项次	项目	考核内容	考核标准	分值	自评 得分	小组 评价	教师 评价
素养	纪律	遵规守纪 守法	1. 按时到岗，不早退。 2. 遵守实验室各项规章制度。	10			
	职业道德	严谨细致 团结协作	1. 团结协作。 2. 能主动帮助同学。 3. 工作精益求精，认真仔细。	10			
	安全卫生	注重安全 注意卫生	1. 实验相关仪器，设备清洗干净。 2. 实验室场地保持干净卫生。 3. 工作台保持整洁有序、不杂乱。	10			
知识和能力	方案制订	查阅相关标准， 制订测定 实施方案	1. 正确选用标准。 2. 方案制订合理。	10			
	准备工作	实验准备	1. 原子荧光光谱仪仪器校正。 2. 原子荧光光谱仪仪器参数设定。 3. 微波消解仪准备。 4. 耗材准备。	10			

项次	项目	考核内容	考核标准	分值	自评得分	小组评价	教师评价
			教师考核				
知识和能力	样品测定	样品测量	1. 原子荧光光谱仪操作正确性。 2. 电子天平操作规范。 3. 微波消解仪操作规范。	30			
	结果分析	结果读取及判定	1. 能利用计算公式正确计算。 2. 能正确保留有效数字。	20			
总分							
加权平均（自评 25%，小组评价 25%，教师评价 50%）							
根据以上打分进行总体评价。 1. 总结知识点并从素养和职业能力的自我提升方面进行评价。 2. 分析不足、提出改进措施。							

任务十九　食品中铅的测定

任务描述			
教学方法	任务驱动	教学模式	理实一体
建议学时	4	教学地点	理实一体化教室
任务要求	石墨炉原子吸收光谱法测定牛奶中铅的方法是试样经灰化或酸消解后，注入原子吸收分光光度计石墨炉中，电热原子化后吸收283.3nm共振线，在一定浓度范围，其吸收值与铅含量成正比，与标准系列比较定量。 本任务通过牛奶中铅的测定，练习石墨炉原子吸收光谱仪器的使用。		
学习目标	**知识和技能目标** 1. 掌握石墨炉原子吸收光谱仪器使用要点。 2. 能够正确进行石墨炉原子吸收光谱仪器操作；能够正确使用石墨炉原子吸收光谱法测定牛奶中的铅。	**思政和职业素养目标** 1. 通过提前查阅资料，了解原子吸收光谱仪测定的一般流程，完成方案设计，进而通过组内成员的分工协作完成实验，培养团队协作能力。 2. 以安全事故案例警示大家安全工作重于泰山，树立安全意识、纪律意识。	

任务准备	
设备、耗材和试剂	设备：原子吸收光谱仪（附石墨炉及铅空心阴极灯）、天平（感量为1mg）、干燥恒温箱、压力消解罐、可调式电热板、可调式电炉。 耗材：一级水。 试剂：硝酸、过硫酸铵、过氧化氢（30%）、高氯酸、磷酸二氢铵、铅标准品。

技术路线

前处理——微波消解——标准曲线制作——试样测定——结果计算

任务实施	
实施步骤	**实施方法**
步骤1 前处理	液体牛奶经过充分混匀，储于塑料瓶中，保存备用。
步骤2 微波消解	1. 准确称取0.500~3.00g于微波消解罐中。 2. 加入5mL硝酸，振摇混合均匀，盖好。按照微波消解的操作步骤消解试样。 3. 冷却后取出消解罐。 4. 将消解罐放在电热板上150℃赶酸近干。 5. 消解罐放冷后，将消化液转移至10mL容量瓶中。 6. 用少量水洗涤消解罐2~3次。合并洗涤液与容量瓶，用水定容至刻度，混匀。 7. 同时做空白试验。

任务实施	
实施步骤	实施方法
步骤3 标准曲线制作	1. 根据各自仪器性能调至最佳状态。参考条件为波长283.3 nm，狭缝0.2~1.0nm，灯电流5~7mA，干燥温度120℃，20s；灰化温度450℃，持续15~20s，原子化温度：1700~2300℃，持续4~5s，背景校正为氘灯或塞曼效应。 2. 标准曲线绘制：吸取上面配制的铅标准使用液10.0ng/mL（或μg/L），20.0ng/mL（或μg/L），40.0ng/mL（或μg/L），60.0ng/mL（或μg/L），80.0ng/mL（或μg/L）各10μL，注入石墨炉，测得其吸光值并求得吸光值与浓度关系的一元线性回归方程。
步骤4 试样测定	1. 安装元素灯。 2. 打开仪器电源。 3. 打开软件开关。 4. 设定分析元素。 5. 设定分析方法。 6. 设定仪器参数。 7. 设定校正参数。 8. 设定样品参数。 9. 设定运行程序序列。 10. 打开附属设备。 11. 运行分析：在测定标准曲线的相同实验条件下，分别吸取样液和试剂空白液各10μL，注入石墨炉，测得其吸光值，代入标准系列的一元线性回归方程中求得样液中铅含量。
步骤5 计算	按计算公式进行计算。 $$X = \frac{(\rho - \rho_0) \times V \times 1000}{m \times 1000 \times 1000}$$ 式中：X——试样中铅的含量，mg/kg 或 mL/L。 　　　ρ——试样消化液中铅的含量，μg/L。 　　　ρ_0——空白溶液中铅的含量，μg/L。 　　　V——试样消化液定量总体积，mL。 　　　m——试样质量或体积，g 或 mL。 　　　1000——换算系数。 以重复性条件下获得的两次独立测定结果的算术平均值表示，结果保留两位有效数字。

工作任务单					
任务名称					
姓名		学号		班级	
基本信息	样品名称		检测日期		
	检测项目		检测方法		
	检测依据				

测定数据记录		
工序名称	主要参数	备注
步骤1 前处理	是否混匀样品。	

测定数据记录		
工序名称	主要参数	备注
步骤2 微波消解	1. 微波消解仪型号： 2. 微波消解参数设定：	
步骤3 标准曲线制作	1. 梯度稀释浓度计算： 2. 曲线：	
步骤4 试样测定	1. 石墨炉原子吸收光谱仪型号： 2. 参数设定：	
步骤5 计算	1. 试样消化液中铅含量： 2. 空白溶液中铅含量： 3. 试样消化液定容体积： 4. 试样质量：	
备注		

测定结果

样品中铅的含量：_____

教师考核

项次	项目	考核内容	考核标准	分值	自评得分	小组评价	教师评价
素养	纪律	遵规守纪守法	1. 按时到岗，不早退。 2. 遵守实验室各项规章制度。	10			
	职业道德	严谨细致团结协作	1. 团结协作。 2. 能主动帮助同学。 3. 工作精益求精，认真仔细。	10			
	安全卫生	注重安全注意卫生	1. 实验相关仪器，设备清洗干净。 2. 实验室场地保持干净卫生。 3. 工作台保持整洁有序、不杂乱。	10			
知识和能力	方案制订	查阅相关标准，制订测定实施方案	1. 正确选用标准。 2. 方案制订合理。	10			
	准备工作	实验准备	1. 原子吸收分光光度计仪器校正。 2. 原子吸收分光光度计仪器参数设定。 3. 微波消解仪准备。 4. 耗材准备。	10			
	样品测定	样品测量	1. 石墨炉操作正确性。 2. 电子天平操作规范。 3. 微波消解仪操作规范。	30			

项次	项目	考核内容	考核标准	分值	自评得分	小组评价	教师评价
			教师考核				
知识和能力	结果分析	结果读取及判定	1. 能利用计算公式正确计算。 2. 能正确保留有效数字。	20			
			总分				
加权平均（自评25%，小组评价25%，教师评价50%）							
根据以上打分进行总体评价。 1. 总结知识点并从素养和职业能力的自我提升方面进行评价。 2. 分析不足、提出改进措施。							

任务二十　食品中三聚氰胺的测定

任务描述			
教学方法	任务驱动	教学模式	理实一体
建议学时	4	教学地点	理实一体化教室
任务要求	高效液相色谱法测定食品中三聚氰胺，是将试样用三氯乙酸溶液—乙腈提取，经阳离子交换固相萃取柱净化后，用高效液相色谱测定，外标法定量的方法。 　　本任务通过使用高效液相色谱测定牛奶中的三聚氰胺，使学生掌握高效液相色谱法测定食品中三聚氰胺。		
学习目标	**知识和技能目标** 　　1. 掌握高效液相色谱仪使用要点。 　　2. 能够正确进行高效液相色谱仪操作；能够正确使用高效液相色谱仪测定牛奶中的三聚氰胺。	**思政和职业素养目标** 　　1. 通过提前查阅资料，了解 HPLC 测定的一般流程，完成方案设计，进而通过组内成员的分工协作完成实验，培养团队协作能力。 　　2. 以安全事故案例警示大家安全工作重于泰山，树立安全意识、纪律意识。	

任务准备	
设备、耗材和试剂	设备：高效液相色谱仪、分析天平、离心机、超声波水浴、固相萃取装置、氮气吹干仪、涡旋混合器、50mL 具塞塑料离心管。 耗材：定性滤纸、海砂、微孔滤膜（0.2μm）、氮气。 试剂：甲醇（色谱纯）、乙腈、氨水、三氯乙酸、柠檬酸、辛烷磺酸钠、甲醇水溶液、三氯乙酸溶液（1%）、氨化甲醇溶液（5%）、离子对试剂缓冲液、三聚氰胺标准品、三聚氰胺标准品储备液。

技术路线	
提取——净化——测定——标准曲线绘制——定量测定——结果计算	

任务实施	
实施步骤	**实施方法**
步骤 1 提取	1. 准确称取 2g 试样于 50mL 具塞塑料离心管中。 2. 加入 15mL 三氯乙酸溶液和 5mL 乙腈。 3. 超声提取 10min。 4. 振荡提取 10min。 5. 8000r/min，离心 10min。 6. 用三氯乙酸溶液润湿滤纸过滤上清液。 7. 用三氯乙酸溶液定容至 25mL。 8. 移取 5mL 滤液，加入 5mL 一级水，混匀后作待净化液。 9. 同时做空白实验。

任务实施	
实施步骤	实施方法
步骤2 净化	1. 将上述净化液转移到固相萃取柱中。 2. 依次用 3mL 一级水和 3mL 甲醇洗涤。 3. 抽至近干。 4. 用 6mL 氨化甲醇溶液洗脱，整个固相萃取过程流速不超过 1mL/min。 5. 洗脱液于 50℃ 下用氮气吹干。 6. 残留物用 1mL 流动相定容。 7. 涡旋混合 1min。 8. 过微孔滤膜，待液相色谱仪测定。
步骤3 标准曲线绘制	1. 用流动相将三聚氰胺标准储备液逐级稀释得到浓度为 0.8μg/mL；2μg/mL；20μg/mL；40μg/mL；80μg/mL 的标准工作液。 2. 浓度由低到高进样检测。 3. 以峰面积—浓度作图，得到标准曲线回归方程。 4. HPLC 参考条件： a) 色谱柱：C8 柱，250mm×4.6mm（i.d.），5μm，或相当者；C18 柱，250mm×4.6mm（i.d.），5μm，或相当者。 b) 流动相：C8 柱，离子对试剂缓冲液（3.2.10）—乙腈（85＋15，体积比），混匀。C18 柱，离子对试剂缓冲液（3.2.10）—乙腈（90＋10，体积比），混匀。 c) 流速：1.0mL/min。 d) 柱温：40℃。 e) 波长：240nm。 f) 进样量：20μL。
步骤4 定量测定	1. 启动仪器：首先分别打开仪器设备各个模块开关，等待仪器自检。 2. 自检完成后打开脱气阀门，选择管路进行脱气。 3. 连接仪器与软件：打开软件，连接各模块。 4. 依次打开泵、柱温箱、检测器，仪器达到设定条件，等待检测。 5. 待测样液中三聚氰胺的响应值应在标准曲线线性范围内，超出线性范围则应稀释后再进样分析。
步骤5 结果计算	试样中三聚氰胺的含量由色谱数据处理软件获得。 $$X = \frac{A \times c \times V \times 1000}{A_s \times m \times 1000} \times f$$ 式中：X——试样中三聚氰胺的含量，mg/kg。 A——试样中三聚氰胺的峰面积。 c——标准溶液中三聚氰胺的浓度，μg/mL。 V——样液最终定容体积，mL。 A_s——标准溶液中三聚氰胺的峰面积。 m——试样的质量，g。 f——稀释倍数。

续表

工作任务单						
任务名称						
姓名			学号		班级	
基本信息	样品名称			检测日期		
	检测项目			检测方法		
	检测依据					

测定数据记录		
工序名称	主要参数	备注
1. 提取	电子天平型号： 离心机型号：	
2. 净化	过程流速： 微孔滤膜孔径：	
3. 标准曲线绘制	稀释步骤计算： 标准曲线方程：	
4. 定量测定	仪器型号： 色谱柱： 流动相： 流速： 柱温： 波长： 进样量：	
5. 结果计算	回收率： 允差：	
备注		

测定结果
三聚氰胺含量：_____

教师考核							
项次	项目	考核内容	考核标准	分值	自评 得分	小组 评价	教师 评价
素养	纪律	遵规守纪 守法	1. 按时到岗，不早退。 2. 遵守实验室各项规章制度。	10			
	职业道德	严谨细致 团结协作	1. 团结协作。 2. 能主动帮助同学。 3. 工作精益求精，认真仔细。	10			
	安全卫生	注重安全 注意卫生	1. 实验相关仪器，设备清洗干净。 2. 实验室场地保持干净卫生。 3. 工作台保持整洁有序、不杂乱。	10			

			教师考核				
项次	项目	考核内容	考核标准	分值	自评得分	小组评价	教师评价
知识和能力	方案制订	查阅相关标准，制订测定实施方案	1. 正确选用标准。 2. 方案制订合理。	10			
	准备工作	等仪器准备	1. 液相色谱仪与软件连接。 2. 超声器准备。 3. 离心机准备。 4. 滤膜准备。	10			
	样品测定	样品测量	1. 稀释梯度计算。 2. 定容操作是否正确。 3. 仪器参数设置。 4. 仪器操作规范。	30			
	结果分析	结果读取及判定	1. 能利用软件正确计算。 2. 能正确保留有效数字。 3. 符合允差要求。	20			
总分							
加权平均（自评25%，小组评价25%，教师评价50%）							
根据以上打分进行总体评价。 1. 总结知识点并从素养和职业能力的自我提升方面进行评价。 2. 分析不足、提出改进措施。							

任务二十一　牛奶中黄曲霉毒素 M1 的测定——试剂盒法

任务描述			
教学方法	任务驱动	教学模式	理实一体
建议学时	4	教学地点	理实一体化教室
任务要求	试剂盒法是基于竞争性酶联免疫吸附测定原理，通过试剂盒检测使用酶标仪读取吸光度值，7 点标准品绘制浓度曲线，样品对应曲线位置，通过软件分析得出最终结果的方法。 　　本任务通过试剂盒的操作和酶标仪的使用，掌握试剂盒检测牛奶中黄曲霉毒素 M1 的方法。		
学习目标	**知识和技能目标** 　　1. 掌握试剂盒检测要点。 　　2. 能够正确操作酶标仪测定吸光度值；能够正确蝴蝶软件对数据进行分析。		**思政和职业素养目标** 　　1. 通过提前查阅资料，了解试剂盒检测黄曲霉毒素 M1 的一般流程，完成方案设计，进而通过组内成员的分工协作完成实验，培养团队协作能力。 　　2. 以安全事故案例警示大家安全工作重于泰山，树立安全意识、纪律意识。

任务准备	
设备、耗材和试剂	设备：酶标仪、蝴蝶软件、高速冷冻离心机、涡旋混合器、计时器、温育器、移液器。 耗材：离心管、移液枪枪头、吸水纸。 试剂：M1 试剂盒、生牛乳。

技术路线
样品及试剂盒准备——样品前处理——试剂盒检测——酶标仪读数——蝴蝶软件分析

任务实施	
实施步骤	实施方法
步骤 1 样品及试剂盒准备	1. 使用前将所有试剂和样品恢复至室温（20~25℃）。 2. 将离心机温度和转速调整到规定值。 3. 将孵育器温度调整到合适温度。 4. 准备合适的移液器及配套枪头。 5. 准备实验使用的吸水纸。
步骤 2 样品前处理	吸取 1.0mL 液体奶样品于离心管中，在 2~8℃，3000g 条件下，离心 10min，去除脂肪层，吸取 100μL 脱脂牛奶样品进行检测。
步骤 3 试剂盒检测	1. 将所需数量的板条固定在微孔板架上，记录标准品和样品的位置。 2. 将 100μL 标准品或样品加入到对应的微孔中，摇板 30s，封板，于室温下暗处避光温育 45min。 3. 将孔内液体甩干，在吸水纸上拍干，加入稀释后的洗涤液 250μL/孔到微孔中，重复洗涤 4 次，每次间隔 10s（拍干后未清除的气泡可用干净的枪头刺破）。

任务实施	
实施步骤	实施方法
步骤3 试剂盒检测	4. 加入100μL黄曲霉M1检测溶液，摇板30s，封板，于室温下暗处避光温育15min。 5. 重复步骤3，将孔内液体甩干，在吸水纸上拍干，加入稀释后的洗涤液250μL/孔到微孔中，重复洗涤4次，每次间隔10s（拍干后未清除的气泡可用干净的枪头刺破）。 6. 加入100μL底物溶液，摇板30s后，封板，于室温下暗处避光温育15min。 7. 移去封板膜，在每个微孔中加入100μL终止液，摇板。
步骤4 酶标仪读数	1. 提前15~20min打开酶标仪进行预热。 2. 设定好酶标仪的运行参数。 3. （在检测完成5min内读取数值）选择450nm测定每孔OD值。
步骤5 蝴蝶软件分析	1. 打开蝴蝶软件。 2. 设定项目所用参数信息：曲线浓度点、稀释倍数、数量、ID号。 3. 将OD值信息导出到EXCEL表格中，复制到蝴蝶软件中。 4. 选择Spline曲线进行结果计算，将样品的吸光度值代入标准曲线中，从标准曲线上读出所对应的浓度，乘以其对应的稀释倍数即为样品中黄曲霉M1的实际浓度。

工作任务单					
任务名称					
姓名		学号		班级	
基本信息	样品名称		检测日期		
	检测项目		检测方法		
	检测依据				

测定数据记录		
工序名称	主要参数	备注
步骤1 样品及试剂盒准备	环境温湿度： 孵育器温度： 移液器量程：	
步骤2 样品前处理	离心机转速：　　温度：　　是否进行水平测试？	
步骤3 试剂盒检测	1. 移液器量程： 2. 温育时间： 3. 温育温度： 4. 摇板时间： 5. 洗板	
步骤4 酶标仪读数	波长：　　nm 在检测完　　分钟内读数。	
步骤5 蝴蝶软件分析	1. 曲线选择是否正确？ 2. 标准品浓度： 3. 稀释倍数： 4. 平行样CV值： 5. 回收率：	

续表

测定数据记录			
工序名称	主要参数		备注
备注	实验注意事项： 1. 标准溶液含有黄曲霉毒素 M1，应避免溶液接触皮肤，要带口罩和手套。 2. 使用过的容器及黄曲霉毒素 M1 溶液要用配置或购买的浓度不低于10%次氯酸钠溶液浸泡过夜（至少10h）后，用大量水冲洗，以去除毒性。 3. 反应终止液含有 15%磷酸，避免接触皮肤。 4. TMB 底物溶液为显色剂，应避光保存，若呈现蓝色，表明试剂变质，应当弃之。 5. 零标准的吸光度值小于 0.7 个单位，表示试剂可能变质。		

测定结果
样品中黄曲霉毒素 M1 浓度：_____ μg/kg

教师考核							
项次	项目	考核内容	考核标准	分值	自评得分	小组评价	教师评价
素养	纪律	遵规守纪守法	1. 按时到岗，不早退。 2. 遵守实验室各项规章制度。	10			
	职业道德	严谨细致团结协作	1. 团结协作。 2. 能主动帮助同学。 3. 工作精益求精，认真仔细。	10			
	安全卫生	注重安全注意卫生	1. 实验相关仪器，设备清洗干净。 2. 实验室场地保持干净卫生。 3. 工作台保持整洁有序、不杂乱。	10			
知识和能力	方案制订	查阅相关标准，制订测定实施方案	1. 正确选用标准。 2. 方案制订合理。	10			
	准备工作	酶标仪等仪器准备	1. 酶标仪参数设定。 2. 离心机准备。 3. 蝴蝶软件准备。	10			
	样品测定	样品测量	1. 孵育温度正确。 2. 检测时间正确。 3. 移液器使用正确。 4. 检测步骤正确。	30			
	结果分析	结果读取及判定	1. 读数波长正确。 2. 曲线选择正确。 3. 重复性符合要求。 4. 结果报出正确。	20			
总分							

加权平均（自评 25%，小组评价 25%，教师评价 50%）	
根据以上打分进行总体评价。 1. 总结知识点并从素养和职业能力的自我提升方面进行评价。 2. 分析不足、提出改进措施。	

任务二十二　牛奶中抗生素的测定——试纸条法

任务描述			
教学方法	任务驱动	教学模式	理实一体
建议学时	4	教学地点	理实一体化教室
任务要求	试纸条法检测牛奶中抗生素原理是，微孔中的金标抗体经牛奶溶解后，经过孵育，然后将带有测试线和质控线的试纸条插入微孔中进行反应，通过对比检测线和质控线颜色的深浅来定性判断样品中抗生素阴阳性的方法。 本任务通过试纸条法检测抗生素学习移液器的使用，掌握试纸条检测方法。		

学习目标	知识和技能目标	思政和职业素养目标
	1. 掌握检测试纸条要点。 2. 能够正确使用移液器；能够正确使用移液器进行样品检测。	1. 通过提前查阅资料，了解移液器和试纸条使用的一般流程，完成方案设计，进而通过组内成员的分工协作完成实验，培养团队协作能力。 2. 以安全事故案例警示大家安全工作重于泰山，树立安全意识、纪律意识。

任务准备	
设备、耗材和试剂	设备：单道移液器（校准比对合格）、配套读数仪、恒温金属浴、计时器。 耗材：移液器枪头。 试剂：抗生素检测试纸条。

技术路线
准备——孵育——插条——读取数值

任务实施	
实施步骤	实施方法
步骤1 准备	1. 仔细阅读产品说明书。 2. 选择合适的移液器。 3. 将恒温金属浴的温度设定符合要求。 4. 将待测牛奶和产品组分恢复至室温。 5. 打开读数仪，进行初始化。
步骤2 孵育	1. 打开试纸桶，取出所需量金标微孔和试纸条，做好标记并置于桌面上。 2. 将待检奶样充分摇匀后，吸取200μL于金标微孔中，小心吹打至孔底的紫红色颗粒完全溶解。 3. 将金标微孔置于50℃±1℃温育器中，温育5min。
步骤3 插条	1. 将试纸条插入金标微孔中，使样品垫充分浸入奶样中，反应5min。 2. 在每个试纸条上标记上样品信息。

任务实施

实施步骤	实施方法
步骤4 读取数值	1. 选择对应的项目。 2. 对要读取的项目进行编号。 3. 反应结束，取出试纸条，去除下端样品垫并在2min内在读数仪上读取数值。 4. 数据保存导出。

工作任务单

任务名称					
姓名		学号		班级	
基本信息	样品名称		检测日期		
	检测项目		检测方法		
	检测依据				

测定数据记录

工序名称	主要参数	备注
步骤1 准备	移液器量程： 恒温金属浴温度： 环境温湿度：	
步骤2 孵育	恒温金属浴温度保持： 温育时间：	
步骤3 插条	温育时间： 标记：	
步骤4 读取数值	项目选择： 结果判定：	
备注	实验注意事项： 1. 牛奶不能有结块、发酸或沉淀等性状。 2. 微孔加样吹打时动作要轻柔，避免产生气泡。 3. 不要混用来自不同批号的试纸条和金标微孔。 4. 试纸条开封后，将本次实验所需试纸条从桶内取出后，应在1h内使用完毕，暂不使用的试纸条应储存于桶内，立即将桶盖盖紧，密封保存，以防受潮。	

测定结果

数值_____ 定性结果：_____

教师考核

项次	项目	考核内容	考核标准	分值	自评得分	小组评价	教师评价
素养	纪律	遵规守纪守法	1. 按时到岗，不早退。 2. 遵守实验室各项规章制度。	10			

			教师考核				
项次	项目	考核内容	考核标准	分值	自评得分	小组评价	教师评价
素养	职业道德	严谨细致团结协作	1. 团结协作。 2. 能主动帮助同学。 3. 工作精益求精，认真仔细。	10			
	安全卫生	注重安全注意卫生	1. 实验相关仪器，设备清洗干净。 2. 实验室场地保持干净卫生。 3. 工作台保持整洁有序、不杂乱。	10			
知识和能力	方案制订	查阅相关标准，制订测定实施方案	1. 正确选用标准。 2. 方案制订合理。	10			
	准备工作	移液器等仪器准备	1. 移液器选择合适的量程。 2. 进行移液器试漏。 3. 恒温金属浴温度设置正确。	10			
	样品测定	样品测量	1. 样品溶解混匀。 2. 孵育温度正确。 3. 温育时间正确。 4. 插条时间正确。 5. 做好实验标记。	30			
	结果分析	结果读取及判定	1. 质控线显色。 2. 项目选择正确。 3. 报出正确。 4. 结果保存正确。	20			
总分							
加权平均（自评25%，小组评价25%，教师评价50%）							

根据以上打分进行总体评价。

1. 总结知识点并从素养和职业能力的自我提升方面进行评价。

2. 分析不足、提出改进措施。

任务二十三　食品中钙的测定

任务描述			
教学方法	任务驱动	教学模式	理实一体
建议学时	4	教学地点	理实一体化教室
任务要求	食品中钙的测定可使用火焰原子吸收光谱法。试样经消解处理后，加入镧溶液作为释放剂，经原子吸收火焰原子化，在422.7nm处测定的吸光度值在一定浓度范围内与钙含量成正比，与标准系列比较定量的方法。 　　本任务通过测定食品中钙含量练习原子吸收光谱仪的使用，掌握原子吸收光谱法。		
学习目标	**知识和技能目标** 　　1. 掌握原子吸收光谱仪使用要点。 　　2. 能够正确进行操作；能够正确使用火焰原子吸收光谱仪检测食品中的钙。		**思政和职业素养目标** 　　1. 通过提前查阅资料，了解黏度计测定的一般流程，完成方案设计，进而通过组内成员的分工协作完成实验，培养团队协作能力。 　　2. 以安全事故案例警示大家安全工作重于泰山，树立安全意识、纪律意识。

任务准备	
设备、耗材和试剂	设备：原子吸收光谱仪（TAS—990）、配火焰原子化器、钙空心阴极灯、电子天平、微波消解系统、可调式电热板、恒温干燥箱、马弗炉、容量瓶。 　　耗材：二级水。 　　试剂：硝酸、高氯酸、盐酸、氧化镧、碳酸钙（$CaCO_3$，CAS号471-34-1）：纯度>99.99%。

技术路线

仪器开机——仪器调试——样品准备——上机测量——出具结果

任务实施	
实施步骤	实施方法
步骤1 仪器开机	1. 启动电脑。 2. 开启仪器主机电源。 3. 打开仪器的电脑操作软件，进行联机，并等待。
步骤2 仪器 调试	1. 联机正常后，按如下步骤进行调整、设置。 ①选择工作灯及预热灯→设置元素灯测量参数（通常直接采用默认值）→寻峰→能量调试【通常采用自动能量平衡，若出现较大负高压（如700V或更高）时，应先退出一起的电脑操作软件，然后重新打开进入该软件。】→手动调节负高压，使能量处于94%~95%之间→点击关闭→点击完成； ②点击"仪器"→测量方法设置→选择"火焰吸收"→点击"确定"； ③点击"仪器"→燃烧器参数设置→设置"燃气流量"及"高度"（通常采用默认值）；

续表

任务实施	
实施步骤	实施方法
步骤2 仪器 调试	④点击"设置"→测量参数→常规/显示/信号处理（通常情况下可以直接照搬照用，有特殊要求时再逐个设置。）； ⑤点击"设置"→样品设置向导→设置校正方法、曲线方程、浓度单位、样品名称等→标准样品的浓度及个数→测量样品的自动功能→未知样品的数量、编号及其他系数→点击"完成"； 2. 检查废液管内是否有水封。 3. TAS990 型仪器还应注意紧急灭火开关是否弹起，燃烧头是否装到最底部；废液检测装置内是否有足够的水。 4. 开启空压机，检查输出压力是否为 0.25mPa；（5min 后）。 5. 开启乙炔气钢瓶，检查输出压力是否为 0.05~0.07mPa 之间；（总压低于 0.5mPa 应及时更换新气）。 6. 按"点火"键，进行点火（因管道中存有少量空气，需等空气排除后才能点着。）→燃烧头预热 5~10min。
步骤3 样品 准备	1. 准确称取固体试样 0.2~0.8g（精确至 0.001g）或准确移取液体试样 0.500~3.00mL 于微波消解罐中。 2. 加入 5mL 硝酸。 3. 按照微波消解的操作步骤消解试样。 4. 冷却后取出消解罐。 5. 在电热板上于 140~160℃赶酸至 1mL 左右。 6. 消解罐放冷后，将消化液转移至 25mL 容量瓶中。 7. 用少量水洗涤消解罐 2~3 次，合并洗涤液于容量瓶中并用水定容至刻度。 8. 根据实际测定需要稀释，并在稀释液中加入一定体积镧溶液（20g/L）使其在最终稀释液中的浓度为 1g/L，混匀备用，此为试样待测液。 9. 同时做试剂空白试验。
步骤4 上机 测量	1. 吸喷样品空白。 2. 按"校零"键进行校零。 3. 将钙标准系列溶液按浓度由低到高的顺序分别导入火焰原子化器，测定吸光度值，以标准系列溶液中钙的质量浓度为横坐标，相应的吸光度值为纵坐标，制作标准曲线。 4. 在与测定标准溶液相同的实验条件下，将空白溶液和试样待测液分别导入原子化器，测定相应的吸光度值，与标准系列比较定量。
步骤5 出具 结果	试样中钙的含量按公式计算： $$X = \frac{(\rho - \rho_0) \times f \times V}{m}$$ 式中：X——试样中钙的含量，mg/kg 或 mg/L； 　　　ρ——试样待测液中钙的质量浓度，mg/L； 　　　ρ_0——空白溶液中钙的质量浓度，mg/L； 　　　f——试样消化液的稀释倍数； 　　　V——试样消化液的定容体积，mL； 　　　m——试样质量或移取体积，g 或 mL。 当钙含量≥10.0mg/kg 或 10.0mg/L 时，计算结果保留三位有效数字，当钙含量<10.0mg/kg 或 10.0mg/L时，计算结果保留两位有效数字。

续表

工作任务单				
任务名称				
姓名		学号		班级

基本信息	样品名称		检测日期	
	检测项目		检测方法	
	检测依据			

测定数据记录		
工序名称	主要参数	备注
步骤1 仪器 开机	1. 仪器型号： 2. 仪器压力：	
步骤2 仪器 调试	1. 狭缝： 2. 波长： 3. 火焰类型： 4. 乙炔流量： 5. 压力：	
步骤3 样品 准备	微波消解： 设定温度/℃： 升温时间/min： 恒温时间/min：	
步骤4 上机 测量	1. 吸光度信号： 2. 浓度值：	
步骤5 出具 结果	1. 试样待测液中钙浓度： 2. 空白溶液中钙的质量浓度： 3. 试样消化液的稀释倍数： 4. 试样消化液的定容体积： 5. 试样质量：	

备注	实验注意事项： 1. 关闭乙炔总阀，直至火焰熄灭。熄火前通过进样毛细管取出蒸馏水或样品溶液。 2. 关闭气控面板上的燃料气体（fuel）开关，如果下一次测定与本次测定的时间间隔不长，可以将空压机的出口节止阀关闭，等下一次测定时再打开。 3. 关闭空压机电源。 4. 将空心阴极灯电流调至0，降低光电倍增管电压。 5. 关闭主机电源。 6. 清洁仪器。

测定结果
样品中钙的含量是＿＿＿＿

			教师考核				
项次	项目	考核内容	考核标准	分值	自评得分	小组评价	教师评价
素养	纪律	遵规守纪守法	1. 按时到岗，不早退。 2. 遵守实验室各项规章制度。	10			
	职业道德	严谨细致团结协作	1. 团结协作。 2. 能主动帮助同学。 3. 工作精益求精，认真仔细。	10			
	安全卫生	注重安全注意卫生	1. 实验相关仪器，设备清洗干净。 2. 实验室场地保持干净卫生。 3. 工作台保持整洁有序、不杂乱。	10			
知识和能力	方案制订	查阅相关标准，制订测定实施方案	1. 正确选用标准。 2. 方案制订合理。	10			
	准备工作	原子吸收光谱仪等仪器准备	1. 仪器校准。 2. 乙炔压力流量调试。 3. 耗材准备。	10			
	样品测定	样品测量	1. 校零正确。 2. 标准曲线绘制正确。 3. 样品测量参数正确。 4. 仪器使用正确。	30			
	结果分析	结果读取及判定	1. 结果读取正确。 2. 单位使用正确。 3. 精密度符合要求。	20			
总分							
加权平均（自评 25%，小组评价 25%，教师评价 50%）							

根据以上打分进行总体评价。
1. 总结知识点并从素养和职业能力的自我提升方面进行评价。
2. 分析不足、提出改进措施。

任务二十四　婴幼儿食品和乳品中维生素 C 的 测定——荧光分光光度计法

<table>
<tr><td colspan="4" align="center">任务描述</td></tr>
<tr><td>教学方法</td><td align="center">任务驱动</td><td>教学模式</td><td>理实一体</td></tr>
<tr><td>建议学时</td><td align="center">4</td><td>教学地点</td><td>理实一体化教室</td></tr>
<tr><td>任务要求</td><td colspan="3">维生素 C（抗坏血酸）在活性炭存在下氧化成脱氢抗坏血酸，它与邻苯二胺反应生成荧光物质，用荧光分光光度计测定其荧光强度，其荧光强度与维生素 C 的浓度成正比，以外标法定量。
本任务通过婴幼儿食品和乳品中维生素 C 的测定，练习荧光分光光度计的使用，掌握维生素 C 的测定。</td></tr>
<tr><td rowspan="2">学习目标</td><td colspan="2" align="center">知识和技能目标</td><td align="center">思政和职业素养目标</td></tr>
<tr><td colspan="2">1. 掌握荧光分光光度计使用要点。
2. 能够正确进行荧光分光光度计操作；能够正确使用荧光分光光度计测定食品和乳品中的维生素 C 并能进行计算。</td><td>1. 通过提前查阅资料，了解荧光分光光度计测定的一般流程，完成方案设计，进而通过组内成员的分工协作完成实验，培养团队协作能力。
2. 以安全事故案例警示大家安全工作重于泰山，树立安全意识、纪律意识。</td></tr>
<tr><td colspan="4" align="center">任务准备</td></tr>
<tr><td>设备、耗材和试剂</td><td colspan="3">设备：荧光分光光度计、天平、烘箱、培养箱、150mL 三角瓶、容量瓶、10mL 试管。
耗材：三级水、蒸馏水。
试剂：淀粉酶（酶活力 1.5U/mg）、偏磷酸—乙酸溶液 A、偏磷酸—乙酸溶液 B、酸性活性炭、乙酸钠溶液、硼酸—乙酸钠溶液、邻苯二胺溶液（400mg/L）、维生素 C 标准溶液（100μg/mL）。</td></tr>
<tr><td colspan="4" align="center">技术路线</td></tr>
<tr><td colspan="4">仪器准备——校准仪器——设置实验参数——样品处理——测量荧光信号——数据分析和处理</td></tr>
<tr><td colspan="4" align="center">任务实施</td></tr>
<tr><td align="center">实施步骤</td><td colspan="3" align="center">实施方法</td></tr>
<tr><td>步骤 1
仪器准备</td><td colspan="3">1. 打开荧光分光光度计电源，确保仪器正常启动，仪器进行预热。
2. 检查仪器是否连接到电脑或其他数据采集设备。</td></tr>
<tr><td>步骤 2
校准仪器</td><td colspan="3">1. 选择适当的参考物质进行荧光分光光度计的校准，以确保仪器测量结果的准确性和可靠性。
2. 将参考物质放入样品池中，在仪器上设置相应参数（激发波长、发射波长、积分时间）。
3. 校准测量，记录校准曲线。</td></tr>
<tr><td>步骤 3
设置实验参数</td><td colspan="3">1. 根据实验需要，确定激发波长和发射波长，并在仪器上进行设置。
2. 设置积分时间，以确保荧光信号能够充分积累并获得准确的测量结果。</td></tr>
</table>

任务实施	
实施步骤	实施方法
步骤 4 样品处理	含淀粉的试样： 1. 称取约 5g（精确至 0.0001g）混合均匀的固体试样或约 20g（精确至 0.0001g）液体试样（含维生素 C 约 2mg）于 150mL 三角瓶中。 2. 加入 0.1 g 淀粉酶。 3. 固体试样加入 50mL 45～50℃的蒸馏水，液体试样加入 30mL 45～50℃的蒸馏水，混合均匀。 4. 用氮气排除瓶中空气，盖上瓶塞。 5. 置于 45℃±1℃培养箱内 30min。 6. 取出冷却至室温，用偏磷酸—乙酸溶液 B 转至 100mL 容量瓶中定容。 不含淀粉的试样： 1. 称取混合均匀的固体试样约 5g（精确至 0.0001g）。 2. 用偏磷酸—乙酸溶液 A 溶解，定容至 100mL 或称取混合均匀的液体试样约 50g（精确至 0.0001g），用偏磷酸—乙酸溶液 B 溶解，定容至 100mL。 待测液的制备： 试样及标准溶液的空白溶液： 1. 将上述试样及维生素 C 标准溶液转至放有约 2g 酸性活性炭的 250mL 三角瓶中。 2. 剧烈振动。 3. 过滤（弃去约 5mL 最初滤液），即为试样及标准溶液的滤液。 4. 准确吸取 5.0mL 试样及标准溶液的滤液分别置于 25mL 及 50mL 放有 5.0mL 硼酸—乙酸钠溶液的容量瓶中。 5. 静置 30min，用蒸馏水定容。 试样溶液及标准溶液： 在此 30min 内，再准确吸取 5.0mL 试样及标准溶液的滤液于另外的 25mL 及 50mL 放有 5.0mL 乙酸钠溶液和约 15mL 水的容量瓶中，用水稀释至刻度。 试样待测液： 1. 分别准确吸取 2.0mL 试样溶液及试样的空白溶液于 10.0mL 试管中。 2. 向每支试管中准确加入 5.0mL 邻苯二胺溶液，摇匀，在避光条件下放置 60min 后待测。 标准系列待测液： 1. 准确吸取上述标准溶液 0.5mL、1.0mL、1.5mL 和 2.0mL，分别置于 10mL 试管中。 2. 用水补充至 2.0mL。 3. 同时准确吸取标准溶液的空白溶液 2.0mL 于 10mL 试管中。 4. 向每支试管中准确加入 5.0mL 邻苯二胺溶液，摇匀，在避光条件下放置 60min 后待测。
步骤 5 测量荧光信号	1. 将标准系列待测液立刻移入荧光分光光度计的石英杯中，关闭仪器的盖子以避免外界干扰。 2. 于激发波长 350nm，发射波长 430nm 条件下测定其荧光值，仪器会自动激发样品并记录返回的荧光信号。 3. 以标准系列荧光值分别减去标准空白荧光值为纵坐标，对应的维生素 C 质量浓度为横坐标，绘制标准曲线。

续表

任务实施	
实施步骤	实施方法
步骤 6 数据分析和处理	试样中维生素 C 的含量按公式计算： $$X = \frac{c \times V \times f}{m} \times \frac{100}{1000}$$ 式中：X——试样中维生素 C 的含量，mg/100g； 　　　V——试样的定容体积，mL； 　　　c——由标准曲线查得的试样测定液中维生素 C 的质量浓度，μg/mL； 　　　m——试样的质量，g； 　　　f——试样稀释倍数。 以重复性条件下获得的两次独立测定结果的算术平均值表示，结果保留至小数点后一位。

工作任务单				
任务名称				
姓名		学号		班级
基本信息	样品名称		检测日期	
	检测项目		检测方法	
	检测依据			

测定数据记录		
工序名称	主要参数	备注
步骤 1 仪器准备	仪器型号： 规格：	
步骤 2 校准仪器	标准溶液计算： 零点校准： 校准曲线绘制：	
步骤 3 设置实验参数	激发波长： 发射波长：	
4 计算维生素 C 的含量	试样的定容体积： 试样的质量： 试样稀释倍数： 试样中维生素 C 的含量：	
备注	实验注意事项： 1. 确保样品池中无气泡或杂质，以避免对测量结果产生干扰。 2. 根据实验需要，可以对样品进行稀释或前处理，以提高测量灵敏度和准确性。 3. 关机后必须半个小时（等灯温度降下），方可重新开机。 4. 遵守所有安全操作规程，并配备适当的装备。	

测定结果

维生素 C 质量浓度：_____　精密度：_____

续表

			教师考核				
项次	项目	考核内容	考核标准	分值	自评得分	小组评价	教师评价
素养	纪律	遵规守纪守法	1. 按时到岗，不早退。 2. 遵守实验室各项规章制度。	10			
	职业道德	严谨细致团结协作	1. 团结协作。 2. 能主动帮助同学。 3. 工作精益求精，认真仔细。	10			
	安全卫生	注重安全注意卫生	1. 实验相关仪器，设备清洗干净。 2. 实验室场地保持干净卫生。 3. 工作台保持整洁有序、不杂乱。	10			
知识和能力	方案制订	查阅相关标准，制订测定实施方案	1. 正确选用标准。 2. 方案制订合理。	10			
	准备工作	旋光仪等仪器准备	1. 仪器校准。 2. 器皿准备。 3. 试剂准备。	10			
	样品测定	仪器校准曲线绘制测定读数	1. 仪器操作操作规范性： 2. 曲线计算正确，绘制正确。 3. 荧光分光光度计使用正确。	30			
	结果分析	维生素C质量浓度	1. 能利用计算公式正确计算。 2. 能正确保留有效数字。 3. 精密度符合要求。	20			
总分							
加权平均（自评25%，小组评价25%，教师评价50%）							

根据以上打分进行总体评价。

1. 总结知识点并从素养和职业能力的自我提升方面进行评价。

2. 分析不足、提出改进措施。